连续管水平井工程技术

袁发勇　马卫国　等　编著

科学出版社

北京

内 容 简 介

本书集连续管及其工程应用基础数据,连续管工程技术基础理论研究,连续管工程应用和连续管工程管理于一体,是在当前国内外连续管工程最新技术的基础上,对作者长期从事连续管技术研究和工程实践最新成果的陈述。主要内容包括连续管制造、连续管基本特性、连续管设备等基础性数据;连续管疲劳与寿命、连续管水平井工程力学、连续管作业系统循环压降和流体流动特性等基础理论研究;连续管水平井修井、压裂、射孔、钻磨、测井等工程应用研究;连续管水平井工程技术质量、安全、环保,标准化管理。

本书可供石油工程技术和石油机械领域的大专院校、科研院所、工程研究人员参考阅读。

图书在版编目(CIP)数据

连续管水平井工程技术/袁发勇等编著. —北京:科学出版社,2018.6
ISBN 978-7-03-055697-4

Ⅰ.①连⋯ Ⅱ.①袁⋯ Ⅲ.①水平井—工程技术 Ⅳ.①TE243

中国版本图书馆 CIP 数据核字(2017)第 293345 号

责任编辑:杨光华 何 念/责任校对:董艳辉
责任印制:张 伟/封面设计:苏 波

斜 学 出 版 社 出版
北京东黄城根北街 16 号
邮政编码:100717
http://www.sciencep.com

北京厚诚则铭印刷科技有限公司 印刷
科学出版社发行 各地新华书店经销

*

开本:787×1092 1/16
2018 年 6 月第 一 版 印张:21 3/4 彩插:2
2023 年 2 月第二次印刷 字数:522 000

定价:158.00 元
(如有印装质量问题,我社负责调换)

《连续管水平井工程技术》

编 委 会

序

　　石油和天然气是关系国家能源安全和国民经济发展的重要能源,是我国国民经济快速发展的重要资源保障。"十二五"期间,我国油气资源勘探开发保持良好势头,探明储量、产量持续增长;随着我国涪陵、长宁-威远等国家级页岩气示范区的大规模商业开发,页岩气、致密油等非常规油气资源勘探开发取得重大进展,已成为我国油气资源开发新的增长点。裸露油气藏面积大、综合开采成本低、占地面积少的水平井开发成为当今国内外非常规油气资源开发的必然趋势。然而,水平井复杂的井身结构和井眼轨迹,给石油工程技术带来新的挑战。如何最大程度提高采收率、减少储层伤害、高效低成本和最大限度地实现绿色开采也正在驱动着石油工程技术的创新发展。连续管工程技术在水平井中的应用显现出充分的优势,成为解决水平井工程难题的关键技术之一。连续管水平井工程技术已经从最初的气举、排液、冲砂、解堵等,扩展到辅助压裂、射孔、测井、钻磨、修井、钻井等工程领域,伴随着复杂的勘探开发进程该技术在不断发展。我国连续管工程技术起步较晚,整体技术与国外先进水平还存在着一定的差距,在连续管材料、作业设备、井下工具、基础理论研究、工程应用等方面存在诸多亟待解决的问题;在规范标准、工程管理等成套技术体系的建立方面还需要不断完善;工程技术水平还需要不断提高。

　　中石化江汉石油工程有限公司页岩气开采技术服务公司和长江大学在涪陵页岩气水平井数百井次连续管工程应用和技术攻关中,攻克了诸多的科学问题和工程难题。目前,连续管水平井工程技术已经在页岩气长距离水平井钻磨等复杂的井下工程作业中占据主导地位。大胆的创新研究与实践,他们在管材、设备、工程技术基础理论、工程应用方面取得了丰硕的成果:①通过对钢、钛合金和复合材料等不同材质连续管的制造工艺、力学性能、表面摩擦性能、弯曲性能的研究,增强了不同的工程适应性;②通过对连续管弯曲状态下的截面剪力、弯矩、内压等载荷作用的分析,揭示了连续管变形形态与机理,了解了连续管焊接热影响区、机械缺陷等因素对疲劳寿命有显著的影响;③通过对连续管井下管柱载荷分析,受力和屈曲计算模型,连续管轴向力衰减规律和影响因素的研究,连续管作业系统流体流动规律及系统压降的分析等,可以较准确地预测连续管的延伸和作业能力,这些研究成果为连续管水平井工程奠定了理论基础；④通过对连续管技术在水平井修井、压裂、射孔、钻磨、测井等工程方面的应用研究和工程实例分析，展现了最新的工程成果；⑤通过对质量、安全、环保，工程标准化管理研究，建立了成套的连续管工程技术和质量体系。此外，连续管工程技术在页岩气水平井中应用的长足进步，充分体现了质量持续改进的有效性。

该书从连续管及其设备工具基础数据、基础理论、工程应用和工程管理等方面全面系统地研究连续管水平井工程技术，取得的一系列科学成果和工程应用成果，为推动我国连续管工程技术的发展和工程水平的提升做出贡献。该书的出版对于推动我国连续管工程技术的快速发展具有参考和借鉴性，也将成为我国石油工程和机械领域中大专院校、科研院所和工程应用单位研究人员的良师益友。

我作为一名长期从事石油工程研究、管理的同行，审阅这本书后，颇受感动，也受益颇深，愿意向我国从事石油工程，尤其是致力于连续管工程技术研究的同行、学者、工程人员推荐本书，期待着这本书尽快出版。

2017 年 10 月 19 日

前　　言

常规钻井、修井、生产、储层改造等工程作业所用钻杆、套管、油管、抽油杆等杆管柱，通常都是由 9～10 m 长的螺纹杆管连接成数百米到数千米，再进入井筒作业。连续管突破传统的杆管柱概念，在制造过程中成型为连续状态的管体，连续管管径为 19～100 mm，单根长度可以达到数千米，卷绕在一个滚筒上。自 1962 年美国加利福尼亚石油公司和波纹工具公司首次开发了一套功能完整的连续管作业机，操纵连续管应用于油气井筒冲洗砂桥开始，连续管工程技术在油气井工程服务中的应用发展至今。目前，连续管工程技术已经在我国页岩气长距离水平井工程应用中占据了主导地位。

虽然连续管工程技术在油气井筒作业中，特别是水平井井筒作业中更加具有优势和诱惑力，但是也面临着更大的挑战。我国连续管工程技术起步较晚，工程实践中暴露出连续管设备运行稳定性不好、连续管故障较多、工具配套不完整、质量不稳定，关键工具甚至依赖进口，工程设计规范、标准不完善，工程管理规范性不好，作业效率偏低，成本偏高等问题，总体表现为技术成熟度不高，整体技术与国外先进的连续管工程技术还存在着一定的差距。因此，针对连续管工程技术在大位移水平井的应用存在的问题，重点着手于连续管管材制造、设备使用、工程基础理论、连续管工程应用、作业规范、标准、工程管理等方面开展研究攻关，建立成套的连续管工程技术体系，推动我国连续管工程技术的发展有着十分重要的意义。

本书是我们长期从事连续管工程技术研究和工程实践最新成果的梳理与展示。全书共分为 11 章，集连续管水平井工程技术基础数据、基础理论、工程应用、工程管理等于一体。

第 1～2 章为基础数据部分。第 1 章连续管作业设备，详细介绍国内目前普遍使用的连续管作业设备、井控设备、作业数据管理系统、连续管井下工具等的结构、原理和适应性研究成果；以及当前国外复合式连续管钻修设备的结构型式和工程应用。第 2 章连续管的制造与性能，重点介绍普遍使用的钢制连续管焊接、热处理制造工艺技术，分析钢制连续管斜接焊缝热影响区的形成原因，分析当前最先进的钛合金连续管和复合材料连续管的制造与性能，为连续管的工程应用提供参考。

第 3～5 章为本书的基础理论研究部分。第 3 章连续管疲劳与寿命,研究连续管的直径变化和截面椭圆化等塑性变形机理,结合连续管疲劳损伤理论,建立有限元分析模型,重点分析连续管斜接焊接接头的热影响区对连续管疲劳寿命的影响,缺陷对连续管寿命的影响,结合工程实际提出了延长连续管寿命的措施。第 4 章连续管水平井管柱力学基础,重点分析连续管水平井作业的载荷,建立连续管管柱力学模型和受力计算,结合实验室研究分析连续管的屈曲行为和锁死条件;结合工程施工数据进行连续管水平井工程管柱力学实例计算,分析连续管管柱轴向力衰减规律、连续管延伸能力等关键性能,提出增加连续管作业能力的措施;介绍连续管常用工程计算方法。第 5 章连续管作业系统流体流动分析,详细讨论连续管作业系统流体流动理论模型,分析多层盘管、偏心环空、颗粒以及减阻剂对连续管流动摩阻的影响;基于相似理论建立的实验台架的实验研究结果,建立连续管作业系统循环压降计算模型;应用有限元方法分析了连续管盘管内的流体流动、井内螺旋屈曲对管内流和环空流的影响,建立水平井筒最低携岩流量计算模型。

第 6～10 章为连续管水平井工程应用部分。第 6 章连续管水平井修井,重点介绍连续管水平井冲砂洗井、连续管水平井落物打捞、连续管水平井管柱切割三大工艺及其关键工具的研究和应用成果,分析各项工艺的工程难点、施工设计等,介绍相关工艺的典型施工案例。第 7 章连续管水平井酸化压裂,介绍连续管水平井酸化、连续管水平井喷砂射孔压裂、连续管辅助开关滑套分段压裂三种工艺及其关键工具;应用有限元方法研究连续管水力喷射喷嘴的结构、喷距等参数对喷射性能的影响,研究工艺施工参数设计,结合典型案例提出各工艺的实施和防治措施。第 8 章连续管水平井射孔,重点介绍连续管传输压力起爆射孔、连续管电缆传输射孔两种射孔工艺,分析两种工艺的各种起爆装置和起爆方式,两种工艺的作业程序与施工设计,以及关键控制措施。第 9 章连续管水平井钻磨桥塞,重点对复合桥塞的可钻性进行实验研究,对桥塞、磨鞋的材料、结构型式、磨铣性能等进行综合评价,对钻磨液体系优选及性能维护和改进等进行了实验和应用研究;对连续管水平井钻磨桥塞管柱及井下工具组合、施工工艺进行设计和实践探索,介绍连续管钻磨桥塞典型工程应用案例。第 10 章连续管水平井测井,重点介绍连续管水平井输送工艺、连续管测井信号传输、连续管穿缆技术,分析连续管常用测井工具、关键工艺技术,结合典型测井技术,介绍带电缆连续管井下电视、带光纤连续管产气剖面测试测井技术。

第 11 章为连续管作业工程管理。总结长期的连续管工程实践和管理的创新经验,建立一套行之有效的连续管作业工程组织管理模式、工程质量管理、工程安全与环保管理、标准规范等技术体系,结合连续管水平井工程典案例进行分析,表明有效的工程管理能够持续改进连续管工程技术,促进工程技术的进步和发展。

本书编写由中石化江汉石油工程有限公司页岩气开采技术服务公司和长江大学共同完成,参与编写、统稿的人员有中石化江汉石油工程有限公司页岩气开采技术服务公司袁发勇、张国锋、赵勇、高云伟、王汤、王伟佳、何龙、徐帮才、江强、孙文常、褚晓丹、曹颖、熊江勇、程建明、张寅、胡光、陈智源、付莹莹、杨洁等，长江大学马卫国、周志宏、管锋、曲宝龙等。

本书编写得到中石化石油工程技术服务有限公司大力支持，得到中石化股份有限公司江汉油田分公司、中石化石油机械股份有限公司、中国石油集团钻井工程研究院江汉机械研究所、山东烟台杰瑞公司等单位大力协助，饱含着中石化江汉石油工程有限公司页岩气开采技术服务公司工程技术人员和长江大学的老师、研究生的心血和辛勤汗水，在此对他们的支持、关心和帮助给予诚挚的感谢。

由于参与编写人员的基础理论研究和工程实践存有局限性，书中难免存在疏漏之处，衷心希望读者批评指正。

作　者

2017 年 7 月 30 日于武汉

目　　录

第 1 章

连续管作业设备

在油气井工程中,连续管表现为类似于电缆、钢丝绳的一种连续柔性管柱。操纵连续管应用于油气田作业的设备被称之为连续管设备,它是一种完全不同于传统钻井、修井作业的特殊设备。连续管作业改变了传统的接单根作业,作业效率约为传统设备的三倍。连续管油气井工程技术始于 1962 年美国加利福尼亚州油井井筒冲洗砂桥作业,因其作业高效、占地面积小、操作程序简单等优势得到迅速发展。在近几十年的发展中,连续管材料和工艺不断改进,连续管耐压能力不断提高、疲劳寿命不断增长,连续管注入头提升能力和功率不断增大、滚筒容量不断增加,连续管作业设备型式更加多样化。当今,连续管工程技术已被广泛应用于油气井井筒各种作业,连续管设备的工程应用从简单的冲砂洗井、修井扩展到射孔、测井、酸化压裂、钻井、完井等复杂的工程领域。

连续管作业设备是连续管工程的重要物质保障。为适应复杂的地面环境条件、井下地质构造和井筒结构条件,连续管设备呈装备大型化、型式多样化、控制自动化、操作智能化的发展趋势,已经成为陆上、海洋油气田勘探开发的主流设备。

1.1　连续管设备结构与工作原理

连续管设备可以实现连续管在井筒内的下放和起升操作,提供作业循环液通道,配套井下动力钻具进一步实现工具的旋转,即完成井筒作业的提升、循环、旋转"三大系统"功能。连续管设备的基本结构组成包括注入头、鹅颈导向器、连续管滚筒、控制室、动力系统。为满足井筒压力控制和作业安全,在作业井口必须配置防喷盒、防喷器组等设备。

为适应不同环境、不同作业形式、不同道路条件,连续管设备型式多样化,按滚筒的装载方式可分为车载式、拖挂式等型式,如图 1-1、图 1-2 所示。当道路要求苛刻,设备能力和滚筒容量大的连续管设备,其滚筒、注入头、控制室、动力等装置采用单独模块化设计,如车载式注入头、拖挂式滚筒或车载式滚筒等。海上平台作业,多采用撬装式结构。

　　　　　（a）滚筒车　　　　　　　　　　　　　　　（b）操作车

图 1-1　车载式连续管作业设备示意图

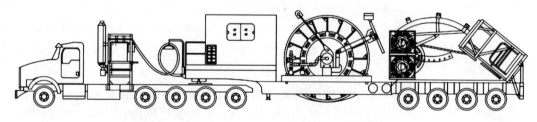

图 1-2　拖挂式连续管作业设备示意图

1.1.1　注入头

注入头作为控制连续管下放或起升的关键部件,其功能类似于石油钻机的起升系统。钻井、钻磨作业时可以控制钻压;起升、下放连续管管柱时,可以控制管柱速度;管柱遇阻、遇卡时可以试图活动管柱。当前,大部分注入头都采用标准 API RP 5C7:2002[1] 推荐结构型式,即由注入头箱体和安装在箱体上的驱动装置、对称布置的两副链传动装置、张紧装置、夹持装置等主要部分组成,如图 1-3 所示。注入头可以双向驱动(或输送)连续管,完成连续管在油气井井筒中的作业。

1. 注入头链传动

注入头包含两副链条传动,主动链轮在上,从动链轮在下,液压马达驱动主动链轮旋转,链条竖直传动。链传动侧向张紧(或下向张紧),提高链传动能力、传动效率和传动的平稳性。连续管沿注入头上方相对的两副链轮中心线位置进入注入头,左右主动链轮旋转方向相反,链条上安装夹持块,由夹持液缸推动夹持块夹紧连续管,相对布置的两副主动链轮向上方向旋转时,牵引连续管向上运动,将连续管从井筒中起出;两副主动链轮向下方向旋转时,牵引连续管向下运动,将连续管注入井筒。注入头链传动载荷大,现有注入头提升能力范围为 140.00~900.00 kN。值得注意的是,将连续管注入井筒的过程中,两副链传动松边输送连续管。松边输送是一种非常规输送,效率低;强制输送可能导致链条受压,损坏。目前,尚无链传动松边输送设计模型,理论上不能确定链传动松边输送能力,一般注入头的注入力为起升力的 50% 左右。

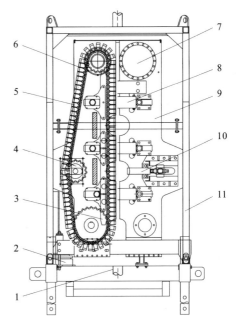

图 1-3　注入头结构示意图

1-连续管;2-载荷传感器;3-推板;4-张紧链轮;
5-夹持块;6-驱动链条;7-驱动马达与减速器;
8-夹持油缸;9-注入头箱体;10-张紧油缸;11-支架

2. 夹持系统装置

夹持系统装置由夹持块、夹持块座、轴承滚轮、推板、夹持连杆、夹持液缸等部分组成。夹持座通过链条销轴与链条连接在一起,夹持块安装在夹持座上,夹持座背后安装轴承滚轮。驱动链条时,夹持座、夹持块和滚轮随链条一起运动,夹持液缸安装在注入头箱体上,液缸活塞杆通过夹持连杆驱动推板,推板压紧夹持滚轮,经夹持座推动夹持块,实现夹持块夹持连续管。在夹持摩擦力作用下,链条牵引连续管向上或向下运动,实现起升或下放(注入)作业。

在下放连续管的过程中,入井时注入头注入力克服连续管与井口密封(防喷盒)之间的摩擦力和井内压力作用在连续管上的上顶力驱动连续管向下注入。当连续管下入井筒一定深度后,连续管自重足以克服密封摩擦力和上顶力向下运动,随着连续管下入深度的增加,连续管的重力逐渐增大将驱动链条运动。此时,链传动驱动轴必须处于制动控制状态,控制连续管的下放速度。

1) 夹持装置压紧方式

夹持装置的压紧方式主要有三种不同的结构型式[1]。第一种是安装在链条上的夹持座背面安装轴承滚轮,推板压紧轴承滚轮,如图 1-4(a)所示;第二种是安装在链条上的夹持座背面为平面,推板上安装轴承滚轮,如图 1-4(b)所示;第三种是双链条结构,即在牵

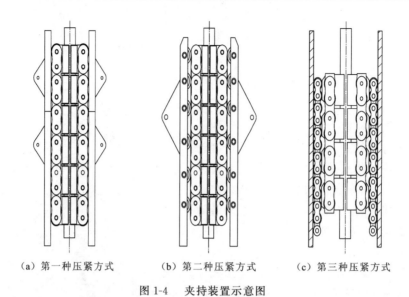

（a）第一种压紧方式　　　（b）第二种压紧方式　　　（c）第三种压紧方式

图 1-4　　夹持装置示意图

引链条的背面有外部链条夹持,这种压紧方式在早期的注入头上使用过,现在很少使用,如图 1-4(c)所示。目前应用最广泛的是第一种型式。

2）夹持块

夹持块是影响夹持系统性能的关键部分。夹持块与连续管之间必须有足够的摩擦力才能使得链传动正常牵引连续管运动,使得连续管与夹持块之间没有相对运动。如果夹持液缸作用在夹持块上的夹持力不够,夹持块作用在连续管上的接触力(正压力)小,夹持块与连续管之间的摩擦系数过小,则摩擦力过小不足以牵引连续管,可能发生连续管相对夹持块打滑,甚至溜管,造成连续管作业工程事故,严重损伤连续管;而夹持力过大,则可能造成连续管变形,甚至挤毁连续管。因此,夹持系统装置,尤其是夹持块一直受到广泛关注。夹持块与连续管接触面的形状、表面状态、接触面积等是影响夹持性能的主要因素。API RP 5C7:2002[1] 推荐了两种不同形状的夹持块,一种是半圆形结构,如图 1-5(a)所示;另一种是"V"字形结构,如图 1-5(b)所示。"V"字形结构夹持块可以适应于 $d_{\text{omin}} \sim d_{\text{omax}}$ 范围不同连续管外径的需要,夹持块与连续管之间是线接触,需要的夹持力小,但是连续管局部小面积受力,夹持力控制要求高,容易产生变形。半圆形夹持块半圆弧面尺寸与连续管外径 d_{o} 相配合,两者之间面接触,产生同样的接触应力需要的夹持力更大,但是连续管受力面积大,不容易产生变形。

为了提高夹持块与连续管之间的摩擦系数,夹持块接触表面状态也有两种。一种是表面经过特殊处理(如喷涂提高摩擦系数的特殊材料)的无沟槽夹持块;另一种是在接触表面有 7~8 个带横向沟槽的夹持块,如图 1-6 所示。无沟槽夹持块对连续管伤害小,但是当连续管表面污浊物沉积在夹持块表面时,夹持块与连续管之间的摩擦系数可能减小,从而导致注入头提升能力下降,而且是不可控制的,容易发生工程事故,因此无沟槽夹持块很少使用。带横向沟槽夹持块摩擦系数大,增大了连续管在夹持中的摩擦力,同时带横

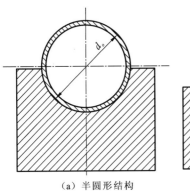
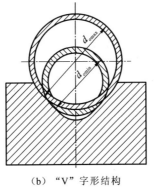

（a）半圆形结构　　　　　（b）"V"字形结构

图 1-5　连续管夹持块结构型式示意图

图 1-6　带沟槽夹持块

d_o 表示适应半圆形夹持块的连续管外径，mm；d_{omin}，d_{omax} 分别表示
适应"V"字形夹持块的连续管最小直径和最大直径，mm

向沟槽夹持块具有较好的排污能力，自动清除沉积在夹持块表面的污浊物，维持连续管与夹持块之间接触状态稳定，有效防止连续管打滑。带横向沟槽夹持块与连续管之间的摩擦系数通常在 $0.45 \sim 0.5$[2]。

3. 注入头的主要技术参数

根据注入头的功能和作用原理，可以把衡量其能力和适应性的指标确定为注入头的主要技术参数。因此，注入头的主要技术参数包括最大提升力、最大注入力、最大起升速度和适应管径范围。除此之外，注入头的马达功率、马达最大工作压力、重量和体积尺寸也是必须关心的技术参数。

最大提升力是指在厂家推荐的液压系统最大工作压力下，注入头能够迅速施加在防喷盒上部连续管上的最大拉力。最大提升力必须满足克服防喷盒摩擦阻力的同时，提升全井深度连续管所需起升力的 120%。因此，最大提升力是注入头的能力指标。

最大注入力是指在厂家推荐的液压系统最大工作压力下，注入头能够迅速施加在防喷盒上部连续管上的最大轴压力。最大注入力必须满足克服防喷盒最大摩擦阻力和井筒压力作用在连续管上的最大上顶力之和的 120%。

我国石油天然气行业标准《连续管作业机》（SY/T 6761—2014）[3]和美国 NOV Hydra Rig 公司[4]推荐的注入头主要技术参数如表 1-1 所示。

表 1-1　注入头主要技术参数[3-4]

型号	连续提升力*/kN	连续下推力*/kN	最高起升速度**/(m/min)	连续管适用范围***/mm	备注
ZR180	180.00	90.00	60	25.00~50.00(1.000~2.000)	SY/T 6761—2014
ZR270	270.00	135.00	60	25.00~60.00(1.000~2.375)	SY/T 6761—2014
ZR360	360.00	180.00	60	25.00~89.00(1.000~3.500)	SY/T 6761—2014
ZR450	450.00	225.00	50	38.00~89.00(1.500~3.500)	SY/T 6761—2014

续表

型号	连续提升力*/kN	连续下推力*/kN	最高起升速度**/(m/min)	连续管适用范围***/mm	备注
ZR580	580.00	290.00	30	38.00～89.00(1.500～3.500)	SY/T 6761—2014
ZR680	680.00	340.00	25	60.00～89.00(2.000～3.500)	SY/T 6761—2014
ZR900	900.00	450.00	20	89.00～140.00(3.500～5.500)	SY/T 6761—2014
HR635	156.00(35 000)	67.00(15 000)	81(265)	25.40～60.30(1.000～2.375)	Hydra Rig
HR660	267.00(60 000)	134.00(30 000)	76(250)	25.40～60.30(1.000～2.375)	Hydra Rig
HR680	356.00(80 000)	178.00(40 000)	61(200)	31.80～88.90(1.250～1.500)	Hydra Rig
HR6100	445.00(100 000)	222.50(50 000)	43(140)	38.10～88.90(1.500～3.500)	Hydra Rig

* 括号中数值单位为磅,lb (1 lb=0.453 592 37 kg)。 ** 括号中数值单位为英尺每分,ft/min (1 ft=0.304 8 m)。

*** 括号中数值单位为英寸,in (1 in=25.4 mm)。

1.1.2 鹅颈导向器

鹅颈导向器安装在注入头的顶部,用于将连续管引导进入注入头。鹅颈导向器弧板上安装有滚轮,用于把连续管定位在中心,并减小连续管与鹅颈导向器之间的摩擦力。滚轮的数量、尺寸、材料和间距随使用的连续管规格不同而变化。

根据连续管规格和作业能力的不同,鹅颈导向器结构有所区别,目前常用的鹅颈导向器可分为整体式和折叠式两种。第一种是整体式鹅颈导向器,适用于小直径连续管注入头,其结构如图 1-7(a)所示;第二种是折叠式鹅颈导向器,其结构如图 1-7(b)所示。

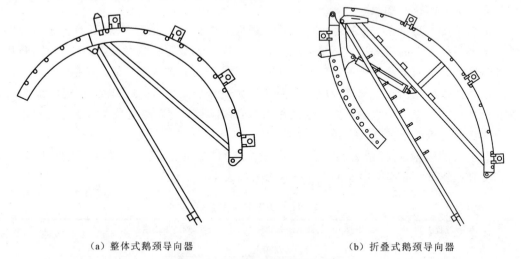

(a) 整体式鹅颈导向器　　　　　　　　(b) 折叠式鹅颈导向器

图 1-7　鹅颈导向器结构示意图

鹅颈导向器的曲率半径是关键参数,对连续管的弯曲疲劳寿命起着至关重要的作用。连续管经过鹅颈导向器时发生弯曲变形,这种变形是否伴有屈服塑性变形发生,主要取决于连续管材料的力学性能、弯曲半径和连续管的尺寸,式(1-1)给出了它们之间的关系。

$$R_Y = \frac{E}{\sigma_s} \frac{d_o}{2} \qquad (1\text{-}1)$$

式中：R_Y 为连续管轴线弯曲发生屈服的临界半径，mm；E 为连续管材料弹性模量，MPa；σ_s 为连续管材料的屈服强度，MPa；d_o 为连续管外径，mm。

按式(1-1)计算连续管不发生屈服的最小弯曲半径往往比鹅颈导向器曲率半径和连续管滚筒的筒芯半径大许多倍。因此，如何确定鹅颈导向器的曲率半径，API RP 5C7:2002[1] 给出了推荐。以钢级 70 的连续管为例，对于需要重复使用的井筒作业和钻井，鹅颈导向器的曲率半径至少应为连续管直径的 30 倍，但是对于只需要几次作业或永久安装的连续管管柱，这个倍数值可以小一些。实际应用上，国内外各企业生产的鹅颈导向器曲率半径都比较大，通常是连续管直径的 48 倍。API RP 5C7:2002[1] 中给出了适应不同连续管的鹅颈导向器曲率半径的具体推荐值，如表 1-2 所示。

表 1-2　不同规格连续管对应的屈服曲率半径、滚筒筒芯半径和鹅颈导向器半径[1]

连续管外径(d_o)/mm	屈服曲率半径(R_Y)/mm	滚筒筒芯半径(R_{REEL})/mm	鹅颈导向器半径(R_{TGA})/mm
19.00(0.750)	4 089.00(161)	610.00(24)	1 219.00(48)
25.40(1.000)	5 436.00(214)	508.00~762.00(20~30)	1 219.00~1 372.00(48~54)
31.80(1.250)	6 807.00(268)	635.00~914.00(25~36)	1 219.00~1 829.00(48~72)
38.10(1.500)	8 153.00(321)	762.00~1 016.00(30~40)	1 219.00~1 829.00(48~72)
44.50(1.750)	9 525.00(375)	889.00~1 219.00(35~48)	1 829.00~2 438.00(72~96)
50.80(2.000)	10 897.00(429)	1 016.00~1 219.00(40~48)	1 829.00~2 438.00(72~96)
60.30(2.375)	12 929.00(509)	1 219.00~1 372.00(48~54)	2 286.00~3 048.00(90~120)
73.00(2.875)	15 900.00(616)	1 372.00~1 473.00(54~58)	2 286.00~3 048.00(90~120)
88.90(3.500)	19 050.00(750)	1 651.00~1 778.00(65~70)	2 286.00~3 048.00(96~120)

注：括号中数值单位为英寸，in。

1.1.3　滚筒

连续管滚筒是用来存放和传送连续管的设备。连续管滚筒主要由滚筒体、驱动马达、排管器、支架、高压管汇、旋转接头等部分组成。滚筒体由筒芯和轮缘组成，属于焊接结构，如图 1-8 所示。工作时通过控制液压马达的转矩，从而控制连续管在起升和下放时的拉力。这个拉力是指滚筒体与注入头之间连续管的拉力，也可以称为"滚筒张力"。滚筒张力使得连续管有序缠绕在滚筒上，滚筒张力过小，连续管在滚筒上缠绕松弛而发生紊乱；反之过大，连续管在滚筒上缠绕过紧，可能伤害连续管，同时也可能对注入头产生过大的翻转力矩而导致

图 1-8　连续管滚筒体

事故。

连续管滚筒前上方装有排管器和计数器。连续管缠绕或释放都需要经过排管器,一般情况下,连续管缠绕或释放时沿滚筒长度方向逐圈移动,有序排列,连续管带动排管器在螺旋丝杠上运动,排管器产生一定的阻尼作用有助于连续管有序排列。当发生排列无序时,如连续管沿滚筒长度方向移动太快或太慢,连续管排列相互挤压或产生间隙,可启动排管器马达驱动丝杠转动,强制控制排管器沿滚筒长度方向的移动速度,达到控制排管的目的。

连续管滚筒设置有流体通道与连续管连通。连续管滚筒轴为空心轴,在滚筒轴靠近滚筒筒芯一端的位置焊接一个带 1502 由壬扣的接头,连续管的一端装有 1502 由壬螺母,穿过滚筒筒芯与滚筒轴上的由壬接头连接。滚筒轴的一端与高压旋转接头的旋转件(中心轴或壳体)连接,高压旋转接头的非旋转部分与高压管汇连接。高压管汇安装在滚筒支架上。连续管作业时可以通过高压管汇泵注流体进入连续管。

当滚筒处在非工作状态时,为了防止滚筒旋转导致连续管松弛,滚筒上应装配一个机械装置锁死滚筒,防止滚筒意外转动。

滚筒体的盘管容量是连续管滚筒的标志性参数,也决定了滚筒体的结构参数。滚筒体的盘管容量通常是由制造商和客户协商决定的,依据盘管容量和其他条件决定滚筒体的结构参数。滚筒体的结构参数包括筒芯直径、筒芯长度、轮缘直径。筒芯直径是结构参数的核心,依据连续管规格和材料力学性能确定筒芯直径,依据盘管容量确定滚筒的其他结构参数,如图 1-9 所示。表 1-2 给出了滚筒体最小筒芯半径的推荐值。

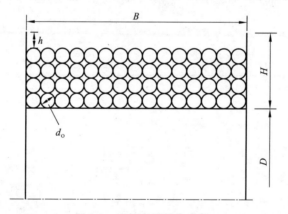

图 1-9　滚筒容量结构参数

滚筒盘管容量计算公式为

$$L = \pi e n_c (D + d_o e) \tag{1-2}$$

式中:L 为滚筒盘管容量,m;D 为筒芯直径,m;d_o 为连续管外径,m;e 为层数;n_c 为每层圈数;e 和 n_c 必须为整数。

e 和 n_c 分别由式(1-3)和(1-4)计算。

$$e = \frac{(H - h)}{d_o} \tag{1-3}$$

$$n_c = \frac{B}{d_o} \tag{1-4}$$

式中:H 为轮缘高度,m;h 为最外层连续管顶面至轮缘顶面的高度,m;B 为筒芯长度,m。

实际中,对于不同尺寸的连续管,一般要求筒芯的直径至少是连续管直径的 40 倍。表 1-3 为国内某厂生产的连续管滚筒参数值。

表 1-3　国内某厂生产的连续管滚筒参数

筒芯直径/mm	轮缘外径/mm	筒芯长度/mm	连续管直径/mm	滚筒体盘绕容量/m
1 830.00	2 900.00	1 780.00	38.10	4 572.00
1 830.00	3 430.00	1 780.00	44.40	5 791.00
2 030.00	2 900.00	1 780.00	44.40	3 657.00
2 030.00	3 430.00	1 780.00	44.40	4 877.00
2 440.00	3 660.00	1 780.00	50.80	3 657.00
3 300.00	4 570.00	2 290.00	73.00	3 657.00
3 300.00	5 590.00	2 290.00	73.00	6 400.00
3 300.00	4 570.00	2 290.00	88.90	2 133.00
3 300.00	5 590.00	2 290.00	88.90	3 962.00

1.1.4　控制室

控制室是作业人员操作和监控动力源、注入头、滚筒、防喷器、防喷盒等设备的场所,配置必需的操作控制开关和监视仪表,典型的连续管设备控制室如图 1-10 所示。控制室的设计要充分考虑连续管设备的作业工况的需求、操纵与监视的协调、人机工程学的生理与心理的统一等,具体做如下考虑。

图 1-10　典型连续管设备控制室

第一,控制室视野开阔,操作人员能够观察到井口周围的作业场景。车载连续管设备控制室通常置于滚筒后面,控制室需设计升降功能。非工作状态时,控制室处于低位;工作状态时,控制室起升到高位。操作人员在控制室可以方便地观测到井口区注入头和井口操作、滚筒上连续管的盘绕和释放等情况。作业井场各关键位置设置摄像头,摄像头终端在控制室,可以方便操作人员观察井场状况。

第二,控制室控制台和仪表监视完整、清晰,符合人机工程学。连续管设备控制点多,控制室内操纵杆、按钮、旋钮、各种仪表布满控制台,为了使得操作人员准确识别判断操作位置,避免误操作,控制台应按照控制点、操作频次及应急操作等分类、分区进行设计。当前连续管设备控制台基本按照注入头、滚筒、井控设备、动力设备的控制面板进行分区;注入头提升力、滚筒转速、换向等操作频次最高的操纵杆位于控制台中心最便于操作的位置;指重表、注入头、滚筒等压力表位于正前方等。这种设计便于形成操作习惯,构成生理与心理的统一。

第三,操作安全性好,对于安全性要求高的设备,采用双路开关设计,避免出现误操作。

第四,连续管设备操作控制应趋向于电液或电气化控制发展。国外有少部分公司已经推出了电气化控制室,如图 1-11 所示。控制室大量采用了电子元器件替代传统的液压元件,控制室内清洁、无油污、噪声小,可视化显示屏幕可以实时监测连续管设备和井下工作状态,控制响应快、精度高、便于信息管理。

图 1-11　电气化控制室

第五,控制室操纵舒适性好。控制室是连续管设备操控中心,应该充分考虑人的舒适性,避免人的疲劳。控制室应该简洁明了、通风性好、噪音小、无油污、座椅稳定舒适、温度适宜等。

1.1.5　动力系统

当前,连续管设备普遍采用液压驱动和控制,配套独立的动力系统。动力系统包括柴油发动机(或电动机)、分动装置、液压泵组、蓄能器等。根据连续管设备结构型式的不同,动力系统配套方式也有所不同。例如,车载连续管设备,车辆牵引动力作为设备配套动力;橇装设备,单独成橇配套动力。储能装置要求在发动机非正常停机后能在一定限度操作压力控制设备,保证施工安全。

1.2 连续管井控设备

连续管井控设备是确保连续管作业过程中有效抑制井喷的专用设备,是操作安全的重要保障。通常连续管井控设备主要指安装在井口的多个闸板防喷器组成的防喷器组及其控制装置和安装在注入头下部的连续管防喷盒。井下单流阀也可以被认为是连续管井控设备,本节不做讨论。

1.2.1 防喷盒

防喷盒也称"动密封",是连续管能够带压作业的关键装置。防喷盒是位于注入头和防喷器组中间的一种井控装置,通过液压压力推动活塞,挤压胶芯,将胶芯包裹在连续管表面接触,在连续管下入井内或自井内起出时实现管外密封。在防喷盒使用过程中密封胶芯与连续管易产生摩擦磨损,因此需要定期检查、更换。

常用防喷盒的典型结构有单胶芯侧入式防喷盒和双胶芯侧入式防喷盒,分别如图 1-12 和图 1-13 所示。

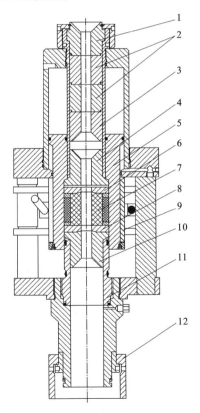
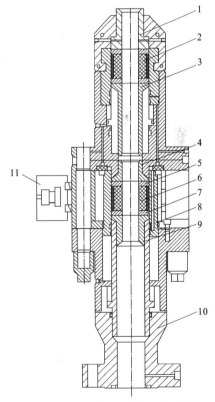

图 1-12 单胶芯防侧入式喷盒示意图
1-顶补芯;2-导向补芯;3-下补芯;4-胶芯上补芯;
5-环形活塞;6-垫环;7-胶芯;8-垫环;9-侧门;
10-胶芯下补芯;11-密封短节;12-连接由壬

图 1-13 双胶芯侧入式防喷盒示意图
1-顶补芯;2-上胶芯;3-长补芯;4-胶芯上补芯;
5-垫环;6-下胶芯;7-垫环;8-环形活塞;
9-胶芯下补芯;10-连接法兰;11-侧门

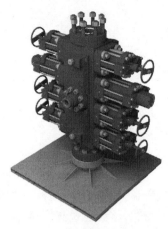

图 1-14　连续管防喷器组[5]

1.2.2　防喷器

典型的连续管防喷器组由四组不同功能的闸板组成，从上至下依次为全封闸板、剪切闸板、卡瓦闸板和半封闸板，结构如图 1-14 所示。连续管防喷器与井口直接相连。

第一组全封闸板，用于在井内无障碍物阻挡闸板时，密封井内压力。全封闸板仅能单向密封，无法承受来自闸板上部的压力。

第二组剪切闸板，用于紧急情况发生时剪断井中连续管。剪切闸板应能在最大井口压力和无拉伸载荷作用于连续管上时，剪断连续管管体（包括安装在管内的任何可缠绕的线状物）。剪切闸板应与被剪切连续管的尺寸配套。剪切闸板应能完成两次或两次以上剪切操作。被剪切连续管切口几何形状应有利于后续的泵入、压井作业及打捞落鱼作业。每次连续管剪切操作后，剪切闸板切刀应及时更换。

第三组卡瓦闸板，当注入头出现故障时能可靠地卡住并悬挂连续管。卡瓦闸板的卡瓦与连续管尺寸配套，导向块使连续管保持在卡瓦闸板通道的中心位置。在防喷器组合结构中，卡瓦闸板通常布置在剪切闸板的下方。卡瓦闸板应能在管重情况下承受连续管预期最大悬重，卡瓦闸板作用后连续管不滑移。卡瓦闸板的卡瓦齿型可分为单向和双向，必须正确使用。此外，由于卡瓦作用对连续管会造成不同程度损伤，连续管作业时不可轻易使用卡瓦闸板。

第四组半封闸板，用于连续管管外密封，紧急关井时启用半封闸板，用于隔离连续管外与防喷器组合内腔的环空压力。半封闸板与连续管的尺寸配套，导向块使连续管保持在半封闸板通道中心。半封闸板通常位于防喷器组合结构中最下部。半封闸板仅单向密封，无法承受来自闸板上部的压力。

1.3　连续管作业数据管理系统

连续管作业数据管理系统主要由数据采集系统和模拟分析系统组成。作业数据管理系统是连续管作业的"CPU"，其中数据采集系统通过各种数据的采集、分析，为连续管作业提供精细的指导；模拟分析系统根据作业数据、材料数据等模拟连续管管柱力学行为，在施工设计时预测连续管作业能力和安全性，指导施工。

1.3.1　数据采集系统

连续管数据采集系统一般包括 PLC 控制箱、流量计、循环压力和井口压力传感器、压力变送器、连续管深度计数器、指重传感器、压力开关等。采集参数通过操作室电脑直接显示，包括循环排量、累计排量、循环压力、井口压力、指重、连续管速度、深度等。连续管数据采集系统界面如图 1-15 所示。

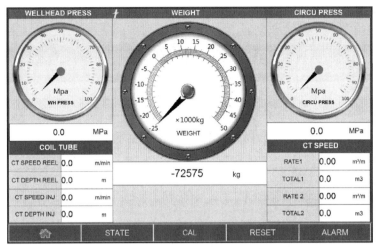

图 1-15 连续管数据采集系统界面

1.3.2 模拟分析系统

模拟分析系统是根据作业井筒的井身结构、井眼轨迹、循环液、作业工艺、连续管等基础数据,模拟分析作业过程中连续管的受力、强度、稳定性、疲劳等,在施工设计时预测连续管作业能力和安全性,在施工过程中结合数据采集系统实时反映连续管作业状态,为施工作业提供指导。模拟分析系统软件具有注入头提升力和注入力分析模型,作业系统水力学分析模型,连续管疲劳强度跟踪模型,工作前后数据分析等功能。

模拟分析系统软件可以提前对作业进行评估,计算连续管管柱在井下是否发生屈曲或锁死、连续管疲劳状态等。对于不同井斜、泵压、流量、循环液、工具串、连续管管径、壁厚、材料、牵引拖拽等情况均可进行分析。例如某卷 110 钢级的 2.000 in 连续管作业模拟结果如图 1-16 所示。

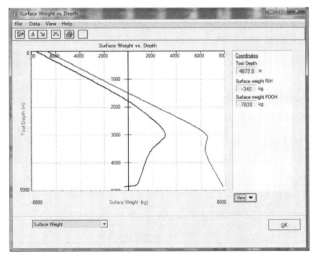

图 1-16 连续管作业模拟结果界面

　　模拟分析系统软件与数据采集系统相结合,可以实时监测连续管井下力学状态,计算井下工具串受力情况,结合疲劳寿命分析当前连续管极限工作范围,可对井眼轨迹复杂、工艺复杂的井况提供现场作业参考。某作业现场连续管实时监测分析界面如图 1-17所示。

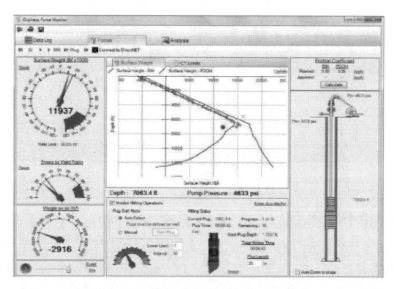

图 1-17　连续管现场实时监测分析界面

1.4　连续管钻修设备

　　常规连续管设备不能用于常规螺纹管柱起下钻作业,在老井再钻作业中,往往先期采油常规钻机或修井机完成井筒中的生产油管起下作业作为钻前准备,钻井完成后下管柱完井;如果采用常规连续管钻新井,同样需要常规钻机完成表层一开钻井和下套管作业。也就是说,常规连续管设备不能独立完成钻井,连续管的优越性不能充分发挥,两套设备的交替作业,增加了钻井成本。

　　为了充分发挥连续管设备的作业优势,在 20 世纪 90 年代,涌现出了复合连续管钻机,结合了常规钻机钻大井眼、下套管和连续管高效、安全钻井的优势。

1.4.1　复合式连续管钻修设备

1. 结构组成

　　复合式连续管钻修设备基本构成主要包括井架、顶部驱动装置、绞车、游动系统或液压起升系统等常规钻机功能部分和注入头、滚筒等连续管设备部分,共用控制系统、动力系统,各功能单元集成在一个或多个底盘上,模块化设计。

　　美国 Xtreme Coil Drilling Corp 2000 年在加拿大实现了连续管钻井商业化应用,该公司开发了 XTC 系列的复合式连续管钻机[6-7]。工作时,注入头安装在井架下部带滑轨的平台上,需要进行表层大直径井眼钻井、下套管固井、处理井下事故,或起下油管等作业时,注入头在滑轨上移动让开井口,利用顶部驱动装置作业;当利用连续管钻井时,顶部驱动装置被提升到井架上部,注入头移动到井口中心线位置。两种工序的交替基本上是无缝对接,两分钟内便可以完成作业转换。

2. 技术参数

复合式连续管钻修机的能力参数包括井架承载能力、绞车、顶部驱动、注入头、连续管滚筒、动力源等。到目前为止,我国尚无复合式连续管钻修机应用于工程实践。

最初设计的复合顶驱连续管钻机主要应用于浅层油气藏开发,井架最大钩载为 450.00 kN (100 000 lbs①),注入头最大提升能力为 360.00 kN(80 000 lbs),连续管直径 73.00 mm (2.875 in);钻井深度小于 1 500.00 m。后期,相继研发出了钻深能力更强的复合连续管钻机,Xtreme Coil Drilling Corp 生产的系列复合连续管钻机,其性能参数如表 1-4 所示。连续管直径 88.90 mm(3.500 in),注入头提升能力可达 545.00 kN(120 000 lbs),甚至 907.00 kN(200 000 lbs),井架最大钩载 1 360.00 kN(300 000 lbs),甚至 1 815.00 kN (400 000 lbs),钻井深度超过 3 000.00 m。从 2000~2008 年,采用复合连续管钻机钻新井数已经超过 40 000 口,机械钻速可达到 250 m/h,能在一天内完成 1 000.00 m 以内浅井的钻井和固井工作。

表 1-4　复合连续管钻机参数[6]

型号	XTC200ST	XTC200DT	XTC200DT^Plus	XTC300ST	XTC400ST
连续管尺寸/in	3.500	3.500	3.500	3.500	3.500
连续管额定钻深/ft	6 500	8 200	10 000	10 000	10 000
注入头能力/lbs	120 000	120 000	200 000	200 000	200 000
4.000 in 钻杆额定钻深/ft	8 200	8 200	8 200	11 000	14 000
大钩载荷/lbs	200 000	200 000	200 000	300 000	400 000
绞车功率/hp	600	600	600	600	1 000
泵功率/hp	1 000(1~2)	1 000(2)	1 000(2)	1 600(2)	1 600(2)
运输车辆数	11	13	13	18	22
操作人数	4~5	5	5	5	5
钻机转运和安装时间/h	2~4	2~4	2~4	8	18

注:括号中数字代表泵的台数。1 hp＝0.75 kW。

3. 运输模块设计

复合式连续管钻机与常规钻机相比,结构体积和重量减少了 15%～50%[6],但单独

① 1 lbs＝0.453 59 kg

部件结构庞大,如连续管及其滚筒、顶部驱动装置、井架、注入头等。因此,复合式连续管钻机运输模块的设计是衡量钻机性能的关键因素。运输模块设计既要满足运输各种交通限制,又要实现设备的快速安装和快速拆卸。

　　早期,适应于浅井钻井的复合式连续管钻机通常设计为一个载荷单元,包括顶驱、井架、注入头、连续管及滚筒等。随着钻机能力、规格的增大,一个载荷单元的设计将面临运输超限的问题。因此,现在复合式连续管钻机多采用模块化设计,把设备拆分成多个载荷单元,实现快速拆装的同时满足道路运输问题。

4. 特点

　　复合式连续管钻机即可满足连续管钻井的施工要求,又能快速转换为顶驱作业,执行一些常规连续管钻机不能完成的作业。当前复合式连续管钻机配套了变频驱动动力、大功率钻井泵、钻柱自动操纵系统等,其作业优势更加明显[6-7]。

　　① 快速安装和拆卸。复合式连续管钻机安装时间 1～1.5 h,常规钻机安装时间 5～7 h,复合式连续管钻机拆卸 0.75～1 h,常规钻机拆卸 4.5～5 h。

　　② 具有注入功能。为了克服连续管通过防喷盒的摩擦阻力和井筒压力作用在连续管上的上顶力,在连续管入井时,注入头可以给连续管施加注入力。连续管注入头具有双向驱动功能,其注入能力约为提升能力的 50% 左右。

　　③ 作业人员少。连续管钻井操作一般只需要 4 人,常规钻机钻井需要 6～10 人。

　　④ 起下钻速度快。连续管起下钻速度平均是常规螺纹管柱起下钻速度的 3 倍。

　　⑤ 机械转速快。连续管钻井具有更快的机械钻速。

　　⑥ 连续管钻井可以实现不间断循环作业、地层稳定性好、储层污染小。

　　⑦ 复合式连续管钻机钻井占地面积小、污染小、噪音小。

5. 局限性

　　连续管钻水平井水平位移受到限制,而且由于钻井循环洗井难度大,使得连续管和井底钻具组合容易发生卡钻。此外,连续管不能旋转,在定向钻井作业中,为了控制井眼轨迹,需要频繁起下钻,改变井下钻具组合和马达弯外壳的角度。

1.4.2　旋转连续管钻机

　　连续管钻井时,管柱不能旋转,导致了诸多的钻井问题。例如,循环摩阻大,井筒环空中钻屑不能及时返排到地面,容易引起钻屑沉积卡钻;管柱与井壁滑动摩阻大,消耗管柱轴向力的传递,限制管柱的轴向延伸等,这些问题在定向井和水平井中钻井过程中更加突出。2006 年,John Van Way 发明了一种在修井机的基础上改造的复合旋转连续管钻机[8],2008 年 Arpit Choudhary 等在加利福尼亚贝克尔斯菲市的 SPE 会议上报道了基于 John Van Way 发明的旋转连续管钻机的结构和工作原理[9]。该复合连续管钻机将连续管滚筒和注入头安装在修井机的井架内钻台的上方,滚筒竖直安装,注入头位于滚筒下方,连续管从滚筒的中心释放出来直接进入注入头。工作时,滚筒和注入头能够以 20 r/min 的速度同步旋转,也可以不旋转工作,突破了过去连续管只能滑动钻进的方式。该发明的另一个优势就是取消了鹅颈导向器,连续管从滚筒释放出来直接进入注入头,减少了连续管的两次弯曲变形(直—弯—直),有利于减轻连续管的疲劳,延长连续管寿命。这种旋转连续管钻机当时正处在概念和试验期,近期未见更新的报道。

1.4.3　连续管钻机的发展趋势

石油钻机技术总是为了适应石油钻井技术的发展而发展,当今钻井技术的发展正在追求提高油气采收率,提高钻井速度,降低综合开发成本。连续管钻机的发展趋向于实现安全、高效钻井和自动化、智能化的发展。

① 直径连续管增强了连续管的钻井能力。大直径连续管一方面增强了连续管承载能力,从而增加了连续管的钻井能力;另一方面,大直径连续管增加了钻井时钻井液的循环能力,可以在不增加泵压的条件下实现更大的钻井排量,增加了循环洗井效果,有利于获得更高的机械钻速。连续管钻井从早期采用 2.000 in 连续管配套 2.875 in 井下钻具组合,逐步发展到 2.375 in 连续管配套 3.500 in 井下钻具组合和 2.875 in 连续管配套 4.750 in 井下钻具组合。当前,3.500 in 连续管已经开始应用于连续管钻井。

② 自动化、智能化连续管钻机的发展。复合式连续管钻机广泛采用交流变频电驱动调速控制和 PLC 控制技术,数字化控制技术将连续管作业推向了自动化、智能化。连续管作业机的注入头、卷绕滚筒、配套的顶部驱动钻井系统、钻井泵等设备采用交流变频电机驱动,提高了连续管钻机钻井的适应性和灵活性,也方便了连续管钻机作业的自动化、智能化控制和信息化管理。

连续管钻井工艺技术的广泛应用和发展,推动了连续管钻机技术的进步,连续管钻机的功能、型式和能力的扩展,一些特殊应用的连续管钻机也显现于特殊环境的石油钻井工程,如全自动连续管钻机、微小井眼连续管钻机、海洋连续管钻机等。

1.5　连续管井下工具

连续管工具从 20 世纪 60 年代连续管作业设备诞生后就开始应用到了现场施工,对连续管各种工艺技术的推广和应用起到了很好的推动作用,每种新工具的投入使用都会对连续管的作业起到很好的促进作用。目前,连续管的各种施工工艺都不能离开与之相配套的井下工具,从某种意义上讲,所使用的井下工具的先进程度代表了连续管作业的技术水平。本节仅讨论各种连续管作业通用的井下工具。

1.5.1　连接器

连接器是用于将连续管和井下工具或两段连续管连接的工具。根据连续管外径、不同作业用途选择相适应的连接器。连接器可分为外卡瓦式、内卡瓦式、滚压式、铆钉式,如图 1-18 所示。其中铆钉式连接器因其抗扭能力强,主要用于钻磨等施工。

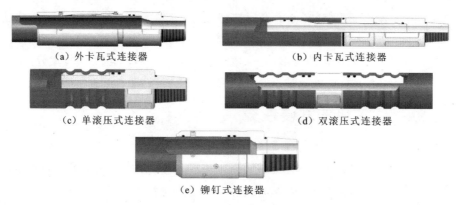

（a）外卡瓦式连接器　　　　　　　　　（b）内卡瓦式连接器

（c）单滚压式连接器　　　　　　　　　（d）双滚压式连接器

（e）铆钉式连接器

图 1-18　连续管连接器

1.5.2　单流阀

单流阀作用类似于钻井内防喷工具，起到封隔井底压力，防止井喷事故发生。单流阀主要有两种型号：双瓣式单流阀和球式单流阀，如图 1-19 所示。双瓣式单流阀适用于泵送液体作业，球式单流阀适用于泵送气体作业。

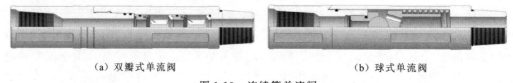

（a）双瓣式单流阀　　　　　　　　　　　（b）球式单流阀

图 1-19　连续管单流阀

1.5.3　丢手工具

连续管丢手工具的作用是在需要将井下工具组合坐放在井下时，或者因为井下工具组合在井下出现事故或遇卡时，释放井下工具与连续管脱离开。连续管作业管柱中常用的丢手工具一种是液压释放型丢手工具，需要释放井下工具时，通过连续管内投球打压实现丢手，如图 1-20（a）所示；另一种是机械剪切销钉释放型丢手工具，需要释放井下工具时，提拉管柱剪断销钉实现丢手，如图 1-20（b）所示。由于机械剪切销钉释放型丢手工具受到连续管强度限制，适应范围窄，实际中液压释放型丢手工具应用越来越广泛，操作简单、性能可靠。

1.5.4　循环阀

循环阀连接于丢手工具下方，用于井下工具上部连续管工作管柱大排量循环，常用的循环阀有投球式循环阀和双循环阀两种，如图 1-21 所示。当连续管井下遇卡时，投球打开循环通道大排量洗井。但当工具遇卡被埋，流量很小无法正常泵送投球时，需要憋压开启破裂盘增大流量，完成投球剪断销钉开启循环阀大排量洗井。双循环阀破裂盘受温度影响大、制造要求高、容易失效，如果不是特殊工艺要求，尽量不用破裂盘开启循环。当不使用破裂盘时，安装破裂盘处通常用丝堵堵死。

（a）液压释放型丢手工具

（b）机械剪切销释放型丢手工具

图 1-20　连续管丢手工具

（a）投球式循环阀　　　　　　　　　　　　（b）破裂盘式双循环阀

图 1-21　连续管循环阀

参 考 文 献

［1］AMERICAN PETROLEUM INSTITUTE. Recommended practice for coiled tubing operations in oil and gas well services:API RP 5C7:2002［S］. 1st ed. Washington D. C. :American Petroleum Institute（API），2007.

［2］马卫国,余家利,刘少胡,等. 连续管安全夹持摩擦系数允许区间研究［J］. 科学技术与工程,2017,17(04):65-69.

［3］国家能源局. 连续管作业机:SY/T 6761—2014［S］. 北京:石油工业出版社,2015.

［4］NATIONAL OILWELL VARCO. Coiled tubing injector models［EB/OL］.（2017－03－08）［2018－04－25］. http://www. nov. com/Segments/Completion_and_Production_Solutions/Intervention_and_Stimulation_Equipment/Coiled_Tubing/Hydra_Rig/Coiled_Tubing_Equipment/Coiled_Tubing_Injectors/Injector_Models/HR－6100. aspx

［5］NATIONAL OILWELL VARCO. Coiled tubing BOP(ES)［EB/OL］.（2017－03－08）［2018－04－25］. http://www. nov. com/Segments/Completion_and_Production_Solutions/Intervention_and_Stimulation_Equipment/Coiled_Tubing/Texas_Oil_Tools/Surface_Well_Intervention_Equipment/Blowout_Preventor_BOP/Coiled_Tubing_BOP_ES/Coiled_Tubing_BOP_(ES). aspx

［6］单代伟,刘清友,陈俊,等. 连续油管钻机现状和发展趋势［J］. 石油矿场机械,2010,39(5),79-83.

［7］MAZEROV K. Bigger coil sizes,hybrid rigs,rotary steerable advances push coiled tubing drilling to next level［J］. Drilling Contractor,2008:54-60.

［8］JOHN V W. Rotate coiled tubing［J］. Exploration & Production,2006.

［9］CHOUDHARY A,MENEZES R J,GARG R,et al. Hybrid drilling rig with rotating coiled tubing［C］//SPE Western Regional and Pacific Section AAPG Joint Meeting. Society of Petroleum Engineers,2008.

第 2 章

连续管的制造与性能

连续管是采用特殊低碳合金钢或其他材料通过独特制造工艺生产的一种高强度、塑性好的连续焊接管或完整的复合材料连续管,单根长度可达数千米,成品缠绕在滚筒上运输交付使用,主要用于油气田修井、测井、钻井、完井、油气输送等作业领域。

连续管的性能与使用的材料密切相关,制造连续管的材料主要有三大类:钢、钛合金和复合材料。以钢为材料的连续管,应用时间最长,具有制造成本低、应用范围广的优点,已广泛应用于各种连续管作业中。钛合金是新型连续管材料,由其制造而成的钛合金连续管具有重量轻、强度高、抗腐蚀强的优点,适用于某些腐蚀介质的场合,但是价格较高。复合材料连续管具有抗腐蚀,疲劳寿命长的优点,但树脂基体的弹性模量较低,抗外压能力差,在井下容易屈曲,水平井延伸效果差。不同的材质的连续管的特点和适用范围各不相同,根据各自的特点,选用不同材质的连续管,可以达到最佳的使用效果,从而降低成本,提高效益。除了材料外,连续管的性能还取决于制造工艺,本章将分别阐述钢连续管、钛合金连续管和复合材料连续管的制造工艺与性能。

2.1 钢连续管的制造与性能

钢连续管是应用最为普遍的连续管,最初连续管就是用钢来制造。20 世纪 60 年代以来,由于钢连续管制造技术不断发展,钢连续管的性能越来越高,应用也越来越广泛。钢连续管从原来的 25.40 mm 小直径到现在的 168.23 mm;制造钢级的屈服强度也由 482 MPa 到现在的 900~1 000 MPa,甚至 1 200 MPa 以上;热处理也由接头处的局部热处理到现在整体热处理;壁厚从等壁厚到阶梯壁厚再到渐变壁厚。每一次技术改进都使得连续管的应用范围更广、应用成本更低。

2.1.1 连续管钢

在制造钢连续管中,根据不同连续管的特点,选择合适的钢材或进行合适的钢材设计是制造出性能优良连续管的基础,不同的钢材可以生产出不同性能的连续管。当前常用的钢连续管有普通连续管、抗腐蚀连续管和高强度连续管等。

1.普通连续管钢

连续管在工作过程中,需要下入井中进行作业,作业完成以后需要从井中起出,并卷绕在滚筒上。受运输条件的限制,卷绕连续管的滚筒尺寸不能太大。连续管从滚筒上释放拉直和卷绕到滚筒上均会经过塑性变形,塑性应变较大。因此,连续管需要具有很好的韧性,能在很多次反复的塑性应变引起的损伤积累下不损坏,即有较高的寿命。作业过程中,连续管内需要通过高压工作流体,在连续管中产生环向应力;另外,连续管下放进入井筒时,要受到轴向拉伸作用,产生轴向应力;在钻井等作业中连续管还要受到扭矩的作用,这些都需要连续管有较高的强度。

自 1990 年以来,连续管的应用范围不断扩大,各种作业对连续管特性的要求也越来越高。与此同时,对连续管材料和制造技术的不断进步,提高了连续管的强度极限,改善了连续管的塑性特性。从连续管井下的工作特点考虑,连续管下深越来越深,内压越来越高,有些作业工况下还有可能受到较大的扭矩作用,需要提高连续管的强度;如果提高连续管的强度,又有可能导致连续管的韧性的损失,增大裂纹的萌生和扩展的可能性,降低疲劳寿命。所以,需要从强度和延伸率两个方面进行折中。近年来,连续管制造的研究有了很多新进展,强度达 1 000 MPa 以上钢级的连续管、抗疲劳破坏的连续管等都已经制造成功。新型连续管钢主要从两个方面进行了研究。

一方面,化学成分对连续管钢性能有很大的影响,在低碳钢中添加少量的微合金化元素,就可能对钢材的性能产生较大的影响。例如 Ni、Ti、V 等容易形成碳化物或氮化物的元素,可以减少在钢板轧制过程中损害钢的塑韧性的一些沉淀相的产生,具有弥散强化作用。

另一方面,金相组织同样对连续管钢性能有很大影响,钢级的不同和制造工艺的不同,使连续管钢具有不同金相组织。改变冶金工艺和热处理工艺,连续管钢的金相组织有显著的变化。以金相组织分类,连续管钢的金相组织大致分为以下几种:

① 铁素体-珠光体钢。基本成分为 C、Mn,有时加入少量 Nb、V,采用热轧或热轧后正火热处理。500 MPa 以下低钢级的连续管钢采通常采用此工艺。

② 少珠光体钢。连续管钢的珠光体含量通常控制在 15% 以下,含碳质量分数一般控制在 0.1% 以下,采用控轧成型,500～700 MPa 区间的正强度钢级的连续管多采用这种钢。

③ 针状铁素体钢。这种钢的主要化学成分为 C、Mn、Nb、Mo,采用控轧工艺。700 MPa 的连续管采用这种钢制造,特点是包辛格效应小。

④ 超低碳贝氏体钢。连续管钢的主要化学成分为 Mn、Nb、Mo、B、Ti,同时采用控轧、控冷的工艺。获得该金相组织的连续管钢不仅强度高,冲击韧度和可焊性也好。700～800 MPa 钢级的连续管大多采用这种钢。

⑤ 调质钢。由于进行了热处理,强度比较高,韧性也很好,多用于 800 MPa 钢级及以上级别的高强度连续管。

2. 耐腐蚀连续管钢

连续管在作业中,有时处在含有 CO_2 和 H_2S 的溶液的环境中,高应力状态下的材料会受到 CO_2 和氢离子的腐蚀。因此,需要在这些环境中应用抗腐蚀的连续管钢。

不同钢级的连续管耐 CO_2 和 H_2S 腐蚀的能力不一样,钢级越高,耐腐蚀能力越弱。干燥的 CO_2 对连续管没有腐蚀作用,但溶于水后就会对钢产生电化学腐蚀。钢铁在接触含 CO_2 的溶液后,会在表面产生膜或腐蚀产物垢,如果这些垢层足够密实,就会保护内部的钢铁不受 CO_2 溶液的腐蚀;如果垢密实不够,溶液就会进一步渗入进去,垢下金属会与垢外的阴极区产生电位差,形成腐蚀电流。腐蚀可分为均匀腐蚀和局部腐蚀,局部腐蚀是由于垢的覆盖的密实度不均匀,形成局部的化学电池,对作为阳极的钢腐蚀严重。H_2S 腐蚀主要是渗入进钢材内部的氢离子互相结合形成氢分子,使高硬度和高强度的钢材的晶格发生变形,形成微裂纹,容易发生裂纹扩展而早期断裂失效。

为了使连续管更加抗腐蚀,需要降低有害元素 P、S 的含量,同时使 Cr 等元素微合金化,控制焊缝及其热影响区的硬度。

Tenaris 公司开发生产的 HT 系列连续管,如 HT-110、HT-125 和 HT-140 产品,采用了重新设计的钢材和制造工艺,称为 BlueCoil 工艺,具有很好的抗腐蚀能力和抗疲劳性能。

3. 高强和超高强度连续管钢

近年来,用于钻修井连续管需求持续增长,目前涵盖 Φ 11.40～114.30 mm 不同规格,600～1 200 MPa 不同钢级。800 MPa 钢级以下连续管材料,由基本低碳钢逐步发展为微合金高强钢、超细晶粒钢、不锈钢等。

高强度钢级的连续管钢(如 QT-1300)需要经过纯化处理,清除其中的有害杂质,经过微合金化,精心设计轧制工艺和调质等热处理工艺,使之具有良好的力学性能。淬火加高温回火的调质过程能使高强度的连续管具有较高的疲劳寿命,有些公司生产的新工艺的连续管在最后一道工艺进行了整体调质热处理,试验表明具有较高的疲劳寿命。例如 Tenaris 公司的 BlueCoil 工艺生产的 HT-140。

2.1.2　钢焊接相变与热处理

在制造连续管的过程中，需要进行焊接，涉及材料的加热、熔化和相变再结晶等金相组织的变化，金相组织的变化会导致连续管力学特性发生显著改变，影响连续管的强度、韧性和疲劳特性。因此，连续管焊接后需要进行必要的热处理，在连续管成型后，有的还需要进行整体热处理，这些处理过程都涉及钢的相变。

1. 铁碳合金相图

常温下钢铁是晶体结构。含碳铁合金有三种基本晶体结构，分别为铁素体(F 或 α)、奥氏体(A 或 r)和渗碳体。铁素体是碳溶于 α-Fe(体心立方晶格)中形成的间隙固溶体，如图 2-1(a)所示；奥氏体是碳溶于 γ-Fe(面心立方晶格)中形成的间隙固溶体，如图 2-1(b)所示；渗碳体是铁与碳形成的金属化合物，它的分子式为 Fe_3C，如图 2-1(c)所示。除了这三种基本结构外，还有珠光体(P)，即由铁素体和渗碳体组成的机械混合物；莱氏体(Ld)，由奥氏体和渗碳体组成的机械混合物。

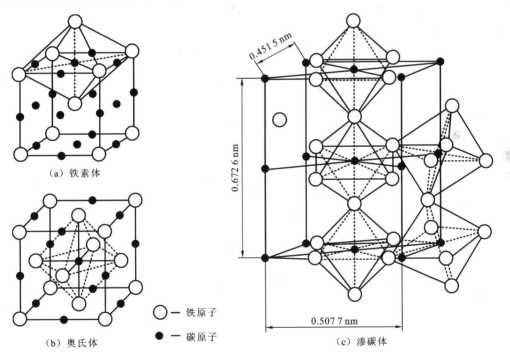

图 2-1　铁碳合金的基本晶体结构

铁碳合金的结晶过程不一定在恒温下进行，而是在一个温度范围内完成；结晶过程中不仅会发生晶体结构的变化，还常常伴有化学成分的变化。结晶过程与含碳量、温度变化有非常密切的关系，不同的含碳量将得到不同的显微结构。晶体结构与含碳量、温度的关系图称为铁碳合金相图，如图 2-2 所示。其中，$L'd$ 为低温莱氏体；L 为液相；δ 为高温铁素体；Fe_3C_I 为一次渗碳体；Fe_3C_{II} 为二次渗碳体；Fe_3C_{III} 为三次渗碳体。

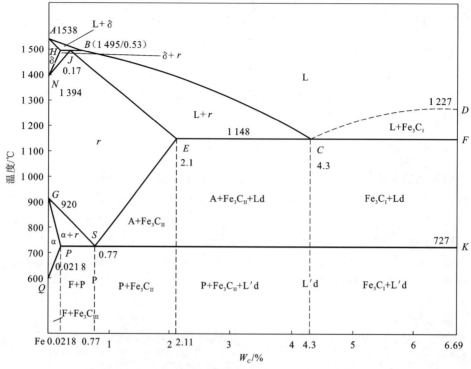

图 2-2　铁碳合金相图

图 2-2 附表　相图中各点的温度、含碳量及含义

符号	温度/℃	W_C/%	含　义
A	1 538	0	纯铁的熔点
B	1 495	0.530 0	包晶转变时液态合金的成分
C	1 148	4.300 0	共晶点
D	1 227	6.690 0	Fe_3C 的熔点
E	1 148	2.110 0	碳在 γ-Fe 中的最大溶解度
F	1 148	6.690 0	Fe_3C 的成分
G	912	0	α-Fe→γ-Fe 同素异构转变点
H	1 495	0.090 0	碳在 δ-Fe 中的最大溶解度
J	1 495	0.170 0	包晶点
K	727	6.690 0	Fe_3C 的成分
N	1 394	0	γ-Fe→δ-Fe 同素异构转变点
P	727	0.021 8	碳在 α-Fe 中的最大溶解度
S	727	0.770 0	共析点
Q	600（室温）	0.005 7（0.000 8）	600 ℃（或室温）时碳在 α-Fe 中的最大溶解度

铁碳合金相图提供了一个具有两相(奥氏体与铁素体)的温度组分图。在纯铁的情况下,温度降到 920 ℃,奥氏体转变成铁素体,该转变温度习惯称 A3 温度(GS 线)。图 2-2 中显示,在铁中增加碳降低 A3 温度,A3 温度降低最大的点是共析点,也被称为珠光体点。共析点表示在相图的温度和组分的点发生共析反应,即由一种固态转变成两种固态。铁碳合金相图的共析点是在碳组分含量约 0.77% 左右,即图 2-2 中的 S 点,低于 0.77% 的称为亚共析钢,共析温度称为 A1 温度(PSK 线)。具有 100% 奥氏体的钢位于图 2-2 中的 γ 区内,铁素体的钢在相图中位于左下方的非常窄的区域。铁素体溶解的碳最多只有 0.0218%,这点的温度是共析温度 727 ℃。这说明铁素体基本是纯铁,面心立方晶格铁原子间的孔隙大于体心立方晶格,这是奥氏体能溶解更多碳的原因。

铁碳合金相图也被称为平衡相图,这意味着 A1 温度和 A3 温度是在极低的冷却速率或加热速率下确定的,因此也被称为 Ae1 和 Ae3,其中的 e 字母表明是平衡。

当亚共析钢由奥氏体颗粒冷却到 727 ℃时,珠光体从奥氏体中形成,但这仅在冷却速率极慢时才发生,即使在中等的冷却速率,例如 3 ℃/min,奥氏体到珠光体的转变温度要下降大约 20 ℃。因此,铁碳合金相图只能粗略估计转变温度。奥氏体到珠光体的转变温度向下移;相反,珠光体到奥氏体的加热相变温度也要向上移。

纯铁中,奥氏体冷却转变到铁素体的过程是放热过程;相反,加热时铁素体转变到奥氏体是吸热过程。典型钢中添加锰(Mn)和硅(Si)会降低 A1 和 A3 的温度,例如,添加 0.18% 的 C,0.75% 的 Mn,0.2% 的 Si 将使 A1 降至 725 ℃,A3 降至 824 ℃。

加热相变时,在 737 ℃左右温度上升的速率会突然减少,原因是当珠光体转变成奥氏体时吸热,意味着 A1 温度上升了 12 ℃,从 725 ℃上升至 737 ℃。习惯上标注实际转变温度为 Ac1,转变温度上升的多少取决于加热速率,如果加热速率增加到 40 ℃/min,Ac1 的值增加。

冷却则有相反的效果,含 0.18% 的 C,0.75% 的 Mn,0.2% Si 的钢由奥氏体转变成铁素体或珠光体时放热,温度下降速率降低。在 A3 温度以下奥氏体转变成铁素体,以及 A1 温度下奥氏体转变成珠光体时效应很明显。A3 转变温度从 762 ℃开始,比原 824 ℃的 A3 温度低了 62 ℃,后者从 652 ℃开始,比 725 ℃的 A1 温度低了 73 ℃。将标记冷却时实际转变温度为 Ar3 和 Ar1。

2. 钢的相变与热处理

连续管钢是低碳钢,钢中含碳量低于 0.77%,是属于亚共析钢。在平衡相图中,Ae3 为奥氏体转变为铁素体加奥氏体的相变线,Ae1 为铁素体加奥氏体转变为铁素体加珠光体的转变温度。但铁碳合金相图是平衡相图,意味着温度的变化不能快,必须非常缓慢,如果温度变化快时,需要用连续冷却转换相图(continuous cooling transformation diagram,CCT),如图 2-3 所示。

CCT 可以描述不同冷却速率下相之间的转换。钢的冷却速率不同,冷却之后获得的金相组织不相同。例如,马氏体(M)可以由钢加热到能形成奥氏体的温度并保持一定时间使其全部转化为奥氏体(A)后迅速冷却获得,它的金相组织是碳在 α-Fe 中的过

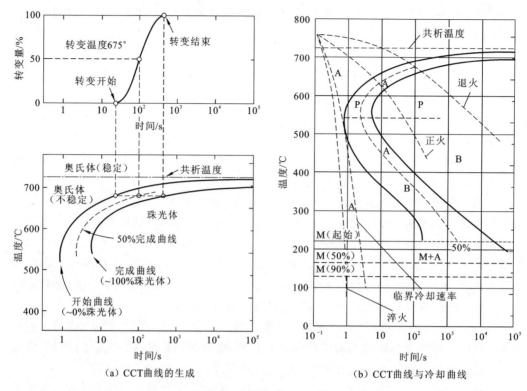

（a）CCT曲线的生成　　　　　　　（b）CCT曲线与冷却曲线

图 2-3　共析钢的 CCT 曲线

饱和固溶体,硬度较高,强度较大。马氏体和奥氏体之间的区别是前者是体心正方晶格,而后者是面心立方晶格。如果将钢进行奥氏体化后,再快冷到贝氏体(B)转变温度区间(260～400 ℃)等温保持,奥氏体转变为贝氏体,贝氏体是由铁素体和渗碳体组成的非层状组织。

　　CCT 曲线的生成,如图 2-3(a)所示。某个温度的转变百分数随时间的变化而变化,假设温度为 675 ℃,起始转变时刻、50％时刻和转变结束时刻向下投影与 675 ℃横线相交,定出 3 个点,将所有温度的试验曲线依次做出,得出 CCT 曲线。

　　CCT 曲线与冷却曲线的关系如图 2-3(b)所示。冷却的快慢对金相组织和晶粒大小起着决定性的作用,退火曲线显示,在较高的温度下完成转换,生成的粗颗粒的珠光体(P),冷却稍微快一点的是正火。冷却速率曲线与开始曲线相切的是临界冷却速率曲线。冷却速率≥临界冷却速率是淬火,生成细颗粒的马氏体(M)＋奥氏体(A)。

2.1.3　钢连续管的制造工艺

　　连续管制造过程如图 2-4 所示,主要工序是从右到左,连续管是由钢带轧制焊接而成的。首先,钢板分割成钢带,钢带用斜接焊(bias weld)连接起来形成一条连续的钢带。焊接时采用合适的工艺参数保证斜接焊缝的力学特性,同时斜接焊缝将在较大的范围内均匀地分布应力和应变,使焊缝对连续管的寿命影响减小。连续管制造车间用

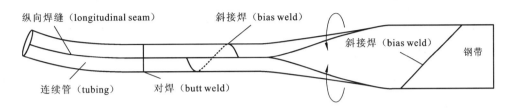

图 2-4　连续管制造过程简图

一系列的轧辊逐渐的将钢带卷成圆管,高频焊接机内的最后的轧辊将钢带形成的圆管的边缘挤在一起,由高频焊接机产生的电流将边缘融合在一起形成连续的纵向焊缝(longitudinal seam)。

焊接中并没有其他材料添加进来,但会在连续管的内外留下一些毛刺,外边的毛刺会被刮削工具清除,以保证外径的光滑,然后焊缝采用高度局部的感应加热进行正火,全管焊缝需进行涡流或超声检测,探测有无裂缝,再通过定径轧辊将连续管外径整形,同时保证外径的制造精度,全管进行残余应力消除处理,达到所需的机械性能,接着将连续管卷绕到运输滚筒上,冲洗连续管内壁清除掉多余的制造残渣。

1. 钢板的分割与连接

1) 钢板的分割

从轧钢厂生产出来的钢板卷一般宽 600.00～3 000.00 mm,长数百米,卷成一个钢板卷。因此,在将钢板卷加工成连续管之前,要将钢板平整剪切成宽为连续管的周长的钢带,并将钢带连接成连续管全长的钢板带。矫平钢板并分割连续管钢板用专用的圆盘式分割机,如图 2-5 所示。

2) 钢带的连接

一般这些钢带的长度只有几百米,为了将几百米长的钢带连接成几千米以上长度的钢带,需要将钢带从端部焊接起来,连成一个整体。焊缝的形式有直角对接焊缝(butt weld)和斜接焊缝(bias weld)两种,如图 2-4 所示。直角对接焊缝端部加工成直角,直接拼接焊起来;而斜接焊缝端部加工成 45°角,再拼接焊起来,如图 2-6 所示。斜接焊缝的钢板卷成连续管之后,焊缝不在一个平面内,而是形成一个螺旋线。

图 2-5　钢板圆盘纵割机

图 2-6　钢带的斜接焊缝

（1）焊接的热影响区

连接钢板一般采用等离子弧焊接。焊接过程中，焊接温度较高，在熔化区达到1 500 ℃，由于热传递机制，从熔化区到远离焊缝的地方温度逐步降低，不同的温度使金属产生不同的相变，最终在焊缝及焊缝周围材料的金相结构分成六个不同的区域，如图2-7所示。

① 熔化区。基体金属和焊接金属熔化混合的区域，温度超过钢的熔点。

② 粗颗粒热影响区（CGHAZ）。靠近熔化区基体的温度焊接时曾达到Ae3以上，接近熔点温度。

③ 细颗粒热影响区（FGHAZ）。基体金属焊接时温度曾略高于Ae3，但不足以导致粗颗粒的生长。

④ 临界热影响区（ICHAZ）。焊接时温度加热到Ae1和Ae3之间。

⑤ 次临界热影响区（SCHAZ）。焊接时温度低于但接近Ae1，与基体材料相比，有些软化，在晶粒大小上没有改变。

⑥ 基体金属区。未受焊接的影响。

焊接中金属的冷却导致热影响区的金相结构改变，是材料对完整热循环的响应。冷却速率受热传递机制的限制，即受钢带基体材料的热导和环境对流的影响，但也可以用冷却设备强化，例如通过强制空气对流或喷水雾。由于焊接中热影响区的金相组织改变，引起热影响区的材料性能（如屈服强度、抗拉应力和最大硬度）发生改变，典型的硬度改变如图2-8所示[4-5]。

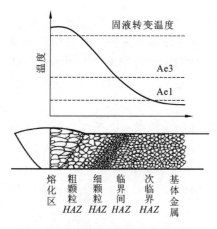

图2-7 焊缝热影响区金相结构示意图

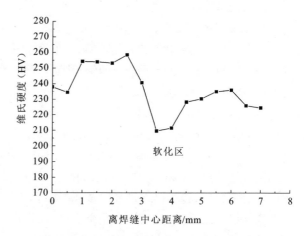

图2-8 焊接后焊缝周边热影响区的硬度分布

力学性能的改变影响钢带加工工序的质量和最终性能，有必要进行焊后热处理。焊后热处理可以设计成不同的复杂程度，但难以完全达到热轧厂的精细工艺的程度，在抗低周疲劳中，斜接焊缝始终是连续管的弱点。

焊接完毕后，对整个钢带进行无损探伤。钢带的探伤可采用涡流或超声波探伤，超声波探伤方向性好，穿透能力强，探伤速度较快。在金属探伤中应用的超声波为频率在$0.5 \sim 20$ MHz的振动波，它能在同一种均匀介质中作直线传播，但在不同的两种交界面（如内部存在气孔、夹杂、裂纹、缩孔等缺陷的边界）上会出现部分或全部的反射。从超声波探伤仪探测反射波的延迟时间和强度就可以测量出内部缺陷的大小、位置和数量。在焊缝处，还采用 X 射线探伤，保证没有任何缺陷留到下一道工序。

(2) 焊后热处理

为了进行焊后热处理，必须了解热循环过程对材料特性的影响。连续管钢的连续冷却转换曲线如图 2-9(a) 所示，其中 M 为马氏体，B 为贝氏体，F 为铁素体。某种连续管钢的 CCT 曲线以及在某种冷却速率下的相对硬度如图 2-9(b) 所示。

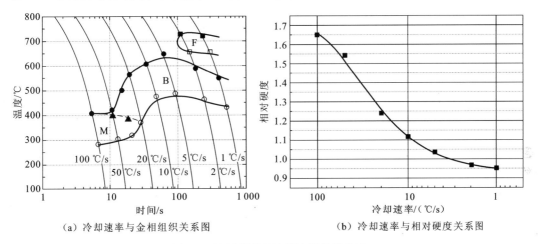

(a) 冷却速率与金相组织关系图 　　　(b) 冷却速率与相对硬度关系图

图 2-9　连续管钢的连续冷却转换曲线

从相变分析可以得出结论，由控轧控冷生产的基体材料的金相结构不可能通过连续冷却重新获得，即使选择与基体材料相当硬度的冷却速率，金相组织的特性如金相组织的细化程度和脆性成分的存在都是与原有的基体材料不同的。

如图 2-9 所示，如果冷却速率比较低，例如 2 ℃/s，材料转变成铁素体与贝氏体，但由于金相组织没有细化，重结晶区的硬度比原有材料的硬度要低，不能满足连续管的强度要求。如果提高冷却速率，基体材料可以高于原有材料的硬度，但高硬度会伴随出现一些脆性成分。适当确定斜接焊之后，热处理的工序是在满足强度要求和避免影响疲劳性能的脆性成分的生成之间进行折中。

当钢带焊接完毕并进行合适的焊后热处理后，制造连续管的钢带卷成一个巨大的钢带卷以待进一步加工制造。

2. 连续管成型与纵向焊接

1) 钢带的卷曲成型

准备好的钢带由一系列的精心设计的冷弯成型设备冷弯成型，将钢带一步一步地弯曲成几乎圆形的截面。冷弯工艺中设备的主要参数，如机架的位置和数量及间距，轧辊的形状等必须经过精确计算，确保钢带冷弯成型过程中变形均匀，钢带边缘的塑性变形小，不产生波浪以及鼓包等缺陷，为即将进行的直缝焊接提供高质量的"U"字形截面预焊接管。

在卷曲成型中，钢带经过较大的塑性变形，会有残余应力和冷作硬化的现象，加工后，连续管的屈服强度和硬度都会有所提高。

2）连续管纵向焊接

钢带卷曲后,进行连续管纵向焊缝的焊接,是极为关键的工序。利用高频电流的集肤效应和邻近效应形成的高频焊接,是目前最佳的焊接方法。

集肤效应,是指如果通过导体的交流电的频率比较高时,电流密度有向导体表面聚集的趋向,导体内部的电流密度小,而导体外表面的电流密度大,频率越高,这种趋势越明显。集肤效应可以用电流的穿透深度(δ_p)的大小来衡量,δ_p越小,电流越聚集于表面,集肤效应越显著。穿透深度(δ_p)与导体电阻率(ρ_c),频率(ω)和磁导率(μ_m)的关系如下。

$$\delta_p = \sqrt{\frac{2\rho_c}{\omega\mu_m}} \qquad (2-1)$$

式(2-1)表明,频率越高,电流就越集中在钢板表面;频率越低,表面电流就越分散。钢铁除了是导体外,还是铁磁体,它的磁导率会随着温度升高而下降。因此,集肤效应也相应会减小。

邻近效应,是指高频电流在相邻两个导体中以相反的方向流动时,电流会向紧邻的面聚集,即使存在另外较短的电流通道,电流也不会沿这条较短的通道流动。邻近效应的实质是感抗在起作用,感抗在高频电流的流动中起到非常重要的作用。随着频率的增加和两导体距离的变小,邻近效应变强,如果在邻近导体附近还有一个阻抗棒,那么邻近效应更加明显,高频电流更加向工件具有反向电流的相邻表面集中。

高频电流的集肤效应与邻近效应的特点,正好可以用来设计连续管焊接工艺。在焊接中,只需要加热将要焊接的边,而其他部位尽量不加热。利用集肤效应,电流在表面密度高,内部密度低;利用邻近效应,将钢带卷成圆管但不完全完成,留一条缝,最后通过压辊将缝挤压合上,通过缝两边流过相反方向的电流,邻近效应使得电流在未焊接缝的边缘集中,电流产生的热把将要焊接的缝加热到焊接需要的温度,轧辊挤压焊接。高频焊接技术有两种,第一种是接触电阻焊(electric resistance welding,ERW),如图 2-10(a)所示;第二种是感应焊(high-frequency weldig,HFW),如图 2-10(b)所示。

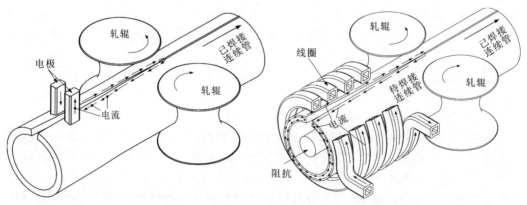

（a）ERW焊接电流流动示意图　　　　（b）HFW焊接电流流动示意图

图 2-10　连续管焊接电流流动示意图

接触电阻焊是用一对铜电极来传导高频电流。铜电极与已经卷制完成,需要焊接的钢管的两边接触,通过接触将高频电流直接传到钢管上,集肤效应和邻近效应得到充分的利用。接触电阻焊的焊接效率高,功耗比较低,在精度要求不高、成本低的管材生产线中得到广泛的应用,生产壁厚大的连续管一般也采用接触电阻焊。但接触电阻焊也存在两个缺点:第一是铜电极与钢板直接接触,电极的磨损较大;第二是受卷制后钢板的外表面状况的影响,接触电阻有变化,电流稳定性差,焊缝内外毛刺较高,影响连续管的质量。

感应焊是将一匝或多匝感应线圈套在需要焊接的钢管外,通过电磁感应方式将高频电流传到钢管上。从效果来说,多匝线圈优于单匝线圈,感应线圈离钢管越近,效率越高,但多匝线圈安装比单匝线圈困难,离钢管太近容易造成感应线圈与钢管之间的放电。因此,需要根据具体情况决定采用单匝线圈还是多匝线圈以及确定感应线圈与钢管的间隙。采用感应焊时,没有接触件,不存在磨损,感应电流比较稳定,焊接的平稳性得到了保证,钢管的表面质量好,生产连续管时,基本上都采用感应焊的焊接方式。

高频焊接连续管工艺原理是,通过一系列的轧辊将钢带逐步卷曲挤压成基本圆截面的形状,仅留下一条小缝,在线圈中高频电流的作用下,借助电磁感应原理,在钢管中产生感生电流,或者通过电极将高频电流输入到钢管中,电流按图 2-10 的电流方向流动,高频电流的流动具有十分明显的集肤效应和邻近效应,电流是沿外表面缝的方向流动,从已焊接完的地方折回,形成回路,而不会从端面箭头所示的流动方向形成回路。这些高频电流集中在缝相邻面上,电流流过即将进入焊接的边缘将其局部加热到熔融状态,在轧辊的挤压下形成焊缝。随着焊后的连续管不断向前移动,焊缝不断被焊接,连续管也将连续地生产出来。可以采用圆盘状的电极代替铜电极,滚轮既起压轮的作用,又起电极的作用。同时,电极滚动而不是滑动,减少了接触焊电极的磨损问题。

焊接的连续管在内部和外部都有毛刺存在,这些毛刺会影响连续管的使用。因此,焊接后必须进行除毛刺工序,去除焊缝产生的毛刺。由于焊接过程中,容易产生焊接缺陷,为了保证连续管的质量,必须对高频焊接后的焊缝进行超声波探伤。

高频焊接中,温度很高的区域比较窄,热影响区也就比较小。高频焊接完成后,连续管中存在大量的残余应力。通常采用中频退火方法消除残余应力,中频将连续管加热到退火温度,空冷进行退火。再将连续管精密轧制到相应的尺寸,并进行矫直等外形加工工序。最后,将连续管卷绕至运输滚筒上,在卷绕时,一般将纵向焊缝的强度弱点位于中性面附近,避免位于外侧和内侧的大应变区。

2.1.4　连续管的质量与新进展

1. 焊接工艺参数与质量

进行高频焊接时,焊接频率、会合角、输入功率、管坯坡口、焊接速度、阻抗器和焊接压力等因素都对连续管的加工质量有影响。

1）频率

连续管的直缝焊接是采用高频焊接，焊接的频率对连续管的质量有重要影响。由于集肤效应，频率的高低会影响被焊钢板的电流分布，从而影响到焊接温度分布。如果频率较低，加热范围太宽，有较多的区域加热到较高的温度，形成较大范围软化的热影响区，影响连续管的疲劳寿命；如果频率太高，被加热的区域过小，不利于形成融合良好的焊缝，容易有虚焊的现象。连续管的材料是低碳合金钢，含有少量的铬、锌、铜、铝等元素，不同钢级和不同厂家的连续管，材料成分也有较大的差异，集肤效应不尽相同，最佳的焊接频率也就有所不同。另外，连续管壁厚的不同，也会影响到焊接频率的选择。采用高频逆变的频率控制新技术，设定一个频率范围，在焊接时自动根据材料厚度，机组速度等情况跟踪调节频率，可以达到最好的焊接效果。

2）会合角

在直缝焊接中，会合角是钢带卷制后钢管两边进入挤压点的夹角。由于夹角较小，邻近效应的作用使得夹角两边的钢板边缘形成预热段和熔融段，会合角的大小对于熔融段的状态有直接的影响。会合角小的时候，邻近效应显著，对提高焊接速度有利。而会合角太小，预热段和熔融段变长，加热过快，内部的钢水被迅速汽化并爆破喷溅出来，形成闪光，不利焊接质量的提高，还可能形成深坑和针孔，难以压合。会合角过大时，熔融段变短，焊接稳定，但是邻近效应减弱，焊接效率明显下降，功率消耗增加。

3）输入功率

高频焊接的输入功率对焊接质量有较大的影响。功率太小，连续管的焊接边的加热不够，有的可能达不到所需要的焊接温度，造成虚焊、脱焊等缺陷；功率过大，则影响到焊接过程的稳定，焊接面的加热温度远高于焊接所需的温度，熔化的钢材料会形成喷溅，在焊缝处出现针孔、夹渣等缺陷。由于材料不同、连续管壁厚不同、焊接速度不同等等，最佳的输入功率有所不同，需要在生产实际中，不断总结得出合适的输入功率。

4）管坯坡口

管坯的断面形状称为管坯坡口，虽然钢带的坡口是"I"字形的，连续管直缝焊接前，钢材经过卷制，焊接面不再能形成"I"字形的坡口；焊接时，需要融熔掉先接触的内层材料，形成很高的内毛刺，还有可能造成中心层和外层加热不足，影响焊接质量。可进行铣边处理成"X"字形坡口，改善加热的均匀性和焊缝的质量。

不同的坡口形状，影响到邻近效应的面，也会影响最佳的会合角的大小。

5）焊接速度

连续管直缝的焊接速度受很多因素的影响，主要因素有两个。第一是整体工艺的制约，有的连续管为了延长疲劳寿命，直缝焊后还需要进行整体热处理，需要用中频加热到一定的温度，并保持一定的时间使材料产生金相变化，然后进行淬火、退火等，对于一定的热处理生产线长度，速度就受到限制；第二是质量的制约，焊接速度提高，有利于缩小热影响区，也有利于从已经熔融的坡口挤出氧化层，提高焊接质量。这两个影响因素制约了连续管直缝的焊接速度。

6）阻抗器

阻抗器是一根铁氧化体棒，装在耐热、绝缘的外壳内，壳体内通水冷却，主要作用是加强高频电流的集肤效应和邻近效应。

阻抗器的参数需要与焊接的连续管的管径匹配，确保一定的磁通量。这就对材料的磁导率有要求，同时要有足够的截面积，如果需要去内毛刺，阻抗器的形状应与去毛刺的刀体一同设计，以求获得最大的截面积。

此外，阻抗器与焊接点的位置也会对焊接效率产生影响。

7）焊接压力

焊接压力对焊接质量的影响很大。焊接压力过低，可能造成连续管直焊缝的虚焊和夹渣等缺陷；焊接压力过大，管内焊瘤太大，不利于连续管内部的通过性，会在需要进行投球的作业工艺中，造成投球失败。

2. 连续管制造工艺的新进展

1）提高连续管抗腐蚀性能和疲劳寿命的系统制造技术

随着连续管应用越来越广泛，对连续管的强度、抗腐蚀和疲劳的要求越来越高，研究新一代的连续管制造技术需要综合考虑连续管的化学成分、制造技术、热处理和使用环境。

连续管生产过程中，从轧钢厂出来的钢板经过热处理和冷轧等过程，显微组织都比较均匀，晶粒比较细，但经过斜接焊接和高频焊接，在焊缝周围会出现晶粒变大，出现偏析等现象，容易发生电偶腐蚀。由于热影响区的晶粒变大，会出现软化区域，尽管经过热处理，软化情况无法得到彻底改观。连续管工作时反复在滚筒上卷绕和拉直，所产生的塑性流动导致软化区域周围的脆性成分容易产生成核、起裂和裂缝扩展，连续管使用寿命大大降低。因此，连续管寿命与连续管微观上金相组织的不均匀性密切相关。微观组织的不均匀性在热影响区出现，由于混合有硬的和软的成分（例如，铁素体、珠光体和贝氏体），出现裂纹容易成核、起裂等现象。在这种情况下，应变集中在紧靠贝氏体处较软的铁素体上，在这些地方，裂纹成核并扩展，目前大部分高强度的连续管为这种微观组织。

为了避免低周疲劳时的应变集中，不仅在本体和接头中宏观的成分要均匀，在微观组织层面上也要均匀。对低碳钢，微观组织由退火马氏体组成最为理想。退火马氏体是以铁素体为基体，均匀分布一些细的碳化物。因此，钢的化学成分的选择和加工工艺的选择以得到至少 90％的退火马氏体的金相组织为目标，当然 95％的退火马氏体最好[1-3]。

传统的连续管钢材料的金相组织是由铁素体、珠光体和贝氏体组成，要达到 862 MPa（125 kpsi）以上的屈服强度，需要添加一些昂贵的合金材料。退火马氏体适合生产超高强度级别的连续管用钢。退火马氏体比包含贝氏体的金相组织具有更好的抗硫化物开裂性能。要在整个连续管长度，包括斜接焊缝，都获得理想的金相组织，最好的办法是进行连续管整体热处理。然而，受连续管制造工艺和生产线长度等的限制，连续加工过程中对连续管的加热、淬火的时间有严格要求。要满足这些要求，需要从钢材的成分设计到最后的热处理工艺做出精心的安排，设计专门的生产线。

以 Tenaris 的 BlueCoil 工艺为例，连续管钢材的成分[1-3]：碳的含量为 0.17%～0.30%；锰的含量为 0.3%～0.8%；铬的含量为 0.7%；钼的最大含量为 0.5%；硼的最佳含量为 0.000 5%～0.002 5%；钛的含量宜为 0.01%～0.025%；添加铜可以改善大气中连续管的腐蚀，添加量为 0.25%～0.35%；镍的含量在 0.5% 以内，也可以在 0.2%～0.35%；在重复热处理时，铌的添加可细化钢金相组织中奥氏体的颗粒，增加钢的强度和韧性。在退火中，铌参与颗粒分散来增加钢的强度，含量为 0～0.04%；钒的含量为 0.1%；铝的含量为 0.01%～0.04%。硫、磷、氧是有害的杂质，应尽可能低；最佳的钙含量为 0.03%。一些不可避免的杂质，包括氮、铅、锡、砷、锑、铋等，应尽可能地低。钢的化学成分的选择取决于最终产品的性能参数以及加工设备的限制（例如，感应加热热处理工序线就很难达到退火中长的浸浴时间）。可能时需要减小锰的含量，如果锰含量大，会因为退火时间短产生大的偏析模式，影响疲劳寿命和抗硫化物开裂性能。铬以及少量的钼可以用来代替锰，使整体热处理尽可能简单。采用整体热处理工艺后，生产连续管的原材料在轧制过程中不需要细化显微组织的工序，可以降低成本。

钢带沿纵向切成适合生产连续管的宽度的条带，通过等离子焊接或摩擦搅拌焊（friction stir welding，FSW）将条带连接成连续管的长度，卷制成管状通过高频焊接方式（ERW 或 HFW）焊接起来。焊接成管后进行整体热处理达到显微组织结构 90% 以上的退火马氏体，余下的为贝氏体。显微组织的颗粒尺寸在 20 μm 以下，最好 15 μm 以下。此外，可以选择合适的成分使显微组织达到比以前产品的铁素体、珠光体和大块贝氏体组成显微组织更好的抗硫化物开裂的性能。

整体热处理需要至少进行一次奥氏体化和淬火，紧接着退火。奥氏体化温度在 900～1 000 ℃，在这个阶段保持在平衡温度 Ae3 以上的时间应当保证铁、碳化物的完全溶解，但不让奥氏体晶粒过分长大。目标晶粒粒径 20 μm 以下，最好 15 μm 以下。为了保证显微组织为 90% 以上的马氏体，淬火必须控制最低的冷却速率。退火在 550～720 ℃，该温度的保持时间应保证在基体和焊接区域碳化物的均匀分布。有时为了改善强度和韧性，要进行不止一次的奥氏体化、淬火和退火循环。整体热处理完以后，连续管将进入定径工序，消除应力，最后连续管卷曲成筒。

采用了上述连续管制造技术系统优化后，Tenaris 生产的连续管具有较好的疲劳寿命（包括本体和焊接接头）和抗硫化物开裂性能[2]，如图 2-11 和图 2-12 所示。图 2-12 中 HS-90、HS-110 是传统方法生产的，而 HT-110、HT-125 是用 Blue-Coil 的新工艺生产的。可以看出，新技术生产的连续管疲劳寿命提高了一些，尤其在斜接的焊接接头地方，疲劳寿命与本体相差不大。

国内的连续管生产厂家在连续管的制造工艺方面也进行了大量研究。例如，宝鸡石油钢管厂生产的连续管采用了独特的生产技术，基本解决了斜接焊焊缝引起的疲劳寿命减弱的问题。

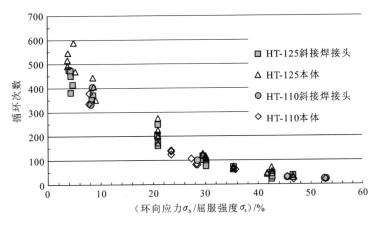

图 2-11　Blue-Coil 斜接焊焊缝与本体疲劳寿命

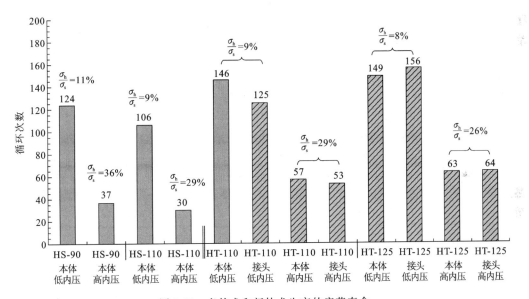

图 2-12　老技术和新技术生产的疲劳寿命

2）摩擦搅拌焊接在连续管制造中的应用

应用连续管的环境也各有不同,有些环境具有较大的腐蚀性,连续管会造成腐蚀相关的失效,降低了连续管的可靠性和安全性。有些连续管由于腐蚀在刚使用没多久就成了无效资产,提高了连续管的使用成本。除了严重的弯曲和拉直循环以及与井眼轨迹相关的曲率的弯曲外,腐蚀是常规连续管失效的主要原因。

连续管一般由高强度、低合金钢制成,在修井作业中,连续管的内壁和外壁均暴露在周围的环境和化学制剂下,这些原因会加速腐蚀过程。最早出现腐蚀的地方在焊接接头附近,焊接接头通常使用等离子弧焊接而成,焊接中部分材料熔化,热影响区可能使晶粒变大,显微组织发生变化,有偏析等现象发生,电偶腐蚀就容易发生在连续管这些显微组织不同的地方。

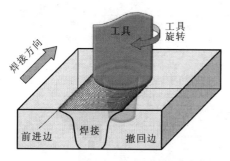

图 2-13　摩擦搅拌焊接原理示意图

摩擦搅拌焊接工艺可以减少连续管易受电偶腐蚀,这种工艺在焊接两块钢板时不会有金属熔化,显微组织的均匀性减少了焊缝的电偶腐蚀。摩擦搅拌焊接是固体连接工艺,在工艺中,不会发生金属熔化,是依靠摩擦热和压力来软化母体钢材进入塑性状态,然后搅拌这些塑性材料部分将它们焊到一起,而不用使用填充材料,如图 2-13 所示。

2004 年,Megastir 公司开发了一种可以用于摩擦焊接钢材的改进的钻头,使钢材的摩擦搅拌焊接工艺商业化。重新设计的钻头使用多晶金刚石技术,如聚晶立方氮化硼(polycrystalline cubic boron nitride,PCBN)技术。聚晶立方氮化硼钻头的开发为更加经济的焊接较硬金属提供了解决手段。Global Tubing 公司使用这种新技术开发了世界上第一套连续管制造设备。

常规的电弧焊接的连续管由于电弧的存在,连续管的疲劳级别降低,从而降低了整个连续管的寿命。摩擦搅拌焊接工艺是用压力和摩擦热来加热母材,不会发生熔化,不存在这些副作用。因而,钢的金相仍保持均匀,焊缝及周围材料特性的变化大大减小。

焊接工序的自动化采用可预测的压力、转速和焊接速度,焊接质量完全可控。焊接中不需要添加材料,摩擦搅拌焊接的连续管不容易受到电偶腐蚀,克服了传统弧焊连续管容易腐蚀的问题。在接头和边缘板相交的地方,搅拌区没有过热或热量不足的现象,晶粒较细,材料的伽马散射减少,X 射线检验图像也有所改善。摩擦搅拌焊接没有弧焊那样有烟雾,此外,摩擦搅拌焊接的能耗也要少些,因此对环境影响要小些,节能也使工艺更加绿色。

3) 焊接检测控制技术

在高频焊接工艺中工艺参数,如频率、线圈电流、焊接速度和压力等,对焊接的质量至关重要。电流过大,焊接温度过高,频率过高,焊接速度过快,都可能造成虚焊等情况发生。监测焊接点附近的温度变化可以为最优控制焊接参数提供数据。由于高温,在焊接点附近的烟雾较多,如图 2-14 所示。解决蒸汽和烟雾的影响,需要抗干扰的检测技术。红外摄像仪可以在恶劣环境下提供精度较高的检测技术,可以透过烟雾清楚地看到连续管焊接过程。通过调节焊接频率和其他参数,使焊接质量更高。特殊设计的焊接过程图像生成器可以透过工艺中产生的蒸汽和烟雾,帮助操作人员焊接工艺

图 2-14　焊接中的蒸汽和烟雾

参数来确保焊接的完整性,更精密、更一致的焊缝进一步保证整个连续管的可靠性。

4）渐变壁厚连续管

为了满足在相同重量下,在更深的井作业的需求和提高在内压较高下连续管的寿命,开发出了阶梯壁厚的连续管。但由于在不同壁厚连续管的接头处连续管的疲劳寿命下降较多,开发出了渐变壁厚的连续管。2013 年 4 月 11 日,中国石油宝鸡石油钢管有限责任公司(简称宝鸡石油)采用武汉钢铁(集团)公司轧制的壁厚 2.770～3.400 mm 渐变连续管卷板,成功试制出国内首盘 CT90 钢级、外径 38.10 mm、长度约 700.00 m 的渐变壁厚连续管,从而拥有了渐变壁厚连续管的生产技术。

2.1.5　钢连续管的性能与参数

1. 钢连续管力学性能

1）钢连续管的拉伸性能

连续管在作业过程中,必须下入井中。在下放和上提连续管时,连续管要承担一定的拉伸力的作用,尤其是在遇卡情况下,对连续管拉伸能力有一定的要求。常见的连续管的拉伸性能参数如表 2-1 所示。

表 2-1　连续管的拉伸性能参数

钢级	屈服强度(最小)/MPa	屈服强度(最大)/MPa	抗拉强度(最小)/MPa	管体和焊缝洛氏硬度(最大)
CT70	483(70 000)	NA	552(80 000)	22
CT80	551(80 000)	NA	607(88 000)	22
CT90	620(90 000)	NA	669(97 000)	22
CT100	689(100 000)	NA	758(108 000)	28
CT110	758(110 000)	NA	793(115 000)	30

注:括号中数值单位为帕斯卡,psi(1 psi=0.006 895 MPa);NA 指没有限制。

2）连续管的压扁性能

连续管必须有一定的塑性,压扁性能可以很好地反映材料的塑性。连续管必须满足的压扁性能如表 2-2 所示。

表 2-2　连续管的压扁性能

钢级	d_o/t	两板间最大距离/(in 或 mm)
CT70	7～23	$d_o(1.074-0.0194d_o/t)$
CT80*	7～23	$d_o(1.074-0.0194d_o/t)$
CT90*	7～23	$d_o(1.080-0.0178d_o/t)$
CT100*	7～23	$d_o(1.080-0.0178d_o/t)$
CT110**	所有	$d_o(1.086～0.0163d_o/t)$

注:d_o 为钢管规定外径,in 或 mm;t 为钢管规定壁厚,in 或 mm。

　　* 指如果在 0°压扁试验不合格,应继续进行该试样剩余部分的压扁试验,直至 90°位置的压扁试验不合格。在 0°位置的过早失效不应作为拒收依据。** 指压扁试验至少 0.85d_o。

制造厂应提供每一卷连续管的力学性能数据,包括在卷曲前或任何加工前的数据。由于包辛格效应等原因,钢管卷曲和加工状况可能会导致连续管管柱的实际机械性能发生变化。

2. 连续管规范参数

1) 外径

外径可用卡钳之类的工具测量。公差一般规定为在成卷前为±0.25 mm(0.010 in)。由于在连续管制造过程中需要进行钢管卷曲和重绕,会使连续管发生变形,可能影响到外径尺寸,并使连续管截面变成椭圆形,降低连续管的抗外挤能力。制造过程中允许的连续管管体直径公差如表2-3所示。

表 2-3　连续管管体直径公差

规格	公差/mm
所有规格	−0.25～+0.25(−0.010～+0.010)

注:①应在钢管卷取前的制造厂进行管体直径公差测量;②括号中数值单位为英寸,in。

2) 壁厚

为符合壁厚要求,应对每根连续管的两端进行壁厚测量。除焊缝区域不受正公差限制外,连续管任意部位壁厚应在表2-4规定的公差范围内。

表 2-4　连续管壁厚公差

规定壁厚/mm	公差/mm
<2.800(0.110)	−0.100～+0.200(−0.005～+0.008)
2.800～4.400(0.110～0.175)	−0.200～+0.300(−0.008～+0.012)
4.500～6.400(0.176～0.250)	−0.300～+0.300(−0.012～+0.012)
≥6.400(0.251)	−0.400～+0.400(−0.015～+0.015)

注:括号中数值单位为英寸,in。

3) 长度

长度的测量是在制造时进行的。制造时所使用的测量仪器精度应达到±1%。

4) 焊缝毛刺

连续管的焊缝外毛刺应被清除至与管体外表面平齐。连续管的焊缝内毛刺不应高于连续管原始内表面延伸部分2.30 mm(0.090 in)和规定壁厚数值中的较小值。

5) 通径试验

每卷连续管出厂前,需进行通球试验,保证其内径的通过性。其通球规格如表2-5所示。

表 2-5　连续管通球规格

连续管外径/mm	连续管壁厚(t)/mm	通径球直径/mm
19.05(0.750)	—	9.53(0.375)
25.40(1.000)	—	14.30(0.563)
31.75(1.250)	—	15.88(0.625)
38.10(1.500)	$t \leqslant 4.450(0.175)$	25.40(1.000)
38.10(1.500)	$t > 4.450(0.175)$	19.05(0.750)
44.45(1.750)	$t \leqslant 3.680(0.145)$	33.35(1.313)
44.45(1.750)	$t > 3.680(0.145)$	25.40(1.000)
50.80(2.000)	$t \leqslant 4.450(0.175)$	38.10(1.500)
50.80(2.000)	$t > 4.450(0.175)$	33.35(1.313)
60.32(2.375)	—	44.45(1.750)
66.75(2.625)	—	50.80(2.000)
73.02(2.875)	—	57.15(2.250)
82.55(3.250)	—	66.75(2.625)
8 890(3.500)	—	73.02(2.875)

注:括号中数值单位为英寸,in。

2.2　钛合金连续管的制造与性能

钛合金强度高而密度低,钛在一些腐蚀性介质中不被腐蚀,如海水、湿氯气、亚硝酸盐及次氯酸溶液、硝酸、铬酸、金属氯化物以及有机酸等。因此,钛合金连续管最适合要求重量轻、强度高、耐海水腐蚀的应用中。且钛合金的低温性能良好,在很低的温度下仍能保持较高的塑性。

2.2.1　钛合金连续管材料的力学性能

与钢相比,钛合金比较轻,密度只有 4.51 g/cm³ 左右,钛合金的弹性模量(108 GPa)约为钢的一半。Ti3Al2.5V(3％铝,2.5％钒,94.5％钛)的强度和塑性都比较好,是理想的钛合金连续管管材。现在已有从 Φ12.7 mm 到 Φ76.2 mm 直径的多种规格的钛合金连续管,主要用于特殊环境下的修井、速度管柱和侧钻等连续管作业。

钛的塑性较好,纯钛的延伸率达 50％～60％,断面收缩率可达 70％～80％。纯钛的强度较低,不宜做连续管的材料。如果钛中有杂质,对机械性能有很大影响,特别某些间隙杂质(氧、碳、氮),可以显著的提高钛的强度,降低它的塑性。选择钛作为连续管管材,必须严格控制其中杂质含量,但可添加适当的合金元素以达到所需的机械性能。

钛合金根据不同的强度可分低强度钛合金、普通强度钛合金、中等强度钛合金以及高强度钛合金。用作连续管材料的是普通强度钛合金 TA18,钛合金 TA18 是一种近 α 型钛合金,密度为 4.47 g/cm³,室温弹性模量 118~123 GPa,相变点 925 ℃,洛氏硬度(HRC)15~17。这种材料的可焊接性能好,通过热处理,其力学性能可满足连续管的要求。

经过卷曲冷加工后,TA18 管材的屈服强度为 850 MPa,抗拉强度为 975 MPa,伸长率为 16%。大变形量的冷加工,会在钛合金内部产生大量的位错等缺陷,导致较大的残余应力和加工硬化,这样虽提高了管材的屈服强度和抗拉强度,但降低了管材的伸长率。经过热处理,可降低强度,提高伸长率。热处理的温度不同,对强度和伸长率改变的程度也不同。例如,经 380 ℃ 退火后,抗拉强度下降为 945 MPa,屈服强度降为 800 MPa,伸长率升高到 17%,;在 470 ℃ 退火,强度进一步降低,抗拉强度为 880 MPa,屈服强度为 755 MPa,而伸长率增长为 19%;退火温度为 470~550 ℃ 时,强度下降不大,塑性增加也不多;600 ℃ 退火后,管材的强度再次有较大幅度的降低,屈服强度降低为 700 MPa,抗拉强度降低为 840 MPa,伸长率增加到 21%;退火温度为 700 ℃ 时,强度急剧降低,屈服强度降为 545 MPa,抗拉强度降为 640 MPa,伸长率升至 29.5%;再次提高退火温度到 750 ℃ 时,强度下降不多,伸长率提高幅度也较小[6]。

2.2.2　钛合金的制造性能

钛合金连续管的制造工艺与合金钢连续管的制造工艺基本相同,但制造钛合金连续管有两点是必须注意的。一是钛合金的弹性模量只有钢的 1/2,但屈服强度高,屈服强度与弹性模量的比值大,因此在冷弯成型的过程中,有较大的弹性变形,一旦撤销外力,反弹比较大;二是钛合金的导热系数小,是低碳钢的 1/5,铜的 1/25。

此时,钛合金连续管焊接过程中可能吸收杂质,产生裂纹、气孔等缺陷。这些缺陷对连续管焊接质量产生影响。

在常温下,钛及钛合金是比较稳定的,温度高的时候,钛的活性迅速增加。钛合金加热到 300 ℃,表面就会吸附氢;400 ℃ 的温度时,会吸收氧;600 ℃ 的温度时,会吸收氮。虽然这些温度都在钛合金的熔点之下,但吸收的这些杂质,会使焊接接头的塑性和韧性大幅度降低,是影响连续管焊接质量的重要因素。

① 氢的影响。在所有气体中,焊缝含氢量变化对焊缝的机械性能影响最大,其中对冲击韧性影响尤为显著。其主要原因是随焊缝含氢量增加,焊缝中更容易析出片状或针状的 TiH_2。TiH_2 的强度很低,这些片状或针状 TiH_2 的作用类似裂纹,会大大降低了冲击韧性。

② 氧的影响。氧在钛合金的 α 相和 β 相中溶解度都较高,会形成间隙的固熔相,使钛合金的晶格发生严重扭曲,从而提高了钛及钛合金的硬度和强度,但塑性却显著降低。为了保证钛合金的焊接性能,除了在焊接过程中严防焊缝及焊接热影响区发生氧化外,同时还应在钛合金板中限制含氧量及限制焊丝的含氧量。

③ 氮的影响。700 ℃ 以上的高温下,氮和钛发生剧烈作用,形成脆硬的氮化钛(TiN)而且氮与钛合金所形成间隙固溶体所引起的晶格歪斜程度,比氧在钛合金中产生的后果

更为严重。因此,减少焊接环境中氮含量比减少焊接环境中氧含量对提高钛合金焊接质量更重要。

④ 碳的影响。碳也是钛合金中比较常见的杂质,碳含量为 0.13% 时,因碳熔在 α 钛中,焊缝强度有一定程度的提高,然而塑性却有所下降,但影响程度比不上氧和氮。但是如果进一步提高焊缝含碳量时,焊缝会出现网状的 TiC,数量随钛合金中含碳量的增高而增多,使焊缝的塑性明显下降,在焊接残余应力的作用下易出现裂纹。因此,钛合金连续管基体材料的含碳量应不大于 0.1%,焊缝含碳量不超过基体材料含碳量。

焊接接头裂纹问题。钛合金连续管焊接时,焊接接头一般不会产生热裂纹,因为钛合金基体材料中 S、P、C 等杂质含量非常少,所以由 S、P 形成的低熔点共质很难出现在晶界上。另外,焊接时的有效结晶温度区间窄小,钛及钛合金凝固时收缩量小,焊缝金属不会产生热裂纹。钛及钛合金焊接时,热影响区可能出现冷裂纹,其特征是裂纹产生在焊后数小时甚至更长时间出现,称为延迟裂纹。这种裂纹与焊接过程中氢的扩散有关,焊接过程中氢由高温熔池向较低温的热影响区扩散,氢含量的提高使该区析出 TiH_2 的量增加,增大热影响区的脆性。另外由于氢化物析出时体积膨胀引起较大的组织应力,再加上氢原子向该区的高应力部位扩散及聚集,以致形成裂纹。防止这种延迟裂纹产生的办法,主要是减少焊接接头氢的来源,必要时进行真空退火处理。

焊缝中的气孔问题。钛合金焊接时,气孔是经常遇到的问题,在钛合金焊接中形成气孔的原因是氢的影响,焊缝金属形成气孔对接头的疲劳强度有较大影响。要防止产生气孔,需要采取必要的工艺措施:①高纯度的保护氩气,其纯度不低于 99.99%;②仔细清除焊件表面以及焊丝表面上的任何氧化皮和油污等有机物;③对熔池进行气体保护,控制好惰性气体的流量及流速,避免产生紊流现象;④选择适当的焊接工艺参数,增加焊接熔池的停留时间,有利于熔池中气泡逸出,有效地减少焊缝的气孔。

2.2.3　钛合金连续管的抗腐蚀性能

钛合金的腐蚀有孔蚀和缝隙腐蚀、应力腐蚀和接触腐蚀。孔蚀和缝隙腐蚀是局部腐蚀,对连续管来说比均匀腐蚀危害更大。其机理是,钛合金表面存在的细小缺陷或缝隙,缺陷或缝隙处金属的电位低,在电化学反应中为阳极,邻近缺陷的金属表面为阴极,构成电池,由于缺陷小,腐蚀电流高度集中,阳极腐蚀速度很快,而邻近缺陷的金属表面获得了阴极保护,于是腐蚀只沿孔往孔深方向发展,很快就形成了腐蚀孔。应力腐蚀有两种情况:一是钛合金表面会形成钝化膜,但钝化膜容易在应力作用下被拉断,裸露出金属形成孔蚀,或者腐蚀形成局部塑性变形,当变形发展到一定程度,就会形成微裂纹,微裂纹以解理方式扩展,引起低应力脆断;二是氢原子与在应力作用下溶解在钛合金中的氢原子形成氢分子,氢分子加剧了应力集中,导致发生钛合金的低应力脆断。接触腐蚀是钛合金与不同材料的接触下,由于材料的电位不同形成电偶产生电流而发生腐蚀,通常也伴随应力腐蚀或孔蚀。

钛合金通常在空气中或含氧的介质中,钛表面生成一层致密的、附着力强、惰性大的氧化膜,保护了钛基体不被腐蚀,这层氧化膜使钛合金在海水中的耐腐蚀能力很强[7]。

2.2.4　钛合金连续管的疲劳性能

疲劳是所有类型的连续管都会遇到的问题,钛合金连续管也不例外。金属的疲劳损伤分析分为低周疲劳和高周疲劳,连续管在卷绕和矫直的过程中,应力超过了弹性极限,有较大的塑性变形,属于低周疲劳。对称循环的低周疲劳寿命是由循环过程的塑性应变幅控制的,塑性应变幅越大,破坏前循环次数越少,寿命越短,塑性应变幅越小,破坏前循环次数越多,寿命越长。由于钛合金的弹性模量只有钢的一半,而屈服强度甚至高于钢的屈服强度,相同的连续管外径、相同的滚筒卷绕直径,钛合金的塑性应变要小 20% 以上,钛合金连续管的疲劳寿命比同等级的钢连续管的疲劳寿命要长。20 世纪末,Mike 和 Bill 进行试验表明,钛合金连续管的疲劳寿命比钢连续管的疲劳寿命长 4～5 倍,当然钛合金连续管的价格比钢连续管贵 6～7 倍[8]。

2.2.5　钛合金连续管的水平井延伸性能

水平井延伸的主要困难是连续管在轴向压力达到某个值后,连续管发生螺旋屈曲,螺旋屈曲又增大了连续管与井壁之间的接触力,接触力大,则摩擦力大,反过来又增大了连续管的轴向压力,最后螺旋屈曲锁死。

为了增加水平井延伸长度,可从两个方面采取措施:一方面,要尽量使单位长度的连续管的轴向摩擦力小;另一方面,尽量使螺旋屈曲的轴向力的临界值高。单位长度的轴向摩擦力是单位长度连续管与井壁间的接触力乘以摩擦系数,如果连续管和套管都是理想的直管,水平井中连续管与井壁间的接触力就是连续管单位长度的重力。钛合金比较轻,与井壁间的接触力比较小,但钛合金的滑动摩擦系数比较大,为 0.35～0.65,钢的仅有 0.15,钛合金的耐磨性比钢低 40%。如果要发挥钛合金轻的优势,又不增加摩擦系数,可以采取表面改性处理。例如,双层辉光离子渗镀:使用纯度很高的石墨作为源极,以氩气作为工作气体,在一定的气压下,气体产生辉光,溅射出碳离子流,利用轰击和热扩散来在靶材表面生成由四方晶系的 TiC、石墨 C 等组成的合金层,摩擦系数降低到了 0.2 左右,比磨损率降低近 4 个数量级。

连续管螺旋屈曲的轴向力临界值与连续管抗弯刚度(EI)的平方根成正比。如果钛合金连续管和钢连续管的截面尺寸都一样,且在同样尺寸套管中,由于钛合金的弹性模量仅有钢的一半,钛合金连续管的螺旋屈曲的轴向力临界值是钢对应值的 0.7 倍。

综合上述分析,如果不进行表面改性处理,钛合金连续管水平延伸不如钢连续管;如果改性后,将摩擦系数降低到与钢的摩擦系数相同,钛合金连续管的水平井延伸要比钢连续管的水平井延伸长度长 30% 左右。

2.3　复合材料连续管的制造与性能

复合材料连续管是 20 世纪 80 年代后期开始研制,20 世纪 90 年代开始工业应用。

复合材料连续管结构一般包括三层：内衬层，中间层和外层。内层采用热塑性管作为抗腐蚀和防渗漏层；中间层采用高强度的纤维和树脂作为承载层；外层采用树脂作为耐磨层，保护连续管。复合材料连续管具有以下一些优点：重量轻，同尺寸的连续管只有钢连续管的 1/3 的重量；由于卷绕到滚筒时连续管仍处于弹性阶段，抗疲劳能力很强；可按一定的力学特性定制连续管；在加工连续管时预埋入导线或光纤，连续管就能高速传输信号；耐腐蚀性好。复合材料连续管主要缺点：价格昂贵，表面硬度低，容易遭受外力损伤；工作温度低，仅只有 120 ℃；压缩强度低，容易被外压挤毁；受轴向压力时弹性模量低，因而水平井延伸能力不强。

使用复合材料连续管时，应考虑作业的环境因素，充分利用它的优点，避开其缺点，才能更经济高效的进行作业。

2.3.1　复合材料连续管的材料

复合材料连续管材料的选择必须考虑到连续管的工作状况，即井下的工作条件和地面的工作条件。井下工作条件包括耐一定的温度，具有一定的强度和刚度。地面的工作条件包括具有一定的刚度和韧性，刚度主要考虑到注入头夹持连续管时，连续管能抵抗一定的压力；韧性主要是连续管要能卷绕到滚筒上不至于断裂。

1. 内衬材料

内衬材料一般从热塑性材料中选择，耐热性能良好的高分子材料有聚酰胺（polyamide，PA）、聚醚醚酮（polyetheretherketone，PEEK）、聚苯硫醚（polyphenylene sulfide，PPS）、聚酰亚胺（polyimide，PI）、聚酰胺酰亚胺（polyamide-imide，PAI）等。

PA 又称尼龙，是分子链上含有重复酰胺基团的树脂的总称，PA 具有较高的强度、耐磨、耐热和耐腐蚀等特性。PA 品种较多，有 PA6、PA66、PA11、PA12、PA46、PA610、PA1010、PA612 等，PA610 拉伸强度可达 190～210 MPa。

PEEK 是一种全芳香族的热塑性工程材料，具有强度高、耐热的特点，能用不同方法成型，包括注射成型、挤注成型和切削加工方法等。

PPS 是一种半结晶性的聚合物，其结构为许多苯环和硫重复相连，分子结构比较简单。PPS 具有非常好的耐热性，热变形的温度达 260 ℃，能在 200～240 ℃温度长期使用，力学性能即使在高温下也很少下降，且耐疲劳、抗蠕变性能非常好，耐化学腐蚀性强。

2. 增强层材料

中间增强层是复合材料连续管的承载层，为高强度的纤维和高分子材料。纤维有玻璃纤维、碳纤维、芳纶等，基体材料为环氧树脂或聚酯树脂。

① 玻璃纤维是一种无机非金属材料，性能优异，机械强度高，耐热性好，成本低。单丝的直径为几个微米到二十几个微米，每束纤维原丝都由数百根甚至上千根单丝组成。

② 碳纤维是 20 世纪 60 年代发展起来的高强度、高模量纤维的新型纤维材料。是以

聚丙烯腈、黏胶纤维或沥青为原料,经过预氧化、碳化以及石墨化等工艺制得的一种无机纤维材料。结构上由片状石墨微晶沿纤维轴向堆砌而成,具有质量轻、模量高、比强度高、耐高温、抗腐蚀性能等一系列优异性能。与玻璃纤维相比,碳纤维的拉伸弹性模量是其 3 倍以上。

③ 芳纶是一种新型合成纤维,具有高强度、高弹性模量、质量轻的优点,可以在高温、酸碱、磨损等恶劣环境下使用,其全称为芳香族聚酰胺纤维。芳纶可分为全芳族聚酰胺纤维和杂环芳族聚酰胺纤维两个大类。目前常用的是全芳族聚酰胺纤维,其强度是钢丝的 5～6 倍,拉伸弹性模量为玻璃纤维的 2～3 倍,韧性是钢丝的 2 倍,而重量只有钢丝的 1/5。即使在 560 ℃ 的温度下,芳纶也不分解,不融化,具有很长的生命周期。

④ 环氧树脂是指一个分子中含有两个或两个以上环氧基团,在适当的化学制剂中,能形成交联固化物的有机化合物。环氧树脂的分子结构的特征是分子链中含有反应能力很强的环氧基团,环氧基团可以位于分子链的任何位置——末端、中间或者成环状结构。由于分子结构中含有反应能力强的环氧基团,可与多种类型的固化剂发生交联反应,形成具有三向网状结构的高聚物。交联固化后的环氧树脂有很好的物理、化学性能,它的变形收缩率小,尺寸稳定性好,硬度高,柔韧性也比较好,对碱及大部分溶剂稳定。此外,因为环氧树脂对金属和非金属材料的表面具有优异的粘接强度,所以用于作为基体材料来连接高强度的各种纤维材料形成性能优良的复合材料。

3. 外保护层

外保护层采用热固性和热塑性材料外壳,耐摩擦,主要起防腐、防磨损作用。

2.3.2 复合材料连续管的制造

根据现场对复合材料连续管的使用要求,一般将复合材料连续管按内衬层、中间层和外层的结构制造。

内衬层主要作用是密封流体,防止渗漏,抗腐蚀,防磨损。基体材料可用聚偏氟乙烯或聚酰胺等,将基体材料混合纤维加热软化后,挤出成型。聚偏氟乙烯、聚酰胺等材料耐温性好,可适应井底 125 ℃ 以上高温的环境。基体材料的密度低,即使加入增强纤维,密度也不会很高。

中间层是主要承载层,以热塑性树脂或热固性树脂为基体,采用玻璃纤维或碳纤维或芳纶纤维,浸渍基体材料后,经过按设计好的规律编织好,加热软化挤压成型。中间层需要承载轴向拉力、连续管内的液体压力等,既有轴向的,又有环向,需要通过基体材料传导到纤维上,因此,要求基体材料与纤维的结合力强。常用的热固性材料包括酚醛树脂、环氧树脂以及不饱和聚酯树脂等。酚醛树脂耐高温,吸水性小,价格低;环氧树脂具有很强的黏结力,与增强纤维的表面浸润性好,耐热性好,更容易固化成型;聚偏氟乙烯作为基体时,可采用热塑性加工,但聚偏氟乙烯的弹性模量只有 1～2 GPa。

外层是耐磨、耐腐蚀层,由热固性或热塑性材料加工而成。

　　复合材料连续管的加工工艺如下:加热热塑性材料使其软化,注入成型模具中连续加压拉挤定径制成内衬;玻璃纤维浸渍环氧树脂基体或其他树脂基体通过缠绕方法,把预浸料的玻璃纤维按照一定的角度和规律缠绕在内衬上,可连续缠绕很多层,譬如,按照 45°,0°,−45°,90°角度缠绕,缠绕完毕后,固化成型;再在外面加上包覆热固性或热塑性树脂或挤出固化成型[9]。制造的复合材料连续管的性能与加工的工艺和纤维的缠绕角度等都密切相关,使用时需深入了解连续管的各种性能参数。

2.3.3　复合材料连续管的强度

　　复合材料连续管与金属材料的连续管有很大的不同,金属材料的连续管是各向同性的,而复合材料连续管中主要承力的是玻璃纤维,只能承受拉力,不能承受压力,因此,抗轴向压缩能力和抗外挤能力很差。以 Airborne 油气公司生产的以单一树脂-聚偏氟乙烯为基体的热塑性连续管为例,如表 2-6 所示。

表 2-6　Airborne 油气公司热塑性连续管主要性能参数

内径 /mm	外径 /mm	最大内压 /MPa	最大外压 /MPa	最大拉力 /kN	最大推力 /kN	滚筒直径 /mm	空气中重量 /(kg/m)
11.51	25.40	68.90	5.40	22.00	3.00	1 016.00	0.8
20.55	38.10	68.90	5.40	45.00	6.00	1 588.00	1.6
16.08	38.10	103.40	7.50	52.00	6.00	1 524.00	1.8
28.78	50.80	68.90	5.80	77.00	11.00	2 159.00	2.7
23.50	50.80	103.40	7.80	89.00	12.00	2 096.00	3.1
34.80	60.33	68.90	5.70	106.00	15.00	2 540.00	3.7
30.00	60.33	103.40	7.60	121.00	16.00	2 540.00	4.2
44.30	73.03	68.90	5.90	149.00	21.00	2 540.00	5.2
37.41	73.03	103.40	7.70	175.00	24.00	2 489.00	6.1

　　从表中可以看出,最大推力只有最大拉力的 1/7 左右,最大外压只有最大内压的 1/12 左右,因此复合材料连续管不适合用于轴向推力过大,或者可能存在外挤的场合。

2.3.4　复合材料连续管的疲劳

　　影响复合材料疲劳寿命的因素很多,主要因素有 5 个[10-11]:

　　① 平均应力和循环应力比。平均应力(σ_m)和循环应力比(r_s)用最大应力(σ_{max})和最小应力(σ_{min})计算,计算式分别为 $\sigma_m = (\sigma_{max} + \sigma_{min})/2$,$r_s = \sigma_{min}/\sigma_{max}$,这两个因素对疲劳寿命影响很大。

　　② 加载频率。加载频率对复合材料连续管的疲劳寿命影响十分显著。当纤维含量与树脂基含量之比比较低时,加载频率对复合材料连续管疲劳寿命的影响更大。高分子的基体是黏弹性材料,复合材料在反复加载时,滞后环所消耗的能量会加热基体材料,引起温度

升高,降低基体材料的力学性能。加载频率高显然消耗的能量更多,温度也升得更高。

③ 组分与铺层方式。复合材料可以选择不同基体和增强纤维,疲劳性能不一样,即使是相同组分材料,如果铺层方式不同,铺设的角度不同,对损伤扩展、分层扩展过程的影响不同,疲劳性能也会有相当大的差距。

④ 环境温度和湿度。复合材料组分的强度与温度和湿度有关的,温度和湿度也影响着复合材料内部残余应力状态,所以环境的温度和湿度对复合材料连续管的寿命有影响。

⑤ 应力集中不明显。金属材料的疲劳损伤对缺口非常敏感,在缺口处容易形成应力集中,而导致裂纹的形成、扩展而破坏。复合材料则不同,会在缺口根部形成较大的损伤区,损伤区缓和了应力集中,在循环加载过程中,损伤区会向外扩展,松弛根部的应力集中。这也是复合材料疲劳性能比金属材料更为优良的一个重要原因。

除了复合材料疲劳的共同点外,形成连续管后,卷绕在滚筒上的连续管的疲劳,还要看材料的应力与应变,树脂的弹性模量较低,例如聚偏氟乙烯弹性模量只有 1~2 GPa,屈服强度与弹性模量之比较大(达 2.3∶100 以上),卷绕在比管径大 40 倍的滚筒上,树脂基本上处于弹性范围,因此,与金属的连续管相比,疲劳寿命长很多。例如,Airborne 油气公司仅使用一种树脂-聚偏氟乙烯和 S2 玻璃纤维生产的复合材料连续管,具有超高弯曲疲劳寿命。试验表明,疲劳寿命可达 100 000 次,意味着至少可进行 15 000 次作业。

2.3.5　复合材料连续管水平井的延伸性能

如果连续管和套管都是理想的直管,水平井中连续管与井壁间的接触力就是连续管单位长度的重力,复合材料连续管比重小,经过表面硬化涂层处理,使连续管具有优良的内壁和外壁抗磨损能力,不但流动的摩擦系数低,下入井以及提升出井与井壁间的摩擦系数也非常低,因此,单位长度的连续管在水平井中摩擦力很小。但由于弹性模量小,进入螺旋屈曲的临界力也很小,从表 2-6 也可以看出,承受轴向压缩力的能力很小,不适合用作水平井的钻井和钻塞。

2.4　适应性分析

通过上述对钢、钛合金和复合材料连续管的制造工艺和性能的阐述,得出以下结论:①钢带的斜接焊缝的热影响区使焊接接头附近的组织不均匀,会造成力学性能的不均匀,成为疲劳损伤的易发区。②钛合金连续管耐海水腐蚀,强度高,弹性模量低,疲劳寿命较钢连续管长,适合用于海上连续管作业。③钛合金连续管重量轻,弹性模量低,若进行表面处理降低摩擦系数,可延伸水平段长度。④复合材料连续管屈服强度与弹性模量之比比较大,卷绕时几乎无塑性应变,疲劳寿命很长。⑤复合材料连续管弹性模量很低,抗外挤和最大轴向压缩力很低,适合在内压较高的直井中应用,不太适合水平井延伸,不能用于有外挤压差大的环境中作业。

参 考 文 献

[1] GOMEZ G,MITRE,REICHERT B A. High performance material for coiled tubing applications and the method of producing the same. US Patent Application Publication US-2014-0272448-A1［P］. 2017-10-31.

[2] VALDEZ M,MORALES C,ROLOVIC R,et al. The development of high-strength coiled tubing with improved fatigue performance and H_2S resistance［C］//SPE/ICoTA Coiled Tubing & Well Intervention Conference & Exhibition held in The Woodlands, Texas, USA, 24—25, March, 2015. SPE-173639.

[3] COLOSCHI M,GOMEZ G,NGUYEN T,et al. A metallurgical look at coiled tubing［C］//SPE/ ICoTA Coiled Tubing & Well Intervention Conference & Exhibition held in The Woodlands,Texas, USA,26—27,March,2013. SPE-163930.

[4] 武岳. 连续管焊接热影响区温度分布及组织影响［D］. 西安：西安石油大学,2014.

[5] 林军. 高效节能连续油管关键制造技术研究［D］. 济南：山东大学,2010.

[6] 罗登超,南莉,杨亚社,等. 退火温度对 TA18 管材性能和组织的影响［J］. 材料热处理技术,2012, 41(20):206-208.

[7] LYNN N,REYES-GARCIA A. Passivation of titanium alloy with aminopolycarboxylic acid-based HF acid fluid［C］. SPE International Oil field Corrosion Conference and Exhibition held in Aberdeen, Scotland,UK,12—13,May 2014. SPE-169620.

[8] MIKE C,BILL G. Titanium as an alternative to conventional coiled tubing:A north sea case study ［J］. SPE/ICoTA North American Coiled Tubing Roundtable,Montgomery,Texas,1—3,April 1997. SPE-38416.

[9] 宿振国,尹文波,吕妍妍. 复合材料连续管技术研究进展及应用现状［J］. 石油矿场机械,2014,43(4): 85-90.

[10] 张辛. 复合材料连续管结构优选研究及力学分析［D］. 北京：中国石油大学,2013.

[11] HARRIS B. Engineering composite materials［M］. London:Institute of metals,1986:40-48.

第 3 章

连续管疲劳与寿命

连续管作业时,需要在地面将滚筒上卷绕的连续管拉直,通过鹅颈导向器导入注入头,再通过注入头将连续管注入井中;作业中和作业完毕后,需要通过注入头将连续管从井中提起,通过鹅颈导向器将连续管导入滚筒,由滚筒卷起。连续管要经历拉直、卷绕、再拉直、再卷绕的循环过程。连续管的卷绕和拉直的塑性循环会造成连续管的损伤。考虑到由于运输的限制,连续管滚筒的尺寸不能太大,否则卷绕或矫直时连续管的最大应变超过了弹性极限,会产生较大的塑性应变,而反复的卷绕拉直循环产生的塑性应变,会在连续管中产生较大的损伤,最终导致连续管的疲劳损伤破坏。这种疲劳与低于弹性极限应力的高周疲劳相比,循环次数较少,称为低周疲劳。

在实践中,每次连续管作业后产生疲劳损伤的程度各不一样,有的连续管可以进行几十次作业,而有的连续管只能进行几次作业就失效。因此,研究连续管的疲劳变形与疲劳损伤机理,对于正确使用连续管,延长连续管使用寿命,降低成本等十分重要。

3.1　连续管寿命主要影响因素分析

连续管作业中,根据作业的不同要求,需要选择不同尺寸和钢号的连续管,所用的连续管作业机的型号也各不相同,因而具有不同的参数,这些型号和参数或多或少的影响到连续管的疲劳寿命。

3.1.1　连续管类型的影响

连续管可以按外径、材料强度、制造方法、壁厚变化等分类,这些参数都对连续管的疲劳寿命有较大影响。

连续管按外径有 19.05 mm、25.40 mm、31.75 mm、38.10 mm、44.45 mm、50.80 mm、60.33 mm、66.68 mm、73.03 mm、88.90 mm 和 114.30 mm 种类。各种外径下还有不同厚度,例如,50.80 mm 外径的连续管,壁厚有 2.413 mm、2.590 mm、3.960 mm、4.445 mm、4.826 mm 和 5.182 mm。

连续管按材料可以分为不同强度的连续管。现在常用的有 Tenaris 公司生产的 HS-90、HS-110、HT-110、HT-125 等,Global Tubing 公司生产的 GT-80、GT-90、GT-100、GT-110、GT-130,其中型号代码中的数值表示最低屈服强度,例如,HS-110 表示连续管的屈服强度不低于 758 MPa(110 kpsi)。

连续管通常用很多钢带焊接成整条钢带后卷制成圆管焊接而成。连接钢带的接头,有 90°直角焊接,也有 45°斜接焊接(见 2.1.3 小节)。连续管可以是整盘等壁厚的连续管,这种连续管全长都用同一壁厚的钢带制造而成;也有阶梯连续管(stepped bias welds),即用不同厚度的钢板剪切焊接连接成钢带制造而成。例如,某阶梯连续管的厚度和长度参数如表 3-1 所示。也有渐变壁厚的连续管(tapered coiled tubing),渐变壁厚的连续管是为了避免阶梯式连续管在不同厚度钢板焊缝处的疲劳寿命系数减弱太大而改进的。

表 3-1　某阶梯连续管的厚度和长度数据

厚度/mm	长度/m	厚度/mm	长度/m	厚度/mm	长度/m
4.445(0.175)	172.21	4.445(0.175)	618.74	4.826(0.190)	291.08
4.445(0.175)	190.50	4.445(0.175)	617.22	4.826(0.190)	547.12
4.445(0.175)	414.53	4.445(0.175)	595.88	5.182(0.204)	236.22
4.445(0.175)	231.65	4.445(0.175)	470.92	5.182(0.204)	279.20
4.445(0.175)	234.65	4.826(0.190)	301.75		

注:括号中数值单位为英寸,in。

这些参数通常由厂家提供,正确分析预测连续管的疲劳寿命需要确定以上连续管的参数。其中,连续管直径、壁厚、钢级和焊接接头对连续管寿命影响很大。

3.1.2　滚筒的影响

连续管有两种滚筒,一种是运输滚筒,如图 3-1(a)所示;另一种是工作滚筒,如图 3-1(b)

（a）运输滚筒

（b）工作滚筒

图 3-1　运输滚筒和工作滚筒

所示。运输滚筒是从连续管制造厂出厂时将连续管卷绕在滚筒上便于运输使用的,类似于商品的包装,工作滚筒具有驱动卷绕连续管的动力装置以及向连续管内导入液体的接口。连续管运输到使用单位后,需要将连续管从运输滚筒卷绕到工作滚筒上。在运输滚筒上连续管的卷绕与工作滚筒相反,即运输滚筒上的最外层卷绕到工作滚筒的内层,反之亦然。连续管卷绕到工作滚筒上后,在没有下入到井中之前,一直卷绕在工作滚筒上,当工作时,由工作滚筒卷绕状态展开矫直,再经鹅颈导向器导入注入头下入井中。作业完毕后,由注入头从井中提起,经鹅颈导向器导入并卷绕到滚筒上。

连续管在滚筒上一层一层卷绕时的卷绕半径与滚筒的尺寸有关,而卷绕半径对连续管的寿命有重要影响。影响卷绕半径的主要参数有滚筒筒芯直径、滚筒筒芯长度、滚筒轮缘直径。例如,某型连续管工作滚筒的尺寸为 1 981.20 mm×2 032.00 mm×3 606.80 mm (78.000 in×80.000 in×142.000 in),其中,1 981.20 mm 为滚筒筒芯的直径,2 032.00 mm 为滚筒的宽度,3 606.80 mm 为滚筒轮缘的直径。

3.1.3　鹅颈导向器的影响

图 3-2　鹅颈导向器与注入头的结构

鹅颈导向器的主要作用是将连续管从滚筒上展开后导入注入头。注入头在连续管作业机中的作用是,作业时将从鹅颈导向器导入的连续管注入井中,作业过程中对井中的连续管进行推送或拖拽,作业完毕将连续管从井中起出。一般将鹅颈导向器与注入头连接在一起,鹅颈导向器与注入头的结构如图 3-2 所示,图中上面弧形的部分为鹅颈导向器,下面的为注入头。

鹅颈导向器由一些滚柱排成圆弧状,滚柱可以减少连续管的摩擦力。注入头通过压紧夹持块,将连续管矫直。鹅颈导向器同样对疲劳寿命有较大影响,主要影响参数是鹅颈导向器的圆弧半径,圆弧半径越大,对疲劳寿命影响越小,圆弧半径值的设计在 API RP 5C7:2002 中有详细规定和推荐,详见第 1 章。

3.2　连续管作业及其载荷

连续管可以进行多种作业,如洗井、冲砂、压裂、钻桥塞等。在作业中,从滚筒到注入头之间的连续管受各种载荷的作用,但由于滚筒和鹅颈导向器的直径较小,主要的载荷是在滚筒和鹅颈导向器卷绕和拉直变形中的弯矩以及在弯曲和拉直变形中作用的其他载荷。

3.2.1　连续管载荷工况

就连续管地面卷绕和拉直的低周疲劳分析而言,载荷工况可以归纳为以下三类。

第一类,连续管无内压卷绕与拉直。连续管在进入滚筒和鹅颈导向器或离开滚筒和鹅颈导向器时,连续管内无内压,卷绕拉直之间也不加载内压。例如,从运输滚筒导管到工作滚筒。

第二类,连续管带内压卷绕与拉直。连续管在进入滚筒和鹅颈导向器或离开滚筒和鹅颈导向器时,连续管管内有内压。例如,冲砂、钻桥塞等作业时,连续管管内有流体流动,由于摩阻和工具的压降,在井上的连续管有压力。同时,连续管又必须在井下移动,上面的连续管也必须在有压力的情况下卷绕和拉直。

第三类,连续管滚筒卷绕时无内压,滚筒静止时加内压。连续管在进入滚筒和鹅颈导向器或离开滚筒和鹅颈导向器时,连续管管内无内压,但连续管停止卷绕时,需要加内压工作。例如,连续管拖动射孔压裂,在没加压的情况下,连续管送工具到位,加压喷砂射孔再压裂,这时,在滚筒上卷绕的部分受到内压的作用。产剖作业当连续管未进入井中时加压测试,测试完毕压力降为零时再下放连续管。某井某趟次产剖作业的深度、流量与压力的记录曲线如图 3-3(图版 I)所示。连续管未下放时,连续管的循环泵压达 35.00 MPa;在下放和卷绕时,循环泵压只有大约 8.00 MPa。

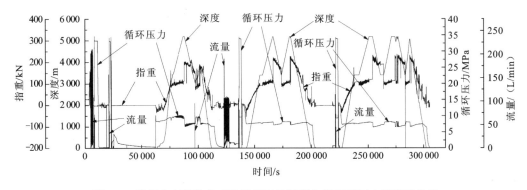

图 3-3　某趟次产剖作业时连续管下放深度与循环泵压力及流量曲线

综上所述,作业中连续管所受到的主要载荷是引起弯曲的弯矩和剪力,以及连续管内部所受的流体压力。

3.2.2　连续管截面剪力与弯矩分析

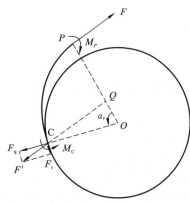

图 3-4　连续管卷绕时的载荷关系

连续管要卷绕到滚筒上或从滚筒上展开,需要加载截面剪力和弯矩。后面的分析将看到,连续管卷绕到滚筒上时加载的剪力和弯矩之间的比例对连续管的疲劳形变有很大影响,因此有必要分析连续管卷绕时的端面剪力和弯矩直径的比例关系。连续管在滚筒上卷绕时受力如图 3-4 所示。

连续管在 P 点受拉力 F 作用,此外连续管向滚筒卷绕过程中,在 P 点受到排管器的约束,连续管已经有一定的弯矩 M_P 作用;连续管刚卷绕到滚筒的点 C 处有弯矩 M_C,滚筒对连续管的作用力 F',F' 与拉力 F 相等,作用力 F' 可分解为截面剪力 F_q 和轴向力 F_t;M_C 与滚筒与导向器之间的连续管上的拉力 F 和 P 点的弯矩 M_P 关系如下。

$$M_C = M_P + F \times PQ \tag{3-1}$$

$$F_q = F\sin\alpha_r \tag{3-2}$$

式中:α_r 为直线 OP 与 OC 间的夹角,称为松弛角,(°);PQ 为 P 点到 Q 点的直线距离,m。

连续管在滚筒上缠绕时受力与施志辉[1]的模型相比多计算了排管器 P 处的弯矩 M_P 的作用。为计算该弯矩的大小,设鹅颈导向架到滚筒的距离 16.00 m,滚筒与鹅颈导向架之间的高度差为 10.00 m,分析排管器 P 与鹅颈导向架上连续管最高点 G 之间的管段受力情况。连续管受重力作用,假设 P、G 两点受力如图 3-5 所示,则 PG 段连续管应该呈自然下垂状态,其弯曲曲线为近似悬链线,但连续管弯曲在 P、G 两点有一定的曲率,故 P、G 两点必定受到弯矩作用。图中,$\rho_0 g$ 为连续管单位长度重量,N/m;F_{yP} 和 F_{yG} 分别为 P 点和 G 点连续管截面的剪力,N。运用有限元梁单元建立连续管悬垂段模型,假设连续管外径为 50.8 mm,壁厚为 4.78 mm,在右端的载荷,轴向拉力 F_{xG} 为 3.8 kN,截面剪力 F_{yG} 和弯矩 M_G 均为零的情况下,计算结果为左端轴向拉力 F_{xP} 为 3.30 kN,弯矩 M_P 为 1.10 kN·m。

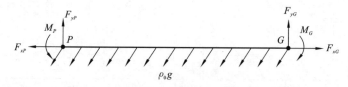

图 3-5　连续管滚筒到鹅颈导向器悬垂段受力模型

若连续管外径为 50.80 mm、壁厚为 4.780 mm,滚筒的半径为 1.50 m,PQ 长为 1.60 m,松弛角 α_r 为 60°,则此时接触点 C 处的弯矩为 6.38 kN·m,截面剪力 F_q 为 2.83 kN,切向应力为 4.10 MPa。试验中疲劳试验机类似悬臂梁加载方式,连续管外径 50.80 mm、壁厚 4.780 mm、材料 HS-90 的连续管弯曲到半径 1.50 m 的靠模上,疲劳试验机加载的弯矩约需要 6.2 kN·m;设加载的力臂为 0.50 m,试验需要加载的截面剪力为 12.76 kN,是施志辉[1]计算方法计算截面剪力 F_q 的 4.51 倍。

3.2.3　连续管内流体压力

作业中,需要在连续管内有流体流动或通过流体加载静压。如果加载静压,流体不流动,流体的压力可以传递到连续管的任何位置。在地面,忽略不同高度的压力差,连续管内部受相同压力的作用。如果流体有流动,则流体还需克服流动阻力,连续管内压力分布如图 3-6 所示。

其中,L_{CT} 为连续管的长度;p_p 为泵的压力;p_i 为连续管在刚卷绕到滚筒处的内压力。因为流体在连续管内流动中的阻力与连续管卷绕的半径有关,卷绕半径越小,流体摩阻越大,所以泵压在进入连续管的开始位置单位长度的压降较大,随着卷绕半径的增大,压降减小。入井后,连续管基本可认为是直管,单位长度压降是常数。

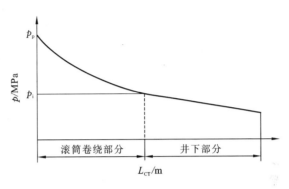

图 3-6　连续管内压力分布示意图

3.2.4　连续管的应力

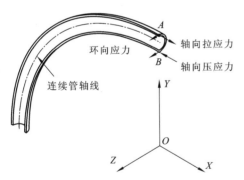

图 3-7　连续管卷绕时的应力分量

连续管受截面剪力和弯矩的作用,产生弯曲现象,在连续管中会产生轴向拉应力(图 3-7 中 A 点 OX 方向的应力)和轴向压应力(图 3-7 中 B 点 OX 负方向的应力)。

在连续管内可能存在流体压力,连续管会产生环向拉应力,方向为图 3-7 中 OZ 方向。平均环向应力($\bar{\sigma}_h$)的计算式为

$$\bar{\sigma}_h = \frac{p_i(d_o - t)}{2t} \quad (3-3)$$

式中:p_i 是连续管的内压,MPa;d_o 为连续管的外径,m;t 为连续管厚度,m。

3.2.5　连续管截面危险点

连续管在加压卷绕和拉直过程中,连续管会产生较大的塑形变形,因而会产生疲劳形变,常见的疲劳形变有两类:第一类,在有内压作用下,连续管截面直径增长;第二类连续管截面变成椭圆。连续管也会产生疲劳损伤,低周疲劳损伤与每次循环的应变增量相关。

连续管上应力应变最大的点是图 3-7 的 A 点和 B 点,相应的损伤也最大,如果这两点中有任何一点因疲劳损伤发生裂纹,连续管很快就会破坏,因此,这两点的应力应变状态以及疲劳损伤应重点关注。前面分析已经得出,如果忽略内压引起的径向应力(约为环向应力的 1/5 左右),这两点的应力状态可以用两个方向的正应力来描述,为二向应力状态。

连续管受弯矩作用发生弯曲,此时外缘轴向应力为拉应力,应力方向为图 3-7 的 OX 方向,应变为伸长;内缘轴向应力为压应力,应力方向为图 3-7 的 OX 的相反方向,应变为缩短。

3.3　连续管应力应变分析

连续管弯曲是一个大变形、大应变问题,涉及材料的塑性变形。在连续管疲劳试验或连续管工作时,连续管还会受到加载与卸载、反向加载与卸载的不断循环加卸载过程。连续管在反复卷绕和矫直时,会产生较大的变形,这种随循环次数变化的变形程度与应力应变模型有关,应用不同的应力应变模型分析连续管的疲劳变形,其结果有较大的差异。在分析中必须选择合适的应力应变模型。

3.3.1　连续管材料的应力应变模型

大部分工程实践中,管材的加载是单向的,只需要分析加载过程,譬如,计算结构的强度时,只要应力不超过某个值,即可满足强度要求。但在分析疲劳变形和疲劳损伤时,对连续管反复卷绕和矫直过程应力应变变化分析,既要分析加载过程,又要分析卸载过程。

对于钢材的弹塑性分析,主要的材料模型有理想弹塑性材料模型、弹塑性线性强化(双线性弹塑性强化)材料模型和幂硬化材料模型等。

当连续管反复弯曲、矫直时,连续管的许多部位超过了弹性极限,涉及加载与弹性卸载以及反向加载,在确定材料的应力应变关系后,还需要确定材料的加载、卸载和反向加载的塑性强化模型。经常采用的强化模型主要有等向强化(各向同性强化)模型、随动强化模型和组合强化模型[2]。等向强化模型假设材料在任意一个方向强化,则在其相反的方向也得到同等的强化;随动强化模型假定材料存在包辛格效应,由于包辛格效应减小了反向加载的屈服强度,总的弹性范围保持不变[2];组合强化模型则由等向强化模型和随动强化模型组合而成。

552 MPa(80 kpsi[①] 级别的连续管的循环应力应变试验曲线[3],如图 3-8 所示。当初次弯曲加载时,连续管材料到 80 kpsi 屈服,到 1.6% 的应变后卸载,然后是反向加载;应变为零时,再正向加载,此时不再按原来的曲线变化。除初次拉伸或压缩外,其他循环基本上沿一个封闭的曲线运行。用随动强化模型来描述材料的应力应变循环,每次加载都遵循 Ramberg-Osgood 模型的应力应变曲线[4],如图 3-9 所示。比较图 3-8 和图 3-9,Ramberg-Osgood 随动强化模型与实际试验数据符合的比较好。

① 　1 kpsi＝6.894 76×10³ MPa。

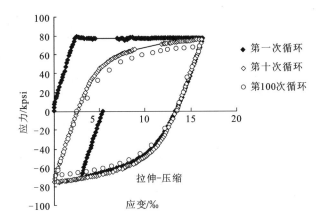

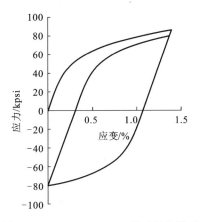

图 3-8　QT800 连续管材料循环应力应变试验数据　　图 3-9　Ramberg-Osgood 随动强化模型

3.3.2　二维塑性流动分析

上一节分析了连续管所受的载荷,通过合理的简化,在图 3-7 的 A 点和 B 点,处于二维的应力状态,即只有轴向应力和环向应力,径向应力较小,可忽略。

不同于单轴拉伸压缩,二维应力状态下屈服准则不再是单向应力达到材料的屈服强度,材料就发生屈服,需要有对应二维应力状态下屈服准则。另外,还需要确定在材料发生屈服后,将如何变形,往哪个方向变形多少,即需要确定材料的塑性流动准则。

1. 屈服准则

钢材属于塑性材料,目前比较通行的屈服准则是 Mises 屈服准则,即当 Mises 等效应力达到单轴屈服强度时,连续管材料发生屈服。

三向应力状态下 Mises 等效应力用三向主应力表示式为

$$\sigma_{\text{Mises}} = \frac{1}{\sqrt{2}}\sqrt{(\sigma_1-\sigma_2)^2+(\sigma_3-\sigma_2)^2+(\sigma_1-\sigma_3)^2}$$

$$(3\text{-}4)$$

式中:σ_1、σ_2 和 σ_3 是三个主应力,$\sigma_1 > \sigma_2 > \sigma_3$。如果是二向应力状态,譬如说 $\sigma_2=0$,则 Mises 屈服面可表示为

$$\sigma_{\text{Mises}} = \sqrt{\sigma_1^2+\sigma_3^2-\sigma_1\sigma_3}=\sigma_s \qquad (3\text{-}5)$$

式中:σ_s 是材料的屈服强度,MPa。

式(3-5)为一非标准椭圆方程,椭圆的长轴绕原点逆时针转了 45°角。应力空间内屈服强度为 620 MPa 的屈服面如图 3-10 所示,横坐标为连续管的轴向应

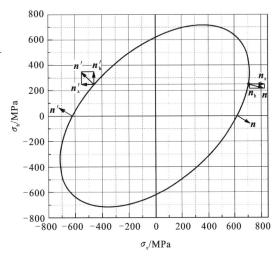

图 3-10　620 MPa 屈服强度连续管
弯曲时的屈服面与其法向量

力(σ_x),纵坐标为连续管的环向应力(σ_h)。n 表示应力空间的法向量,n' 表示反向弯曲加载时应力空间的法向量,n_h 和 n_x(n_h' 和 n_x')分别表示法向量的环向分量和轴向分量。

弯曲时,随着弯曲曲率的增加,图 3-7 中 A 点和 B 点的轴向应力的绝对值是增加的;相反,当从弯曲状态矫直时,随着曲率的减小,A 点和 B 点的轴向应力减小,到 0 后轴向应力开始反向增加。因为当连续管有内压作用时,环向应力为正,对于图 3-7 中的 A 点,轴向应力为正,相应于图 3-10 中的第 I 象限,所以轴向应力必须大于屈服强度,Mises 等效应力才能大于等于屈服强度,即材料发生屈服。对于图 3-7 中的 B 点,轴向应力小于 0,为压应力,相应于图 3-10 中的第 II 象限,即使轴向应力绝对值小于屈服强度,Mises 等效应力也能等于或大于屈服强度,即材料发生屈服。相对于 A 点来说,B 点更容易进入塑性,疲劳损伤也要更大些。因此,现场常见到卷绕时轴向应力是负的一侧最先破坏。

2. 复杂应力下的塑性流动

当材料处于三向应力状态时,如果材料发生屈服,材料会发生流动,常用的塑性流动准则是塑性流动方向沿应力空间中屈服面的外法线方向(图 3-10 的 n 和 n'),即:

$$d\varepsilon_{ij}^p = d\lambda \frac{\partial f}{\partial \sigma_{ij}} \tag{3-6}$$

式中:$d\varepsilon_{ij}^p$ 为塑性应变分量的增量;$d\lambda$ 为比例常数;σ_{ij} 为应力分量;f 为屈服方程。

三向应力状态的屈服面方程可以写为

$$f(\sigma_1, \sigma_2, \sigma_3, \sigma_s) = 0 \tag{3-7}$$

其中:σ_s 为屈服强度。对于塑性材料,可写为

$$\frac{1}{\sqrt{2}} \sqrt{(\sigma_1 - \sigma_2)^2 + (\sigma_3 - \sigma_2)^2 + (\sigma_1 - \sigma_3)^2} - \sigma_s = 0 \tag{3-8}$$

如果材料处于二向应力状态,屈服面方程简化为

$$f(\sigma_1, \sigma_3) = \sigma_1^2 + \sigma_3^2 - \sigma_1 \sigma_3 - \sigma_s^2(\varepsilon) = 0 \tag{3-9}$$

值得注意的是,在材料强化模型中,方程(3-8)和(3-9)中的应力 $\sigma_s(\varepsilon)$ 不再是常数,而是循环加载的应力应变曲线中的屈服后的应力,是应变 ε 的函数。

3.3.3 连续管变形及原因分析

1. 连续管直径变化规律及原因分析

如果连续管没有内压作用,图 3-7 中 A 点的应变增量与屈服面的法线成正比,卷绕进入屈服后,法线在图 3-10 中为横轴上的 n;反向卸载、反向加载进入屈服后,法线在图 3-10 中为横轴上的 n'。可以看出,两个法线方向相反。因此,连续管在一次卷绕拉直中,连续管的直径不会增长。

如果连续管有内压作用,连续管在一次卷绕拉直的循环会有净的环向伸长,即连续管直径会增加。譬如,内压引起连续管如图 3-10 中的 250 MPa 的环向应力,当连续管卷绕时,图 3-7 中 A 点屈服时屈服面的法线为图 3-10 中位于第 I 象限的 n,其环向的分量为 n_h,轴向

方向的分量为 n_x,这就意味着,当轴向有应变增量 $\Delta\varepsilon_x$,则在环向产生的应变增量 $\Delta\varepsilon_h$ 为

$$\Delta\varepsilon_h = \Delta\varepsilon_x \frac{n_h}{n_x} \tag{3-10}$$

此时的环向应变的增量是负的。当连续管拉直时,图 3-7 中 A 点屈服时屈服面的法线为图 3-10 中位于第 II 象限的为 n_h' 为正,即环向应变会有正的增量。很明显,当 n_x' 的绝对值等于 n_x 时,n_h' 大于 n_h,即在一次卷绕拉直后,连续管的直径会增加。从图 3-10 中可以看出,连续管中的内压越高,一次循环直径增长越大。另外,式(3-10)表明,轴向应变增量越大,直径增长越大,即连续管卷绕半径越小,直径增长越大。如果在加内压时连续管只卷绕或拉直一小段,则在此局部发生连续管直径增长的现象,就是所谓鼓包现象。

Rolovic 和 Tipton[5-6] 对连续管试件进行弯曲矫直,试件的几何尺寸如图 3-11 所示,其中 d_o 为连续管外径,t 为壁厚,L_s 为全长,L_z 为连续管与靠模直线段接触的长度。试件左边被弯曲模和矫直模夹持,L_{gage} 为与弯曲模接触的长度,在试件的右边加上与轴线方向垂直的剪力。

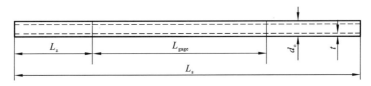

图 3-11 连续管试件几何参数

Rolovic 和 Tipton[5-6] 还做了内压有变化的连续管弯曲矫直试验,观察直径的变化,加内压载荷的曲线如图 3-12 所示。进行许多次弯曲矫直试验后,连续管的直径发生变化,沿轴线的变化情况如图 3-13 所示,连续管直径 d_o 沿轴线逐渐增大,$L_{gage}/2$ 处变为 d_o',之后继续增大,直到最大值 d_{omax},然后减小。沿轴线直径变化不均匀的现象主要源于试验中试件受的剪力沿轴线

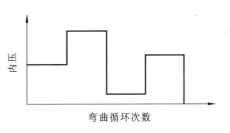

图 3-12 加载内压的示意图

不均匀;另外,在 L_{gage} 的右边,弯曲曲率比较小,屈服区域小于 L_{gage} 部分屈服区域,也会对 d_{omax} 右边的变形产生约束,形成两端小,中间大的情况。实际的滚筒卷绕的弯曲载荷要均匀得多,直径的变化也要均匀得多。

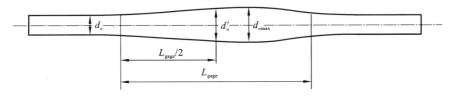

图 3-13 试件直径沿轴线的变化

　　Rolovic 和 Tipton[5-6]的某次试验如图 3-14 所示,其中最大弯曲轴向应变($\varepsilon_{x,\max}^{b}$)为 1.21%,用连续管内压引起的环向应力(σ_{h})与屈服强度(σ_{s})之比来表示内压的大小。先加 $\sigma_{h}/\sigma_{s}=0.27$ 的内压弯曲矫直 50 次,$\sigma_{h}/\sigma_{s}=0$ 的内压弯曲矫直 50 次,然后再是 $\sigma_{h}/\sigma_{s}=0.27$ 的内压弯曲矫直 50 次和 $\sigma_{h}/\sigma_{s}=0$ 的内压弯曲矫直 50 次。图中圆圈显示的是在 $L_{gage}/2$ 测量的直径,实线是基于 Rolovic 和 Tipton 修正强化准则计算的 d_{omax} 的变化情况,菱形标记是试验最后 d_{omax} 的值。

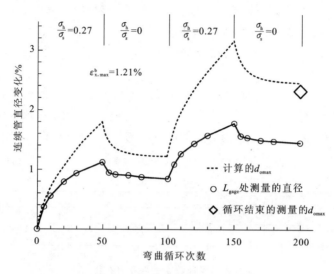

图 3-14　连续管直径随弯曲矫直次数的变化情况

　　很明显,加内压时弯曲矫直,直径增长,如果不再加内压弯曲矫直,直径不仅不增长,反而减小。从曲线的形状看出,加内压弯曲矫直最初的几次循环,直径增长比较快,随着弯曲次数的增加,逐渐变缓。反过来也一样,从 50 次循环后,内压为零,最初的几次循环直径减小比较快,然后逐渐趋缓。Rolovic 和 Tipton 用修正强化准则对这些现象进行了解释[5]。

2. 椭圆度产生的原因分析

　　有的连续管在使用一段时间后,其截面可能变成椭圆形状。有一定椭圆度后,连续管可能无法通过井口,另外,连续管的抗外挤能力也大大降低。因此,分析连续管椭圆度的产生的原因对于避免椭圆度过大有参考价值。椭圆度(Θ)的定义为

$$\Theta=\frac{d_{omax}-d_{omin}}{d_{nom}} \tag{3-11}$$

式中:d_{omax},d_{omin} 分别为连续管变形后横截面径向最大处尺寸和最小处尺寸,mm;d_{nom} 为连续管名义的直径,mm。

　　连续管产生椭圆度的原因主要有两个,一是载荷中的剪力的影响,二是连续管卷绕矫直中附加载荷的影响。

1）剪力的影响

在进行连续管加载进行弯曲–校直的试验中,有各种各样的装置和方法,将在 3.4.2 小节介绍,其中比较简单和成本低的是何春生等[7]的简易连续管弯曲拉直疲劳试验的装置,如图 3-15 所示。由万能试验机进行连续管的弯曲和矫直试验,用试验机的拉力使连续管试件在弯曲靠模上弯曲,如图 3-15（a）拉弯装置,然后再由滚轮组成的矫直机上矫直,如图 3-15（b）校直装置。拉弯校直后测量连续管试件的椭圆度,经过多次反复,可以记录下连续管随弯曲校直次数的变化情况。

　　　　　　（a）拉弯装置　　　　　　　　　　　　（b）校直装置

图 3-15　连续管弯曲拉直疲劳试验装置[7]

何春生等[7]的试验,试件比较短,加载的力臂较短（从加载钢丝绳到弯曲靠模接触点）,使连续管弯曲需要的截面剪力很大,比实际工作环境的截面剪力大很多。截面剪力大,加上弯曲的轴向应变的作用,造成椭圆度随弯曲拉直的次数的变化非常快,根据连续管弯曲拉直的试验数据绘出的曲线图如图 3-16 所示。可以看出,仅 30 次,椭圆度就达到 15% 左右。

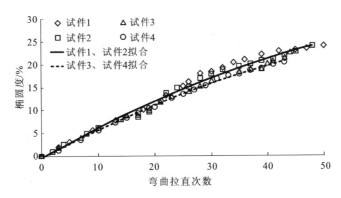

图 3-16　椭圆度随弯曲拉直的次数的变化曲线[7]

为了证实截面剪力对连续管椭圆度的影响,进行了三维有限元计算,分别计算长为

1.00 m、2.00 m 和 3.00 m,直径为 38.10 mm,壁厚为 3.400 mm 的连续管在 2.00 m 直径的滚筒上卷绕矫直,连续管的一端约束,另一端加端面剪力。假设材料为理想弹塑性材料,椭圆度在连续管长度的一半处测量。要使连续管贴于靠模上,长度 1.00 m 的连续管在加载端面剪力时使其弯曲的剪力要大于 2.00 m 和 3.00 m 连续管的剪力。通过有限元计算,不同长度连续管端面加剪力弯曲拉直 15 次后连续管截面椭圆度如图 3-17 所示,1.00 m 时椭圆度最大,3.00 m 时椭圆度最小,2.00 m 时椭圆度仅为 1.00 m 时的二分之一左右。由此可知,加载时连续管的截面剪力越大,椭圆度越大。场应用时应特别注意不要以很大的垂直于连续管轴向方向的力作用在连续管上,避免大的截面变形。

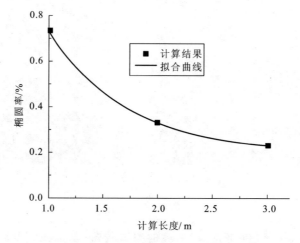

图 3-17　不同长度连续管端面剪力加载 15 次循环椭圆度的增加值

2）附加载荷的影响

实际上,即使加载时截面剪力很小,连续管卷绕矫直一段时间后,也会出现截面椭圆化的现象,可以通过卷绕矫直过程中产生的附加载荷来加以解释。

附加载荷的产生。连续管卷绕矫直中截面的几何形状以及载荷如图 3-18 所示。设连续管受到弯矩作用,连续管将弯曲成如图 3-18(b)的半径为 R_b 的圆。由于圆的半径 R_b 与连续管外半径 r_t 相比很大,可忽略连续管截面各点到连续管轴线的距离,连续管截面中的微元 dA 在弯曲后形成以 dA 为截面,长度为 $R_b d\alpha$ 的圆弧。圆弧段端面受拉力状态位于外侧,如图 3-18(b)所示。受压力状态位于内侧,如图 3-18(c)所示。拉压力合力的绝对值为 qdl。外侧产生向下的作用力,内侧产生向上的作用力,作用方向总是向中性层方向,q 即为附加力。q 在连续管截面内将产生一个弯矩分布,该分布的弯矩将使连续管截面发生椭圆化变化。弯曲矫直次数越多,椭圆度越大。为了计算附加载荷的大小,假设连续管材料为理想弹塑性,弯曲时截面有一部分处于弹性状态,另一部分处于塑性状态,如图 3-18(a)所示。r 为连续管截面上微元体与连续管轴线的径向距离;θ 为连续管截面上微元体与连续管弯曲中性层的夹角;r_0 为连续管半径;F_S 为连续管对称面单位长度的作用力;F_N 为中性层面上的 y 方向单位长度的作用力;M_0 为连续管对称面单位长度的弯矩;T 为连续管轴向力。

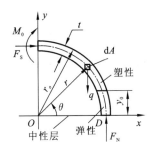

（a）连续管横截面受力图

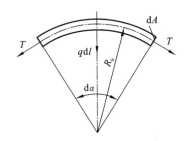

（b）dA 的轴面图（轴向力拉伸）

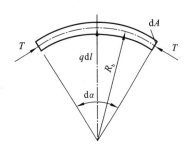

（c）dA 的轴面图（轴向力压缩）

图 3-18　连续管卷绕矫直中的附加载荷

受弯矩作用的连续管的横截面,纵坐标的绝对值小于 y_0 的区域处于弹性状态,绝对值大于 y_0 的区域处于塑性状态。假设材料为理想弹塑性,屈服强度为 σ_s,连续管弯曲曲率半径为 R_b,y_0 按式(3-12)计算。

$$y_0 = \frac{\sigma_s R_b}{E} \tag{3-12}$$

连续管在弯曲后产生上述的弹塑性应变,弹性区域上的应力正比于中性轴的距离,在塑性应力区域内,应力大小均为 σ_s。

塑性区域：　　　　$q \mathrm{d}l = \dfrac{\sigma_s \mathrm{d}A}{R_b} \mathrm{d}l$,　　或　　$q = \dfrac{\sigma_s \mathrm{d}A}{R_b}$　　　　　　$(y \geqslant y_0)$

弹性区域：　　　　$q \mathrm{d}l = \dfrac{\sigma \mathrm{d}A}{R_b} \mathrm{d}l$,　　或　　$q = \dfrac{\sigma \mathrm{d}A}{R_b} = \dfrac{\sigma_s}{R_b} \dfrac{y}{y_0} \mathrm{d}A$　　$(y < y_0)$

在任意角度 θ 处相对于图 3-18(a) 中 D 点的弯矩 M 为

$$M(\theta) = \int_A q(r-x)\mathrm{d}A = \int_{A_e} q(r-x)\mathrm{d}A + \int_{A_p} q(r-x)\mathrm{d}A \tag{3-13}$$

式中：A 为连续管截面从 x 轴到与 x 轴夹角为 θ 的区域；A_e 为其中的弹性区域；A_p 为其中的塑性区域。

连续管上的实际弯矩 $M(\theta)$ 会使得连续管中产生环向应力,导致初始理想圆的连续管椭圆化。四分之一的连续管发生扭曲变形时,其与另外四分之三的连续管变形必须协调,即这四分之一的连续管必须保持关于 x 轴和 y 轴的对称。

附加载荷引起的变形。分别考虑弹性区与塑性区的变形,在弹性区中,实际弯矩 $M(\alpha)$ 引起连续管截面曲率变化,曲率半径的增长 $\Delta\rho_b$ 可以表示为

$$\Delta\rho_b = \frac{M(\alpha)\rho_b}{EI} \tag{3-14}$$

其中：ρ_b 为连续管弯曲曲率半径,m；E 为弹性模量,Pa；I 为惯性矩,m^3。

弹性变形中径向线的角度改变量 $\Delta\mathrm{d}\alpha^e$ 可以用式(3-15)表示,径向线偏移示意图如图 3-19 所示。

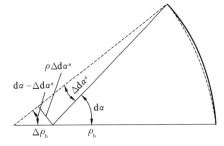

图 3-19　径向线偏移示意图

$$\Delta \mathrm{d}\alpha^e = \frac{M(\alpha)\rho_b \mathrm{d}\alpha}{EI} \tag{3-15}$$

在塑性区,除了受弹性区影响的变形外,塑性变形对连续管的变形影响非常大。根据 Prandtl-Reuss 增量理论[2]和 Mises 屈服准则,塑性应变的增量 $\mathrm{d}\varepsilon_{ij}^p$ 与屈服面的法向量成正比,即:

$$\mathrm{d}\varepsilon_{ij}^p = \mathrm{d}\lambda \frac{\partial f}{\partial \sigma_{ij}} \tag{3-16}$$

其中: $\mathrm{d}\lambda$ 为常数; σ_{ij} 为应力分量;屈服面的方程 f 可以表示为

$$f(\sigma_1, \sigma_2, \sigma_3, \sigma_s) = 0 \tag{3-17}$$

其中: $\sigma_1, \sigma_2, \sigma_3$ 为主应力。

在连续管弯曲中,认为径向应力为 0,只考虑轴向应力 σ_x 和环向应力 σ_h[19]。于是,Mises 屈服准则可以表示为

$$\sigma_x^2 + \sigma_h^2 - \sigma_x\sigma_h - \sigma_s^2 = 0 \tag{3-18}$$

由上式将环向应力 σ_h 表示为轴向应力 σ_x 的函数:

$$\sigma_h = \frac{\sigma_x \pm \sqrt{4\sigma_s^2 - 3\sigma_x^2}}{2} \tag{3-19}$$

Mises 屈服面如图 3-20 所示。$\boldsymbol{n}$ 和 $\boldsymbol{n}'$ 是屈服面的法向量,$\boldsymbol{n}$ 的分量 $\boldsymbol{n}_x$ 和 $\boldsymbol{n}_h$ 有如下关系:

$$\frac{\boldsymbol{n}_h}{\boldsymbol{n}_x} = \frac{\partial f}{\partial \sigma_h} : \frac{\partial f}{\partial \sigma_x} = \frac{2\sigma_h - \sigma_x}{2\sigma_x - \sigma_h} = \frac{3\bar{\sigma} - \sqrt{4 - 3\bar{\sigma}^2}}{2\sqrt{4 - 3\bar{\sigma}^2}} \tag{3-20}$$

其中 $\bar{\sigma} = \sigma_h/\sigma_s$。

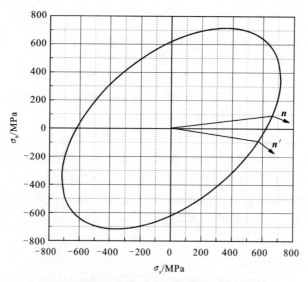

图 3-20 连续管弯曲时的屈服面与其法向量

当连续管在内压非常低时,$\bar{\sigma}$ 很小,上式可以简化为

$$\frac{\boldsymbol{n}_h}{\boldsymbol{n}_x} \approx -\frac{1}{2} + \frac{3}{4}\bar{\sigma} \tag{3-21}$$

于是可以得到环向的塑性应变的增量 $\mathrm{d}\varepsilon_h^p$ 为

$$dε_h^p = \frac{n_h}{n_x}dε_x^p = \left(-\frac{1}{2}+\frac{3}{4}\bar{σ}\right)dε_x^p \qquad (3-22)$$

在塑性区,实际弯矩 $M(α)$ 引起连续管外表面上有 $σ_{ho}$,内表面有 $σ_{hi}$,它们可以用下式计算:

$$σ_{ho} = \frac{M}{I}\frac{t}{2} = \frac{12M}{t^3}\frac{t}{2} = \frac{6M}{t^2} \qquad (3-23)$$

$$σ_{hi} = -\frac{6M}{t^2} \qquad (3-24)$$

式中,t 为连续管壁厚,I 为单位长度绕连续管厚度中性轴的转动惯量,m^4/m。

由于 $dε_x^p$ 已知,联合式(3-22)、式(3-23)和式(3-24),便可以得到 $dε_h^p$。最后,由塑性应变增量引起的角度改变量 $Δdα^p$ 可以由式(3-25)表示为

$$Δdα^p = \frac{Δε_{ho}^p r_o - Δε_{hi}^p r_i}{t}dα = \left(-\frac{1}{2}+\frac{9Mr_m}{σ_s t^3}\right)Δε_x^p dα \qquad (3-25)$$

塑性应变引起的角度改变量如图 3-21 所示。图中,r_i 为连续管内半径,r_o 为连续管外半径,r_m 为连续管平均半径,t 为连续管壁厚,$dα$ 为微小角度,$Δdα^p$ 为塑性应变引起微小角量产生的增量。总体的角度改变量是弹性变形引起的夹角改变量和塑性应变引起的角度改变量之和。

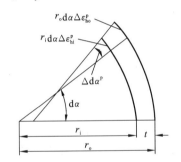

$$Δdα = Δdα^e + Δdα^p \qquad (3-26)$$

这样,角度改变量便可以通过式(3-15)、式(3-25)得到。

图 3-21 塑性应变引起的角度改变量

变形随载荷循环的变化。当连续管在滚筒上反复卷绕拉直时,塑性区每一点的应力应变曲线如图 3-22 所示。在弯曲过程中,连续管上的应变增加时,应力增加到屈服强度 $σ_s$,然后保持不变直到连续管弯曲到最大曲率。在连续管拉直时,卸载曲线不是沿加载时的曲线变化,而是开始像弹性阶段一样线性减小直到达到 $-σ_s$,然后保值不变,直到连续管曲率减小到 0。理想弹塑性材料屈服后所有的屈服面是一样的,根据每次轴向塑性应变的值,由附加载荷沿径向方向环向应力的差异计算出沿径向的环向应变的不同,因而引起截面椭圆度的增加。根据每次的轴向塑性应变的值,可以由附加载荷沿径向方向环向应力的差异计算出沿径向的环向应变的不同,因而引起的截面椭圆度的增加。循环中,连续管截面中应力的分布如图 3-23 所示。

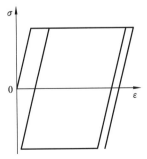

图 3-22 塑性区应力应变曲线

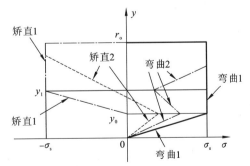

图 3-23 连续管反复卷绕拉直过程中横截面上的应力分布

　　以中性层上方部分为例,在初始直线的连续管在滚筒上卷绕时,应力逐渐增加,直到应力分布如图 3-23 中弯曲 1 所指向的实线所示,其中 $y<y_0$ 的区域为弹性区,$y \geqslant y_0$ 区域为塑性区;然后在拉直的过程中应力逐渐减小,直到应力分布如图 3-23 中矫直 1 所指向的点划线所示,$y<y_1$ 的区域在拉直中为弹性区,连续管完全拉直后曲率为 0,则 $y<y_0$ 区域应力也为 0;在连续管再次卷绕到滚筒上时,应力分布与最初卷绕过程中的应力分布不完全一样,其应力分布如弯曲 2 所指向的双点划线所示;再矫直时最后应力分布回到矫直 2 所指向的虚线所示。

　　为了比较,用以上的附加载荷的理论计算了椭圆的变化情况,并用有限元方法计算了连续管卷绕拉直的问题。图 3-24(图版 I)为变形后的应力云图与本节导出的附加载荷公式的结果叠加在一起的图形。其中云图是有限元方法的计算结果,实线是本节导出附加载荷公式的计算结果,两者吻合,说明附加载荷对连续管卷绕矫直中椭圆度的影响的分析具有合理性。

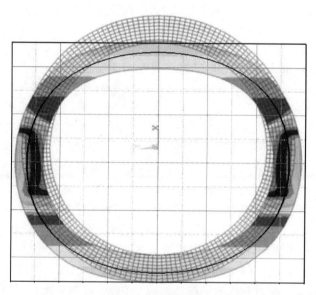

图 3-24　连续管截面椭圆度变化有限元和附加载荷方法计算结果比较

　　当然,连续管材料模型对椭圆度的变化程度也有较大的影响,用塑性强化模型,比如运动强化模型,每次卷绕矫直循环椭圆度的增加要小些。在连续管实际的卷绕和矫直时,可能还存在内压,内压会在已经椭圆化的连续管截面产生与附加载荷相反的截面内的弯矩,这种弯矩作用的结果使连续管截面由椭圆趋于变圆。这就是连续管在实际使用中椭圆度并没有如在实验室的某些试验结果大的主要原因之一。

3）塑性强化模型对塑性流动的影响

　　理想弹塑性材料屈服后,应力并不随应变增加而增加,保持在屈服强度水平不变,屈服面椭圆的大小和位置均不会移动。由于没有塑性强化作用,在相同的载荷下,理想塑性模型材料的变形比较大。

各向同性强化的材料屈服后,随应变增加,应力也会增加。卸载后反向加载必须将应力加到正向应力的数值才会发生反向屈服。屈服面是一系列的同心的椭圆,达到某个椭圆后,小的椭圆屈服面不再是屈服面,而由最近刚刚达到的屈服面椭圆确定是否屈服。

各向同性强化材料的屈服面如图 3-25 所示,当在 A 点发生屈服后,由于塑性强化,屈服强度变化到 B 点,卸载和反向加载后,从 B 点到 C 点均为弹性变形,必须到 C 点才能屈服。在相同的条件下,各向同性强化材料的塑性流动小,因而,变形也小。

随动强化材料在发生屈服以后,后继屈服面变化比较复杂。在加载过程中,随着塑性变形的发展,屈服面的大小和形状都不变,只是整体地在应力空间中作平移,如图 3-26 所示。图中应力空间的 1 点变化到 2 点,其屈服面也由实线椭圆转变成虚线椭圆,如果 1 点变化的下一点在实线椭圆内,则屈服面仍然是实线椭圆[2]。这个模型在一定程度上反映包辛格效应。Rolovic 和 Tipton[5] 在连续管疲劳试验中发现,连续管在加内压时卷绕矫直直径增长,但随后进行的无内压弯曲矫直循环后直径反而变小,他们用修正的随动强化准则对这些现象进行了解释。

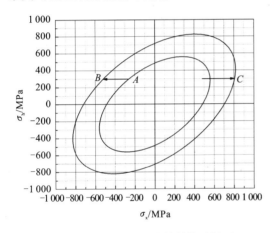

图 3-25　各向同性强化材料的屈服面

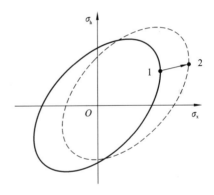

图 3-26　随动强化屈服面的示意图

3.3.4　连续管卷绕拉直的有限元应力应变分析

1. 三维有限元分析

应用有限元可以对连续管卷绕拉直进行应力应变分析。连续管在右端受到弯矩和截面剪力的作用,连续管在滚筒上卷绕时的 Mises 应力分布如图 3-27(a)(图版 I)所示;连续管矫直过程中 Mises 应力分布如图 3-27(b)(图版 I)所示;卸载时连续管的 Mises 应力分布如图 3-27(c)(图版 I)所示。完全卷绕到滚筒上的连续管部分应力分布比较均匀,连续管卷绕的外侧和内侧都进入了塑性状态,而在加载端连续管没有卷绕上去的部分,每个

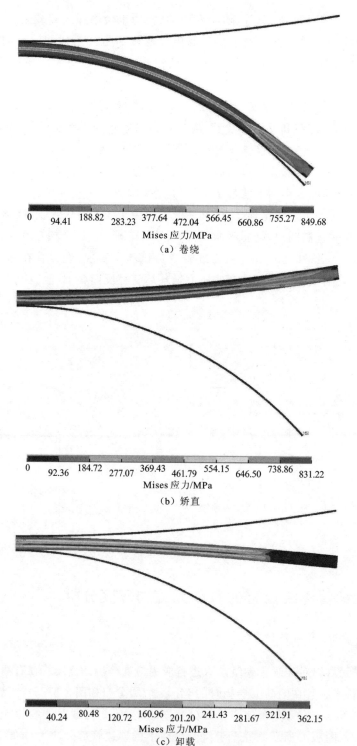

图 3-27　连续管三维有限元分析应力云图

截面应力状态都不一样,如果做试验,此处的应力应变不能用来进行应力应变分析。反向矫直时,连续管的外侧和内侧也进入屈服状态,但应力显然没有卷绕时大。当矫直后再卸载,连续管仍有残余应力存在。

　　有限元计算可以得出每次卷绕矫直过程中每一时刻连续管的应力应变状态,但三维有限元计算量比较大。从图 3-27(a)(图版 I)可以看出,当连续管卷绕在滚筒上时,卷绕在滚筒上的连续管各截面的应力分布基本相同,如果忽略连续管截面剪力的影响,连续管的应力应变计算可以采用有限元的二维广义平面应变单元求解。

2. 二维广义平面应变有限元分析

　　广义平面应变单元假设连续管每个横截面的几何形状和所受的外载是一样的,因而可以用一个截面表示连续管的应力应变。实际上,如果连续管不受横截面的剪力,只有纯弯矩作用在横截面上,就可以用广义平面应变单元。广义平面应变单元与平面应变单元类似,但其在平面外的轴向方向的应变不需为零,此单元建立的模型在轴向方向上可以延伸,在轴向方向上也可有与纯弯曲一样的均匀曲率。单元广义平面应变选项在每个单元内部自动创两个节点,引入了三个新的自由度,其中一个节点用于加载轴线方向的力或轴向位移等;另一个节点用于加载弯曲载荷和角位移等。广义平面应变单元计算表明,连续管在卷绕拉直后的变形与实际连续管变形的对比如图 3-28(图版 II)所示,可以看出,两者形状非常相似,说明计算结果反映了实际的变形。计算出的应力应变数据可以用于连续管的疲劳寿命计算。

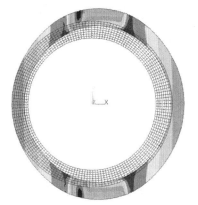

(a) 二维有限元计算结果　　　　　　　(b) 实际连续管变形

图 3-28　广义平面应变单元计算连续管截面的变形与实际连续管截面变形

3.4　连续管疲劳寿命的预测理论与试验

　　前面分析了卷绕矫直过程中连续管的疲劳变形。实际上,除了变形外,反复加载、卸载还会引起材料的疲劳损伤,形成裂纹的萌生和扩展,最后导致疲劳破坏。

3.4.1　连续管寿命的预测理论

1. 疲劳损伤的基本概念

金属结构在受到交变或变化的载荷作用时,会产生交变的应力或变化的应力,这些变化的应力会在金属结构一些局部高应力区形成微小裂纹,不断扩展,直到产生裂纹的失稳扩展,结构发生破坏。美国材料与试验协会(American Society for Testing Materials, ASTM)将疲劳定义为:"材料某一点或某一些点在承受交变应力和应变条件下,使材料产生局部的永久性的逐步发展的结构性变化过程。在足够多的交变次数后,它可能造成裂纹的累积或材料完全断裂"[8]。

应力(应变)幅、平均应力(应变)大小和循环次数是影响金属疲劳的三个主要因素。应力幅小,金属结构能承受较多次应力循环,例如,大于 1×10^5 次,称为高周疲劳,一般机械结构都是高周疲劳,有的循环次数高达 1×10^7 次以上甚至更高。如果应力水平高,金属结构只能承受较少的应力循环次数,称为低周疲劳。连续管的载荷很大,金属材料中很大部分处于塑性应变,是典型的低周疲劳。一般来说,高周疲劳的应力幅低于屈服极限,由应力控制,应力越大,裂纹萌生越多,裂纹扩展快,寿命越短;但当应力高到屈服强度以上,在材料进入塑性之后,应力变化较小,而应变变化较大,这种情况下控制应变更为合理,因此,计算寿命常采用联系应变与疲劳寿命 $\varepsilon\text{-}N$ 曲线。

2. 单轴疲劳

Tavernelli 等[9]、Manson[10] 首先根据低循环疲劳试验数据,把塑性应变幅与到断裂的循环数联系起来,用应变幅表示疲劳寿命数据。

$$\varepsilon_{ap} = \varepsilon'_f (2N_f)^c \tag{3-27}$$

式中:ε_{ap} 为塑性应变幅,无量纲;N_f 为弯曲循环次数,无量纲;ε'_f 为循环疲劳延性系数,无量纲;c 为疲劳延性指数,无量纲。

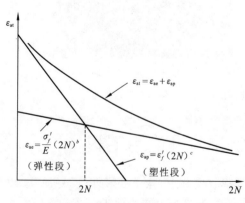

图 3-29　低周疲劳的 Manson-Coffin 关系式

但疲劳试验常在控制总应变幅的条件下进行,因此,Manson-Coffin 关系式使用总应变幅。总应变幅 ε_{at} 由塑性应变幅 ε_{ap} 和弹性应变幅 ε_{ae} 组成,如图 3-29 所示,得 Manson-Coffin 关系式如下:

$$\varepsilon_{at} = \varepsilon_{ae} + \varepsilon_{ap} = \frac{\sigma'_f}{E'}(2N_f)^b + \varepsilon'_f(2N_f)^c \tag{3-28}$$

式中:σ'_f 为循环疲劳强度系数,Pa;b 为疲劳强度指数,无量纲;E' 为循环弹性模量,Pa。σ'_f,b,E',ε'_f,c 都为疲劳常数,可以通过疲劳试验获得。

　　如果材料受到的不是交变应变,而是有平均应变的脉动应变。这时 Manson-Coffin 关系式不再适合,通过将等效应变幅 ε_{aeff} 代替应变幅,Manson-Coffin 关系式可以适合脉动应变的情形。

　　等效应变幅是实际应变幅和平均应变的函数的乘积。

$$\varepsilon_{aeff} = \varepsilon_{at} f(\varepsilon_m) \tag{3-29}$$

式中:ε_m 为平均应变,无量纲,可以通过试验或计算获得;$f(\varepsilon_m)$ 为平均应变的某个函数,用不同的理论,可以得到不同的 $f(\varepsilon_m)$。

3. 多轴疲劳

　　连续管在有内压作用的情况下,截面上的点处于多轴应力状态。既有弯曲产生的轴向应力应变,又有内压产生的环向应力应变。如前节所述,环向应力的存在使卷绕拉直循环会产生直径的增长,还会对疲劳产生很大的影响。此外,由于塑性变形的非线性,加载的路径对塑性变形也有很大影响。譬如,第三种加载路径,尽管起初的阶段和最后阶段与第一种加载方式并无差异,但中间加卸载内压仍然对应变和寿命产生较大影响。Tipton[11]针对多轴低周疲劳,采用了如下的等效方法。

$$\varepsilon_{at} = \varepsilon_{a,eq}(1+\varepsilon_{m,eq})^S \tag{3-30}$$

式中:ε_{at} 为等效的单轴总应变幅,无量纲;$\varepsilon_{a,eq}$ 为三轴等效应变幅,无量纲;$\varepsilon_{m,eq}$ 为三轴平均等效应变,无量纲;S 为应变指数,无量纲。

　　对于塑性材料,采用 Von Mises 等效平均应变和应变幅。

$$\varepsilon_{m,eq} = 0.4714 \sqrt{(\varepsilon_{m,x}-\varepsilon_{m,h})^2+(\varepsilon_{m,r}-\varepsilon_{m,h})^2+(\varepsilon_{m,x}-\varepsilon_{m,r})^2} \tag{3-31}$$

$$\varepsilon_{a,eq} = 0.4714 \sqrt{(\varepsilon_{a,x}-\varepsilon_{a,h})^2+(\varepsilon_{a,r}-\varepsilon_{a,h})^2+(\varepsilon_{a,x}-\varepsilon_{a,r})^2} \tag{3-32}$$

式中的下标逗号后面的 x,h 和 r 分别表示连续管平均应变和应变幅的轴向,环向和径向分量。平均应变和应变幅的各分量按以下式计算。

$$\varepsilon_{m,i} = \frac{\varepsilon_{update,i}+\varepsilon_{init,i}}{2}, \quad \varepsilon_{m,i} = \frac{\varepsilon_{update,i}-\varepsilon_{init,i}}{2} \tag{3-33}$$

式中的下标 init 和 update 分别表示每次循环开始和结束,i 表示分量 x,h,和 r。

　　式(3-30)中指数 S 用下式计算。

$$S = C_Q \left[\frac{\sigma_h}{\sigma_s} \sqrt{\Delta\varepsilon_x} \right]^{C_m} \tag{3-34}$$

式中:σ_s 为材料的屈服强度;$\Delta\varepsilon_x$ 为轴向应变增量;C_Q、C_m 为常数,可以通过试验确定。

　　指数 S 的试验值与拟合曲线如图 3-30 所示。这样,Tipton 把连续管多轴疲劳与单轴疲劳的 Manson-Coffin 关系式联系起来了。但在内压为零时,σ_h 为零,即 $S=0$,用式(3-33)计算时 Tipton 发现,疲劳寿命与试验值相差较大(如图 3-30 所示)。为了解决这个问题,Tipton 用低内压经验参数进行弥补。

　　用 Tipton 的方法计算 2.000 in 的 HS-110 连续管在半径为 48.000 in 的靠模上的疲劳寿命如图 3-31 所示。

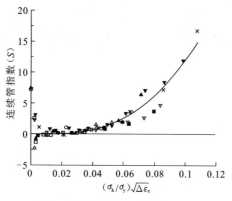

图 3-30　指数 S 的试验与曲线　　　　图 3-31　不同环向应力下连续管疲劳寿命计算曲线图

4. Palmgren-Miner 线性损伤累加原理[12-13]

计算式(3-31)是针对相同的应变幅或相同的等效应变幅,在试验中一般也是相同的应变幅,即以相同的加载方式加载,产生的应变幅基本是等幅的。在实际生产中,一般情况下应变幅是不同的。为了计算不同的应变幅的寿命,Palmgren-Miner 假设每次循环的损伤是线性累积的,即每次循环产生的损伤是在这种等效应变幅作用下寿命的倒数,将这些不同应变幅产生的损伤累加起来,累加后值等于1,连续管就疲劳破坏。

设第 i 种等效应变的寿命是 $2N_{fi}$,损伤 F_i 为

$$F_i = \left(\frac{1}{2N_f} \right)_i \tag{3-35}$$

总的损伤为

$$F_\Sigma = \sum_i F_i = \sum_i \left(\frac{1}{2N_f} \right)_i \tag{3-36}$$

当 $F_\Sigma = 1$ 时,连续管就会疲劳破坏。

3.4.2　连续管疲劳寿命试验

进行连续管疲劳试验是确定疲劳计算式中各常数的最重要的一步,而研制与现场载荷相近且成本低的疲劳试验设备是关键。

1. 连续管疲劳寿命试验装置

最早的连续管疲劳试验装置很庞大,将很长的连续管在大的滑轮上反复弯曲并拉直,直到连续管失效,也有将一个几乎完整的连续管作业机和试验井做成疲劳试验设备的[14],如图 3-32 所示。这些试验设备不但占地多,耗费的能源也多。

美国西南管材公司(Southwestern Pipe Inc.)、美国 Tulsa 大学以及美国 Stewart & Stevenson 公司三家建立了连续管疲劳实验室,也是连续管的疲劳寿命预测和检测机构[15]。中国石油宝鸡石油钢管有限责任公司焊管研究所在国内最早建设疲劳寿命试验装置研究连续管疲劳寿命。

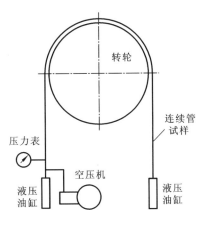

（a）滑轮式疲劳试验装置

（b）全尺寸疲劳试验装置[14]

图 3-32　早期连续管疲劳试验测试装置

　　美国西南管材公司研制的连续管疲劳试验装置对连续管的立式工况能够较好地进行模拟。该试验装置通过更换不同直径的滚轮对不同直径的连续管进行测试。试验装置结构比较简单、制造成本不高、操作容易，可用于连续管制造企业分析和评价产品的疲劳寿命。但是该试验装置对连续管现场使用中受到的各种力分别进行加载试验比较困难，只能加载拉伸-弯曲载荷，或者在此基础上再加载内压进行试验，最后分析结论时，需要借助模型进行处理。

　　后来，美国 Tulsa 大学发明了连续管疲劳试验机，结构体积小，运行成本也较低。经过不断改进，现在的连续管疲劳试验机如图 3-33(a)所示。国内的连续管疲劳试验机也具有类似的结构如图 3-33(b)所示。连续管疲劳试验机在加内压的情况下，不断进行弯曲矫直循环，直至连续管泄漏，可以测出连续管在不同内压下的弯曲矫直次数，即疲劳寿命。

（a）国外连续管疲劳试验机[16]

（b）国内连续管疲劳试验机

图 3-33　国内连续管疲劳试验机与国外连续管疲劳试验机

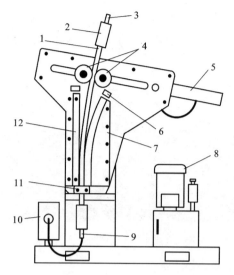

图 3-34　连续管疲劳试验机结构示意图[15]

1-连续管试样；2-快速压裂接头；3-阀；
4-滚筒；5-油缸；6-感应式接近开关；
7-弯曲模具；8-液压源；9-液压管线；
10-启动泵；11-夹持器；12-直模板

连续管疲劳试验装置的结构如图 3-34 所示[15]。连续管疲劳试验装置主要由弯曲靠模、矫直靠模、加内压装置和弯曲、矫直加载机构组成。比美国西南管材公司所研制的连续管疲劳试验装置要更为复杂些，功能要多一些，可以单个载荷分别加载弯曲、拉伸或内压对连续管进行疲劳寿命试验，也可以上述载荷的各种组合形式对连续管试样进行疲劳寿命试验。该试验装置具有体积小，操作简单，设计与制造容易的优点，适合用于在较低成本下对连续管进行低周疲劳寿命研究。现代的连续管疲劳试验装置仍然采用这种结构，但略微加长了悬臂长度，使加载在连续管上的剪力和弯矩的比例与现场更为接近。在设计连续管疲劳试验装置的结构时，应尽量与现场运行的载荷情形相符。

根据对现场连续管卷绕拉直的载荷进行分析表明，连续管卷绕拉直时弯矩占较大的分量，截面剪力占分量较小。如果加截面剪力过大，载荷与实际相差较大，可能测试出的结果是连续管的椭圆度偏大，也会影响到连续管寿命的测量精度。增加连续管横向载荷的力臂，有助于减小截面剪力在弯曲载荷中所占的比例。从这种意义上，图 3-33(a)的连续管疲劳试验机比图 3-33(b)的连续管疲劳试验机的效果要好。

2. 连续管疲劳试验与结果

进行连续管疲劳试验时，取约两米一段，两端加工，用端盖密封，根据试验要求，在连续管试件中加有从一兆帕到几十兆帕不等的内压力，在弯曲和矫直靠模上反复弯曲、矫直，一直到内压泄漏。不同内压下连续管弯曲、矫直过程的寿命综合起来得出连续管的寿命曲线。为了保证检测到连续管失效的初始瞬间，用内压泄漏标志连续管失效，所有试验均加有内压载荷。2.000 in 连续管在半径为 48.000 in 的标准弯曲靠模上的疲劳试验的结果如图 3-35 所示[16]。图中横坐标是连续管加载的内压值，纵坐标为连续管失效时连续管弯曲、矫直的次数。图中显示疲劳寿命与内压有关，也与材料有关系。材料的强度越高，疲劳寿命越长。

3.4.3　连续管缺陷对疲劳寿命的影响

连续管的缺陷分为制造过程中不可避免的缺陷和使用过程中的缺陷。制造过程中的斜接焊缝的热影响区是典型的制造中的缺陷，使用过程中产生的机械损伤和腐蚀坑是另一种缺陷。

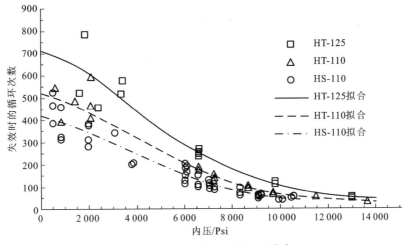

图 3-35　连续管疲劳试验结果[16]

1. 焊接热影响区对疲劳寿命的影响

有些使用较长时间的连续管,在斜接接头焊缝周围会有如图 3-36 所示的两条条纹[17],条纹在轴向截面上显示厚度有较大的收缩,如图 3-37 所示。条纹既然在焊缝周边,它们的产生与焊接工艺有关。

图 3-36　热影响区变形表面　　　　图 3-37　焊缝热影响区的变形截面图

在 2.1.3 小节中详细说明了连续管的加工工艺过程。为了加工成 5 000.00 m 以上长度的连续管,必须将几百米长的钢板剪切焊接连成宽度与连续管截面周长相等的整条钢带,焊缝的形式有早期的对接焊缝(butt weld),后来发明了 45°角斜接焊缝(bias weld)。这种接头在钢板焊接中是将两块钢板端部加工成 45°,然后焊接,经轧辊轧制成圆管后,45°角斜接焊缝成螺旋状,有效地将焊接引起的材料性能弱化分散了。现在的连续管焊接采用的基本都是 45°角斜接焊缝。

连接钢板的焊接一般采用等离子弧(plasma arc)焊接,或摩擦搅拌焊接(friction stir weld)。在焊接中,一般没有焊条等外加的材料,材料比较均匀,但在焊接中,需要加热金属到比较高的温度,在焊缝周围可能会有热影响区(heat affected zone),在热影响区里材料达到退火温度,会发生退火现象,金相结构中颗粒变粗,材料变软,性能变差。连续管材料局部变差,尽管对屈服强度减少可能不是太多,但连续管应变很大,会造成应变集中的问题,严重影响寿命。图 3-36 和图 3-37 是连续管失效后观察到热影响区变形的情形,很明显,在焊缝的两侧热影响区的变形要大于其他本体处,产生了凹坑,可能是由于热影响区的屈服强度降低造成。

为了说明热影响区屈服强度降低对寿命的影响,假设连续管材料为 HS-110,屈服强度为 758 MPa,热影响区的材料屈服强度比本体的屈服强度降低 5%,屈服强度为 720 MPa,用三维有限元计算了相同厚度和不同厚度斜接焊接的连续管在卷绕到滚筒后的 Mises 应变分布如图 3-38(图版 II)所示,可以观察到在焊缝附近热影响区出现的明显的应变集中。

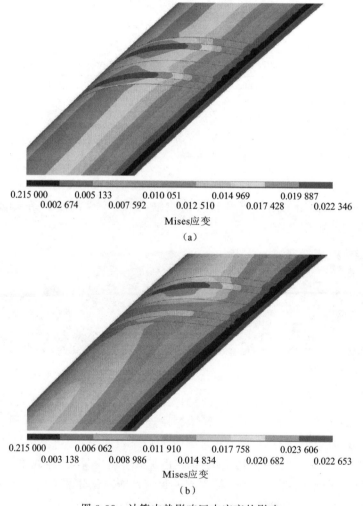

图 3-38　计算中热影响区中应变的影响

弯曲时,如果没有热影响区,相同厚度时,沿连续管上表面最外侧的应变是均匀的,最大应变约 0.017 700;在同厚度焊接接头的热影响区,最大应变增加到约 0.022 350,应变集中使应变增大 26.27%;不同厚度焊接时,应变集中更严重,在热影响区,厚度较薄的最大应变增加到约 0.026 270,应变集中使应变增大 49.89%。从前面的分析中知道,寿命与循环中应变增量有关,应变变化越大,寿命越短。因此,热影响区将显著缩短连续管的使用寿命,而且不同厚度连续管的焊缝的热影响区应变更大,疲劳寿命更短。

　　定义焊缝热影响区的疲劳寿命减弱系数为含焊缝试件的疲劳寿命与不含焊缝试件的疲劳寿命的比值。焊缝热影响区的疲劳寿命减弱系数原来一直用经验系数处理,同厚度直角焊缝的热影响区的疲劳寿命减弱系数取 0.5,同厚度斜接焊缝热影响区的疲劳寿命减弱系数取 0.8,不同厚度的斜接焊缝热影响区的疲劳寿命减弱系数取 0.5。2016 年,Newman 和 Kelleher[18] 为了得出连续管斜接焊缝热影响区的疲劳寿命减弱曲线,做了上百次的斜接焊缝热影响区疲劳寿命减弱系数的试验,结果如图 3-39(图版 II)所示。在轴向应变小于 2%,且环向应力小于 105 MPa(15 kpsi)一小部分区域,疲劳寿命减弱系数为 56%~70%,除此以外,其他区域的疲劳寿命减弱系数为 75%~86%之间。考虑到在现场疲劳寿命减弱系数较小的区域,内压小,连续管本体的寿命较长,因此,尽管有较小的疲劳寿命减弱系数,但连续管不会在这些载荷区域内最先失效,这与疲劳寿命减弱系数的传统经验取值的 0.8 基本吻合。

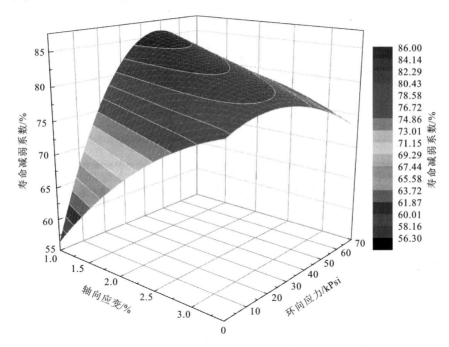

图 3-39　连续管斜接焊缝热影响区的疲劳寿命减弱系数

　　有时候使用阶梯形连续管,它是由不同厚度的连续管焊接起来的,在不同厚度连接处的焊缝周边,除了有热影响区以外,厚度不同会加剧连续管的应变集中。

2. 机械损伤缺陷连续管的疲劳寿命

　　在连续管作业过程中,不可避免的出现外表面有机械损伤的情况,如夹持块夹伤、碰伤、划痕等如图 3-40 所示,这些缺陷在连续管继续工作时会产生应力或应变集中,影响连续管的使用寿命。

图 3-40 连续管外表面受机械损伤

连续管表面缺陷对连续管疲劳寿命的影响,可以用有限元对带椭球缺陷的连续管在卷绕矫直过程中的应变变化情况进行分析,连续管卷绕时椭球缺陷的应变集中,如图 3-41(图版 III)所示,无椭球缺陷处的应变约为 0.017,在椭球缺陷处应变达到 0.026,应变增大了 52%,缺陷将大大影响连续管卷绕矫直的寿命[18]。

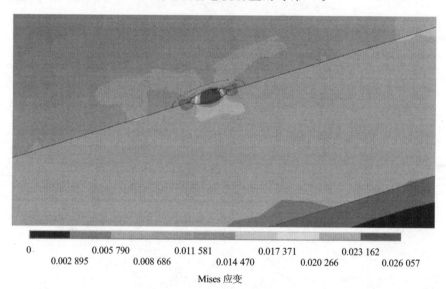

0		0.005 790		0.011 581		0.017 371		0.023 162	
	0.002 895		0.008 686		0.014 470		0.020 266		0.026 057

Mises 应变

图 3-41 卷绕时椭球缺陷连续管应变集中的有限元模拟[19]

2009 年,Christian 和 Tipton[20]定义了缺陷损伤量 Q_d

$$Q_d = \left[\left(\frac{d}{t} \right) \left(\frac{w}{x} \right) \sqrt{\frac{A_p}{A_c}} \right]^{\frac{1}{3}} \qquad (3-37)$$

式中:t 为连续管壁厚,mm。描述外表面缺陷的参数 d,x,w,A_p,A_c 如图 3-42 所示。其中,d 为缺陷深度,m;x 为缺陷轴向长度,m;w 为缺陷宽度,m;A_p 为缺陷面积,m²;A_c 为以内圆切线为弦的弓形部分面积,m²。

在做了大量含外部缺陷的连续管的疲劳试验后,Christian 和 Tipton[20]总结了一个经验公式:

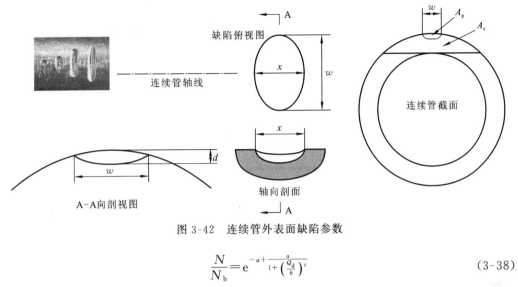

图 3-42 连续管外表面缺陷参数

$$\frac{N}{N_b} = e^{-a + \frac{a}{1 + \left(\frac{Q_d}{b}\right)^c}} \tag{3-38}$$

式中：N 为含缺陷连续管的疲劳寿命，无量纲；N_b 为不含缺陷连续管的疲劳寿命，无量纲；参数 $a = 9.222$，$b = 1.0339$，$c = 2.20735$。

3.5 连续管完整性在线检测

在经历一段时间的作业后，连续管的形状不可避免的发生变化，例如，直径变大、壁厚变薄、横截面产生椭圆度，除此之外，也可能在表面发生机械损伤，还有可能发生腐蚀现象，所有这些都可能对连续管的剩余寿命产生影响，准确在线监测连续管的形状、检测腐蚀坑和机械损伤等对于精确预测连续管的剩余寿命十分关键。目前通常的连续管无损检测方法有渗透检测、射线检测、磁粉检测、漏磁检测、涡流检测和超声检测等。在这些无损检测方法中，涡流检测和漏磁检测不需与连续管接触，比较适合连续管工作时外表面有油泥，且连续管不断移动的特殊环境。

3.5.1 连续管漏磁检测原理

连续管属于铁磁性构件，可以用恒定磁场对连续管进行磁化，在连续管和励磁装置以及它们之间的气隙形成磁场回路。如果连续管的直径发生变化，连续管和励磁装置之间的气隙发生变化，磁场回路的特性也就发生了变化，磁场回路特性改变的信号很容易检测到。因此，对检测信号进行处理，可以实现对连续管外径的测量，计算不同位置的外径值可以得到连续管的椭圆度。

除了直径的测量可以用漏磁方法检测外，连续管的内部腐蚀坑、外表面的机械损伤甚至裂缝都可以通过连续管的磁通的改变检测出来[21]，如图 3-43 所示。

3.5.2 连续管电磁涡流检测原理

金属材料具有良好的导电性，当穿过金属材料的磁场发生变化时，在这些导电材料中

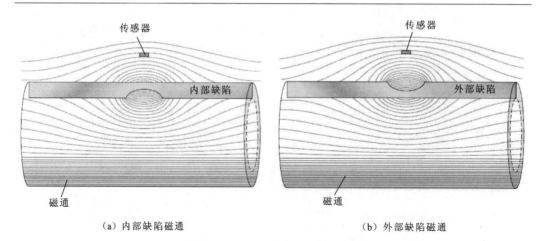

（a）内部缺陷磁通　　　　　　　（b）外部缺陷磁通

图 3-43　漏磁检测连续管缺陷

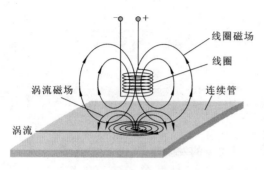

图 3-44　电磁涡流检测方法

出现感应电流,称为涡流。如图 3-44 所示,当传感器线圈中导通交变电流时,在周围产生交变磁场,如果附近有导体,就会在导体内产生感生电流(涡流),导体中的涡流同样会产生磁场,涡流产生的磁场的方向与线圈产生的磁场方向相反,叠加后的结果削弱了线圈的磁场,使得传感器线圈的电感、阻抗等参数发生变化。因此,传感器线圈的电感、阻抗等参数不仅与线圈本身的参数,如匝数、尺寸有关,与电流频率有关,也与附近导体的电导率、磁导率等性质以及线圈到导体的距离有关,如果只改变线圈到导体的距离,其他都不变,就会检测到线圈的电感、阻抗等参数的变化。没有变形时连续管的截面基本不变,当连续管平稳地通过四周有线圈的传感器时,离各线圈的距离就不变,测到的信号也就不变;如果连续管的直径发生了变化,或者截面变成了椭圆,离各线圈的距离发生了变化,测到的信号就会发生变化。利用这个原理,可以检测到连续管直径的变化情况。

当连续管中存在缺陷后,缺陷会改变涡流的强度,从而改变涡流磁场,最终影响到传感器线圈的电感量、阻抗和品质因数。因此,电磁涡流同样能检测缺陷的存在和大小。

3.5.3　连续管完整性在线检测系统

连续管在线检测系统由传感器组件、数据获取系统和软件系统三部分组成。传感器组件用于感知连续管的磁通的变化和传感器线圈的参数的变化,从而探测到连续管的缺陷。传感器组件包括有多个传感器,在环向多个角度分布。为了便于安装,传感器组件分成两半,图 3-45 为 CoilScan RT 连续管漏磁检测器的传感器组件[22]。其结构由里程子系统、漏磁子系统和外径-椭圆度子系统组成。漏磁子系统位于传感器组件的

（a）外形及安装位置

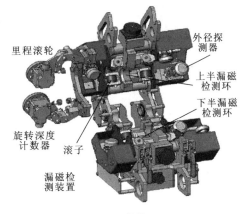

（b）结构

图 3-45　CoilScan 连续管漏磁检测器的传感器组件[25]

中心位置,用永磁体和霍尔效应传感器扫描连续管壁厚、检测连续管内外壁中的异常。检测数据通过特别设计的数字滤波器用来探测疲劳裂纹、腐蚀坑、孔、V 形槽、凿痕,处理的数据也可用于计量金属随时间的损失量。外径-椭圆度测量子系统测量连续管的外径,测量数据可用于计算椭圆度。外径的测量时用安装在连续管环向对面的一对电磁涡流位移探头完成。里程表子系统用来测量下放深度以及检测的连续管的长度和位置,两个里程表子系统提供距离测量冗余和提高可靠性。每个子系统都有独自的测量轮,其中高分辨率编码器将轮的转动变成线性距离。将两半合起来,安装在连续管的滚筒附近,环绕在连续管上面,当连续管从滚筒放出就可以检测连续管的各种信号,其中深度编码器计数可输出结果到监视器上显示出来;所有信号经数据获取系统的接口将每个传感器获得的电信号传入数据获取系统待软件系统进行处理,软件处理子系统可在离传感器组件 30.00 m 距离的位置。

　　数据获取系统所获得的数据还是各自独立的数据,如果要从中获得外径的变化、椭圆度和缺陷的相关信息,还需软件系统对所获得的数据进行分析计算。例如,外径的变化需要有对原始数据的对比;椭圆度需要环向几个方向传感器数据进行计算得出。缺陷的计算更为复杂,要从获得的数据中检测到缺陷的大小和对寿命的影响程度,需要在实验室对各种缺陷进行大量的试验,分析已知缺陷和它的响应特征,将这些研究结果结合到软件中,就可以用于在线从检测到的响应分析出缺陷的形状和大小以及危害程度。所有的数据与 3D 模型结合起来,在解释软件的帮助下,操作者可以随时间以 360° 的角度观察探测、分辨和跟踪连续管检测中的异常,发现缺陷,如图 3-46(图版 III)所示。

　　在正常的作业条件下 CoilScan 的基本能力和精度如下:

① 壁厚的测量精度为 ±0.127 mm[±0.005 in];

② 外径的测量精度为 ±0.254 mm[±0.010 in];

③ 通孔缺陷可检测最小为 0.79 mm[0.031 in];

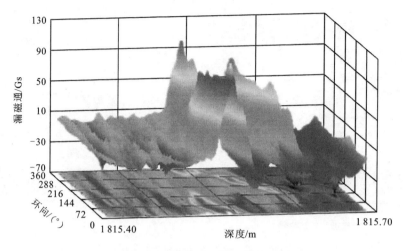

图 3-46　CoilScan 的三维显示

④ 可检测壁厚变薄,连续管内壁和外表面的盲孔、横向和纵向 V 槽;

⑤ 沿连续管轴线每 12.00 mm 检测和计算椭圆度,检测漏磁幅度、壁厚和外径。

3.6　连续管寿命预测与延长寿命的措施

　　连续管在使用过程中,疲劳损伤会逐步增加,当某点的疲劳损伤达到 1 时,就认为连续管在此处失效,如果继续发展,就会形成刺漏、断裂等失效。如前所述,连续管的疲劳损伤与作业时的各种参数有关,为了避免连续管失效给作业带来的损失,每作业一次,需要估计连续管各断面的损伤程度,一旦达到一定值,该卷连续管立即停止使用。对于重负荷作业(如钻塞),作业前必须进行连续管剩余寿命预测,保证该卷连续管不会在作业过程中失效。

3.6.1　连续管剩余寿命预测

　　为了管理好连续管,保证最长的使用寿命,从连续管购入开始,就必须建立档案,记录连续管的制造参数和连续管的每一次活动的参数,包括运输滚筒和工作滚筒的参数。连续管的寿命是从整体热处理完毕,卷绕到运输滚筒开始计算;运输到使用单位后,需要从运输滚筒转移到工作滚筒,这也必须计入连续管的疲劳损伤;连续管每一次作业,都必须完整的记录作业过程的各种参数,如安装参数(滚筒至井口的距离,滚筒高度,鹅颈导向器高度);作业参数(下深、泵压等);还得通过漏磁等方法监测连续管表面的缺陷,在每次作业后对连续管作业中记录的数据进行处理,得出连续管的损伤程度和连续管的剩余寿命。为了保证连续管作业的安全,必须对连续管下一次作业做出估计,评估每卷连续管的作业风险,同时考虑经济性,选择合适的连续管。

　　作为例子,本章计算某连续管的全寿命。

1. 连续管参数

外径 50.80 mm(2.000 in)，钢级 HS-110，连续管由 15 段，每段几百米长的钢带焊接而成，接头采用斜接接头，如表 3-2 所示。

表 3-2　连续管接头参数

段	1	2	3	4	5	6	7	8
厚度/mm	5.182	5.182	5.182	4.826	4.826	4.826	4.826	4.445
长度/m	49.38	307.85	187.45	246.89	565.40	569.98	166.12	155.45
总长/m	49.38	357.23	544.68*	791.57	1 356.97	1 926.95	2 093.07*	2 248.52

段	9	10	11	12	13	14	15
厚度/mm	4.445	4.445	4.445	4.445	4.445	4.445	4.445
长度/m	515.11	571.50	573.02	573.02	571.50	295.66	515.11
总长/m	2 763.63	3 335.13	3 908.15	4 481.17	5 052.67	5 348.33	5 863.44

* 指厚度变化处

接头参数中，注意到在总长 544.68 m 处厚度由 0.190 in 和 0.204 in 的钢板连接而成，2 093.07 m 处的接头由 0.190 in 和 0.175 in 的钢板焊接而成。

2. 其他参数

滚筒的尺寸为 1 981.20 mm(78.000 in)×2 032.00 mm(80.000 in)×3 606.80 mm(142.000 in)，鹅颈导向器半径为 2 286.00 mm(90.000 in)。滚筒到鹅颈距离 25.00 m，鹅颈到井口距离 10.00 m。滚筒离地面高度、滚筒离井口的直线距离、鹅颈导向器的高度。

3. 作业履历与作业数据

该连续管完整地进行了 10 次作业，在第 11 次作业时，连续管发生了刺漏，刺漏的位置位于 2 093.00 m 附近，正好位于厚度变化的接头附近，如表 3-3 所示。

表 3-3　某连续管履历表

序号	井号	作业项目	下入深度/m	长度增减/m	起下次数	井下时间/h	累计起下次数	累计井下时间/h	备注
1	作业 1	钻磨桥塞	5 086	21	4	192	4	192	5 842
2	作业 2	射孔	5 152	5	2	72	6	264	5 837
3	作业 3	冲砂	5 078	2	1	30	7	294	5 835
4	作业 4	射孔	5 109	2	2	25	9	319	5 833
5	作业 5	产剖	5 190	3	8	164	17	483	5 830
6	作业 6	钻磨桥塞	5 148.3	4	4	156	21	639	5 826
7	作业 7	钻磨桥塞	5 443	10	4	168	25	807	5 816
8	作业 8	钻磨桥塞	4 790	4	4	144	29	951	5 812

序号	井号	作业项目	下入深度 /m	长度增减 /m	起下 次数	井下时间 /h	累计起下 次数	累计井下 时间/h	备注
9	作业9	冲砂	5 557	3	1	32	30	983	5 809
10	作业10	打捞	5 563	5	5	144	35	1 127	5 804
11	作业11	连续管刺漏	4 739	—	—	—	—	—	—

所有作业的数据包括,连续管的全长,作业时连续管深度、泵压、流量数据的记录。例如,某作业的一段记录,其中包括深度、循环压力、流量和注入头上指重载荷(注入载荷)的记录曲线如图3-47(图版 III)所示。

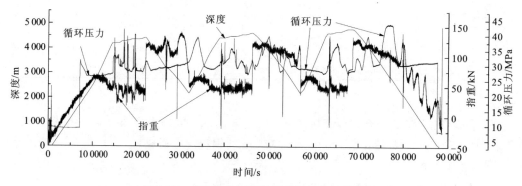

图 3-47　某次作业记录的部分深度指重等曲线

4. 计算结果与分析

应用本章所叙述的疲劳计算方法,编制成程序,对所有的作业数据进行处理,计算结果如图3-48所示(没有包括制造中卷绕到运输滚筒上和从运输滚筒转移到工作滚筒上的损伤)。

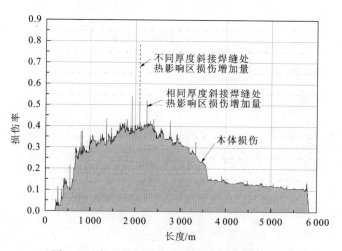

图 3-48　某连续管刺穿前计算的疲劳损伤情况

从图 3-48 中看出,连续管在前面的 2 200.00 m 损伤比较小,这是因为连续管在这一段主要是在直井段,不需要来回卷绕到滚筒上;在 3 800.00～4 200.00 m 下深损伤比较大,在这一段出现反复起升下放、另外加载内压引起的较大的损伤;另一个特点是连续管本体的损伤约 0.4,考虑接头附近的热影响区连续管的损伤减弱系数 0.8 时,接头的损伤约为 0.5 左右,如果再考虑连续管阶梯焊接接头(即不同厚度接头)的损伤减弱系数不是 0.8,而仅为 0.5 时[14,20],在 2 093.70 m 接头的损伤率已经接近 0.8,加上卷绕运输滚筒和从运输滚筒转移到工作滚筒的损伤,连续管已经处于危险的边缘,下一次作业时在此刺穿,与实际作业时发生的情况吻合。

准确预测连续管的疲劳寿命,可以为连续管安全作业,提高作业效率提供保障,也可以根据作业情况优选连续管进行作业。

从本实例分析得到的另一个认识是,必须时刻注意仔细斜接焊缝处的检查,尤其是不同厚度焊缝处,往往在此处已经发生了裂纹,如果没注意到,连续管断裂后可能造成较大的损失。

3.6.2　如何延长连续管使用寿命

综上所述,连续管在卷绕矫直过程中,会发生诸如直径增大、椭圆度等截面变形随循环的次数增加而增加的变形。这些变形一方面会对连续管的强度产生影响,例如,直径增加会使连续管抗内压能力变弱,直径增加和椭圆度增加会减小连续管的抗外挤能力;另一方面直径增加和椭圆度增加会对井口的密封和下入产生影响。连续管的卷绕矫直也会产生低周疲劳损伤,疲劳损伤的积累可能在连续管的某些地方产生裂纹萌生、聚合和扩展,最后形成穿透裂缝而失效,甚至发生断裂。

对连续管直径增大、椭圆度有影响的因素有:①过大的截面剪力;②连续管的卷绕半径,半径越小,影响越大;③所加的内压,内压越大,直径增长越快。

对连续管低周疲劳的影响因素有:①内压,内压越高,疲劳损伤越大;②连续管的卷绕半径,半径越小,疲劳损伤越大;③制造工艺,连续管制造过程中经过综合优化的,焊接热影响区的影响越小;④表面缺陷,表面缺陷越厉害,疲劳寿命越短。

根据这些影响因素,在连续管选用和作业操作中注意避免不利因素,可以提高连续管的使用寿命。

1. 采用新技术制造的连续管

连续管的制造技术对连续管的寿命影响很大,尤其是焊接接头的热影响区。与本体相比,会减少疲劳寿命 20% 甚至更多,主要原因是钢带连接焊接时,焊缝附近部分区域退火所致,要彻底解决这个问题,需要在连续管加工完后进行热处理,重新使连续管材料的金相颗粒细化。热处理需要将连续管加热到淬火温度保持一定时间后进行淬火处理,然后进行回火。为了与工艺相匹配,需要进行钢化学成分的重新设计和试验。全套技术最近由 Tenaris 公司发明出来,命名为 BlueCoil 技术,连续管系列的代号为 HT,目前产品型号有 HT-110、HT-125 和 HT-140。

Tenaris 公司经过对含有斜接焊缝试件与本体试件疲劳寿命测试的结果,证明了新系列的连续管在连接焊缝处,金相颗粒比较细,与本体基本一致,疲劳寿命没有明显的降低(见 2.4.2 小节),同时,用 Bluecoil 技术生产的连续管更耐酸腐蚀。

为了解决阶梯变厚度连续管在斜接接头处的应变集中,导致连续管斜接接头处疲劳寿命大幅度降低的问题,最新的连续管制造技术采用斜坡厚度的钢带焊接而成,在焊接接头处厚度完全一致,避免了不同厚度连续管接头的低周疲劳寿命的问题。

2. 避免连续管表面发生机械损伤

任何连续管的表面损伤都会大大降低连续管的疲劳寿命。避免工具等在连续管上的碰撞,避免在操作时过度用力。保证连续管作业机滚筒和注入头的同步,加速和减速时应尽量操作柔和,避免猛启动和猛刹车,猛启动和猛刹车有可能使连续管作业机滚筒和注入头失步,致使滚筒和注入头之间连续管张力过大,造成连续管的损伤。注意检查连续管注入头两边链条的同步,夹持块的错动有可能在连续管表面造成机械损伤。注意避免异物掉入注入头中,异物有可能在连续管上造成压痕等机械损伤。腐蚀坑,尤其是腐蚀裂缝也会大大降低连续管的使用寿命。

3. 避免在斜接接头附近反复的起升和下放

使用热影响区疲劳减弱明显的连续管时,应特别注意斜接接头对疲劳寿命的减弱的影响。对于某些特定的施工,比如已经知道某些位置上需要反复起升和下入的,选择连续管时应尽量避免连续管的斜接接头正好位于鹅颈导向器和滚筒上,尤其要避免不同厚度接头反复卷绕拉直。

建议在斜接焊缝处,尤其是厚度不同的斜接焊缝处,增加缺陷检测设备和监测的强度。

4. 避免在鹅颈导向器和滚筒之间的连续管过度拉紧

连续管卷绕到滚筒上最好是基本以弯矩载荷将连续管卷绕上去,过大的拉力和截面剪力对连续管有损伤,保持本章中图 3-4 的夹角 θ 在合适的值。θ 过大,卷绕太松连续管排列难以整齐,可能导致连续管外表面挤伤;θ 过小,连续管的截面剪力太大,造成椭圆度增长过大和疲劳损伤过大。

参 考 文 献

[1] 施志辉,范佳,许立,等.连续管在滚筒上缠绕的力学研究[J].大连交通大学学报,2011,32(5):50-52.

[2] 余同希.塑性力学[M].北京:高等教育出版社,1989:19-21.

[3] NEWMAN K R. Residual curvature and moments in CT due to bending[C]//SPE/ICoTA Coiled Tubing & Well Intervention Conference & Exhibition held in The Woodlands, Texas, USA, 24—25, March, 2015. SPE-173641-MS.

[4] RAMBERT W, OSGOOD W R. Description of stress-strain curves by three parameters[R]. NACA Technical Note No. 902, Washington DC, 1943.

[5] ROLOVIC R, TIPTON S M. Multiaxial cyclic ratcheting in coiled tubing, part I: Theoretical modeling[J]. Journal of Engineering Materials & Technology, 2000, 122(2):157-161.

[6] ROLOVIC R, TIPTON S M. Multiaxial cyclic ratcheting in coiled tubing, part II: Experimental program and modeling evaluation[J]. Journal of Engineering Materials and Technology, ASME, 2000, 122(2):162-167.

[7] 何春生,刘巨保,岳欠杯,等.基于椭圆度及壁厚参数的连续油管低周疲劳寿命预测[J].石油钻采工艺,2013,35(11):15-18.

[8] ASTM E, Standard terminology relating to fatigue and fracture testing:ASTM E1823—13[S], ASTM International, West Conshohocken, PA, 2013.

[9] TAVERNELLI J F, COFFIN L F. Experimental support for generalized equation predicting low cycle fatigue[J]. ASME, Journal of Basic Engineering, 1962, 84(4):533-541.

[10] MANSON S S. Fatigue:A complex subject some simple approximation[J]. Experiment mechanics, 1965, 5 (4):193-226.

[11] TIPTON S M. Multiaxial plasticity and fatigue life prediction in coiled tubing[J]. Astm Special Technical Publication, 1996:283-304.

[12] MINER M A. Cumulative damage in fatigue[J]. J Appl Mech, 1945, 67:59-64.

[13] AID A, AMROUCHE A, BOUIADJRA B B, et al. Fatigue life prediction under variable loading based on a new damage model[J]. Materials & Design, 2011, 32 (1):183-191.

[14] FASZOLD J, ROSINE R, SPOERING R. Full-scale fatigue testing with 130K yield tubing[C]// SPE/ICoTA Coiled Tubing & Well Intervention Conference & Exhibition held in The Woodlands, Texas, USA, 27—28, March, 2012. SPE-153945.

[15] 高霞,上官丰收,宋生印.连续管低周疲劳试验装置方案分析[J].石油矿场机械,2007,36(11):65~69.

[16] VALDEZ M, MORALES C, ROLOVIC R, et al. The development of high-strength coiled tubing with improved fatigue performance and H_2S resistance[C]//SPE/ICoTA Coiled Tubing & Well Intervention Conference & Exhibition held in The Woodlands, Texas, USA, 24—25, March, 2015. SPE-173639.

[17] PADRON T, AITKEN B. CT100 + bias weld fatigue life estimations-are adjustments required? [C]. SPE/ICoTA Coiled Tubing & Well Intervention Conference & Exhibition held in Houston,

Texas,USA,22—23,March,2016. SPE-179045.

[18] NEWMAN K,KELLEHER P. CT Fatigue modeling update[C]//SPE/ICoTA Coiled Tubing & Well Intervention Conference & Exhibition held in Houston,Texas, USA,22—23,March,2016. SPE-179049.

[19] 王政涵,周志宏. 椭球缺陷连续管疲劳寿命分析[J]. 石油机械,2017,45(5):89-94.

[20] CHRISTIAN A,TIPTON S M. Statistical analysis of coiled tubing fatigue data[C]//SPE/ICoTA Coiled Tubing & Well Intervention Conference and Exhibition. Society of Petroleum Engineers,1, January,2009. SPE-121457.

[21] LIU Z,ZHENG A,DIAZ O O R,et al. A novel fatigue assessment of CT with defects based on magnetic flux leakage [C]//SPE/ICoTA Coiled Tubing & Well Intervention Conference & Exhibition held in The Woodlands,Texas,USA,24—25,March,2015. SPE-173664.

[22] SCHLUMBERGER. CoilScan CT pipe inspection system[Z]. 2012.

第 4 章

连续管水平井管柱力学基础

　　随油气田开采的发展，井眼轨迹和井身结构变得越来越复杂，连续管井下作业时，除受到连续管轴线上的轴向力作用，还受井眼轨迹约束发生变形，承受一定的弯矩，此外由于连续管的柔性和弹性，连续管与井壁接触产生接触力。同时，连续管作业过程中不仅内外部存在一定液体压力，钻井过程中还需要传递钻头扭矩，其受力情况十分复杂。因为连续管的受力直接决定连续管的作业深度、底部输出扭矩、屈曲和安全问题，所以连续管的受力分析十分重要。

　　水平井可有效地增加油气层的裸露面积，提高油气采收率，适用于薄的油气层或裂缝性油气藏。20 世纪 80 年代以来，我国的水平井数量迅猛增长。水平井结构中包括垂直井段、弯曲井段和水平井段，不同井段中连续管的力学计算模型可以不同，临界屈曲载荷值也不同，并且存在不同的接触行为，一定程度上增加了水平井连续管力学问题的分析难度。本章从力学角度出发，研究连续管在水平井中的受力、屈曲和强度问题，以期对连续管水平井作业起到一定的指导意义。

4.1　连续管载荷分析与轴向力计算

连续管受力计算是连续管工作力学特性分析中的一个重点内容。因为井眼轨迹比较复杂，无法对连续管进行整体解析，所以连续管受力计算必须进行离散分析，再以迭代方式求出全井连续管受力分布。即将整个管柱分为若干微元段，通过对每一个微元段管柱进行受力分析，考虑井眼轨迹、环空间隙、管柱材料的影响，同时考虑摩擦力、浮重力，从而求得整个连续管受力及其分布。

4.1.1　连续管载荷分析

1. 浮重力

连续管柱重力与连续管材料有关，目前通用的是低碳合金钢，也有钛合金或复合材料，还有加重杆，例如乌金加重杆和灌铅加重杆。连续管浮力与井筒工作流体性质有关，计算时主要考虑其密度和连续管的浮力系数。连续管重力与连续管的体积和密度有关，浮力与连续管的体积和井筒工作流体性质有关。浮力和重力都与连续管体积有关，所以可采用重力和浮力一起计算。如果作业的连续管是变径管，在计算过程中需要注意连续管截面的变化问题。

2. 摩擦力

连续管在井筒中所受摩擦力与其所受井壁接触力和摩擦系数有关。在定向井中，由于存在井斜和井眼曲率，当连续管承受重力和拉力作用时，连续管与井壁之间将产生接触力；在垂直井中，由于井眼轨道的不规则或连续管发生屈曲，连续管也会与井壁之间产生接触力。连续管与井壁间由于接触力而产生的摩擦力随连续管运动方向变化，其大小与摩擦系数有关。摩擦系数除了与连续管和井壁接触的材料有关以外，很大程度上与井筒工作流体性质有关。例如连续管钻桥塞工程中，通常采用金属减阻剂，或其他减阻剂降低摩擦系数，增加轴向力的传递效率。

起出连续管作业过程中，较大的摩擦力将增加注入头的提升力，严重时可能发生"卡死"而不能起出连续管；下入连续管作业过程中，摩擦力消耗连续管轴向力的传递，严重时导致连续管承受轴向压力，当轴向压力大于连续管临界屈曲压力时，连续管将发生屈曲失稳，轴向压力进一步增大，可能发生连续管"锁死"，导致连续管丧失入井能力。较大的摩擦力还会使连续管发生摩擦损伤。因为摩擦力较大的区域一般发生在井眼曲率较大或井斜角较大的井段，所以在水平井作业工程中摩擦力的影响需要重点考虑。

在曲率较大和曲率变化率较大的井段，如方位角变化率较大的井段（通常称为"狗腿"）较大的接触力导致较大的摩擦力，严重影响了作业成功率，也不利于连续管的保护。

摩擦力过大产生连续管轴向压力增加，严重时会导致连续管发生螺旋屈曲，此时连续管与井壁的摩擦力计算还需要考虑螺旋屈曲附加接触载荷。

3. 弯矩

连续管在井筒中的弯曲有两种情况:第一种是连续管处于弯曲井段时,为适应井眼几何形状而发生的弯曲;第二种是由于连续管受压,超出其临界载荷时发生正弦屈曲和螺旋屈曲。当连续管发生弯曲时,将产生弯矩,弯矩与连续管材料和曲率有关,计算时需考虑其材料属性和几何属性,包括弹性模量和惯性矩。

4. 扭矩

连续管作业通常不旋转,连续管扭矩是指在载荷作用下承受的反扭矩。连续管扭矩与作业工艺有关,在注入和起升时,所受扭矩较小,通常不予考虑,在钻井和钻桥塞作业中,井下动力钻具钻进,连续管会承受较大的反扭矩作用,这是工程中需要重点考虑的载荷。

采用转盘钻井时,由于转盘驱动管柱,带动钻头,同时需要克服管柱与井壁的摩擦,使钻头破碎岩石,管柱上会产生轴向扭矩,此种情况下,扭矩在井口最大,钻头处最小。连续管钻井和钻桥塞作业一般采用井下动力钻具钻进,位于井下的钻头旋转施加给连续管反向扭矩,连续管上存在扭矩,也因为井下钻具和连续管与井壁之间的摩擦,钻头处扭矩最大,井口处最小。

5. 内外压力

作业状态下井下连续管内外都会受到压力作用,不同时期、不同工况下的连续管内部和外部压力各不相同。连续管内部和外部压力对连续管的影响主要体现在以下三个方面:一是内外压差引起的连续管截面变化;二是内部和外部压力引起的轴向力应力;三是内部和外部压力引起的连续管环向应力和径向应力。

这三个影响,内外压差引起的连续管截面变化一般影响较小,通常不予考虑。内部和外部压力引起的轴向应力可能在连续管上产生一个附加的轴向拉力,一般需要计算。这个附加拉力将使得连续管更不容易产生屈曲。内部和外部压力引起的连续管环向应力和径向应力通常采用拉梅(Lame)公式进行计算。

综上所述,连续管承受的轴向载荷包括连续管自重产生的拉力,井筒工作流体对连续管的浮力,连续管底部工具组合及钻具压力,连续管与井筒工作流体、井壁之间的摩擦力,连续管注入和提升过程中由于速度变化引起的附加轴向载荷。除此之外,还受到井眼轨迹、连续管材料、井筒工作流体性质、管套摩擦系数等多个参数影响。在钻井和钻桥塞作业时,还受到钻具组合的振动影响。

在注入和提升过程中由于自重作用,在井口处轴向拉力最大,愈向下拉力愈小。但如果下入过程中在井眼曲率较大井段内发生螺旋屈曲,轴向力为压力,此时连续管上存在轴向力为零的中和点。在钻塞作业中,因为连续管底部承受井下钻具的轴向压力,井口处一般仍为拉力,所以也存在中和点。连续管在井筒工作流体中受到浮力作用,浮力作用方向与重力方向相反,浮力的作用使连续管顶部拉力变小。在注入和提升连续管时,连续管与井壁之间有摩擦力,摩擦力在注入时减小连续管顶部拉力,在提升时增加顶部拉力。

　　轴向力是连续管主要力学指标,用于衡量连续管安全性,计算注入头载荷,计算钻头钻压等。轴向力的计算所受影响因素众多,分析起来比较复杂,一般采用软杆模型(soft-string model)、刚杆模型(stiff-string model)和三维管柱模型(ABIS)进行计算。

4.1.2　连续管力学模型

　　石油井筒中管柱力学经过多年的研究和发展,已经建立了许多的管柱力学计算模型。Johancsik 等[1]提出的"软杆模型",公式简单直观便于计算,应用广泛,计算过程中不考虑管柱刚度,但在复杂井眼轨道的井筒中,当井眼曲率较大时,井下管柱弯曲严重,计算结果与实际情况可能有较大偏差。美国 NL 工业公司(NL Industries Inc.)的 Ho[7-8]提出修正的"刚杆模型",考虑了管柱刚度,但无法计算管柱与井壁的接触点位置。法国矿业大学的 Menand 等[13]在刚杆模型的基础上,结合铁摩辛柯梁(Timoskenko beam)方程,实现了对管柱接触力的预测,该模型计算结果更真实地反映了管柱在井筒中的力学行为,结果更加精确。

1. 软杆模型

　　软杆模型适用于井眼曲率小、曲率变化较小的井眼,该模型计算简单、迭代速度快,尤其适用于井斜角变化不大的直井段。软杆模型只考虑浮重和摩擦力,忽略作用在管柱上的弯矩,就如同一根不承受任何弯矩的软绳。

　　1984 年,Johancsik 等[1]分析了管柱在全井中的受力情况。他将管柱分为若干微元段,对每个微元段进行力学平衡分析,从而得出微元段上的拉力及扭矩计算公式,再将管柱受力由下向上迭代,得出管柱在全井的受力分布。Johancsik 等强调,该模型计算过程中要重点考虑管柱与井壁的摩擦系数,这关系到计算结果的精确程度。

　　连续管微元段上的轴向载荷增量为

$$\Delta F_{tm} = q_{rm} \cos\bar{\alpha} \pm \mu_{fa} N_{wm} \tag{4-1}$$

式中:ΔF_{tm} 为连续管微元段轴向力增量,N;q_{rm} 为连续管微元段浮重力,N;$\bar{\alpha}$ 为连续管微元段的平均井斜角,rad;μ_{fa} 为连续管与井壁间的轴向摩擦系数;N_{wm} 为井壁对连续管微元段的正压力,N。

　　连续管所受正压力为

$$N_{wm} = \sqrt{(F_t \Delta\varphi \sin\bar{\alpha})^2 + (F_t \Delta\alpha + q_{rm} \sin\bar{\alpha})^2} \tag{4-2}$$

式中:F_t 为连续管轴向力,N;Δj 为连续管微元段方位角增量,rad;$\Delta\alpha$ 为连续管微元段井斜角增量,rad。

　　微元段上的扭矩增量为

$$\Delta M_m = \mu_{fa} N_{wm} \rho_b \tag{4-3}$$

式中:ΔM_m 为连续管微元段扭矩增量,N·m;r_b 为连续管微元段的曲率半径,m。

　　Johancsik 等[1]建立的软杆模型简单,一定程度上反映了管柱的井下工作状态,对管柱力学的发展具有非常重要的指导意义。后来的研究中,很多学者在 Johancsik 等的软杆模型的基础上不断的改进,对软杆模型进行了发展和完善。

　　因为软杆模型轴向载荷计算结果受摩阻影响较大,所以后续的研究者们在此方面做了大量工作。例如考虑井筒工作流体内外压差作用下的力学模型[2],考虑井眼轨迹在空间上的变化、压力梯度产生的黏滞力以及井筒工作流体对管柱载荷的力学模型[3],重点考虑摩擦系数的力学模型[4],将连续管作业工况细化的力学模型[5],重点考虑摩阻和扭矩的力学模型[6]。

尽管软杆模型没有考虑管柱刚度影响,对井眼轨迹考虑的也不全面,但在某些井眼曲率较小的井段中,其计算精度还是比较高的。又由于其计算原理简单、迭代速度快、计算规模小,仍然有广泛应用。

2. 刚杆模型

在井眼曲率大,且曲率变化较大的井筒中,刚杆模型比软杆模型具有更高的精确度。1986 年至 1988 年,美国 NL 公司的 Ho[7-8]在管柱轴向载荷计算方面跟以往的研究相比有了很大的突破。Ho 的模型考虑了管柱的刚度对轴向载荷和扭矩所产生的影响,区别于 Johancsik 等的软杆模型,该模型被称为"刚杆模型"。Ho 的刚杆模型也是建立在一些前提假设基础上的,主要有以下几个方面:第一,不考虑管柱与井眼间隙的影响;第二,假设管柱的轴线与井眼轴线重合;第三,井眼形状规则,且管柱与井壁之间连续接触。刚杆模型是建立在静力变形控制方程的基础上的,可通过有限差分法求解,其基本形式为

$$\frac{\mathrm{d}\boldsymbol{F}}{\mathrm{d}s}+\boldsymbol{f}_\mathrm{c}+q_\mathrm{r}\boldsymbol{e}_\mathrm{t}=\boldsymbol{0} \tag{4-4}$$

$$\frac{\mathrm{d}\boldsymbol{M}}{\mathrm{d}s}+\boldsymbol{e}_\mathrm{t}\times\boldsymbol{F}+m\boldsymbol{e}_\mathrm{t}=\boldsymbol{0} \tag{4-5}$$

式中:$\boldsymbol{F}$ 为连续管截面上的力,N;$\boldsymbol{f}_\mathrm{c}$ 为单位长度连续管与井壁间的摩擦力,N/m;q_r 为单位长度连续管浮重力,N/m;$\boldsymbol{e}_\mathrm{t}$ 为连续管轴线上的切向单位矢量;$\boldsymbol{M}$ 连续管上的力矩,N·m;m 为单位长度连续管上的分布力矩,N。

刚杆模型考虑因素比较全面,与生产实际更为接近,但是其计算过于复杂,精确求解比较困难,可采用离散形式,将连续管运动分解为轴向和周向运动,以减小计算规模[9]。与软杆模型相比,刚杆模型计算更加精确,尤其适用于大曲率井的计算[10]。当重点考虑井筒工作流体性质对管柱运动状态影响时,可参考李子丰和刘希圣模型[11],但该模型更加复杂,求解比较困难。

刚杆模型因为考虑因素比较全面,虽然计算量比软杆模型大一些,但也在可接受范围之内,并且其在井眼曲率变化较大的油气井中计算精度较高,所以应用也比较广泛。软杆模型和刚杆模型是研究者们采用的"标准"模型,但目前还缺少相应的"工业标准"对其进行评价[12]。

3. 三维管柱模型(ABIS)

2006 年,在刚杆模型的基础上,法国矿业大学的 Menand 等[13]提出了一套管柱三维计算模型,即三维管柱模型(ABIS)。Menand 等认为通过传统管柱与井壁低边连续接触的管柱柔杆模型计算得到的管柱沿井深方向上的扭矩、侧向力、接触载荷、屈曲和摩擦力

不够准确,从而提出带接触算法的刚性管柱模型,在计算管柱的侧向力及扭矩阻力值时比常用力学模型的计算结果准确。ABIS 考虑了管柱的刚度、井壁与管柱间隙、外力边界,并可以在管柱不同位置采用不同的摩擦系数。数学模型能找到管柱在井筒中的移动和自由转动的三维接触点和接触力。这种新的模型可以用来实时分析钻井作业时注入头的受力,同时可完成扭矩、阻力、弯曲和定向分析。这个新模型很大程度地改善了扭矩-阻力和弯矩的计算。

假设钻柱偏离井眼轨迹,用 (u, ω) 来描述,根据小变形梁假设,方程(4-4)和(4-5)可写为:

$$\frac{\mathrm{d}\omega}{\mathrm{d}s} = \frac{1}{EI} [M - (M \cdot t)t] - t \times \frac{\mathrm{d}t}{\mathrm{d}s} \tag{4-6}$$

$$\frac{\mathrm{d}u}{\mathrm{d}s} = \omega \times t \tag{4-7}$$

式中:u 为钻柱中心偏离井眼轨迹的位移;ω 为偏离井眼轨迹的角度,EI 为截面刚度,M 为内力矩,N・m;t 为 Frénet 局部坐标系下的井眼轨迹的切线方向单位矢量。

Menand 等利用 ABIS,编制的软件能够用于计算各种井眼轨迹和外载下的管柱载荷和接触状态。ABIS 首先假设管柱与井壁处于零接触状态,仅受连续重力及边界条件影响。将管柱划分为若干节点,联立局部平衡方程,再结合 Timoshenko beam 方程,带入边界条件,利用欧拉(Euler)差分法或龙格-库塔(Runge-Kutta)法逐步迭代计算管柱节点内力及位移。搜索偏离井眼中心最远节点作为接触点,重新迭代管柱节点内力及位移。重复搜索,直到找到所有接触点。ABIS 每次迭代仅处理一个接触点,接触力的存在使得迭代呈现非线性特征,完成全部搜索,通常需要上百万次迭代。因此,ABIS 的计算规模非常庞大。

虽然 ABIS 计算规模较大,但其计算结果更加接近连续管实际作业情况,Menand 等后来陆续应用该模型分析了管柱屈曲行为、累积疲劳损伤和锁死行为[14-18]。为避免 ABIS 计算规模过大的缺点,可对该模型进行算法改进,提高迭代速度[19]。

ABIS 在预测管柱接触点及接触力方面具有很高的精度,尤其在管柱屈曲行为的研究方面具有很好的应用。但因为该算法发展较晚,所以普及程度不高,相关研究也比较少。

4. 连续管受力计算模型对比

截至目前,管柱载荷计算方面提出的计算模型共有三种,即软杆模型、刚杆模型和 ABIS。各模型的计算能力如表 4-1 所示。

表 4-1　不同模型计算能力对比

计算能力	软杆模型	刚杆模型	ABIS
轴向载荷	是	是	是
接触力(摩阻)	是	是	是
扭矩	是	是	是
弯矩	否	是	是
接触点位置	否	否	是

注:表中,"是"表示可以计算,"否"表示不能计算。

管柱载荷计算的三个模型中,软杆模型计算最为简单,计算规模最小,适用于各种直井段和井眼曲率变化较小的油气井。但软杆模型没有考虑管柱的刚度,忽略了管柱所受的弯矩,在复杂井眼情况下,其计算精度较差。但在井眼轨迹曲率较小、管柱微元段划分较细致情况下,其计算结果具有很高的可靠性。因此,即使该模型有一些不足,但应用比较广泛。

刚杆模型是在软杆模型基础上发展起来的,充分考虑了管柱材料、刚度和井眼轨迹影响,并在力学模型中引入了弯矩方程,适用于井眼轨迹曲率变化较大的井况。但对于井眼曲率变化较小的井段,一般不建议采用,因为它将导致结果难于收敛。此外,由于增加了弯矩计算,计算过程中需要求解一个比较复杂的方程组,计算规模比软杆模型大为增加,以目前计算机发展情况来看,计算规模仍然在可接受的范围之内。因此,刚杆模型的应用也比较广泛。

从前述情况来看,无论是软杆模型,还是刚杆模型,其前提假设都是管柱与井壁连续接触,管柱曲率与井眼曲率一致。因此这两种模型都无法具体计算管柱与井壁的接触点位置,这在管柱屈曲行为分析和管柱磨损计算方面有一定的缺陷,但 ABIS 解决了这一问题。ABIS 同样采用分段处理方法将管柱划分若干微元段,建立平衡方程,并在计算中引入 Timoshenko beam 方程,结合接触算法预测管柱与井壁的接触位置。因为每一个接触点位置的计算都需要迭代多次才能确定,所以其计算规模十分庞大。ABIS 发展较晚,其应用范围较小,但其高精度的计算结果、管柱屈曲行为和接触行为的良好分析能力,很有可能成为未来管柱力学计算的主流模型。

4.1.3　连续管轴向力计算方法

1. 垂直井段连续管受力计算

垂直井段连续管所受载荷如图 4-1 所示。连续管微元段在垂直井段中,中和点以下重力方向始终垂直向下,轴向力方向以向下为负,表示压缩载荷,如图 4-1(a)所示;中和点以上轴向力方向向上为正,表示拉伸载荷,如图 4-1(b)所示。因为连续管未发生屈曲时,其与井壁不接触,所以不存在摩擦力。

根据软杆模型,未发生屈曲时,垂直井段连续管轴向力计算的平衡方程为

$$\frac{\mathrm{d}F_{t}}{\mathrm{d}s} = -q_{r} \pm \mu_{a} N_{w} \qquad (4\text{-}8)$$

式中:$\mathrm{d}F_{t}/\mathrm{d}s$ 为轴向力沿连续管深度方向的变化率,N/m;q_{r} 为单位长度连续管浮重力,N/m;μ_{a} 为轴向摩擦系数,无因次量;N_{w} 为单位长度连续管与井壁的接触力,N/m。

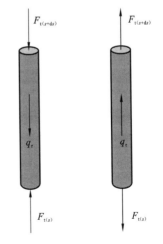

（a）中和点以下　（b）中和点以上

图 4-1　垂直井段连续管受力示意图

单位长度连续管浮重力（q_r）的计算方法为

$$q_r = q_m \cdot k_f \tag{4-9}$$

式中：q_m 为单位长度连续管自重，N/m；k_f 为浮力系数，无量纲。

其中，单位长度连续管自重计算方法为

$$q_m = \rho_{CT} g \cdot \frac{\pi}{4}(d_o^2 - d_i^2) \tag{4-10}$$

浮力系数计算方法为

$$k_f = 1 - \frac{\rho_l}{\rho_{CT}} \tag{4-11}$$

式中：ρ_{CT} 为连续管密度，kg/m³；ρ_l 为井筒工作流体密度，kg/m³。

未发生屈曲或发生正弦屈曲时，连续管与井壁间的接触力 N_w 为 0。

当连续管发生螺旋屈曲时的接触力为

$$N_w = \frac{rF_t^2}{4EI} \tag{4-12}$$

式中：E 为弹性模量，Pa；I 为惯性矩，m⁴；r 为连续管与井壁的单边间隙（其值为井壁内半径与连续管外半径之差），m。

2. 斜直井段连续管受力计算

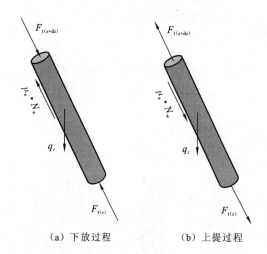

（a）下放过程　　（b）上提过程

图 4-2　斜直井段连续管下放和上提过程受力示意图

斜直井段连续管微元段所受载荷如图 4-2 所示。连续管微元体在斜直井段中，重力方向始终垂直向下，下放过程轴向力压缩载荷为负，如图 4-2(a) 所示；上提过程轴向力拉伸载荷为正，如图 4-2(b) 所示。在斜直井段中，连续管躺在井筒的低侧，与井壁连续接触，存在摩擦力，摩擦力的方向与连续管运动方向相反。

根据软杆模型，斜直井段连续管轴向力计算的平衡方程为

$$\frac{dF_t}{ds} = q_r \cos\alpha \pm \mu_a N_w \tag{4-13}$$

式中：α 为井斜角，rad；"±"代表上提、下放连续管，上提连续管时取"+"，下放连续管时取"－"。

接触力 N_w 的计算方法如下：

① 当连续管不发生屈曲或发生正弦屈曲时，连续管与井壁间的接触力计算方法为

$$N_w = q_r \sin\alpha \tag{4-14}$$

② 发生螺旋屈曲时，连续管与井壁间的接触力按公式(4-12)计算，摩擦力方向与连续管运动方向相反。

3. 弯曲井段连续管受力计算

对于短半径的复杂结构井,由于造斜段曲率半径的减小,在下入过程中,连续管的刚性成为不可忽略的因素,其受力计算一般采用刚杆计算模型。"刚杆"是指假定连续管是刚性的,连续管截面上的弯矩及剪切力不为零。在模型中,将整个连续管分为若干个微元段,通过对每个微元段进行受力分析,得出微元段受力情况,再迭代至连续管全程。

在结构复杂的井眼轨道中,连续管受到井眼轨道约束而产生弯曲。因此,连续管的轴线会形成一条不规则的三维空间曲线。在进行轴向载荷计算时,必须对这条曲线进行简化处理。首先对其进行分段处理,每段曲线可假设为位于空间某一斜平面上的一段圆弧,这样就同时考虑到了井斜角和方位角的变化。

为了建立刚性管柱力学模型,对连续管在井眼中的情况需适当简化,并作如下假设:

① 连续管处于线弹性变形状态;

② 连续管与井壁连续接触,连续管轴线与井眼轴线一致;

③ 井壁为刚性;

④ 微元段连续管的曲率是常数;

⑤ 连续管单元体所受重力、正压力、摩擦力均匀分布;

⑥ 连续管横截面为圆环形;

⑦ 井内流体密度为常数;

⑧ 摩擦系数在某一口井或某一井段为常数;

⑨ 计算连续管的单元体为空间斜平面上的一段圆弧。

在井眼轴线上任取一弧长为 ds 的微元体 AB,以 A 点为始点,设其轴线坐标为 s,B 点为终点,其轴线坐标为 $s+ds$,其单元体的受力如图 4-3 所示。图中,t,n,b 分别为连续管轴线的切线方向、主法线方向和副法线方向的单位向量;q_c 为连续管微元段上均布接触力,N/m。

建立弯曲井段连续管刚性力学模型的基本过程为

① 建立连续管微元段两个端点的内力平衡方程和内力矩平衡方程;

② 建立微元段上均布接触力方程;

③ 建立全微元段受力平衡方程;

④ 结合 Frenetic-Serret 公式,结合全局坐标系和局部坐标系关系,对全微元段力学平衡方程进行整理;

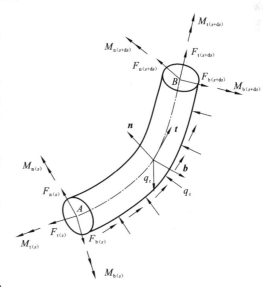

图 4-3　弯曲井段连续管受力分析

⑤ 建立全微元段力矩平衡方程。

最后,根据连续管变形为弹性小变形的前提假设,结合力矩平衡方程和受力平衡方程,即可推导出弯曲井段连续管轴向力及弯矩计算公式为

$$\begin{cases} \dfrac{\mathrm{d}F_t}{\mathrm{d}s} + \kappa \dfrac{\mathrm{d}M_b}{\mathrm{d}s} \pm \mu_a N_w - q_r \cos\alpha = 0 \\[2mm] -\dfrac{\mathrm{d}^2 M_b}{\mathrm{d}s^2} + \kappa F_t + \tau(\kappa M_t + \tau M_b) + N_n + q_r \dfrac{\kappa_\alpha}{\kappa}\sin\alpha = 0 \\[2mm] -\dfrac{\mathrm{d}(\kappa M_t + \tau M_b)}{\mathrm{d}s} - \tau \dfrac{\mathrm{d}M_b}{\mathrm{d}s} + N_b - q_r \dfrac{\kappa_\varphi}{\kappa}\sin^2\alpha = 0 \end{cases} \quad (4\text{-}15)$$

式中: F_t, F_n, F_b 分别为连续管轴向、主法线、副法线方向上的力,N; M_t, M_n, M_b 分别为连续管轴向、主法线、副法线方向上的内力矩,N·m; N_w 为井壁作用在连续管上的接触力,N; N_n、N_b 分别为连续管主法线和副法线方向的均布接触力,N; κ 为井眼轨迹曲率; τ 为井眼轨迹挠率; φ 为井眼轨迹方位角,rad; κ_α 为井眼轨迹井斜变化率,rad/m; κ_φ 为井眼轨迹方位变化率,rad/m。

式(4-15)中的各参数由以下各式确定。

$$N_w^2 = N_n^2 + N_b^2$$

$$M_{b(s)} = EI\kappa_{(s)}$$

$$\frac{\mathrm{d}M_t}{\mathrm{d}s} = \mu_a R_w N_w$$

$$M_t \bigg|_{(s)}^{(s+ds)} = \mu_a R_w N_w \bigg|_{(s)}^{(s+ds)}$$

$$\kappa_\alpha = \frac{\mathrm{d}\alpha}{\mathrm{d}s} = \frac{\alpha_{(s+ds)} - \alpha_{(s)}}{(s+ds) - (s)}$$

$$\kappa_\varphi = \frac{\mathrm{d}\varphi}{\mathrm{d}s} = \frac{\varphi_{(s+ds)} - \varphi_{(s)}}{(s+ds) - (s)}$$

$$\kappa = \sqrt{\kappa_\alpha^2 + k_\varphi^2 \sin^2\alpha}$$

$$\tau = \frac{1}{\kappa^2}\left[\left(\kappa_\varphi \frac{\mathrm{d}^2\varphi}{\mathrm{d}s^2} - \kappa_\varphi \frac{\mathrm{d}^2\alpha}{\mathrm{d}s^2}\right)\sin\alpha + (2\kappa_\varphi \kappa_\alpha^2 + \kappa_\varphi^3 \sin^2\alpha)\cos\alpha\right]$$

方程(4-15)的是一个非线性微分方程组,可采用解非线性方程组的牛顿迭代法进行迭代求解,对方程中各微分量应用有限差分法将常微分方程离散化,求得下端点的轴向力、弯矩、扭矩,然后将其代入非线性方程组求解,得出主、副法线方向上的均布接触力后,即可计算出距任意井深处的上端点轴向力、弯矩、扭矩和连续管与井壁的接触压力,进而可以求出连续管与井壁间的摩擦阻力。

4. 水平井段连续管受力计算

水平井段连续管所受载荷如图 4-4 所示。在水平井段中,连续管微元段重力方向始终垂直向下,下放过程轴向力压缩载荷为负,如图 4-4(a)所示;上提过程轴向力拉伸载荷

为正,如图 4-4(b)所示,摩擦力方向与连续管运动方向相反。

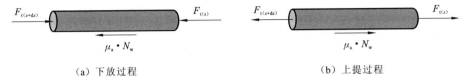

（a）下放过程   （b）上提过程

图 4-4 水平井段连续管下放和上提过程受力示意图

根据软杆模型,水平井连续管轴向力平衡方程为

$$\frac{\mathrm{d}F_{\mathrm{t}}}{\mathrm{d}s} = -\mu_{\mathrm{a}} N_{\mathrm{w}} \tag{4-16}$$

在水平井段中,连续管未发生屈曲或发生正弦屈曲时,其与井壁间的接触力为

$$N_{\mathrm{w}} = q_{\mathrm{r}} \tag{4-17}$$

当连续管发生螺旋屈曲后的接触力按公式(4-12)计算。

5. 连续管受力计算边界条件

1）连续管上提和下放

在上提和下放连续管时,连续管连接钻具组合。忽略井眼弯曲的影响,连续管下端不承受扭矩。忽略钻具组合的影响,连续管下端不承受轴向力。因此,水平井段平衡方程计算的边界条件为

$$F_{\mathrm{t}}\Big|_{s=0} = 0 \tag{4-18}$$

$$M_{\mathrm{t}}\Big|_{s=0} = 0 \tag{4-19}$$

2）连续管钻井

连续管水平井钻桥井时,连续管下端承受钻头带来的反向压力及钻头扭矩。因此,水平井段平衡方程计算的边界条件为

$$F_{\mathrm{t}}\Big|_{s=0} = -W_{OB} \tag{4-20}$$

$$M_{\mathrm{t}}\Big|_{s=0} = T_{OB} \tag{4-21}$$

式中:W_{OB} 为钻头钻压,N;T_{OB} 为钻头扭矩,N·m。

4.1.4 连续管水平井钻塞作业受力计算

以某井连续管钻桥塞作业为例[20],根据现场提供的测斜数据,采用最小曲率法实现井眼轨迹的可视化描述,如图 4-5 所示。

根据井眼轨迹参数及拟合曲线,该井井眼轨迹由垂直井段、弯曲井段和水平井段构成。全井井深为 4 856.00 m,垂直井段井深为 2 917.05 m,之后进入弯曲井段,直至 3 706.58 m 处,此后,井斜角达到 88° 以上,可认为是水平井段。该井全井最大垂深为 3 437.31 m,北南最大偏移 1 599.87 m,东西最大偏移 −111.53 m。

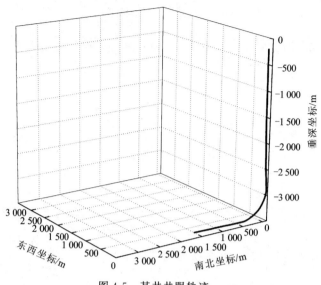

图 4-5　某井井眼轨迹

1. 连续管轴向力分布

根据连续管力学模型及轴向力计算方法,计算直径为 2.000 in 的连续管在图 4-5 所示井中水平井段钻塞作业的轴向力分布。其中,垂直井段和水平井段采用软杆模型,弯曲井段采用刚杆模型。钻塞作业相关数据如表 4-2 所示。

表 4-2　连续管钻塞作业相关数据

名称	数值	名称	数值
连续管外径/mm	50.80	钻压/kN	10.00
连续管壁厚/mm	3.962	井筒工作流体密度/(kg/m³)	1 000
连续管弹性模量/MPa	2.10×10^5	管套摩擦系数	0.3
套管内径/mm	118.62	全井井深/m	4 856.00
套管壁厚/mm	10.540		

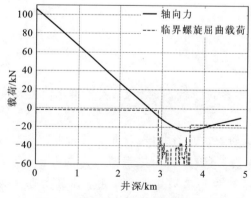

图 4-6　连续管钻塞作业轴向力分布

图 4-6 所示为该井 2.000 in 连续管在井筒中钻塞作业,锁死前最大下入深度为 4 852.00 m 的轴向力分布图。钻塞作业中,连续管末端保持了 10.00 kN 的有效钻压,注入头载荷为 105.60 kN,中和点位于井深 2 699.00 m 处,中和点以上轴向力为拉力,以下为轴向压缩力。

根据相关数据计算,该井垂直井段临界螺旋屈曲载荷为 2.06 kN,水平井段为 17.60 kN,弯曲井段最小临界螺旋屈曲载荷为 29.98 kN,最大临界螺旋屈曲载荷为 103.50 kN。计算结果表明,连续管在弯曲井段未发生屈曲,而在垂直井段发生了螺旋屈曲,屈曲段从 2 920.00 m 开始,到 2 752.00 m 结束,持续 168.00 m 长;水平井段连续管也发生了螺旋屈曲,屈曲段从 4 205.00 m 开始,到 3 662.00 m 结束,持续 543.00 m 长。

从轴向力分布图上还可以看出,锁死前最大下入深度为 4 852.00 m 时,连续管末端在水平井段保持了 10.00 kN 的有效钻压。

从连续管末端向上,水平井段的轴向力为压力,并逐渐增加,这是因为水平井段的摩擦阻力与连续管钻进方向相反,阻碍连续管钻进,致使连续管承受的压缩力在累积摩擦阻力的过程中,不断增加。增加到一定值时,达到水平井段临界螺旋屈曲载荷值,连续管发生螺旋屈曲。在弯曲井段,由于弯矩和摩擦力对轴向力的消耗,导致轴向压力持续减小。当进入垂直井段时,连续管轴向压力超过了垂直井段的临界螺旋屈曲载荷,导致连续管发生螺旋屈曲,并产生屈曲附加接触力,致使轴向压力进一步减小,直到轴向压力减小到小于临界螺旋屈曲载荷。之后,轴向压力继续减小,直到达到井深 2 699.00 m 处的中和点。中和点以上,连续管轴向力为拉力,管段上重力的累次叠加,使拉力不断提升。或者说,中和点以上,连续管的重量完全需要依靠悬点支撑。

2. 摩擦系数的影响

考虑摩擦系数对连续管轴向力分布的影响,计算连续管末端有效钻压为 15.00 kN,摩擦系数分别为 0.1、0.2、0.3、0.35 的轴向力分布,如图 4-7 所示。

由图 4-7 可见,在保持一定有效钻压的前提下,摩擦系数对连续管的最大下入深度、注入头载荷及屈曲行为均有影响。根据计算结果,详细数据如表 4-3 所示。

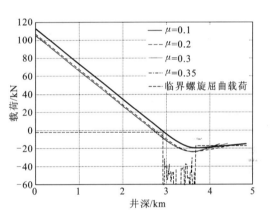

图 4-7　摩擦系数对连续管轴向力分布的影响

表 4-3　摩擦系数对连续管作业的影响数据表

摩擦系数	$\mu=0.1$	$\mu=0.2$	$\mu=0.3$	$\mu=0.35$
最大下入深度/m	4 856.00	4 856.00	4 426.00	4 276.00
注入头载荷/kN	112.00	106.00	104.00	104.00
垂直井段螺旋屈曲长度/m	0.00	139.00	169.00	171.00
水平井段螺旋屈曲长度/m	532.00	864.00	545.00	426.00

由图 4-7 和表 4-3 可见,在保持有效钻压为 15.00 kN 的前提下,摩擦系数从 0.1 增加至 0.35,连续管均可下至水平井段。但只有当摩擦系数为 0.1 和 0.2,即摩擦系数较小时,连续管可下入至井底;当摩擦系数逐渐增大时,最大下入深度减小,且注入头载荷也随之减小。当摩擦系数较小时,连续管下入至最大井深,且垂直井段不发生螺旋屈曲;当摩

擦系数逐渐增大时,在垂直井段将发生螺旋屈曲,且螺旋屈曲长度也随之增加。不同摩擦系数下,连续管在水平井段发生了长度不等的螺旋屈曲。

对以上计算结果,需要做以下几点说明。首先,轴向力分布是以连续管钻塞作业工况为例进行计算的,计算的大前提是使连续管末端保持一定的有效钻压,并据此计算其最大可钻深度。其次,在此计算中未考虑连续管末端的钻具组合,而钻具组合可能将导致连续管在水平井段的接触力急剧增加,有可能引起连续管在水平井段发生更长的螺旋屈曲。最后,该井不存在水平绕障问题,而水平绕障有可能导致水平井段中发生较大的轴力消耗,使水平井段连续管轴向压力急剧增加,极有可能导致在水平井段更容易发生屈曲。

3. 最大可钻深度计算

连续管作业时,在保持一定有效钻压的前提下,最大可钻深度是衡量其作业能力的主要指标之一。以下分析不同摩擦系数条件下,连续管末端保持一定有效钻压时的最大可钻深度,钻压分别取 0 kN,5.00 kN,10.00 kN,15.00 kN 和 20.00 kN。其中,钻压取 0 kN时,相当于注入状态;钻压取 5.00 kN 至 20.00 kN 时,为钻塞作业。

结合现场测试数据,综合考虑连续管作业工况,选定连续管与井壁摩擦系数的分析范围为 0.1 至 0.35。根据计算结果,详细数据如表 4-4 所示。

表 4-4　摩擦系数和钻压对连续管最大钻塞深度的影响数据表　　　　　（单位:m）

摩擦系数 钻压/kN	$\mu=0.1$	$\mu=0.2$	$\mu=0.3$	$\mu=0.35$
0	4 856	4 856	4 856	4 856
5.00	4 856	4 856	4 856	4 856
10.00	4 856	4 856	4 852	4 640
15.00	4 856	4 856	4 426	4 276
20.00	4 856	4 324	4 000	3 910

由表 4-4 可见,相同摩擦系数不同钻压,连续管最大可钻深度不同;相同钻压不同摩擦系数,最大可钻深度也不同。摩擦系数和钻压对最大可钻深度影响均比较大,为了达到更大井深钻塞,必须采用润滑性能良好的钻井液,与工程现场一致。

由表 4-4 数据可知:

① 当钻压为 0,即注入状态时,在摩擦系数为 0.1~0.35 时,连续管均可到达井底。当钻压为 5.00 kN 时,连续管同样可以到达井底。

② 当保持连续管末端有效钻压为 10.00 kN,15.00 kN 和 20.00 kN 时,随摩擦系数增加,连续管的最大可钻深度减小。以有效钻压为 15.00 kN 为例,摩擦系数从 0.1 增加至 0.35,连续管最大可钻深度减小了 580.00 m。

③ 当摩擦系数为 0.1 时,无论注入状态或钻塞作业,连续管均可下入至井底。

④ 当摩擦系数取 0.2,0.3 和 0.35 时,随钻压增加连续管的最大可钻深度减小。以

摩擦系数为 0.35 为例,有效钻压从 5.00 kN 增加至 20.00 kN,连续管最大可钻深度减小 946.00 m。

根据以上分析,注入状态和有效钻压较小时,连续管的最大下入深度可以到达井底。摩擦系数较小时,连续管可提供的有效钻压变化范围较大。摩擦系数越高,有效钻压越大,则连续管最大可钻深度越小。

根据连续管受力分析,摩擦系数越高,连续管所受摩擦阻力越大,越容易在井筒中形成螺旋锁死状态,因此最大可钻深度也越小。此外,有效钻压越高,连续管轴向压力越容易达到临界螺旋屈曲载荷,连续管在水平时段越容易发生螺旋屈曲。

4.2　连续管屈曲与锁死

自 20 世纪 50 年代以来,井下管柱屈曲行为一直是国内外重点研究的课题,国内外许多研究人员分别利用能量法、解析法、数值法和实验法等不同方法,考虑管柱内外压力、浮重力、摩擦行为、端部约束等不同影响因素,针对垂直井段、弯曲井段、水平井段和斜直井段等不同井眼轨迹,从稳定性、载荷传递、自锁、强度、变形等不同方面,对管柱屈曲行为进行了深入、广泛的理论和应用研究,并取得了许多重要的成果。

油气井管柱屈曲行为研究开始于 Lubinski 等[21]利用能量法分析直井中管柱的屈曲行为。此后,国内外学者对受井眼轨迹约束的管柱屈曲行为进行了广泛而系统的研究。但是,管柱屈曲行为表现出强烈的非线性使该问题异常复杂,在垂直井段、斜直井段和水平井段中的屈曲行为研究相对简单,而在三维弯曲井眼中,屈曲行为分析则比较困难。通常,在三维弯曲井眼中,受弯曲井眼轨迹约束,管柱在不同的受力情况下,可以观察到不同的屈曲模态。管柱在三维弯曲井眼中的平衡状态一般包括非屈曲状态、正弦屈曲状态和螺旋屈曲状态三种,在管柱轴向压力过大时,将出现更为严重的自锁状态。

油气井结构复杂,管柱在不同井段的屈曲行为也比较复杂,其临界屈曲载荷需要结合不同井段形式进行计算。斜直井是具有一定代表性的井段形式,可视为水平井的特殊形式,正弦屈曲临界载荷计算公式可参考 Dawson 和 Paslay[22]的计算公式。水平井中管柱发生正弦及螺旋屈曲时临界载荷的计算公式可参考 Chen 等[23]的计算公式,该研究结果与 Lubinski 等根据试验拟合出的公式十分接近。水平井屈曲行为分析中,需要重点考虑摩擦力影响及锁死行为,可参考 Wu 等[24-25]的螺旋屈曲临界载荷计算公式,该结果尤其适用于大位移水平井的屈曲行为分析。弯曲井段正弦屈曲的临界载荷计算可参考 He 和 Kyllingstad[26]的计算公式,该公式重点考虑了井壁对管柱的法向支反力作用。管柱在垂直井段、弯曲井段和水平井段中的屈曲行为系统分析可参考用高国华和李琪[27-29]的三维屈曲方程,该成果采用微元体法,由静力平衡方程、几何变形方程和物理方程,建立了正弦和螺旋屈曲的数学模型和力学模型。水平井段管柱屈曲及锁死行为实验可参考马卫国等[30]和管锋等[31]的连续管屈曲行为模拟试验,该试验进行了不同规格模拟连续管和不同弯曲段长度试验,分析了屈曲、螺旋屈曲锁死、首端屈服等试验现象,提出了螺旋屈曲锁死的条件,试验结果与理论计算结果吻合较好。

由于管柱屈曲行为分析的前提假设条件的差异和屈曲方程的不同处理,管柱屈曲临界载荷计算方法也不同,计算结果也不一致,这给实际工程应用带来了一定的困难。目前,对于连续管发生屈曲的临界载荷计算,斜直井中管柱屈曲建议采用 Dawson 和 Paslay 公式[22],水平井中连续管的正弦屈曲和螺旋屈曲计算则建议采用 Chen 等[23]给出的公式。

4.2.1　连续管屈曲分析

1. 连续管屈曲行为描述

在连续管下入过程中,受自身重力影响和摩擦影响,连续管由初始的近似直线状态变为曲线状态,即发生屈曲。

在连续管下入井筒的过程中,为克服井筒中的阻力,需要在地面对连续管施加注入力或依赖连续管重力。此时,连续管可视为一根无横向支撑的细长杆,当连续管受压段两端的轴向压力载荷超出其临界载荷时,连续管发生纵向弯曲。在起始阶段,连续管形成在某一平面内波距不等的正弦波形弯曲;之后,随轴向压力载荷增加,正弦波形进入失稳状态,最后将变为螺旋形弯曲,如图 4-8 所示。连续管弯曲成螺旋形,将引起附加径向接触力,使连续管与井壁的摩擦力增加,轴向压力越大其弯曲引起的附加径向接触力越大,与井壁的摩擦力越大。当摩擦力与增加的注入力或管柱的重力平衡,使得管柱最终丧失了轴向力的传递能力而不能继续下入,最终导致连续管在井筒中螺旋锁死。

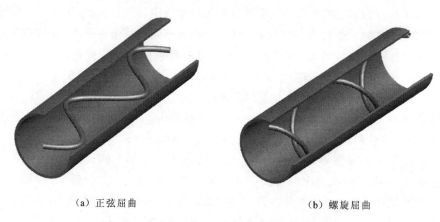

　　　　(a) 正弦屈曲　　　　　　　　　　　　　　(b) 螺旋屈曲

图 4-8　连续管在井筒内的正弦屈曲和螺旋屈曲

连续管的屈曲行为比较复杂,临界屈曲载荷计算需要对连续管实际工况做以下基本假设:

① 井筒为等截面直圆柱形,井壁为刚性;

② 连续管足够长,不考虑边界条件的影响;

③ 由于扭矩对临界屈曲载荷的影响很小,忽略扭矩的影响;

④ 连续管初始状态为直的,躺在井壁的低侧,并将其简化成沿长度方向性质相同的

弹性线；

　　⑤ 忽略系统的摩擦及动载、液体流动的影响。

2. 垂直井段连续管的屈曲

　　连续管在垂直井段内作业时，如果下端没有遇到阻力，则连续管保持拉伸状态。反之，如果下端遇阻，则连续管某一部分将受压。如果受压段轴向力达到临界屈曲载荷，则发生屈曲。

　　垂直井段中连续管的屈曲形式与斜直井段基本相同，相比斜直井段，连续管在垂直井段更容易发生屈曲。垂直井段中，不考虑连续管自身重量前提下，其临界正弦屈曲载荷（F_{cr}）和临界螺旋屈曲载荷（F_{hel}）计算为

$$F_{cr} = 2.55(EIq_r^2)^{\frac{1}{3}} \tag{4-22}$$

$$F_{hel} = 5.55(EIq_r^2)^{\frac{1}{3}} \tag{4-23}$$

3. 斜直井段连续管的屈曲

　　定向井中的稳斜井段，曲率很小的井段，均可看作是斜直井。斜直井的特殊状态为 $90°$，即水平井。

　　无弯曲的连续管初始状态躺在井壁的低侧，随着轴向压力增大，当压力超过某一临界载荷时，连续管出现正弦屈曲。继续增大轴向压力，此时正弦屈曲将出现临界失稳情况，随后呈现螺旋屈曲的形状。

　　连续管发生正弦屈曲的最小轴向压力，即临界正弦屈曲载荷（F_{cr}）为

$$F_{cr} = 2\sqrt{\frac{EIq_r\sin\alpha}{r}} \tag{4-24}$$

　　若连续管承受的轴向压力未超过临界值，连续管不发生任何屈曲，保持直线形状；当轴向压力超过临界值时，连续管发生正弦屈曲；继续增加轴向压力，连续管正弦形状失稳，向螺旋形状过渡；之后连续管将发生螺旋屈曲，螺旋屈曲后的连续管轴线呈空间螺旋线形式。

　　连续管发生螺旋屈曲所需的最小临界轴向载荷（F_{hel}）为

$$F_{hel} = 2\sqrt{2}\sqrt{\frac{EIq_r\sin\alpha}{r}} \tag{4-25}$$

　　连续管发生螺旋屈曲的螺距（L_{pitch}）为

$$L_{pitch} = 2\pi\sqrt{\frac{2EI}{F_t}} \tag{4-26}$$

4. 弯曲井段连续管的屈曲

　　在前述假设基础上，弯曲井段的临界屈曲载荷和接触载荷分析，还需要如下假设：①假设连续管初始状态紧贴井眼低边，井眼轴线为垂直平面内的曲线；②假设井眼横截面积沿轴线方向恒定；③假设井壁为刚性。

在弯曲井段内,连续管的屈曲很难发生,原因有两个方面:一方面,在弯曲井段内,轴向压缩载荷的横向分量趋向于将连续管推向弯曲井筒的外侧;另一方面,在弯曲井段内,

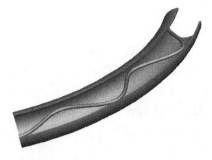

弯曲井筒的外侧具有最大的弧长,因此,连续管从弯曲井段的外侧到其他侧面的弯曲,比连续管在同尺寸的直井筒内需要高阶的弯曲以补偿内外侧长度的差别。弯曲阶数越高,则需要的弯曲载荷越大。因为这两个原因,所以在弯曲井段只有当轴向压缩载荷很大时,连续管才会发生弯曲。

如果作用在连续管上的轴向载荷大于临界屈曲值时,连续管开始发生正弦屈曲变形,如图 4-9 所示。

图 4-9　弯曲井段连续管正弦屈曲

弯曲井段连续管开始出现正弦屈曲时的临界轴向载荷(F_{cr})为

$$F_{cr} = \frac{2EI}{rR_w}\left[1 + \sqrt{1 + \frac{q_r r R_w^2 \sin\alpha}{EI}}\right] \qquad (4-27)$$

式中:R_w 为井眼曲率半径。

正弦屈曲之后,轴向载荷继续增加,连续管将发生螺旋屈曲变形,弯曲井段连续管发生螺旋屈曲的临界载荷(F_{hel})为

$$F_{hel} = \frac{8EI}{rR_w}\left[1 + \sqrt{1 + \frac{q_r r R_w^2 \sin\alpha}{2EI}}\right] \qquad (4-28)$$

5. 水平井段连续管的屈曲

因为当井眼倾角为 90°时,斜直井即转变水平井,所以由斜直井的临界屈曲载荷即可推导出水平井段中连续管的屈曲载荷。

水平井段连续管临界正弦屈曲载荷(F_{cr})为

$$F_{cr} = 2\sqrt{\frac{EIq_r}{r}} \qquad (4-29)$$

水平井段连续管临界螺旋屈曲载荷(F_{hel})为

$$F_{hel} = 2\sqrt{2}\sqrt{\frac{EIq_r}{r}} \qquad (4-30)$$

4.2.2　连续管的锁死判别

连续管发生螺旋屈曲并不是一个严重的问题,也不是连续管使用的限制条件。刚进入螺旋屈曲不会导致连续管损坏,也不会使其失去弹性行为。但由于螺旋屈曲所产生的连续管和井壁接触力数值很高,以至于将连续管柱卡在井眼中,无论用多大的注入力也不能使其活动,这种情况称为连续管的锁死。简单来说,当连续管下入过程中的阻力超过连续管注入力时,锁死就会发生,这是一个局部现象。

当连续管开始变形成螺旋形状时,螺旋屈曲公式可预测变形力,但螺旋屈曲并不代表

连续管发生较大塑性变形、破坏或者被卡住。当操作连续管作业时,用临界螺旋屈曲力作为操作标准会使连续管的作用受到不必要的限制。也就是说,当螺旋屈曲发生时,对连续管的危害并不大,通常也不会损坏连续管。但是,它将极大程度的影响连续管底部的输出力,影响连续管在水平井段的推进深度。

因为连续管螺旋屈曲后,连续管与井壁接触力随轴向力的平方增加,所以进一步增加注入力,锁死可能很快发生。连续管锁死后,顶部继续增加的注入力将不会传递到连续管底部,将完全损失在连续管与井壁的摩擦阻力上。连续管锁死后,继续增加注入力可能会造成连续管的损坏。因此,连续管计算模型中必须要考虑锁死的发生条件。目前,操作连续管时,还没有一种已经被广泛接受的方法来预测实际局限程度。因此,有必要建立一个评价连续管螺旋锁死的临界准则,以指导连续管注入操作,保护连续管。

1. 注入头载荷为零判别准则

对于大多数井,其上部有很长一段是垂直的,因此锁住情况可定义为注入头载荷从张力变为挤压力,即注入头载荷为 0。在这种情况下,连续管将在井的上部发生弯曲,但不严重。如果注入头载荷继续增加到较高的挤压力,连续管的最上部将发生严重弯曲,直到超过它的屈服强度,它就发生塑性变形。连续管的下部将不会由于这一外加注入头载荷而受到大的影响,因为大部分增加的力都被垂直井段所增加的摩擦力抵消了。

该准则的局限性是,只适用于垂直井段较短的油井。对于垂直井段较长的油井,水平井段连续管临界螺旋屈曲轴向力的主要来源是垂直井段连续管重力作用,即垂直井段连续管的重力作为管柱通过弯曲井段和水平井段的推进力。如果油井垂直井段较长,其重力产生的推进力在通过弯曲井段后,仍然具有较高数值,则可能引起水平井段的连续管产生螺旋屈曲锁死。

此外,该准则仍然是一个比较粗糙的判别方法,当连续管注入头载荷从张力变为挤压力时,只能说明连续管无法依靠自身重力注入,需要增加注入头载荷推进连续管前行。此时,连续管可能还没有发生屈曲,持续增加注入头载荷,才有可能形成屈曲。因此,该准则较大程度上削弱了连续管的下入能力。

2. 输出力和注入力增加比判别准则

当连续管在井壁内发生螺旋锁死时,井口增加持续的注入力,只能损耗在连续管与井壁间的摩擦上,无法传递到连续管底部。

可以想象,当对于有限的注入力增加,输出力的增加近似为 0 时,连续管即可视力锁死状态。理论上,输出力的增加与注入力的增加之比可以任意小,但不会等于 0。因此,就必须给这个比率确定一个最低界限来判别是否锁死,例如 0.1[32]。

需要说明的是,井口注入头若处于张力状态时,只能通过下放连续管增加底部输出力,该准则仍然可以使用。在某些油井中,因为轴向力和螺旋屈曲力的合力作用,在锁死前,连续管就可能超出其屈服极限,导致连续管损毁,所以该准则使用时应同时考虑连续管的安全强度问题。该准则存在的问题是,输出力的增加与注入力的增加之比难以确定,因此在实际应用中,通常以连续管底部输出力和顶部注入力的比值作为判别条件。

3. 无量纲轴力判别准则

Wu 和 Juvkam-Wold[33]通过理论推导和计算,得出水平井段连续管发生螺旋屈曲后的轴向力传递公式

$$F_{(x)} = \sqrt{\frac{4EIq_r}{r}} \cdot \tan\left[\mu_a q_r x \cdot \sqrt{\frac{r}{4EIq_r}} + \arctan\left(F_{(0)} \cdot \sqrt{\frac{r}{4EIq_r}}\right)\right] \qquad (4\text{-}31)$$

式中:$F_{(0)}$表示连续管注入力,N;x表示发生螺旋屈曲后的水平段井深,m。

做如下定义,将载荷传递公式中的轴向力无量纲化。水平井段发生螺旋屈曲后,某点的无量纲轴向力 $F_{(x)}^*$ 为

$$F_{(x)}^* = \frac{F_{(x)}}{F_{cr}} \qquad (4\text{-}32)$$

无量纲注入力 $F_{(0)}^*$ 计算方法为

$$F_{(0)}^* = \frac{F_{(0)}}{F_{cr}} \qquad (4\text{-}33)$$

水平井段的无量纲长度 x^* 计算方法为

$$x^* = \frac{\mu_a q_r x}{F_{cr}} \qquad (4\text{-}34)$$

连续管螺旋屈曲临界载荷由式(4-30)确定。发生螺旋屈曲后的水平井段的轴向传递公式为

$$F_{(x)}^* = \tan[x^* + \arctan F_{(0)}^*] \qquad (4\text{-}35)$$

利用反三角函数,则水平井段的某点无量纲长度 x^* 为

$$x^* = \frac{\pi}{2} - \arctan F_{(0)}^* \qquad (4\text{-}36)$$

锁死条件如图 4-10 所示,计算中需考虑边界条件无量纲轴力的具体数值,如果计算中,水平井段的某点无量纲长度 x^* 超出临界线,则发生锁死。

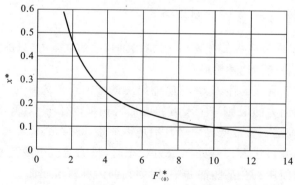

图 4-10　锁死判别的无量纲轴力准则曲线

需要说明的是,该准则同样不考虑连续管材料的塑性行为,因此,该方法的使用应同时考虑等效应力原则,以保护连续管。此外,该准则仅限于水平井段螺旋锁死判别,也可以采用其他载荷传递公式扩展至垂直井段螺旋锁死判别,但目前尚无法评价弯曲井段螺旋锁死情况。

4.2.3　连续管在水平井筒中的屈曲行为试验

长江大学马卫国课题组建立了一套含弯曲井段在内全水平井段模型的连续管井下力学行为模拟试验台架,能真实地反映连续管在井筒中的工作行为,其试验结果验证了现有理论模型[30-31]。当连续管在井筒中发生螺旋屈曲后,继续增加注入力会导致连续管螺旋锁死,不仅影响连续管作业能力,严重时会导致连续管损毁。该试验台架能直观有效地模拟连续管在井筒中的螺旋锁死现象,结合试验结果提出和验证了螺旋锁死的判别条件,可为连续管水平井作业提供理论指导。

1. 试验系统描述

连续管井下力学行为模拟试验台架由驱动系统、数据采集系统、模拟系统、辅助工装系统和影像系统五大部分组成。其中,驱动系统提供试验动力,模拟连续管的起升和下入;数据采集系统可以实时采集试验过程中的力学数据,并经计算机进行分析处理;模拟系统模拟不同连续管在井筒中的工作行为;辅助工装系统包括试验台架各零部件之间的连接及整体试验台架的安装;影像系统采集试验相关影像资料,试验台架现场如图 4-11 所示。

图 4-11　连续管井下力学行为试验台架现场图

连续管井下力学行为模拟试验台架设计,采用内径 Φ50.00 mm 的有机玻璃管模拟井筒,采用直径分别为 Φ3.00 mm、Φ4.00 mm 和 Φ5.00 mm 的高强弹簧钢丝模拟不同直径的连续管,经测量,钢丝与有机玻璃管之间的摩擦系数为 0.46。试验中,钢丝末端分为自由和固定两种情况状态,经计算,发生螺旋锁死的模拟井筒长度如表 4-5 所示。

表 4-5 发生螺旋屈曲及锁死最小模拟井筒长度

钢丝直径 /mm	临界螺旋屈曲载荷 /N	末端自由情况所需 模拟井筒长度/m	末端轴向力为 4 倍临界情况 所需模拟井筒长度/m
3.00	12.39	49.70	6.20
4.00	29.69	66.90	8.40
5.00	58.64	84.60	10.60

由表 4-5 可以看出,钢丝末端自由状态时,完整的螺旋屈曲需要长度为 85.00 m 模拟井筒,受试验场地限制,无法满足要求。钢丝末端固定状态时,对三种规格的钢丝分别建立 4 倍临界螺旋屈曲载荷,所需要的模拟井筒长度均小于 11.00 m。因此,模拟井筒长度大于 11.00 m 可满足要求。设计中,模拟井筒分为三段,入口直井段(1.00~2.00 mm),弯曲井段(长 3.00 m 和 4.00 m 两种规格)和水平井段(15.00 m)。电动缸提供推拉力作用于钢丝首端(井筒入口端),实现对钢丝在模拟井筒中的行程和速度的控制。

2. 试验分析

分别采用了两根 Φ3.00 mm 钢丝,进行了共 6 次试验,试验记录的首端稳定轴向力(首端力)峰值为 479.00 N,末端稳定轴向力(末端力)峰值为 35.80 N。由表 4-5 可以看出,临界螺旋屈曲载荷为 12.40 N,电动缸行程为 160.00~180.00 mm,模拟井筒中钢丝螺旋圈数均为 9 圈,螺距在 1.30~1.80 m,试验重复性好。在此列举了 R3ph3t1 数据组的轴向力-位移曲线,如图 4-12 所示,其中编号 R3 表示 3.00 m 弯曲井段,ph3 表示直径为 Φ3.00 mm 的钢丝,t1 表示第 1 次试验。

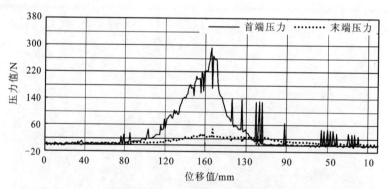

图 4-12 R3ph3t1 轴向力-位移曲线

从图 4-12 曲线可以看出,试验经历了钢丝螺旋屈曲、螺旋锁死以及解锁过程。从电动缸推动钢丝注入开始,钢丝首端力持续增加,直到达到峰值,末端力开始也随着首端力的增加而增加,但是到达一定值后趋于稳定。当电动缸行程在 140.00~150.00 mm 处,末端力不再增加,继续增加电动缸行程至 160.00~170.00 mm,末端力平稳无变化。由此推断,此时钢丝在模拟井筒中已经处于"锁死"状态,首端增加的推力不能传递到末端。回程解锁时,首端力持续下降,此时末端力保持不变,直到首端力下降到一定值时,末端力才开始缓慢稳定下降。此现象表明,电动缸回拉钢丝逐步解除屈曲直到钢丝在模拟井筒中的阻力和屈曲产生的附加接触力与末端力平衡,末端力将开始减小,且随着电动缸回拉的过程末端力逐步减小直到完全消失。

多组试验结果证实,每组试验都能反映正弦和螺旋屈曲现象,并且钢丝在弯曲段内没有出现明显的螺旋屈曲,首先出现螺旋屈曲的位置总是在弯曲段的两侧,如图 4-13 所示。试验结果与理论模型吻合非常好,且螺旋屈曲行为和位置与理论预测基本一致。

图 4-13　弯曲段两侧螺旋屈曲形式

根据螺旋屈曲理论,当管柱在井筒中螺旋屈曲发生后,即管柱受到的轴向压力增加至临界螺旋屈曲载荷后,继续增加轴向压力,轴向压力将完全消耗在管柱与井筒之间接触的摩擦上。此后,无论在管柱上增加多么大的轴压力,管柱末端的力也不会增加。这种现象就是管柱在井筒中的螺旋屈曲锁死

在 $\Phi 3.00$ mm 和 $\Phi 4.00$ mm 钢丝试验中,数据采集系统的显示和试验观察,都出现了首端力持续上升,而末端力稳定不变的情况,说明试验过程中发生了螺旋屈曲锁死现象。螺旋屈曲锁死是连续管水平井力学研究中的一个重要现象,对连续管水平井作业有非常大的影响,如何能通过简单直观的条件对螺旋屈曲锁死进行精确判别是相关研究中的重要工作部分。为方便对比分析,将 $\Phi 3.00$ mm、$\Phi 4.00$ mm 和 $\Phi 5.00$ mm 钢丝的稳定平均首端力、末端力、临界螺旋屈曲载荷和它们的比值列于表 4-6 中。

表 4-6　首末端轴向力和临界螺旋屈曲载荷对比表

钢丝直径 /mm	临界螺旋屈曲 载荷/N	首端力 /N	末端力 /N	首末端力 比值	首端力与临界螺旋 屈曲载荷比值	末端力与临界螺旋 屈曲载荷比值
3.00	12.39	390.00	32.10	12.15	31.48	2.59
4.00	29.69	931.00	96.80	9.62	31.36	3.26
5.00	58.64	1 749.00	296.60	5.90	29.83	5.06

通过表 4-6 数据分析可见,$\Phi 3.00$ mm 钢丝的首端力与末端力比值为 12.15,大于10,而末端轴向力为临界螺旋屈曲载荷的 2.59 倍。$\Phi 4.00$ mm 钢丝的首末端力比值为9.62,接近10,而末端力为临界螺旋屈曲载荷的 3.26 倍。$\Phi 5.00$ mm 钢丝的首末端力比值只有 5.90,小于10,由于试验条件的限制,在模拟井筒中没有达到锁死状态。

试验过程中发现,$\Phi 4.00$ mm 钢丝在接近最终行程时,钢丝刚好发生螺旋锁死现象。

因此,根据实验结果,取首末端力比值为10,末端力与临界螺旋屈曲载荷比值为3,作为螺旋锁死条件比较合适。其中,首末端力比值为10是一个重要的参考标准。

试验中还发现,在 $\Phi 5.00$ mm 钢丝试验中,当电动缸回拉至起始位置时,与电动缸相连接的钢丝首端部分并不像细钢丝那样回弹至直的状态,存在明显弯曲,其在钢丝首端发生了屈服,有残余应力,如图 4-14 所示。

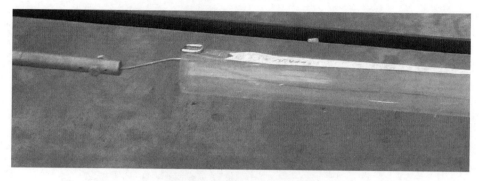

图 4-14　首端钢丝屈服现场图

对于 $\Phi 5.00$ mm 钢丝试验,首端部分的钢丝弯曲说明钢丝所受应力超出其屈服强度,钢丝进入塑性变形阶段。钢丝在井筒中主要承受轴向应力和弯曲应力作用,按照最极端情况,轴向应力与弯曲应力线性叠加后等于钢丝首端部分的最大应力值。根据试验记录,钢丝首端部分第一个螺旋的螺距均为 0.80 m 左右,采用表 4-6 中的首末端力数据,分别计算不同直径钢丝首端的最大应力,如表 4-7 所示。

表 4-7　首端处钢丝最大应力计算表

钢丝直径/mm	首端螺距/mm	曲率半径/mm	弯曲应力/MPa	最大应力/MPa
3.00	800.00	713.00	456.62	510.52
4.00	800.00	728.00	595.88	669.96
5.00	800.00	743.00	728.65	817.73

根据表 4-7 计算结果,在螺距为 800.00 mm、曲率半径为 713.00 mm 至 743.00 mm 的工况下,不同直径钢丝的弯曲应力值均比较大,再经轴向应力的叠加,钢丝所受最大应力值均超过 500 MPa。台架试验中采用热成型高强度钢丝,参考普通弹簧钢材料标准,理论屈服强度应为 750～800 MPa。$\Phi 5.00$ mm 钢丝在试验过程中,其所受应力已达到 817.73 MPa,超出其屈服强度,故试验过程中发生了首端屈服现象。此外,因为考虑钢丝材料制备过程中的缺陷,钢丝实际屈服强度可能更小,所以试验中 $\Phi 5.00$ mm 钢丝发生屈服的可能性是非常大的。

对不同直径钢丝试验进行比较和分析,其试验规律基本一致,如弯曲段两侧首先进入螺旋屈曲的位置、产生完整螺旋的位置、进程和回程过程中末端力的稳定、弯曲段两侧螺旋屈曲解除等现象基本一致。不同的是在电动缸行程基本相同的前提下,不同直径的钢丝产生的首端力和末端力大小不同,直径越大产生的力越大;在电动缸最大试验行程时,Φ 3.00 mm 钢丝试验形成了完整的螺旋屈曲—螺旋锁死—螺旋锁死解除过程,Φ 4.00 mm 钢丝试验刚好形成螺旋锁死状态,Φ 5.00 mm 钢丝试验没有达到螺旋锁死状态。

为方便对比分析,将钢丝首端力与末端力的理论计算峰值和试验峰值列入表 4-8 中。

表 4-8　理论预测轴向力和试验轴向力对比表

试验组	钢丝直径 /mm	理论预测 首端力峰值/N	理论预测 末端力峰值/N	试验首端力 平均峰值/N	试验末端力 平均峰值/N	试验首端力与 末端力比值
R3ph3	3.00	350.00	25.00	297.00	29.00	10.24
R3ph4	4.00	1 000.00	80.00	903.00	88.00	10.26
R3ph5	5.00	2 100.00	140.00	1 862.00	275.00	6.77
R4ph3	3.00	375.00	30.00	472.00	34.00	13.88
R4ph4	4.00	1 050.00	80.00	1 001.00	101.00	9.91
R4ph5	5.00	2 250.00	140.00	1 796.00	313.00	5.74

由表 4-8 数据可以看出,Φ 3.00 mm 和 Φ 4.00 mm 钢丝的理论峰值与试验峰值差别较小,Φ 5.00 mm 钢丝的数据差别较大。对于后者,数据差别较大的原因是理论预测值的最大行程为 140.00 mm,而试验实际行程为 150.00~160.00 mm,更加接近螺旋锁死状态。在这种状态下,行程每增加一点,轴向压力都会带来很大的增长。按照试验行程,Φ 5.00 mm 钢丝的理论预测极值最大可达到 2 250.00 N,而实际试验过程中,钢丝并未达到螺旋锁死,因此首端力小于理论值。由表 4-8 数据还可以看出,Φ 4.00 mm 钢丝和 Φ 3.00 mm 钢丝的首端力与末端力比值相差不大,这两种规格的钢丝试验数据相关性较好。从试验现象上来看,Φ 4.00 mm 钢丝 Φ 3.00 mm 钢丝试验呈现的规律也非常相近,只有在弯曲段两侧发生屈曲的位置和完整螺旋位置方面稍有差别。从理论预测峰值可以看出,六种情况的首端力与末端力比值均大于 10,对于试验数据,除 Φ 5.00 mm 钢丝试验没有发生螺旋屈曲锁死以外,其他钢丝试验的首端力与末端力比值也均达到或刚刚超过 10。由此可见,将螺旋屈曲锁死判别条件定为首端力与末端力比值为 10,与理论吻合程度较好。为更直观地反映全行程理论预测值与试验值的关系,将吻合程度较好的 R3ph4 试验组结果列于图 4-15 中。

从图 4-15 曲线中可以看出,对于 Φ 4.00 mm 钢丝试验来说,首末端力的理论值与试验值在全行程内吻合较好,尤其是在 140 mm 行程之后,两者几乎完全吻合。试验结果可以表明,连续管井下力学行为模拟试验台架具有非常好的试验精度。

模拟试验台架对连续管水平井作业的螺旋屈曲、螺旋锁死、螺旋锁死解锁、首端屈服等现象进行了分析和解释,推断出了螺旋屈曲锁死的判别条件。台架试验结果与理论计算结果吻合程度良好,试验方法和试验结果对连续管水平井作业具有重要的指导意义。

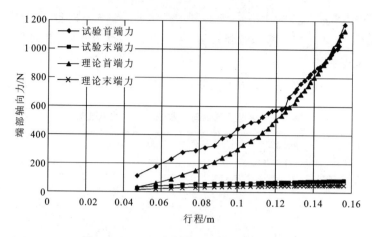

图 4-15　R3ph4 理论与试验结果对比曲线

4.3　连续管强度计算

连续管作业时,其应力未超出强度极限,则管柱安全,否则可能会发生断裂、爆裂和挤毁风险。连续管井下作业时的应力状态非常复杂,同时受到轴向载荷及内外部压力作用,主要包括轴向应力、环向应力和径向应力。轴向载荷可能引起连续管在井筒内发生屈曲。

轴向应力由作用在连续管上的轴向力引起(拉伸或压缩),如果压缩力超过临界螺旋屈曲载荷,连续管发生螺旋屈曲,此时会产生附加的弯曲应力。环向应力由连续管内部和外部压力引起,是连续管壁给定位置处的周向应力。径向应力由连续管内部和外部压力引起,是沿连续管壁给定位置处的径向方向应力。

4.3.1　连续管工作应力计算

1. 轴向应力

由轴向力引起的应力在连续管横截面上均匀分布,方向为轴向,拉伸为正,压缩为负。对连续管轴向应力的分析,首先需要考虑连续管内外部压力对连续管轴向力的影响。定义两种不同的轴向力,"真实"轴向力和"有效"轴向力,下面分别用 $F_{t(a)}$ 和 $F_{t(e)}$ 表示。以垂直井为例,"有效"轴向力 $F_{t(e)}$ 等于连续管重力,而"真实"轴向力 $F_{t(a)}$ 是连续管上的实际轴向力,是可以由仪器测量的数据。"有效"轴向力可以看成忽略连续管内外部压力影响的轴向力。

"真实"轴向力 $F_{t(a)}$ 可表示为

$$F_{t(a)} = F_{t(e)} + A_i p_i - A_o p_o \qquad (4-37)$$

式中:A_i、A_o 分别为连续管内、外截面积,m^2;p_i、p_o 分别为连续管内、外压力,Pa。

未发生屈曲时,连续管轴向应力(σ_x)可表示为

$$\sigma_x = \frac{F_{t(a)}}{A_{mid}} \tag{4-38}$$

式中：A_{mid} 为连续管截面面积，m^2。

连续管发生屈曲后，将导致连续管产生附加轴向应力。当连续管受压发生屈曲后，轴向应力在连续管横截面上的分布是不同的，表现为由轴向力产生的压应力和弯曲应力沿连续管横截面分布不同。轴向力产生的压应力在连续管横截面上是相同的，而轴向力产生的弯曲应力在横截面的一侧表现为拉应力，在另外一侧表现为压应力，最大的轴向应力在弯曲应力产生压应力的一侧。连续管发生屈曲后内、外壁的最大轴向应力（σ_{xi} 和 σ_{xo}）为

$$\sigma_{xi} = F_{t(a)} \left(\frac{1}{A_{mid}} + \frac{r_i^2}{2I} \right) \tag{4-39}$$

$$\sigma_{xo} = F_{t(a)} \left(\frac{1}{A_{mid}} + \frac{r_o^2}{2I} \right) \tag{4-40}$$

式中：r_i 为连续管内径，m；r_o 为连续管外径，m。

2. 环向应力

连续管内外承受不同压力时将会产生环向应力，也称轴向应力，其数值在内外壁不同，计算方法如式(4-41)和式(4-42)所示。

$$\sigma_{hi} = \frac{p_i(r_i^2 + r_o^2) - 2p_o r_o^2}{r_o^2 - r_i^2} \tag{4-41}$$

$$\sigma_{ho} = \frac{2p_i r_i^2 - p_o(r_i^2 + r_o^2)}{r_o^2 - r_i^2} \tag{4-42}$$

3. 径向应力

连续管内外承受不同压力时将会产生管柱径向应力，其数值在内外壁不同，计算方法如式(4-43)和式(4-44)所示。

$$\sigma_{ri} = -p_i \tag{4-43}$$

$$\sigma_{ro} = -p_o \tag{4-44}$$

若 p_i 大于 p_o，连续管的最大应力产生在连续管内壁。反之，若 p_i 小于 p_o，连续管的最大应力产生在连续管外壁。

4. 冯 · 米泽斯(Von Mises)等效应力

Von Mises 等效应力能准确反应连续管安全工作强度，是基于材料的形状改变比能理论(第四强度理论)发展起来的。该理论认为形状改变比能是引起材料屈服破坏的主要因素，无论什么应力状态，只要构件内一点处的形状改变比能达到单向应力状态下的极限值，材料就要发生屈服破坏。在没有扭矩，或者扭矩比较小，剪应力可以忽略情况下，连续管的 Von Mises 等效应力计算方法为

$$\sigma_{Mises} = \sqrt{\frac{(\sigma_x - \sigma_h)^2 + (\sigma_h - \sigma_r)^2 + (\sigma_r - \sigma_x)^2}{2}} \tag{4-45}$$

Von Mises 等效应力可用于连续管材料的强度校核,如果材料的屈服强度为 σ_s,可定义一个安全系数用于实际生产,通常定义为 0.8,即要求连续管使用过程中,其 Von Mises 等效应力不能超过 $0.8\sigma_s$。

4.3.2 连续管抗内压强度

一般来说,连续管水平井作业时,外部压力 p_o 小于内部压力 p_i,因此连续管外表面环向应力小于内表面环向应力。根据 Von Mises 屈服条件对连续管进行预测,也是内表面首先屈服,因此只需考虑连续管内表面的屈服情况即可确定连续管屈服极限,令 $p_o=0$,则连续管环向应力为

$$\sigma_h = p_i \frac{r_i^2 + r_o^2}{r_o^2 - r_i^2} \tag{4-46}$$

径向应力为

$$\sigma_{ri} = p_i \tag{4-47}$$

将上述方程代入 Von Mises 等效应力方程,用屈服强度(σ_s)代替 Von Mises 等效应力(σ_{Mises}),解出内压,并舍去方程的负根,则连续管抗内压屈服强度为

$$p_{iy} = \frac{\sigma_x(B-1) + \sqrt{\sigma_x^2(B-1)^2 + 4(B^2+B+1)(\sigma_s^2 - \sigma_x^2)}}{2(B^2+B+1)} \tag{4-48}$$

式中:$B = \dfrac{r_i^2 + r_o^2}{r_o^2 - r_i^2}$。

上述连续管抗内压强度计算没有考虑到连续管不同位置的截面差异,也没有考虑使用过程中由于塑性疲劳导致的有效屈服强度降低。因此,在连续管强度计算时应考虑一定的安全系数,工业上一般为 0.8,即实际应用值不应超出理论计算值的 0.8 倍。

4.3.3 连续管抗挤毁强度

未使用过的新连续管,其横截面形状接近理想正圆,一般允许的最大椭圆度应小于 0.5%。在使用过程中,由于连续管在滚筒上的卷绕,会使其发生塑性变形,椭圆度逐渐增大,连续管横截面将变为椭圆形。对于椭圆截面的连续管,使用过程产生两个问题:第一,连续管通过注入头的能力下降;第二,连续管的抗挤毁强度降低,尤其是抗外压挤毁强度将大大降低。在工作状态下,由于连续管内部压力作用和注入头夹持块的夹持作用会一定程度上降低连续管的椭圆度,使其倾向于回复正圆形。因此,使用过程中连续管截面出现椭圆度增大时,应首先考虑其抗外压挤毁强度的下降程度,以保证安全作业。

1. 理想圆管抗挤毁强度

连续管总是从内表面首先屈服,假定 $p_i=0$,则在连续管内表面上,连续管的径向应力和环向应力分别为

$$\sigma_{hi} = -p_o \frac{2r_o^2}{r_o^2 - r_i^2} \tag{4-49}$$

$$\sigma_{ri} = 0 \tag{4-50}$$

将上述方程代入 Von Mises 等效应力方程,用屈服强度(σ_s)代替 Von Mises 等效应力(σ_{Mises}),解出外压,并舍去方程的负根,则理想圆管连续管抗外压挤毁强度为

$$p_{oy} = \frac{-\sigma_x + \sqrt{4\sigma_s^2 - 3\sigma_x^2}}{2C} \tag{4-51}$$

式中:$C = \dfrac{2r_o^2}{r_o^2 - r_i^2}$。

2. 椭圆截面管抗挤毁强度

使用过程中的连续管横截面并非标准正圆形,通常存在椭圆度的问题,椭圆度计算方法如式(3-11)所示。

在考虑连续管椭圆度影响的前提下,横截面为椭圆形的连续管抗挤毁强度(p_{coy})计算方法为

$$p_{coy} = g - \sqrt{g^2 - f} \tag{4-52}$$

式中:$g = \dfrac{\sigma_s}{\dfrac{d_{nom}}{t} - 1} + \dfrac{p_{oy}}{4}\left[2 + 3\Theta\dfrac{d_{nom}}{t}\right]$; $f = \dfrac{2\sigma_s p_{oy}}{\dfrac{d_{nom}}{t} - 1}$。

上式中的 P_{oy} 为轴向载荷为 0 时,横截面为正圆形的连续管抗挤毁强度。

4.3.4 复杂应力作用下的连续管极限强度

连续管作业过程中的应力通常是由其内、外部液体压力与轴向拉伸或压缩载荷等因素联合作用产生的,此时连续管的极限强度计算需要同时考虑多个应力同时作用。

考虑内外压与轴向力同时作用的连续管极限计算,先作如下基本假设:忽略连续管的轴向弯曲,忽略连续管沿壁厚方向的弹塑性过渡区[34]。

根据 Von Mises 等效应力方程,假设轴向应力和径向应力已知,用屈服强度(σ_s)代替 Von Mises 等效应力(σ_{Mises}),忽略剪切应力影响,从中解出环向应力(σ_h),则有

$$\sigma_h = \frac{(\sigma_x + \sigma_r)}{2} \pm \sqrt{\sigma_s^2 - \frac{3}{4}(\sigma_x - \sigma_r)^2} \tag{4-53}$$

公式中的正负号分别表示连续管承受拉、压应力,则拉、压环向应力差($\Delta\sigma_h$)为

$$\Delta\sigma_h = 2\sqrt{\sigma_s^2 - \frac{3}{4}(\sigma_x - \sigma_r)^2} \tag{4-54}$$

公式(4-54)反映了连续管内外压与轴向力同时作用对连续管极限的影响,再经进一步的推导和整理,可得到复杂应力作用下的连续管抗挤毁极限强度、抗爆裂极限强度和抗拉极限强度。

抗挤毁极限强度(p_{cl})计算方法为

$$p_{cl} = p_{co}\left(\sqrt{1 - \frac{3}{4}\left(\frac{\sigma_x + p_i}{\sigma_s}\right)^2} - \frac{1}{2}\left(\frac{\sigma_x + p_i}{\sigma_s}\right)\right) \tag{4-55}$$

式中：P_{co}相当于管柱 API 抗挤毁极限强度，即不考虑内压也不考虑轴向力时的抗挤毁极限强度。

抗爆裂极限强度（p_{bl}）计算方法为

$$p_{bl} = p_{bo}\left(\frac{r_i^2}{\sqrt{3r_o^4 + r_i^4}}\left(\frac{\sigma_x + p_o}{\sigma_s} \right) + \sqrt{1 - \frac{3r_o^2}{3r_o^4 + r_i^4}\left(\frac{\sigma_x + p_o}{\sigma_s} \right)^2} \right) \tag{4-56}$$

式中：P_{bo}相当于管柱 API 抗爆裂极限强度，即不考虑外压也不考虑轴向力时的抗爆裂极限强度。

抗拉极限（T_l）计算方法为

$$T_l = \pi(p_i r_i^2 - p_o r_o^2) + \sqrt{T_o^2 - 3\left[\pi r_o^2(p_i - p_o)\right]^2} \tag{4-57}$$

式中：T_o相当于管柱 API 抗拉极限强度，即不考虑外压也不考虑内压时的抗拉极限强度。

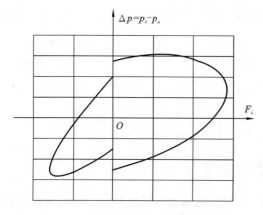

图 4-16　内外压与轴向力联合作用下的连续管强度简化示意图

结合 Von Mises 屈服准则将连续管轴向应力、环向应力和径向应力综合考虑，可以确定什么样的压力和轴向力引起连续管的屈服，即三轴应力理论。三轴应力理论的理论公式是"椭圆"形式[35]。李宗田针对连续管在井下工作行为的特点，即在轴向压缩时可能出现螺旋屈曲，螺旋屈曲会带来除轴向压缩以外的附加轴向应力，结合三轴应理论绘制了连续管井下作业受力行为的"椭圆"曲线图[36]，如图 4-16 所示。该图表示连续管作业过程中，内外压与轴向力同时作用对连续管的影响，该曲线图对连续管安全作业具有重要参考意义。

对于曲线右半边，$F_t > 0$，表示连续管受拉伸；曲线左半边，$F_t < 0$，表示连续管受压缩。曲线上半边，$\Delta p > 0$，即 $p_i > p_o$，连续管内部压力大于外部压力，等同于内压作用；曲线下半边，$\Delta p < 0$，即 $p_i < p_o$，连续管内部压力小于外部压力，等同于外压作用。

曲线第 Ⅰ 象限表示连续管轴向拉力与内挤压力共同作用，第 Ⅱ 象限表示轴向压力与内挤压力共同作用，在这两个象限内，连续管受力超出曲线范围将发生爆裂。曲线第 Ⅲ 象限表示连续管轴向压力与外挤压力共同作用，第 Ⅳ 象限表示轴向拉力与外挤压力共同作用，在这两个象限内，连续管受力超出曲线范围将发生挤毁。

4.4　连续管常用工程计算

连续管作业工况复杂多样，影响因素众多，其力学性能计算往往理论性较强，计算公式也比较复杂，有时可能无法解出合理的数值解。采用适当的工程计算方法进行估算,可以有效避免复杂的理论计算公式,大大简化计算量,得出与数值解比较接近的近似解。

4.4.1　伸长量计算

连续管作业时,受到轴向力及温度载荷作用,将会引起连续管长度发生变化,从而影响连续管下入深度。

1. 轴向力引起的伸长量

1）弹性伸长量

根据胡克定律,若连续管轴向拉力为 F_t,则其弹性伸长量(ΔL_e)为

$$\Delta L_e = \frac{F_t \cdot L_w}{E \cdot (A_o - A_i)} \tag{4-58}$$

式中:L_w 为连续管井下部分长度,m。

由于连续管作业时,其轴向力不可能处处相等,实际计算中可根据轴向力大小将连续管分为若干微元段,每个微元段上采用平均轴向力计算出该段上的伸长量,最后利用叠加方法计算出全程伸长量。

2）塑性伸长量

碳钢材料的连续管在发生弹性形变时往往伴随着一定的塑性形变,轴向力较小时,塑性形变也小,轴向力较大时,塑性形变相应增大。定义一个塑性形变临界点 F_{ts},其计算方法为

$$F_{ts} = \frac{(A_o - A_i)\sigma_s}{2} + \frac{3\sigma_s^2 r_s t}{E} \tag{4-59}$$

式中:t 为连续管壁厚,m;r_s 是屈服强度为 σ_s 的连续管弯曲半径,m。

若假设连续管变形为理想塑性变形,即纯弯曲变形,则其弯曲半径最小,定义为 r_{smin},其计算方法[37]为

$$r_{smin} = \frac{E \cdot r_o}{\sigma_s} \tag{4-60}$$

对于连续管作业,当轴向力 $F_t < F_{ts}$ 时,其塑性伸长量(ΔL_s)计算方法为

$$\Delta L_s = \frac{F_t \cdot L_w}{E \cdot \left(\dfrac{A_o - A_i}{2} + \Phi\right)} \tag{4-61}$$

式中,参数 Φ 的计算方法为

$$\Phi = r_o^2 \theta_o - r_i^2 \theta_i - r_o r_i \sin(\theta_i - \theta_o)$$

$$\theta_o = \arcsin\left(\frac{3r_s \sigma_s}{2Er_o}\right)$$

$$\theta_i = \arcsin\left(\frac{3r_s \sigma_s}{2Er_i}\right)$$

当连续管轴向力 $F_t > F_{ts}$ 时,其塑性伸长量(ΔL_s)计算方法为

$$\Delta L_s = L_w \cdot \left[\frac{F_{ts}}{E \cdot \left(\frac{A_o - A_i}{2} + \Phi \right)} + \frac{F_t - F_{ts}}{E \cdot \left(\frac{A_o - A_i}{2} - \Phi \right)} \right] \tag{4-62}$$

2. 温度载荷引起的伸长量

温度载荷作用下,连续管也会发生长度变长,其计算方法[38]为

$$\Delta L_T = L_w \cdot \beta \cdot T_{mean} \tag{4-63}$$

式中:ΔL_T 为温度载荷引起的连续管伸长量,m;β 为连续管热膨胀系数,℃$^{-1}$;T_{mean} 为连续管作业井段的平均温度,℃。

3. 泊松比引起的伸长量

假设连续管的泊松比为 ν,则其引起的连续管长度变化量(ΔL_p)计算方法为

$$\Delta L_p = -\frac{2\nu L_w}{E} \cdot \frac{r_i^2 p_i - r_o^2 p_o}{r_o^2 - r_i^2} \tag{4-64}$$

式中:ΔL_p 为压力载荷引起的连续管伸长量,m。

4.4.2 卡点计算

当提升连续管所需要的上提力超过其屈服强度 80% 时,这种情况被定义为连续管遇卡。连续管在井内被卡住时,需要计算被卡住的井深,即"卡点"深度计算。对于直井,如果连续管处于弹性变形,工程上简单计算卡点深度可按如下方法进行。

① 以一定的力上提连续管,上提力不超过 0.8 倍的屈服强度。

② 在保持卡点以上部分连续管为张紧状态的前提下,逐渐减小上提力,观察上提力大小,当上提力由最大降至最小时,准确测量连续管的长度变化值。

连续管卡点深度(D_k)计算可按下式进行。

$$D_k = \frac{\Delta L_k}{\delta_e \cdot \Delta F_t} \tag{4-65}$$

式中:ΔL_k 为测量的连续管长度变化值,m;δ_e 为连续管弹性伸长系数,m/(km·kN);ΔF_t 为最大上提力与最小上提力之差,kN。

该计算方法只适用于垂直井,并且连续管应处于弹性范围。对于复杂井眼轨迹,连续管井下形状也比较复杂,该计算方法需要经过一定的修正才能使用。

4.4.3 底部最大输出压力计算

在垂直井段,连续管下入时,施加在连续管底部的压力等于地面的遇阻阻力。随着连续管底部压力的增加,连续管发生变形,先发生正弦屈曲,之后是螺旋屈曲。螺旋屈曲后的连续管与井筒之间发生摩擦,摩擦力大小与地面的遇阻阻力成正比,即由于摩擦产生附加地面遇阻阻力。该阻力来自于发生螺旋屈曲的连续管与井筒之间的摩擦力,此时连续管底部最大压力(F_{max})为

$$F_{\max}=\sqrt{\frac{EI[q_{\mathrm{m}}-0.052(A_{\mathrm{o}}\rho_{\mathrm{o}}-A_{\mathrm{i}}\rho_{\mathrm{i}})]}{3r\mu_{\mathrm{a}}}} \tag{4-66}$$

式中：ρ_{i} 和 ρ_{o} 分别为连续管内外流体的密度，$\mathrm{kg/m^3}$。

4.4.4　最大下入深度计算

连续管的最大可下入深度理论计算比较复杂，影响因素众多，其中任何一个因素出现错误都可能对最终计算结果造成较大影响，实际应用中可采用以下工程方法进行近似计算。

1. 抗拉强度估算法

$$L_{\max}=\frac{\gamma\sigma_{\mathrm{b}}}{\rho_{\mathrm{r}}g} \tag{4-67}$$

式中：$L_{\max}$ 为最大下入深度，m；σ_{b} 为连续管抗拉强度，Pa；γ 为安全系数，对新管，该值可取 80%，对于旧管，视使用情况和具体作业工况，可取 $30\%\sim80\%$。

在连续管作业时，最大可下入深度 $L_{\max}$ 还要考虑连续管的焊接和损伤情况，适当向下调整。

需要说明的是，抗拉强度估算法比较适用新管的最大可下入深度计算，其计算的结果指的是连续管在空气中的悬挂长度。因为对于使用连续管进行完井作业，其主要作用是用于气井排液，所以该方法的计算结果十分接近实际应用情况。

此外，连续管实际作业中，某些工况下，连续管的作业环境可能充满了液体，此时应考虑液体浮力对连续管的最大可下入深度影响。一般情况下，液体的存在将增加连续管的最大可下入深度。假设井筒内充满了密度为 ρ_{l} 的液体，连续管最大可下入深度计算方法为

$$L_{\max}=\frac{\gamma\sigma_{\mathrm{b}}}{12(\rho_{\mathrm{CT}}-\rho_{\mathrm{l}})g} \tag{4-68}$$

2. 屈服强度估算法

连续管钻井和钻桥塞作业时，其最大可下入深度取决于连续管类型、材质和井筒工作流体密度。对于非锥形连续管，其最大可下入深度（$L_{\max}$）计算方法为

$$L_{\max}=\frac{\gamma\sigma_{\mathrm{s}}}{4.245-0.65\rho_{\mathrm{l}}g} \tag{4-69}$$

连续管井下作业工况复杂，影响因素众多，采用工程计算方法可简化计算规模。使用工程计算方法时要考虑实际井下作业环境影响，以避免出现计算偏差过大的问题。

4.5 提高连续管作业能力措施

连续管水平井作业力学分析可对连续管工作能力和安全问题进行评估,从连续管水平井作业角度来说,比较关注的问题有连续管水平井最大可钻深度、避免或减小螺旋屈曲和连续管的锁死问题。

4.5.1 增加连续管最大可钻深度措施

连续管最大可钻深度受两个因素较大,一是连续管与井壁摩擦系数,二是连续管有效钻压。为增加连续管最大可钻深度,可减小摩擦系数,或减小有效钻压。

从工程应用角度来说,减小摩擦系数方面,可采用摩阻系数较小的滑溜水,或高效减阻剂。在减小连续管有效钻压方面,可考虑减少不必要的井下工具串,采用易钻桥塞,或在工具串中增加振荡器等措施。

4.5.2 避免或减小螺旋屈曲措施

连续管螺旋屈曲后会产生较大的接触压力,增加摩擦阻力,导致连续管轴力消耗过大,不利于连续管的下入。连续管在垂直井段和水平井段容易产生螺旋屈曲,而弯曲井段发生螺旋屈曲的可能性不大,所以连续管井下作业时,需要重点考虑的是垂直井段和水平井段的屈曲行为。避免连续管螺旋屈曲的措施有以下几点。

第一,根据垂直井段和水平井段螺旋屈曲临界载荷计算公式,减小连续管与井壁的单边间隙可增加临界载荷值。换言之,对于同一口井,采用直径较大的连续管,可降低发生螺旋屈曲的可能性。

第二,对于连续管水平井钻井或钻塞作业来说,水平井段的摩擦阻力与连续管钻进方向相反,阻碍连续管钻进,导致连续管轴向压力在累积摩擦阻力的过程中不断增加,增加至一定值时连续管发生螺旋屈曲。从这个角度来说,减小摩擦系数可以减小螺旋屈曲发生的可能性。

4.5.3 连续管锁死判别准则

连续管的锁死大大削弱了其作业能力,并带来连续管的安全问题。锁死判别方法众多,但以首末端力比值10准则简单且实用,并具有理论依据和试验支持,工程上可根据此准则对连续管井下作业进行评估,以达到保护连续管的目的。

参 考 文 献

[1] JOHANCSIK C A, FRIESEN D B, DAWSON R. Torque and drag in directional wells-prediction and measurement[J]. Journal of Petroleum Technology, 1984, 36(6): 987-992.

[2] SHEPPARD M C,WICK C,BURGESS T. Designing well paths to reduce drag and torque[J]. SPE Drilling Engineering,1987,2(4):344-350.

[3] MAIDLA E E,WOJTANOWICZ A K. Field comparison of 2-D and 3-D methods for the borehole friction evaluation in directional wells[C]//Society of Petroleum Engineers Conference,Dallas,1987. SPE-16663.

[4] CHILD A J,WARD A L. The refinement of a drillstring simulator:Its validation and applications [C]//SPE Annual Technical Conference and Exhibition,Houston,1988. SPE-18046.

[5] WU J,JUVKAM-WOLD H C. Drag and torque calculations for horizontal wells simplified for field use[J]. Oil and Gas Journal(US),1991,89(17):21-27.

[6] 高德利,覃成锦,李文勇.南海西江大位移井摩阻和扭矩数值分析研究[J].石油钻采工艺,2003,25 (5):7-12.

[7] HO H S. General formulation of drillstring under large deformation and its use in BHA analysis [C]//Society of Petroleum Engineers Conference,New Orleans,1986. SPE-15562.

[8] HO H S. An improved modeling program for calculating directional and deep wells[C]//Society of Petroleum Engineers Conference,Houston,1988. SPE-18047.

[9] HE X,SANGESLAND S,HALSEY G W. An integrated three-dimensional wellstring analysis program[C]//Petroleum Computer Conference,Texas,1991. SPE-22316.

[10] MC SPADDEN A,NEWMAN K. Development of a stiff-string forces model for coiled tubing[C]// SPE/ICoTA Coiled Tubing Conference and Exhibition,Texas,2002. SPE-74831.

[11] 李子丰,刘希圣.水平井钻柱稳态拉力-扭矩模型及其应用[J].石油钻探技术,1992,20(4):1-6.

[12] MITCHELL R F, SAMUEL R. How good is the torque/drag model[J]. SPE Drilling & Completion,Amsterdam, 2009. SPE-105068.

[13] MENAND S,SELLAMI H,TIJANI M,et al. Advancements in 3D drillstring mechanics:from the bit to the topdrive[C]//Society of Petroleum Engineers Conference,Miami,2006. SPE-98965.

[14] MENAND S,SELLAMI H,AKOWANOU J. How drillstring rotation affects critical buckling load [C]//IADC/SPE Drilling Conference,Florida,2008. SPE-112571.

[15] SIKAL A,BOULET J G,MENAND S,et al. Drillpipe stress distribution and cumulative fatigue analysis in complex well drilling:New approach in fatigue optimization[C]//SPE Annual Technical Conference and Exhibition,Colorado,2008. SPE-116029.

[16] MENAND S,SELLAMI H,TIJANI M,et al. Buckling of tubulars in simulated field conditions[J]. SPE Drilling & Completion,2009,24(2):276-285.

[17] MENAND S,ISAMBOURG P,SELLAMI H,et al. Axial force transfer of buckled drill pipe in deviated wells [C]//SPE/IADC Drilling Conference and Exhibition, The Netherlands, 2009. SPE-119861.

[18] BENSMINA S,MENAND S,SELLAMI H,et al. which drill pipe is the less resistant to buckling steel,aluminum or titanium drill pipe[C]//SPE/IADC Drilling Conference and Exhibition,The Netherlands,2011. SPE-140211.

[19] 周志宏,覃江,龚小霞,等.钻柱力学中接触力计算方法研究[J].力学与实践,2014,36(4):457-460.

[20] 曲宝龙,安峰,李燃,等.基于摩擦系数的连续油管钻桥塞力学特性研究[J].科学技术与工程,2016,

16(9):56-60.

[21] LUBINSKI A,ALTHOUSE W S. Helical buckling of tubing sealed in packers[J]. Journal of Petroleum Technology,1962,14(06): 655-670.

[22] DAWSON R,PASLAY P R. Drill pipe buckling in inclined holes[J]. Journal of Petroleum Technology,1984,36(10):1734-1738.

[23] CHEN Y C,LIN Y H,CHEATHAM J. Tubing and casing buckling in horizontal wells[J]. Journal of Petroleum Technology,1990,42(2):140-141

[24] WU J,JUVKAM-WOLD H C,LU R. Helical buckling of pipes in extended reach and horizontal wells-Part 1:Preventing helical buckling[J]. Journal of energy resources technology,1993,115(3): 190-195.

[25] WU J,JUVKAM-WOLD H C. Helical buckling of pipes in extended reach and horizontal wells-Part 2:Frictional drag analysis[J]. Journal of Energy Resources Technology,1993,115(3):196-201.

[26] HE X,KYLLINGSTAD A. Helical buckling and lock-up conditions for coiled tubing in curved wells[J]. SPE Drilling & Completion,1995,10(1):10-15.

[27] 高国华,李琪. 管柱在垂直井眼中的屈曲分析[J]. 西安石油学院学报,1996,11(1):33-35.

[28] 高国华,李琪. 弯曲井眼中受压管柱的屈曲分析[J]. 应用力学学报,1996,13(1):115-120.

[29] 高国华,李琪. 管柱在水平井眼中的屈曲分析[J]. 石油学报,1996,17(3):123-130.

[30] 马卫国,管锋,斯拉英,等. 连续管在水平井井筒中的力学模拟试验系统[J]. 石油机械,2012,40(11):79-82.

[31] 管锋,段梦兰,马卫国,等. 连续油管井下力学行为模拟实验研究[J]. 力学与实践,2012,34(5):21-26,56.

[32] HILTS R L,FOWER S H,PLEASANTS C,et al. 连续油管技术[M]. 傅阳朝,李兴明,张德强,等,译. 北京:石油工业出版社,2000:132-133.

[33] WU J,JUVKAM-WOLD H C. Study of helical buckling of pipes in horizontal wells[C]//SPE Production Operations Symposium, 21—23, March, Oklahoma City, Oklahoma, 1993: 867-876. SPE-25503.

[34] NEWMAN K R. Collapse pressure of oval coiled tubing[C]//European Petroleum Conference, Cannes,France,16—18,November,1992:271-276. SPE-24988.

[35] 韩志勇. 关于"套管柱三轴抗拉强度公式"的讨论[J]. 中国石油大学学报:自然科学版,2011,35(4):77-80.

[36] 李宗田. 连续油管技术手册[M]. 北京:石油工业出版社,2003:1-2.

[37] 何春生. 连续管低周疲劳寿命预测及屈曲分析方法研究[D]. 黑龙江:东北石油大学,2014.

[38] 赵章明. 连续油管工程技术手册[M]. 北京:石油工业出版社,2011,160-161.

第 5 章

连续管作业系统流体流动分析

连续管技术具有诸多的优越性,已经广泛应用于油气井工程作业。然而,连续管管径小,管内流体流动水力摩阻大;长时间承受高压作业将大幅度地降低连续管疲劳寿命;连续管作业时管柱不能旋转,井筒环空清理能力差,连续管的这些局限性在水平井作业中表现得更加突出。如何有效降低管流摩阻、充分发挥井下水功率作用,提高环空流体携带碎屑、有效清洁井筒等,是连续管作业系统流体流动研究的关键。连续管流体流动系统包括地面管汇、卷绕在滚筒上的盘管、井下连续管管柱、井下工具及其组合、井筒环空等。传统的井筒流体流动设计方法不能适应连续管作业系统流体流动分析和参数设计。

为此,探讨相关流体流动管流理论模型,可为解决连续管作业系统流体流动分析难题建立理论基础;分析连续管作业系统各部分的流体流动特性,建立连续管作业系统循环压降计算模型,对连续管作业水力参数设计具有重要的指导意义。

5.1 管中流体流动理论

连续管作业流体主要有牛顿流体和非牛顿流体,在作业中流体流动会存在层流和紊流两种状态,还可能会出现雷诺数很小的斯托克斯流。另外,有别于传统的直管流动,连续管盘管带来的二次流影响以及边界层流也必须加以考虑。

5.1.1 直管流动

在连续管作业过程中,所使用的流体性质主要有清水及含某种聚合物的非牛顿流体。通常,研究这些流体主要采用两种流动理论模型:牛顿流和非牛顿流。根据流体雷诺数的差异又有层流和紊流两种状态。对于连续管内流体,当添加聚合物后雷诺数很小时,出现惯性力远小于黏性力,黏性力起主导作用的现象,此时进入斯托克斯流。因此,除了以上两种模型外,有时可能还会用到斯托克斯流动模型。

1. 牛顿流

遵循牛顿内摩擦定律的流体被称为牛顿流体,如水和一些低分子化合物。符合牛顿内摩擦定律的流体层间的内摩擦力存在如下的定量关系:

$$\tau_f = \mu_f \frac{\mathrm{d}u}{\mathrm{d}y} \tag{5-1}$$

式中:τ_f 为流动流体的切应力,Pa;$\frac{\mathrm{d}u}{\mathrm{d}y}$ 为垂直于流动方向上的速度梯度,s^{-1};μ_f 为流体的动力黏度,Pa·s。

1) 直管内牛顿流的层流

流体沿等径圆管做恒定层流运动时的速度分布规律如图 5-1 所示,并可由下式计算:

$$u = \frac{\Delta p}{4\mu_f l}(R^2 - r^2) \tag{5-2}$$

式中:Δp 为压降,Pa;μ_f 为流体的动力黏度,Pa·s;l 为管道长度,m;R 为管道半径,m;r 为距管道中心线的距离,m。

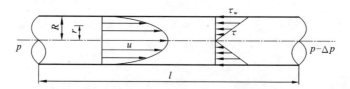

图 5-1 圆管内层流流动的速度分布和切应力分布

图 5-1 中 p 为圆管入口压力,Δp 为流体流动产生的压力降,τ_w 为流体在圆管壁面处的切应力。各点的速度与所在半径 r 成抛物线关系,故称为抛物线速度分布规律。最大的流速($u_{\max}$)出现在管道轴线上,即 $r = 0$ 处。

$$u_{\max} = \frac{\Delta p}{4\mu l}R^2 \qquad (5\text{-}3)$$

过流断面的平均流速($\bar{v}$)为

$$\bar{v} = \frac{1}{2}u_{\max} \qquad (5\text{-}4)$$

切应力(τ_{f})与半径(r)呈线性分布:

$$\tau_{\mathrm{f}} = \frac{\Delta p}{2l}r \qquad (5\text{-}5)$$

2）直管内牛顿流的紊流

（1）紊流结构

紊流的结构分为层流底黏性层、过渡层和紊流核 3 个区域,如图 5-2 所示。层流黏性底层是紧靠壁面的一薄层,其速度很小或接近 0,故此区域的运动状态属于层流。过渡层是黏性底层向紊流核过渡的区域,紊流核是紊流的主体。随着雷诺数(N_{Re})的增大,紊流的三个组成部分也随之发生变化,特别是层流黏性底层和紊流核的变化,直接影响能量损失和断面上的速度分布。

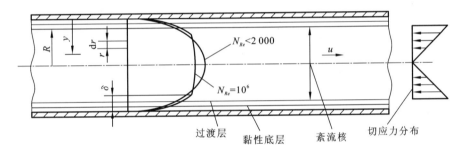

图 5-2　圆管内紊流流动的速度分布和切应力分布

（2）紊流流动的速度分布和切应力分布

① 黏性底层

由于管壁摩擦和分子附着力的作用,流体黏附在管壁上,当管内流动为紊流时,仍会有一层层流黏性底层存在于管壁附近。紊流程度越大,附着的黏性底层就越薄,黏性底层厚度(δ)计算的经验式[1]为

$$\delta = \frac{kd}{N_{Re}\sqrt{\lambda}} \qquad (5\text{-}6)$$

式中:d 为管道直径,m;k 为系数,取 30～33;λ 为沿程阻力系数,无量纲;N_{Re} 为雷诺数,无量纲。

② 切应力分布:

管壁上的切应力(τ_{w})为

$$\tau_{\mathrm{w}} = \frac{\Delta p R}{2l} \qquad (5\text{-}7)$$

有效断面上的切应力(τ)为

$$\tau_f = \frac{\tau_w r}{R} \qquad (5\text{-}8)$$

③ 速度分布：

黏性底层的速度分布为

$$u = y\frac{\tau_w}{\mu_f} \qquad (5\text{-}9)$$

所以,黏性底层内的速度分布与 y 呈直线规律。

紊流核心区的速度分布式[1]为

水力光滑管：

$$\frac{u}{u_b} = 2.5\ln\frac{\rho u_b y}{\mu_f} + 5.5 \qquad (5\text{-}10)$$

式中:ρ 为液体密度,kg/m^3;u_b 称为壁面切应力速度,m/s,可由下式确定

$$u_b = \sqrt{\frac{\tau_w}{\rho}} \qquad (5\text{-}11)$$

水力粗糙管：

$$\frac{u}{u_b} = 2.5\ln\frac{y}{\delta} + 8.5 \qquad (5\text{-}12)$$

平均流速($\bar{v}$)分布式为

$$\frac{\bar{v}}{u_b} = 2.5\ln\frac{R}{\delta} + 4.75 u_b \qquad (5\text{-}13)$$

2. 非牛顿流

通常把不遵循牛顿内摩擦定律的流体称为非牛顿流体。在牛顿流体中加入少量高分子聚合物即可改变为非牛顿流体,在连续管作业中常用到的非牛顿流体类型包括幂律流体和宾厄姆流体。

1) 直管内非牛顿流的层流

（1）幂律流体的圆管层流

幂律流体的圆管层流的流速分布公式为

$$u = \frac{n}{n+1}\left(\frac{\Delta p}{2Kl}\right)^{\frac{1}{n}}\left(R^{\frac{n+1}{n}} - r^{\frac{n+1}{n}}\right) \qquad (5\text{-}14)$$

式中:n 为流型指数,无量纲;K 为流变系数,无量纲。若 $n=1$,$K=\mu$,式(5-14)即为牛顿流体的圆管层流速度分布式。

幂律流体在管轴处的最大流速(u_{max})为

$$u_{max} = \frac{u}{1-\left(\dfrac{r}{R}\right)^{\frac{n+1}{n}}} \qquad (5\text{-}15)$$

或

$$u_{\max}=\frac{n}{n+1}\left(\frac{\Delta p}{2Kl}\right)^{\frac{1}{n}}R^{\frac{n+1}{n}}\tag{5-16}$$

平均流速($\bar{v}$)为

$$\bar{v}=\left(\frac{\Delta p v}{2Kl}\right)^{\frac{1}{n}}\frac{n}{1+3n}R^{\frac{1+n}{n}}\tag{5-17}$$

（2）宾厄姆流体的圆管层流

宾厄姆流体在圆管内的流动,将形成流体质点间无相对运动的流核区和流核以外的速度梯度区,如图 5-3 所示。图中,r_0 为流核半径;u_D 为流核区流速。

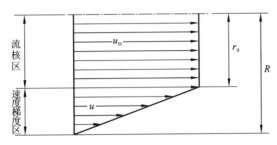

图 5-3　宾厄姆流体的流速分布

宾厄姆流体的圆管层流的流速分布公式为

① 对于速梯区

$$u=\frac{\Delta p}{4l\eta_p}[R^2-r^2]-\frac{\tau_0}{\eta_p}(R-r_0)\tag{5-18}$$

② 对于速度均匀的流核区

$$u_D=\frac{\Delta p}{4l\eta_p}[R^2-r^2]-\frac{\tau_0}{\eta_p}(R-r_0)\tag{5-19}$$

平均流速($\bar{v}$)为

$$\bar{v}=\frac{\Delta p R^2}{8l\eta_p}\left[1-\frac{4}{3}\frac{r_0}{R}\right]\tag{5-20}$$

式中:τ_0 为半径 r_0 处的切应力,Pa;η_p 为塑性黏度,Pa·s。

2）直管内非牛顿流的紊流

（1）幂律流体的圆管紊流

幂律流体的圆管紊流速度分布公式[1]为

$$\frac{u}{u_b}=\tilde{A}\ln(1+X\xi)-\tilde{B}\frac{1}{1+X\xi}+\tilde{C}\frac{1}{(1+X\xi)^2}+\tilde{G}\left(\xi+\frac{1}{\beta}e-\beta\xi-\frac{1}{\beta}\right)+\tilde{F}\tag{5-21}$$

式(5-21)中分解式为

$$\xi=\frac{y}{R}$$

$$\beta=\frac{\beta_0}{k_{pl}}$$

$$k_{pl} = \frac{\rho R^{\left(\frac{n+2}{n}\right)} \cdot g^{\left(\frac{2-n}{2}\right)}}{K}$$

$$\tilde{A} = \frac{n}{4k'}(3-n)(4-3n+n^2)$$

$$\tilde{B} = \frac{n^2(3-n)^2}{2k'} + \frac{n(3-n)^2}{4(2-n)}\delta\left(\frac{\rho}{K}\right)^{\frac{1}{n}}u_b^{(2-n)/2n}$$

$$\tilde{C} = \frac{n(3-n)^2}{8(2-n)}\left[\delta\left(\frac{\rho}{K}\right)^{\frac{1}{n}}u_b^{(2-n)/2n} + \frac{1}{k'}\frac{n^3-4n^2+5n-1}{2-n}\right]$$

$$\tilde{G} = G\frac{R}{u_b}$$

$$G = \frac{-Xu_b}{(1+X)^3} \cdot \frac{n(3-n)}{4k'R}\left[4(1+X)^2 + \frac{(3-n)(1-n)}{(2-n)^2} + \frac{2\delta-R}{R}X^2(3n-n^2)\right] \cdot \frac{1}{1-e^{-\beta}}$$

$$\tilde{F} = \frac{n(3-n)^2}{8(2-n)}\delta\left(\frac{\rho}{K}\right)^{\frac{1}{n}}u_b^{(2-n)/2n} + \frac{1}{8k'}n\left(\frac{3-n}{2-n}\right)^2(3n^2-2n^2+11n+1)$$

$$X = \frac{k'R}{2n(2-n)}u_b^{(2-n)/n}\left(\frac{\rho}{K}\right)^{\frac{1}{n}}$$

式中：k' 为比例系数，取 0.4；β 为修正项的指数系数，无量纲；β_0 为比例系数，取 1 000；k_{pl} 为幂律常数，无量纲；g 为重力加速度，m/s。

（2）宾厄姆流体的圆管紊流

宾厄姆流体的圆管紊流速度分布公式为

$$\frac{u}{u_b}\left(1-\frac{\tau_0}{\tau_w}\right)^2\left(\frac{1+\frac{\tau_0}{\tau_w}}{1-\frac{\tau_0}{\tau_w}}\times 2.5\ln\left(\frac{\rho u_b y}{5\eta_p}+1\right) + 5.8\left(1-\frac{\tau_0}{\tau_w}\right)^{-3} + 3.75\right) \qquad (5\text{-}22)$$

当 $y=R$ 时，可得宾厄姆流体圆管紊流最大速度（u_{max}）分布式为

$$\frac{u_{max}}{u_b} = \left(1-\frac{\tau_0}{\tau_w}\right)^2\left(\frac{1+\frac{\tau_0}{\tau_w}}{1-\frac{\tau_0}{\tau_w}}\times 2.5\ln\left(\frac{\rho u_b R}{5\eta_p}+1\right) + 5.8\left(1-\frac{\tau_0}{\tau_w}\right)^{-3} + 3.75\right) \qquad (5\text{-}23)$$

对过流断面积分，可得平均流速（$\bar{v}$）分布式为

$$\frac{\bar{v}}{u_b} = \left(1-\frac{\tau_0}{\tau_w}\right)^2\left(\frac{1+\frac{\tau_0}{\tau_w}}{1-\frac{\tau_0}{\tau_w}}\times 2.5\left(\ln\left(\frac{\rho u_b R}{5\eta_p}+1\right)-1.5\right) + 5.8\left(1-\frac{\tau_0}{\tau_w}\right)^3 + 3.75\right) \qquad (5\text{-}24)$$

3. 斯托克斯流

当以特征速度、特征长度和流体黏性系数组成的雷诺数很小时，惯性力远小于黏性力，黏性力起主导作用，即进入斯托克斯流。

斯托克斯流动应满足的方程[2]为

$$\begin{cases} \mathbf{V}^2 \cdot \mathbf{v} = \dfrac{1}{\mu}\nabla p \\ \nabla \cdot \mathbf{v} = 0 \end{cases} \tag{5-25}$$

式中：v 为流体的速度矢量，m/s；p 为流体的压力，Pa；$\mathbf{v}$ 为拉普拉斯算子。

5.1.2　弯管流动

由于滚筒上盘管是弯管，受其影响，需要对牛顿流和非牛顿流的边界层进行分析。对牛顿流和非牛顿流来说，在边界层中，由于管壁对流体的黏性作用，轴向速度较小，这时切向速度与之同量级，不能忽略。利用边界层理论分析连续管内充分发展的层流流场、紊流流场以及二次流问题，并可在环形坐标系内推导核心区和边界层的连续性方程、动量方程。

连续管管内流动核心区和边界层如图 5-4 所示，连续管管内流动柱坐标如图 5-5 所示，可通过如图所示的参量来给出相应的方程[3]。图中，R_b 为连续管卷绕半径，δ_B 为边界层厚度，v 为 θ 方向速度分量，u 为 r 方向速度分量，w 为 ϕ 方向速度分量。

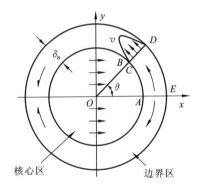

图 5-4　连续管管内流动核心区和边界层

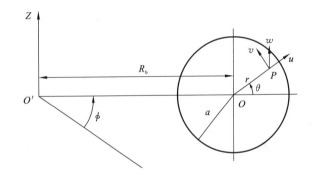

图 5-5　连续管管内流动柱分布

1. 边界层流动方程

1）边界层的外部流动方程

对于一般钻井常用的幂律流体，其边界层外部流动公式为

$$\sin\theta \cdot \frac{\partial w^2}{\partial r} + \frac{\cos\theta}{r} \cdot \frac{\partial w^2}{\partial \theta} = 0 \tag{5-26}$$

在柱坐标下：

$$w = A + Br\cos\theta \tag{5-27}$$

其中的常数 A 和 B 由核心区与边界层区域的连续性确定[4]。

2）边界层的内部流动方程

对于一般钻井常用的幂律流体，其边界层内部流动公式为

$$\frac{\partial u}{\partial r} + \frac{1}{a} \cdot \frac{\partial v}{\partial \theta} = 0 \tag{5-28}$$

2. 牛顿流边界层的近似计算

牛顿流边界层的状态如图 5-6 所示,按流动状态边界层可以分为层流边界层和紊流边界层;其中,v_∞ 为来流速度,m/s。

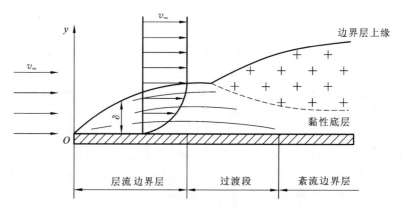

图 5-6　平板绕流不同流态边界层厚度示意图

1) 层流边界层的近似计算

速度分布式[5]为

$$u_x(y) = v_\infty \left(0.323 x^{-1} y N_{Re\,x}^{\frac{1}{2}} - 0.005 x^{-3} y^3 N_{Re\,x}^{\frac{3}{2}}\right) \tag{5-29}$$

式中:$N_{Re\,x}$ 为长度方向的雷诺数,无量纲。

壁面上的切应力(τ_w)为

$$\tau_w = 0.323 \rho v_\infty^2 N_{Re}^{-\frac{1}{2}} \tag{5-30}$$

若平板宽度为 b,长度为 L,则壁面上由黏性力引起的总摩擦阻力为

$$F_f = 0.646 \rho b L v_\infty^2 N_{Re}^{-\frac{1}{2}} \tag{5-31}$$

其中:ρ 为流体密度,kg/m³。

雷诺数中表征几何特征定性尺寸的量在这里是离物体前边缘点的距离 x。

$$N_{Re\,x} = \frac{v_\infty x}{v} \tag{5-32}$$

2) 紊流边界层的近似计算

速度分布式为

$$\frac{u_x}{v_\infty} = \left(\frac{y}{\delta_B}\right)^{\frac{1}{7}} \tag{5-33}$$

其中,边界层厚度 δ_B 可用管径 R 代替,边界层外边界上的速度可用管中心的最大速度代替。

壁面上的切应力为

$$\tau_w = 0.0289 \rho v_\infty^2 N_{Re}^{-\frac{1}{5}} \tag{5-34}$$

若平板宽度为 b,长度为 L,则壁面上由黏性力引起的总摩擦阻力(F_f)[5]为

$$F_f = 0.036 b L v_\infty^2 N_{Re}^{-\frac{1}{5}} \tag{5-35}$$

3. 非牛顿流边界层的近似计算

考虑连续管内流动柱坐标,对于非牛顿流的幂律流体流动的边界层方程[4]有:

$$u \frac{\partial v}{\partial r} + \frac{v}{a} \frac{\partial w}{\partial \theta} = \frac{w_1^2 + w^2}{R} \sin\theta + \frac{K}{\rho} \frac{\partial}{\partial r} \left[\left(\frac{\partial w}{\partial r} \right)^{n-1} \left(\frac{\mathrm{d}v}{\mathrm{d}r} \right) \right] \tag{5-36}$$

$$u \frac{\partial w}{\partial r} + \frac{v}{a} \frac{\partial w}{\partial \theta} = \frac{K}{\rho} \frac{\partial}{\partial r} \left(\frac{\partial w}{\partial r} \right)^n \tag{5-37}$$

式中: w_1 为边界层边缘的轴向速度分量。

5.2　连续管作业系统循环压降计算

当前,作业用连续管往往比常规的螺纹连接油管直径小,管内流动摩阻大,环空间隙大,为了满足循环和携岩的要求,将需要更大的泵注排量和更高的泵注压力。但泵注压力受到管路和泵注设备的额定压力限制,当泵压达到限定泵压时,就必须停泵以避免发生安全事故。此外,为了更加高效、经济作业,合理分配系统压降也非常有意义。因此,必须准确计算整个连续管作业系统循环压降,合理设计连续管作业管路系统。循环压降的计算和管路系统的设计,还应该充分考虑作业流体特性,如流体的减阻剂性能对压降的影响。要解决以上问题,首先应分析连续管作业系统循环压降的组成。

5.2.1　地面管汇压力降计算

连续管进行作业时,假定环空开放,地面施工最小泵压 p_p 由井筒流体静压力 Δp_h(管内和环空抵消)、连续管内流体摩阻(盘管部分 Δp_{CL} 和直管部分 Δp_{SL})、环空摩阻 Δp_a、井下工具组合压降 Δp_t、钻头(或磨鞋)压降 Δp_b 及地面管汇压降 Δp_g 组成,如下式:

$$p_p = \Delta p_g + \Delta p_{CL} + \Delta p_{SL} + \Delta p_t + \Delta p_b + \Delta p_a \tag{5-38}$$

实际作业中往往将连续管作业系统压降分段考虑,并根据经验拟定工艺参数。因此,有必要分别探讨其计算模型。

通常,钻井地面管汇压力降不大,依照工程手册经验公式[6],可用如下计算模型:

$$\Delta p_g = k_g \times Q^{1.8} \tag{5-39}$$

式中: Δp_g 为地面管汇压降,MPa; Q 为流量,L/s; k_g 为地面管汇压力损耗系数,无量纲。

5.2.2　连续管内流摩阻计算

要计算管内流体的摩阻应该首先确定作业流体的类型,因为牛顿流和非牛顿流有着不同的计算模型;其次,直管和弯管的摩阻计算模型也不同。对于连续管作业系统,盘绕在滚筒上的连续管和下入在弯曲井段的连续管属于弯管段;下入在直井段和水平段的连续管属于直管段;对于有些作业条件,连续管在井筒内会发生如第 4 章所述的屈曲,此时一般弯曲井筒内的连续管为正弦屈曲段,垂直井筒和水平井筒内的连续管为螺旋屈曲段。

连续管作业流体类型丰富,既有清水、盐水之类的牛顿流体,同时也有如含黄原胶、聚合物减阻剂之类的非牛顿流体。以下将详细分析这些情况对摩阻计算的影响。

对于管内流摩阻(Δp_f)的计算,一般采用如下公式:

$$\Delta p_f = 2f \frac{l\rho v^2}{d_i} \tag{5-40}$$

式中:l 为连续管的长度,m;d_i 为连续管的内径,m;ρ 为流体的密度,kg/m³;v 为管内流速,m/s;f 为范宁(Fanning)摩阻系数,无量纲。

因此,只要得到各个阶段的范宁摩阻系数,就可以算出连续管的摩阻。由于范宁摩阻系数与雷诺数有直接关系,必须先计算雷诺数。

$$N_{Re} = \frac{\rho d_i \bar{v}}{\mu} \tag{5-41}$$

式中:$\bar{v}$ 为循环介质在管路中的平均流速,m/s。

赵广慧和梁政[7]总结了国内外学者对连续管内流摩阻计算的研究成果,对于绝大多数连续管作业工况,作业流体的流态为紊流,以下只对连续管紊流状态下摩阻计算进行讨论。

1. 直管段流动摩阻计算

1)牛顿流

现场使用的连续管一般都有一定的相对粗糙度,作业流体处于混合摩擦区,此时采用 Colebrook-White 公式(以下简称 C-W 公式)计算摩阻系数[8]:

$$\frac{1}{\sqrt{f_{SL}}} = -4\lg\left[\frac{\varepsilon}{3.7} + \frac{1.255}{N_{Re}\sqrt{f_{SL}}}\right] \tag{5-42}$$

式中:f_{SL} 为直管段的范宁摩阻系数,无量纲;ε 为相对粗糙度,可由下式确定:

$$\varepsilon = \frac{k_s}{d_i} \tag{5-43}$$

式中:d_i 为连续管的内径,m;k_s 为绝对粗糙度(对于连续管,$k_s = 47.25 \times 10^{-6}$ m),m。

由于该式是隐式表达,此时可采用王弥康和林日亿推荐的公式求解[9],即 C-W 公式的高度近似解:

$$\frac{1}{2\sqrt{f_{SL}}} = -2\lg\left[\frac{\varepsilon}{3.7065} - \frac{5.0452}{N_{Re}}\lg\left(\frac{\varepsilon^{1.1098}}{2.8257} + \left(\frac{7.149}{N_{Re}}\right)^{0.8961}\right)\right] \tag{5-44}$$

2)非牛顿流

对于非牛顿流中应用广泛的幂律流体,首先计算广义雷诺数。

$$N_{Reg} = \frac{d_i^n v^{2-n} \rho}{K 8^{n-1}} \left(\frac{4n}{3n+1}\right)^n \tag{5-45}$$

临界广义雷诺数为

$$N_{Reg(cr)} = 3470 - 1370n \tag{5-46}$$

$N_{Reg} < N_{Reg(cr)}$ 为层流,$N_{Reg} > 4270 - 1370n$ 为紊流,二者之间为过渡流。

可选用 Mc Cann 和 Lslas 模型[10],直管段的范宁摩阻系数为

$$f_{SL} = \frac{a}{N_{Reg}^b} \tag{5-47}$$

式中：$a = \dfrac{\lg n + 3.93}{50}$；$b = \dfrac{1.75 - \lg n}{7}$。

2. 盘管段流动摩阻计算

盘管的流动摩阻除了与连续管的参数有关外，还与连续管的弯曲半径有关。狄恩数（De）就是研究弯管流动阻力的基本无量纲数。

$$N_{De} = N_{Re}\sqrt{\frac{r_o}{R_b}} \tag{5-48}$$

式中：r_o 为连续管外半径，m；R_b 为连续管弯曲半径，m。

1）牛顿流

由 Srinivasan 计算模型[11]，盘管段的范宁摩阻系数为

$$f_{CL} = \frac{0.084}{N_{Re}^{0.2}}\left(\frac{r_o}{R_b}\right)^{0.1} \tag{5-49}$$

由于紊流模型大部分也是依据试验数据得到的经验公式。对比大量的经验公式，可将连续管弯曲段对摩阻损失的贡献与直管段的贡献分开，采用简单的公式[8]，即：

$$f_{CL} = f_{SL} + C\sqrt{\frac{r_o}{R_b}} \tag{5-50}$$

式（5-50）普遍适用于直管和弯管内流动，除了适用于牛顿流体外，也适用于幂律型非牛顿流体和非幂律型流体，还可以计入管壁粗糙度，且形式简单。在描述弯管内压力损失随流量的变化关系式中，Sas-Jaworsky 的经验公式结果与试验结果具有很好的吻合，即 C 取 0.75，其式为

$$f_{CL} = f_{SL} + 0.0075\left(\frac{r_o}{R_b}\right)^{0.5} \tag{5-51}$$

代入工艺条件：连续管内径为 31.75 mm，连续管盘管滚筒为海德瑞 2015，直径为 1.93 m，流体处于紊流光滑区，雷诺数分别取 20 000、80 000、150 000，直管段摩阻系数和盘管段摩阻系数的计算值如表 5-1 所示。

表 5-1　连续管牛顿紊流范宁摩阻系数计算对比表

雷诺数（N_{Re}）	直管段摩阻系数（f_{SL}）		盘管段摩阻系数 f_{CL}	
	Blasius 公式[8]	Miller 公式[8]	Sas-Jaworsky 公式	Srinivasan 公式
20 000	0.006 651	0.006 479	0.007 613	0.007 686
80 000	0.004 703	0.004 697	0.005 665	0.005 825
150 000	0.004 019	0.004 123	0.004 981	0.005 137

从表 5-1 中可以看出不同公式计算差别很小，不超过 5%，可见牛顿紊流摩阻计算模型也比较成熟，各个模型差别不大。同时可以看出，此计算工况下盘管段的值比直管段的摩阻系数值增加 20%左右。

2）非牛顿流

可选用如下公式[10]，摩阻系数（f_{CL}）为

$$f_{CL} = \frac{1.06a}{N_{Re}^{0.8b}}\left(\frac{r_o}{R_b}\right)^{0.1} \tag{5-52}$$

以上计算模型均是适用性较广、比较成熟的模型，CTES 软件即采用以上模型。对于具体介质，可以通过试验测试计算得到流变系数和流型指数，带入以上计算模型即可得到范宁摩阻系数，进而求得摩阻损失。但是对于不同的流动介质，尤其是连续管作业中的非牛顿流体，若能开展相关连续管摩阻压降试验测试，拟合相关计算公式，将更加有利于指导生产实际。后续的试验测试描述部分，将针对几种作业流体进行详细讨论。

3. 多层盘管摩阻计算模型

对于小直径连续管在较浅井深作业时，盘管滚筒上剩余连续管长度较多，此时不同层数连续管摩阻压降的差异必须加以讨论。

如采用海德瑞 2015 标准滚筒，筒芯直径 $B = 1.93$ m（76.000 in），轮缘直径为 3.02 m（119.000 in），滚筒宽度 $C = 1.78$ m（70.000 in），滚筒容量为 1.500 in 连续管 4 600.00 m（15 100 ft）。

采用 Φ38.10 mm（1.500 in）、壁厚 3.175 mm 的连续管，清水作为循环介质，流量取 300 L/min，计算得雷诺数在 200 000 左右，流体处于紊流光滑区，多层缠绕的连续管盘管部分摩阻可由下式计算。

$$\Delta P_f = \frac{2\rho V^2}{d}\sum f_i l_i \tag{5-53}$$

其中：l_i 为每一层连续管长度，m；f_i 为某一层范宁摩阻系数，可由下式计算[8,12]。

$$f_i = \frac{0.0791}{N_{Re}^{0.25}} + 0.0075\left(\frac{r_o}{R_i}\right)^{0.5} \tag{5-54}$$

式中：l_i 为某一层连续管长度，m；r_o/R_i 为连续管半径（r_o）与从管体中心线算起的某一层连续管弯曲半径（R_i）的比值，无量纲。

计算结果如表 5-2 所示。

表 5-2　连续管全卷时各层管内摩阻计算结果表

连续管层数	连续管增加径向高度（Δd_r）/m	每层长度（l_i）/m	总长度/m	每层弯曲半径（R_i）/m	曲率比（r_o）/R_i	管内流速（v）/(m/s)	雷诺数（N_{Re}）	范宁摩阻系数（f_i）	每层管内摩阻（ΔP_{fi}）/MPa
1	0.019 1	284.42	284.42	0.98	0.019 4	6.316	200 518	0.018 5	3.34
2	0.052 4	294.05	578.47	1.01	0.018 9	6.316	200 518	0.018 5	3.44
3	0.085 7	303.69	882.16	1.04	0.018 4	6.316	200 518	0.018 4	3.54
4	0.119 1	313.32	1 195.48	1.06	0.017 9	6.316	200 518	0.018 4	3.65
5	0.152 4	322.96	1 518.44	1.09	0.017 4	6.316	200 518	0.018 3	3.75
6	0.185 7	332.59	1 851.03	1.12	0.017 0	6.316	200 518	0.018 3	3.85

续表

连续管层数	连续管增加径向高度 (Δd_r)/m	每层长度 (l_i)/m	总长度 /m	每层弯曲半径 (R_i)/m	曲率比 $(r_o)/R_i$	管内流速 (v)/(m/s)	雷诺数 (N_{Re})	范宁摩阻系数 (f_i)	每层管内摩阻(ΔP_{fi}) /MPa
7	0.219 1	342.23	2 193.26	1.15	0.016 6	6.316	200 518	0.018 2	3.95
8	0.252 4	351.86	2 545.13	1.18	0.016 2	6.316	200 518	0.018 2	4.05
9	0.285 8	361.50	2 906.63	1.20	0.015 8	6.316	200 518	0.018 1	4.15
10	0.319 1	371.14	3 277.76	1.23	0.015 5	6.316	200 518	0.018 1	4.25
11	0.352 4	380.77	3 658.53	1.26	0.015 1	6.316	200 518	0.018 1	4.35
12	0.385 8	390.41	4 048.94	1.29	0.014 8	6.316	200 518	0.018 0	4.45
13	0.419 1	400.04	4 448.98	1.31	0.014 5	6.316	200 518	0.018 0	4.55
14	0.452 4	151.02	4 600.00	1.34	0.014 2	6.316	200 518	0.017 9	1.72
总摩阻									53.05

通过计算,当仅按盘管上最内层或最外层连续管弯曲半径作为总的盘管弯曲半径时,总摩阻分别为 54.01 MPa 和 52.25 MPa,与按每层实际弯曲半径计算叠加总摩阻值仅相差不足 1.00 MPa。当按中间层(一半层数)连续管弯曲半径计算总的盘管弯曲半径时,总摩阻为 53.09 MPa,和实际值十分接近。考虑实际作业下入了一定长度的连续管而非连续管全部盘在滚筒上,这个差值就更小。因此,为简便起见,多层缠绕的连续管盘管部分摩阻计算,可以按照实际排管层数中间那层的弯曲半径,计算总的盘管弯曲半径($R_{k/2}$),可保证足够精度。多层卷绕连续管摩阻系数计算公式如下:

$$f = f_{SL} + 0.0075 \left(\frac{r_o}{R_{k/2}} \right)^{0.5} \tag{5-55}$$

式中:k 为实际排管层数。

4. 含减阻剂计算模型

1948 年 Toms 首次发现高分子聚合物在紊流时的减阻现象[13],引起了广泛关注;随后烯烃聚合物和非烃聚合物等系列减阻剂被广泛应用。国外自 1979 年首次应用 CONOCO 公司的 CDR-101 型减阻剂后[14],对减阻剂的研究十分广泛。国内由于"西气东输"等工程的建设,有关减阻增输的研究也日益受到重视。聚合物减阻剂在页岩气水平井钻塞等井下工艺中也开始大量使用。

1)流体减阻计算模型

在流体中添加微量高分子聚合物,可以大幅度地降低流体的流动阻力,即汤姆斯效应。该效应出现的起始点就是减阻起始点,减阻起始点对应的雷诺数为起始点雷诺数。当流体雷诺数低于起始点雷诺数时,混合液服从牛顿流体阻力规律;当流体雷诺数超过起始点雷诺数后,混合液将呈现非牛顿流现象。从减阻起始点开始,混合液将在紊流光滑区内发展为稳定的减阻形态。

对于添加聚合物后的流体减阻率(D_R),可用下式计算:

$$D_R = \frac{f_{solvent} - f_{solution}}{f_{solvent}} \tag{5-56}$$

式中：$f_{solvent}$为溶剂（即未加减阻剂的流体）的摩阻系数；$f_{solution}$为溶液（即加了减阻剂后的流体）的摩阻系数。

2）不同因素对减阻效果的影响

（1）雷诺数的影响

从 Aften 等[15]的分析曲线可以看出，随着雷诺数的增加，聚合物的最大减阻率也增加，但是当雷诺数达到一定数值后，这种增加趋于平缓变得不明显，如图 5-7 所示。可见雷诺数是影响减阻效果的重要因素。

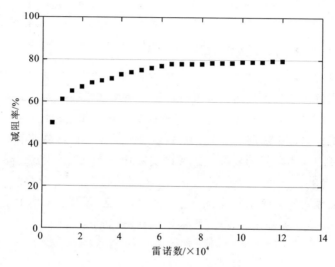

图 5-7　某减阻剂减阻率随雷诺数的变化曲线图[25]

（2）减阻剂浓度的影响

在流体输送管道中，当雷诺数达到数十万时，强紊流态流动中，高分子聚合物将会发生降解。因此，实际中减阻率不可能达到如图 5-7 所示的渐近值。

罗旗荣等[16]描述的减阻率随加剂量变化的关系如图 5-8 所示。减阻率随着加剂量的增加而增大，当加剂量达到 40 mg/L 时，减阻率达到最大值，而后减阻率会随着加剂量的增加有一定的下滑。

Shah 等[17]试验也表明，在减阻剂浓度为某一值时，减阻效果最佳，减阻剂浓度再增加摩阻反而增大。而在直管段中，因为流动比盘管段顺利，所以减阻效果最佳的减阻剂浓度比盘管的大。另外研究结果显示，在大管径、高浓度以及大排量的条件下，聚合物的添加不但没起到减阻的效果甚至出现增加摩阻的情况，同时可以看出，高加剂量会明显推迟稳定减阻点。

从以上分析可以看出，对于连续管直管和盘管，存在不同的达到最大减阻效果的最大加剂量，它可能还和管子尺寸有关，必须依赖大量的试验数据和厂家推荐数据，因此参考厂家推荐数据和试验数据很重要，它们是实际最佳加剂量（减阻剂浓度）的重要依据。

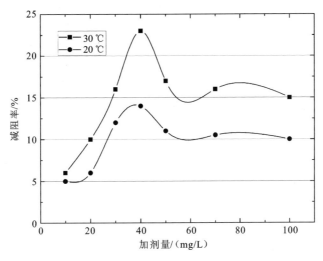

图 5-8　HG 减阻剂减阻率随加剂量的变化曲线图[16]

（3）温度的影响

就温度和盐度对连续管液体减阻的影响，Shah 和 Vyas[18]对比进行了专门的试验，其结果表明，对于小尺寸连续管流，温度变化对减阻率的影响不大，不同温度之间的差别大概在 5％以内，在可接受的试验误差范围内。不同温度对减阻率的影响并不能得到明显的规律，相互差距也不大。为了更好地证明以上观点，将 Bird 等[19]的试验数据代入式（5-47）介绍的摩阻计算公式，分析温度对减阻的影响。计算数据如表 5-3 所示：

表 5-3　不同温度不同聚合物摩阻系数计算表

溶液	$T/℃$	$K/(Pa \cdot s^n)$	n	f	偏差/%
0.5％ 羟乙基纤维素（hydroxyethyl cellulose，HEC）	20	0.84	0.509	0.003 51	0.381
	40	0.3	0.595	0.003 57	2.097
	60	0.136	0.645	0.003 41	2.479
2.0％ 羟乙基纤维素	20	93.5	0.189	0.003 51	3.836
	40	59.7	0.223	0.003 68	0.822
	60	38.5	0.254	0.003 76	3.014
1.0％聚苯乙烯树脂	20	0.994	0.532	0.004 01	0.585
	40	0.706	0.544	0.003 8	4.682
	60	0.486	0.599	0.004 15	4.097

从表 5-3 可以看出，不同温度下，同种溶液计算得摩阻系数数值相差不大，与不同温度平均值偏差都在 5％以内，可见温度对减阻的影响不很明显，除非减阻剂有特殊的标识（如不同温度下减阻率值），否则在进行连续管作业系统流体压降计算时，可以忽略温度对减阻的影响。

（4）连续管管径的影响

因为现场实际使用的管径在不同作业条件下会有不同，所以有必要探讨不同管径对减阻效果的影响。Shah 和 Vyas[18]针对黄原胶在不同连续管管径下的减阻效果做了试验，试验结果表明，减阻率随连续管管径的增大而减小。因为聚合物减阻通常发生在边界层，所以小管径的减阻效果更明显。

（5）连续管缠绕半径的影响

根据前面关于连续管盘管段摩阻的计算可知，连续管弯曲半径对摩阻系数计算有一定影响，那么它可能同样对减阻率有影响。Shah 和 Vyas[18]和 Zhou 等[20]的试验结果表明，直管的减阻效果最明显，连续管内溶液的减阻率随弯曲半径的减小而变小。即当连续管曲率增加时，减阻效果会变差，这是由于弯曲流体的离心力作用会使紊流到稳定减阻的过渡明显推迟。

（6）不同胶液的影响

不同聚合物溶液的流体性质不尽相同，必然会导致它们的减阻效果不同。Shah 和 Vyas[18]的试验结果表明，常用的四种聚合物溶剂的减阻效果从好到差依次为黄原胶（xanthan gum）、聚丙烯酰胺（poly acrylamide，PAM）、瓜尔胶（guar gum）、羟乙基纤维素（hydroxyethyl cellulose，HEC）。可见，黄原胶是一种减阻效果较理想的聚合物减阻剂。

3）连续管流减阻实际计算

综上所述，连续管聚合物减阻计算模型的影响因素还是很多的，必须根据现场作业条件具体选择合适的减阻剂。但是在实际系统压力计算时，即便是依据试验结果，但是将各个影响因素都考虑进去做若干试验并以此准确计算减阻显然是不现实的。因为前面已经将不同流型、流态下连续管流体摩阻的计算进行了详细分析研究，所以只需要得到不同减阻剂的减阻率，就可以得到实际的流体摩阻，从而准确估算系统压力，以合理配置工艺设备。

通过前面的图 5-7 可以看出，雷诺数是连续管流体减阻最主要的影响因素，因此，最后得到的减阻率可以拟合成雷诺数的关系式，既简单又直观。连续管流体减阻计算可按如下步骤进行。

① 获取减阻剂的试验数据。

② 测量实际未加减阻剂的溶剂的流体特性值，如流型系数和流态指数。注意区分牛顿流和非牛顿流。

③ 对不同减阻剂采用不同加剂量在要使用的连续管管径下进行试验，最终得出最大减阻效果的加剂量。对不同连续管管径，采用最佳加剂量，记录不同排量下的摩阻和对应排量下未加减阻剂的溶剂流体摩阻进行对比计算，得到不同排量下的减阻率。

④ 测得加减阻剂的溶液的流体特性值，得到对应排量下的雷诺数，拟合得到减阻率-雷诺数曲线。

有了这个减阻率-雷诺数曲线，就可以得到混合溶液在不同雷诺数下的减阻率。先计算出对应排量下未考虑减阻的基础溶液的摩阻，再计算出该排量下对应雷诺数的混合液的减阻率，通过下式就可以得到添加减阻剂的连续管内流体的实际摩阻。

$$\Delta p_{\mathrm{r}} = (1 - D_{\mathrm{R}}) \Delta p_{\mathrm{s}} \tag{5-57}$$

式中：Δp_r 为添加减阻剂的连续管内流体的实际摩阻，Pa；Δp_s 为未添加减阻剂基液摩阻，Pa。

　　下面以 Navarrete 和 Shah[21] 的试验数据为依据，选择减阻效果较好的黄原胶进行实际计算，对连续管流体实际减阻计算模型进行说明。将数据带入前述计算模型，并计算出相应的雷诺数，结合实际减阻率拟合出混合液减阻率随雷诺数变化曲线如图 5-9 所示。对比发现采用对数公式效果较好，适当延伸数据，可以扩大公式的适用范围。可以看出图 5-9 所示的规律与图 5-7 所示相同。

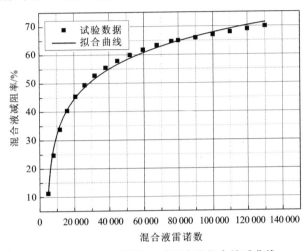

图 5-9　混合液雷诺数和减阻率的拟合关系曲线

　　由于每种含减阻剂的混合液都有一条如图 5-7 所示的最大减阻效果曲线（Virk 模型[22]），为了更客观地描述减阻率与大雷诺数的关系（曲线几乎趋于平缓），可以根据 Virk 模型计算出最大减阻率，然后在无试验数据的大雷诺数段，按照最大减阻率的限制条件，分段进行数据拟合，就可以得到更符合实际的实际减阻率拟合曲线。

5.2.3　井下工具组合压力降计算

　　连续管作业中，必须携带井下工具，流体在工具中流动同样要消耗压力。以连续管钻井为例，讨论井下工具组合（BHA）压力降计算模型。

1. 螺杆钻具压降

　　对于螺杆钻具，压降的计算可以基于大量的测试数据和相关曲线的产品参数，螺杆钻具参数关系示意图如图 5-10 所示，分别列出了转速、效率和扭矩与压降的关系示意图。其中，两竖直线中间区域为螺杆钻具工作高效区，对应的是工作压降，该值是螺杆钻具的重要参数。

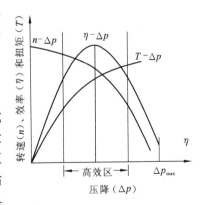

图 5-10　螺杆钻具参数关系示意图

2. 钻头压降

钻头压降和连续管选取的钻头模型有很大关系。通常,选取牙轮钻头和 PDC 钻头。钻头的水眼压降可按喷嘴压降计算。

根据伯努利方程,喷嘴压降(Δp_w)为

$$\Delta p_w = \frac{\rho Q^2}{2\mu_1^2 \varphi_1^2 A_w^2} \tag{5-58}$$

式中:μ_1、φ_1 分别为流量系数和流速系数,无量纲;A_w 为喷嘴截面积,m^2;ρ 为通过喷嘴流体密度,kg/m^3;Q 为通过喷嘴流量,m^3/s。喷嘴的流速系数可取 $0.97 \sim 0.98$,而流量系数根据喷射流道结构可取 $0.9 \sim 1$。

取流速系数为 0.98,将喷嘴面积换算为喷嘴直径,则喷嘴压降(钻头水眼压降)计算式为

$$\Delta p_w = 0.844 \frac{\rho Q^2}{n_b^2 \mu_1^2 d_b^4} \tag{5-59}$$

式中:n_b 为钻头水眼个数;d_b 为钻头水眼直径,m。

3. 其他工具压降

除了螺杆钻具以外,对于其他井下工具组合如连接系统、定向系统等,由于它们结构复杂,通常都有成熟产品,可参考其相关参数及压降-排量曲线;若没有相关参数,可根据内部流道结构采用计算流体力学分析获得。当然最可靠的就是在试验台架对其进行测试,然后将测试数据进行拟合以获得压降-排量曲线。本章 5.2.5 小节中将详细讨论模拟井下工具的试验测试。

5.2.4　环空段摩阻压降计算

作业时,连续管与其外部井筒之间构成的环空,区别于钻杆或油管与井壁(筒)构成的环空,连续管环空段环空间隙更大。环空摩阻计算与连续管直管摩阻的计算方法基本一致,只是在作业的不同阶段需考虑和连续管构成的环空类型不同(油套内、裸眼内),选取的粗糙度也不同,同时考虑流体中含砂粒以及水平井带来的偏心环空问题。

1. 含颗粒环空流计算

钻井、洗井、喷砂射孔等工艺给环空带来的携砂问题,其流动摩阻受固体颗粒的影响,摩阻损失变大,必须加以考虑。即便是在连续管内流动,如采用加砂压裂和水力喷砂射孔工艺,流体介质在进入连续管时就已经含有一定数量的固体颗粒,也必须考虑颗粒流体对摩阻的影响。

对于含颗粒情况,考虑在前面连续管直管计算的摩阻梯度前乘上一个颗粒摩阻梯度系数(M_g)[23]。

$$M_g = \mu_r^{0.2} \rho_r^{0.8} \tag{5-60}$$

式中:μ_r 为相对黏度,无量纲;ρ_r 为相对密度,无量纲。ρ_r 可用式(5-61)表示。

$$\rho_r = \frac{1 + \dfrac{C_p}{\rho_l}}{1 + \dfrac{C_p}{\rho_s}} \tag{5-61}$$

式中：ρ_s 和 ρ_l 分别为砂粒和液体密度，$\mathrm{kg/m^3}$，C_p 为凝胶的体积分数，无量纲。

对于牛顿流，μ_r 可用如下公式表示。

$$\mu_{r1} = \frac{e^{(BC_v)}}{1 - \dfrac{C_v}{C_{v\max}}} \tag{5-62}$$

式中：C_v 为颗粒的体积分数，无量纲；$B = 2.5$，$C_{v\max} = 0.63$。

对于非牛顿流，μ_r 可用如下公式表示。

$$\mu_{r2} = \left\{ 1 + \left[0.75(e^{1.5n} - 1) e^{-\frac{(1-n)\dot{\gamma}}{1000}} \right] \frac{1.25C_v}{1 - 1.5C_v} \right\}^2 \tag{5-63}$$

式中：$\dot{\gamma}$ 为名义剪切率。

为了方便描述颗粒摩阻梯度系数（M_g）的计算模型，Shah[24] 通过大量的试验得到了连续管直管和盘管的 M_g 经验计算公式。

$$M_g = 1 + C_b C_v^c \tag{5-64}$$

从该式可以看出，当 $C_v = 0$，即无砂粒时，$M = 1$，按前面讨论的计算模型计算即可。对于直管，$C_b = 3.3274$，$C_c = 1.2207436$；对于盘管，$C_b = 4.6322$，$C_c = 1.6748358$。

下面进行实例验算，采用清水 + 10% 体积分数的砂粒，利用式（5-64）计算可得颗粒摩阻梯度系数（M_g）值，如表 5-4 所示：

表 5-4　颗粒摩阻梯度系数计算表

流态	M_g	μ_{r1}	ρ_r	C_v	$\rho_s/(\mathrm{kg/m^3})$	$\rho_l/(\mathrm{kg/m^3})$
层流	1.28	1.36	1.17	0.100	2 650	1 000
紊流	1.20	1.36	1.17	0.100	2 650	1 000
过渡流	1.26	1.36	1.17	0.100	2 650	1 000

结合前述工艺情况，流体处于紊流状态时，颗粒摩阻梯度系数为 1.2，即摩阻损失相比不含颗粒的清水增加 20% 左右。

Shah[24] 的 0.500 in 模拟连续管聚合物流动试验结果表明，连续管直管和盘管颗粒摩阻梯度系数结果有一定差异，直管的颗粒摩阻梯度系数（M_{SL}）比连续管盘管的（M_{CL}）还大，如表 5-5 所示。

表 5-5　颗粒摩阻梯度系数计算表

公式	M_g	C_b	C_c
Shah 直管公式　M_{SL}	1.200 2	3.327 4	1.220 7
Shah 连续管公式 M_{CL}	1.097 9	4.632 2	1.674 8

可见,连续管盘管含固体颗粒时,其摩阻梯度系数的计算和上面直管的计算结果不同,必须分别在计算公式中加以考虑,结合上面讨论的计算模型和式(5-55),即可将连续管盘管中的牛顿紊流摩阻系数计算公式用下式描述。

$$f = M_{SL} \frac{0.0791}{N_{Re}^{0.25}} + M_{CL} 0.0075 \left[\frac{r_o}{R_{k/2}} \right]^{0.5} \tag{5-65}$$

式中:$R_{k/2}$ 表示第 k 层连续管的缠绕半径;M_{CL} 的确定必须依赖试验,为了计算简便和工艺安全,可将 M_{CL} 取值与 M_{SL} 相等。

将以上计算系数乘以按连续管直管计算模型计算的环空摩阻,最终将得到考虑环空携岩颗粒影响的环空摩阻。

需注意,当所选流体为非牛顿流时,环空流体广义雷诺数(N_{Reg})的计算公式与管内流计算公式不同,其计算公式为

$$N_{Reg} = \frac{(d_c - d_o)^n v_a^{2-n} \rho}{12^{n-1} K} \left(\frac{4n}{3n+1} \right)^n \tag{5-66}$$

式中:d_o 为连续管外径,m;d_c 为套管(井壁)内径,m;v_a 为环空流速,m/s。

2. 偏心环空流计算

以上计算模型中,均假定连续管与套管(井壁)同心,极大地简化了环空流的水力计算。但是在水平井作业时,由于重力等作用,连续管偏离中心甚至靠向套管(井壁)形成偏心环空,此时必须考虑偏心环空的压力降计算。

1) 偏心环空压降计算

与同心环空的一元流动不同,偏心环空将导致二元流动,这也给流场计算带来了不便。目前采用的偏心环空内的流动计算方法主要包括槽近似法和同心环空替代法。槽近似法把偏心环空展开为变高度的槽,根据槽流流动的有关特性研究偏心环空中流体的流动问题;同心环空替代法则是把偏心环空视为无数变外径的同心环空,利用同心环空计算公式计算偏心环空中的有关流动参数。

汪海阁等基于建立一个融合二者优点的经验模型这一思想,通过回归分析大量数据,建立了偏心环空稳态压降的经验模型公式[25]。

偏心环空压降与同心环空压降之比(ζ)为

$$\zeta = 1 - 0.072 \omega_e K_r^{0.8454} - 1.5 \omega_e^2 K_r^{0.1852} + 0.96 \omega_e^3 K_r^{0.2527} \tag{5-67}$$

式中:K_r 为连续管外径与套管(井壁)内径之比,无量纲,可由下式确定。

$$K_r = \frac{d_o}{d_c} \tag{5-68}$$

ω_e 为偏心度,无量纲。它表征了偏心环空的偏心程度,其值越大,连续管与套管(井壁)间的偏心越显著。偏心度可由下式确定。

$$\omega_e = \frac{l_e}{d_c - d_o} \tag{5-69}$$

式中:l_e 为连续管与套管(井壁)的偏心距,m。

该计算模型在 $0 < \omega_e < 0.95$、$0.2 < K_r < 0.8$ 的范围内,与精确解析解误差很小。

Haciislamoglu 和 Langlinais 给出了幂律流体在偏心环空中流动时的压降计算公式[26]。偏心环空压降与同心环空压降之比(ζ)为

$$\zeta = 1 - 0.072 \frac{\omega_e}{n} K_r^{0.8454} - 1.5 \omega_e^2 n^{\frac{1}{2}} K_r^{0.1852} + 0.96 \omega_e^3 n^{\frac{1}{2}} K_r^{0.2527} \tag{5-70}$$

式中：n 为流型指数,偏心环空压降与同心环空压降的比值,随偏心度的增加而减小,随流型指数的增加而减小。内外管径比对压降比的影响不显著,在一定范围内,偏心环空压降与同心环空压降之比,随环空内外管径比的增加而减小,一些情况下,在完全偏心环空中的摩阻压降可以低至同心环空摩阻压降的 60%。由此意味着,相比同心环空流,以偏心环空流为主的水平井及弯曲井作业的摩阻压降更小。

2) 不同工艺条件实例验证

为了更好地验证上述计算模型的准确性,将现场井筒组合的工艺参数带入计算,分别得到偏心度(ω_e)为 0.3 和 0.5 的偏心环空压降与同心环空压降之比,如表 5-6 和表 5-7 所示:

表 5-6　偏心环空压力损失计算(偏心度为 0.5)

套管直径/mm	连续管直径/mm	直径差/mm	直径比	偏心度	偏同心压降比
139.70(5.500)	73.03(2.875)	42.47	0.52	0.5	0.7485
	60.33(2.375)	55.17	0.43	0.5	0.7584
177.80(7.000)	50.80(2.000)	94.50	0.29	0.5	0.7776
	38.10(1.500)	107.20	0.21	0.5	0.7896
	31.75(1.250)	113.55	0.18	0.5	0.7967
139.70(5.500)	50.80(2.000)	41.70	0.44	0.5	0.7569
	38.10(1.500)	54.40	0.33	0.5	0.7707
	31.75(1.250)	60.75	0.28	0.5	0.7788

注:括号中数值单位为英寸,in。

表 5-7　偏心环空压力损失计算(偏心度为 0.3)

套管直径/mm	连续管直径/mm	直径差/mm	直径比	偏心度	偏同心压降比
139.70(5.500)	73.03(2.875)	42.47	0.52	0.3	0.8898
	60.33(2.375)	55.17	0.43	0.3	0.8948
177.80(7.000)	50.80(2.000)	94.50	0.29	0.3	0.9043
	38.10(1.500)	107.20	0.21	0.3	0.9102
	31.75(1.250)	113.55	0.18	0.3	0.9136
139.70(5.500)	50.80(2.000)	41.70	0.44	0.3	0.8941
	38.10(1.500)	54.40	0.33	0.3	0.9010
	31.75(1.250)	60.75	0.28	0.3	0.9049

注:括号中数值单位为英寸,in。

　　通过对比计算发现,在不同假设偏心度条件下,不同连续管/套管组合结果相差不大。但是,偏心度越大,偏心环空压降越小。偏心环空压降与同心环空压降之比均小于 1。因此,依据同心环空条件建立起来的计算模型偏于保守,相关工艺计算应该更安全。

5.2.5　基于试验的循环压降计算

　　基于流体流动的复杂性,传统理论计算模型的准确性受到挑战,开展试验研究十分必要。连续管流动系统更是具有管径小、盘管流阻大、井下连续管发生正弦和螺旋屈曲后管流发生异变等复杂特点,其管内流体摩阻大且摩阻变化对作业性能和效率影响大,甚至导致作业失效。此外,连续管作业井下工具组合(BHA)种类复杂,其局部压力降变化也必须考虑。长江大学开展的连续管钻井系统流体流动模拟试验可为连续管作业过程中的盘管摩阻计算、聚合物减阻效应、BHA 影响等提供试验解释,对生产现场有很强的指导意义[27-29]。

　　目前,国外的相关试验主要集中在连续管牛顿流和非牛顿流摩阻试验分析和减阻剂、弯曲比率及固相对连续管内流体摩阻影响分析等基础性研究。基于工程考虑,试验直接测试连续管盘管段、直管段以及井下工具组合等整个连续管作业系统的流动特性,有助于更好地了解连续管作业系统流动行为,为制订连续管作业工艺参数等提供科学依据。

1. 试验系统及参数

　　连续管钻井全尺寸试验需要场地很大,且大直径连续管盘管困难,为了适应现有试验室条件,需要进行相似试验和流体相似设计。

1) 流体相似设计

　　当满足雷诺准则时,若采用相同流体,则黏度相似比尺(λ_μ)和密度相似比尺(λ_ρ)如下。

$$\lambda_\mu = \lambda_\rho = 1 \tag{5-71}$$

以长度比尺(λ_l)为基本比尺,其值为

$$\lambda_l = \frac{l_p}{l_m} = \frac{d_p}{d_m} \tag{5-72}$$

式中:l_p 为原型的长度,m;l_m 为模型的长度,m;d_p 为原型的直径,m;d_m 为模型的直径,m。

　　则速度及流量比尺(λ_v, λ_Q)和长度比尺的关系如下。

$$\lambda_v = \frac{1}{\lambda_l} \tag{5-73}$$

$$\lambda_Q = \lambda_v \lambda_l^2 = \lambda_l \tag{5-74}$$

　　在模型设计中,首先是根据原型要求的试验范围、试验场地大小、模型制作和测量条件等确定长度比尺;然后,分析流体受力,满足对流动起主要作用的力相似选定模型。按所选用的相似准则,根据原型的最大流量,计算模型所需要的流量,检查试验设备是否满足模型试验的流量要求;如不满足,则需要调整长度比尺或增大试验用泵的能力。式(5-75)为管流中计算流体流动压降(Δp)的公式,其中,λ 为达西摩阻系数。

$$\Delta p = \lambda \frac{l}{d} \frac{\rho v^2}{2} \tag{5-75}$$

进行管子压降比尺($\lambda_{\Delta p1}$)分析,考虑雷诺数准则及用相同粗糙度的管子和相同流体试验由式(5-76)求得

$$\lambda_{\Delta p1} = \frac{\lambda_p \dfrac{l_p}{d_p} \dfrac{\rho_p v_p^2}{2}}{\lambda_m \dfrac{l_m}{d_m} \dfrac{\rho_m v_m^2}{2}} = \lambda_v^2 = \frac{1}{\lambda_l^2} \tag{5-76}$$

式中:ρ_p、ρ_m 分别为原型和模型的密度,kg/m^3;v_p、v_m 分别为原型和模型的速度,m/s。

分析井下工具的内部结构,其局部压降主要是由流体经过水眼或过流断面突然变化引起的。这两种情况的压降比尺分别由式(5-77)和式(5-78)求得

$$\lambda_{\Delta p2} = \frac{\dfrac{\xi_p \rho_p v_p^2}{2}}{\dfrac{\xi_m \rho_m v_m^2}{2}} = \lambda_v^2 = \frac{1}{\lambda_l^2} \tag{5-77}$$

式中:ξ_p、ξ_m 分别为原型和模型的局部阻力系数,无量纲。

$$\lambda_{\Delta p3} = \frac{0.844 \dfrac{\rho_p Q_p^2}{n_p^2 \mu_p^2 d_p^4}}{0.844 \dfrac{\rho_m Q_m^2}{n_m^2 \mu_m^2 d_m^4}} = \frac{\lambda_Q^2}{\lambda_l^4} = \frac{1}{\lambda_l^2} \tag{5-78}$$

式中:Q_p、Q_m 分别为原型和模型的流量,m^3/s;μ_p、μ_m 分别为原型和模型的流量系数,无量纲;n_p、n_m 分别为原型和模型的水眼个数,无量纲。

管子的摩阻与长度呈线性关系,由于试验场地有限,试验管子的长度不可能按几何比尺计算,故此采取摩阻梯度来表征。摩阻梯度比尺为

$$\lambda_{\Delta p-l} = \frac{\lambda_p \dfrac{\rho_p v_p^2}{2 d_p}}{\lambda_m \dfrac{\rho_m v_m^2}{2 d_m}} = \frac{\lambda_v^2}{\lambda_l} = \frac{1}{\lambda_l^3} \tag{5-79}$$

若模型和原型中的连续管与盘管滚筒的直径比相同,即可满足连续管几何相似、弯曲角度相同;试验中选取的连续管与盘管滚筒的直径比,在目前工程中使用的连续管与盘管滚筒最大和最小弯曲半径比范围内即可。

2)试验参数

(1)试验用连续管参数

为了更接近工程实际,并且保持粗糙度的一致,试验选用的连续管拟采用工业用连续管。但是,当选用连续管管径过小时,若考虑连接工具串,系统压降可能会超出泵压极限而不能满足要求;当连续管管径过大时,连续管卷绕困难。为此,试验中选用了 1.000 in 的连续管[28]。综合国外关于连续管钻井作业实例,工程中采用直径为 2.875 in 的连续管比较多,泵排量多在 300~600 L/min。我国目前正在开展的连续管钻井作业也采用直径

为 2.875 in 的连续管。此时的试验长度比尺为

$$\lambda_l = \frac{d_p}{d_m} = \frac{2.875}{1} = 2.875 \tag{5-80}$$

将式(5-80)带入式(5-47)，当满足雷诺数相等时，得到试验需提供的流量应达到 210 L/min。

为了探讨不同盘管直径的影响，在试验中选取了三种盘管规格。现场试验拟用连续管长度为 3 500.00 m，滚筒直径为 2.60 m，计算出不同的连续管半径和盘管弯曲半径比 r_o/R_b，也可称之为曲率比(C_R)。当滚筒上只有一层连续管时，计算出 $C_R = 0.028\ 1$；按钻 2 500.00 m 井，剩余 1 000.00 m 管子盘在滚筒上，计算出 $C_R = 0.024\ 2$；按钻 1 500.00 m 井剩余 2 000.00 m 盘在滚筒上，计算出 $C_R = 0.021\ 3$。对于 2.875 in 的连续管，参考海德瑞标准滚筒参数及船运撬装滚筒及配套连续管参数等，工业中合适的连续管曲率比范围为 0.01 到 0.03。可见三组 C_R 选取合适。

根据几何相似，试验的 C_R 应和实际原型的 C_R 一致。采用 1.000 in 连续管，并按以上三种 C_R 设计三种试验滚筒筒芯直径。试验系统中的直管长度，保证流体从滚筒出来后，流态稳定进入工具串即可，试验中直管长度取 6.00 m，管长相对直径而言足够大。具体试验连续管参数如表 5-8 所示。试验采用与 2.875 in 连续管配套的工具尺寸为原型，然后按试验长度比尺设计模拟井下工具。

表 5-8　试验用连续管参数表[28]

连续管直径(d_o)/mm	连续管内径(d_i)/mm	滚筒直径/mm	缠绕圈数	盘管段连续管长度/m	直管段连续管长度/m
25.40	19.90	904.00	10	29.20	6.00
25.40	19.90	1 049.00	10	33.80	6.00
25.40	19.90	1 194.00	10	38.80	6.00

（2）试验介质参数

为了更好地验证理论模型，同时接近现场实际，试验拟采用 4 种流体。清水可验证牛顿流的情况；为了考察聚合物非牛顿流体的流动状态和减阻情况，试验采用黄原胶溶液。另外，通过开展试验，分别采用了两种可用于连续管钻井的钻井液作为试验流体，钻井液的主要添加剂代号分别为 JH 和 PF，按实际配比浓度配比完成后将其用于试验。采用泥浆密度计和六速黏度计测量试验流体的相关性质参数。试验流体的流动性质和流变特性参数如表 5-9 所示。

表 5-9　试验流体的流动性质表[28]

流体类型	溶质浓度 /(g/L)	密度 (ρ)/(g/cm³)	塑性黏度 (η_p)/(mPa·s)	流型指数 (n)	流变系数 (K)/(Pa·s^n)
水	—	1.00	1.00	1.000	0.001
水＋黄原胶	4	1.08	18.00	0.387	1.783
水＋JH 添加剂	10	1.05	12.00	0.318	5.051
水＋PF 添加剂	11	1.06	13.00	0.235	7.972

连续管钻井系统流体流动模拟试验以连续管钻井系统中直管段和盘管段的连续管、井下工具组合为对象,研究在不同流体介质条件下的系统压降分布规律,模拟连续管钻井系统流动过程,验证水力参数的可行性。该试验应对连续管钻井流体循环进行功能性验证,试验装置应包含多种弯曲半径、不同圈数的盘绕连续管组合和不同流体介质,应能测试模拟连续管柱中流体流经管路的各种性能参数,包括测试流体流量、直管管路进出口压差、盘管管路进出口压差以及各种模拟工具进出口压差等。

3）模拟井下工具组合

为了模拟连续管钻井现场实际,试验系统包含井下工具组合,并设计相关工具。综合大量文献,选取如下连续管钻井工具组合[30],顺序如下。

连接器—上部快速接头—定向系统（双瓣阀—下部快速接头—无磁钻铤—水力定向工具）—液压丢手—超轻水力加压器—定向接头—井下马达—冲击器—钻头。试验设计的模拟工具组合以上述为依据。按照试验相似比尺 2.875,缩小设计出模拟工具组合。

4）试验台架

连续管钻井系统流体流动模拟试验系统示意图如图 5-11 所示。为实现预定功能,连续管钻井系统流体流动模拟试验台架具体包括储存供液模块、数据采集测试显示模块、连续管直管和盘管段、模拟井下工具组合四大功能模块。试验台架系统具体分为储液罐及管路部分、泵组及缓冲设备部分、不同弯曲直径盘管部分、直管及模拟工具组合部分、数据采集、测试、显示部分、固定支座及工装部件等。具体试验过程如图 5-12 所示。

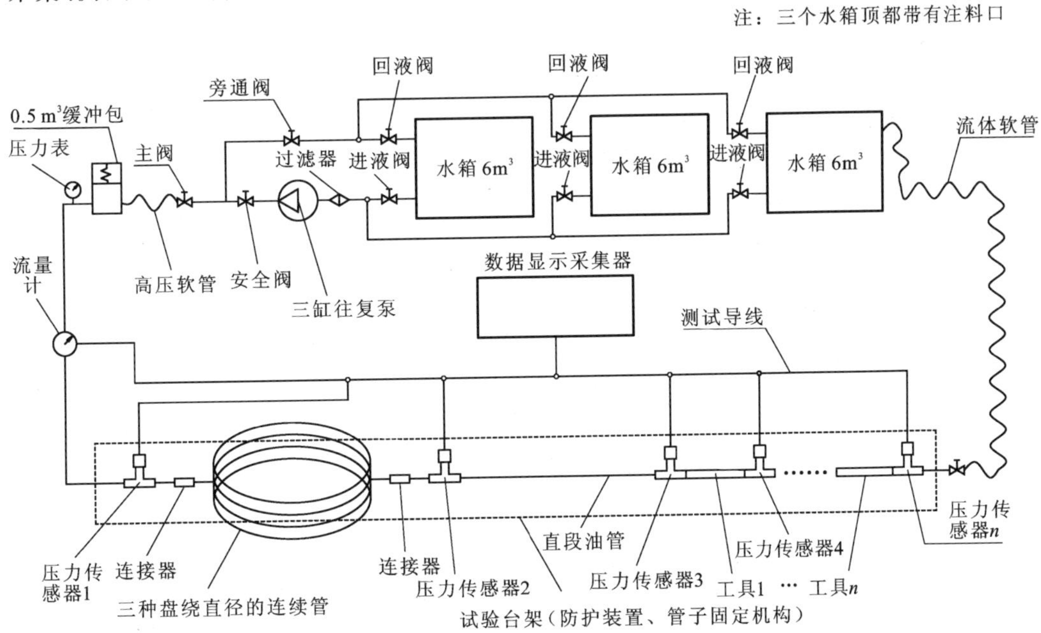

注：三个水箱顶都带有注料口

图 5-11　模拟试验系统示意图

图 5-12　试验过程现场图

2. 试验结果及分析

1）牛顿流（清水）

（1）直管盘管结果对比

由于直管段和盘管段长度不同，三种曲率比（C_R）的盘管段长度也不同，为了更好地分析对比，绘制了试验结果的摩阻梯度（MPa/100 m）-流量图，如图 5-13 所示。对于 $C_R =$ 0.024 2 的盘管，其值相比直管的摩阻高约 11%～17%，和前述的盘管比直管摩阻大 20% 的结论很接近。可见，盘绕连续管的流体摩阻明显比直管的大，在现场不能忽视。

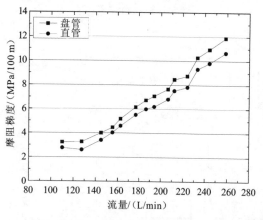

图 5-13　直管和盘管摩阻试验结果对比

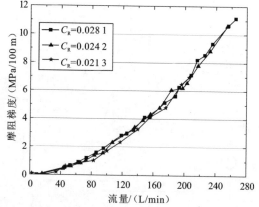

图 5-14　不同 C_R 盘管摩阻试验结果对比

（2）三种曲率比（C_R）的盘管结果对比

试验结果还显示，盘管的流体摩阻会随着 C_R 的增大而略有增加。三种规格 C_R 的连续管清水试验对比结果如图 5-14 所示。带入试验摩阻梯度比例尺，以滚筒上存在 2 000.00 m 管子计算，最终三种规格的连续管内流体流动摩阻相差仅为 0.20～0.30 MPa，不超过 5%。可见,在一定的范围内,曲率比 C_R 对连续管内流体流动摩阻影响不大。因此,仅以 C_R 最大的情况(即滚筒上只有一层连续管)计算流体摩阻,这样既保证了安全,又在工程误差允许范围内。不同弯曲比率下,盘管摩阻梯度的差距很小,这一结论与试验结果的趋势一致[29]。

（3）与理论计算结果对比

为了更好地验证前期叙述的理论模型,需将试验结果和理论模型进行对比分析,并在此基础上修正连续管作业系统循环压降计算模型。以下重点对比直管和盘管的理论计算和试验结果,探讨理论模型的正确性和实用性。

① 牛顿流直管。直管摩阻的计算模型分别采用 Blasius 公式、Miller 公式和 Colebrook-White 公式;其中,Colebrook-white 公式考虑了管壁粗糙度。将试验结果和以上三种计算模型对比,如图 5-15 所示。可以看出,试验结果略小于考虑管壁粗糙度计算模型,即 Colebrook-White 公式的计算结果。

② 牛顿流盘管。如前所述,盘管可采用 Sas-Jaworsky 公式,并结合直管的计算模型,得到不同计算模型与试验结果的对比图,如图 5-16 所示。和直管的情况类似,试验结果略小于考虑管壁粗糙度计算模型,即 Colebrook-White 公式＋Sas-Jaworsky 公式,明显大于其他理论模型计算结果。

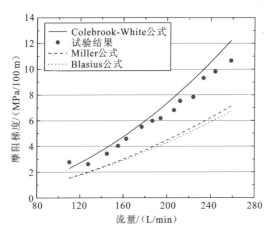
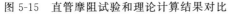
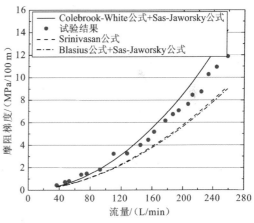

图 5-15   直管摩阻试验和理论计算结果对比

图 5-16   盘管摩阻试验和理论计算结果对比

综上所述,由于摩阻梯度的理论计算模型值偏大,从工艺安全的角度考虑,采用理论模型估算连续管作业系统管流摩阻比较合理,且方便可行,即混合摩擦区的计算模型可以作为连续管作业系统水力参数计算的有效依据。

2）非牛顿流

（1）黄原胶直管和盘管结果对比

对于质量浓度为 0.4% 的黄原胶液,其在直管和盘管(C_R＝0.028 1)中的摩阻结果对比图如图 5-17 所示。可以看出,流量小于 50 L/min 时,两者结果十分接近,此时胶液处于层流状态。一旦进入紊流状态,盘管的值比直管的大概高50%。由此可见,非牛顿流盘绕连续管的流体摩阻明显相比直管大,相比牛顿流的差距更大,在作业现场必须引起重视。

（2）不同介质盘管结果对比

为了更好地对比不同非牛顿流介质的盘管摩阻结果,同时查看它们的减阻效果,将三种非牛顿流介质的试验结果与水的进行对比,如图5-18所示。

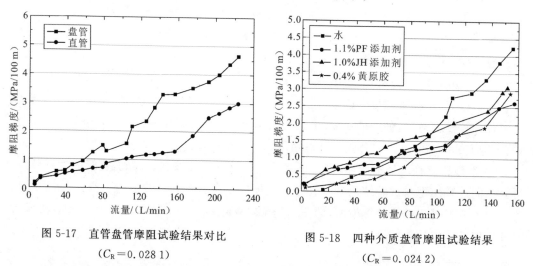

图 5-17　直管盘管摩阻试验结果对比
（$C_R = 0.028\ 1$）

图 5-18　四种介质盘管摩阻试验结果
（$C_R = 0.024\ 2$）

从图5-18可以看出,当试验流量大于100 L/min,换算成实际流量为287.5 L/min,接近现场连续管钻井最低排量,三种非牛顿流的试验结果均小于水的试验结果。由此说明,三种添加了聚合物添加剂的试验介质均有明显的减阻效应。由于非牛顿流钻井液使用较为普遍,连续管钻井水力参数设计时要考虑这个因素。

（3）考虑减阻计算模型

对于3种非牛顿流试验介质,接近设定的额定排量时,其试验结果小于理论计算结果,出现明显的减阻效应,如图5-19所示。

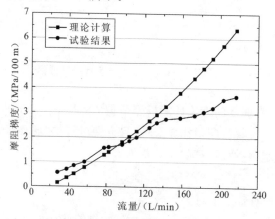

图 5-19　盘管摩阻试验和理论计算结果对比（$C_R = 0.021\ 3$）

非牛顿流连续管摩阻的计算须考虑减阻率,不同介质条件下的减阻率可通过大量试验获得。为了适应相关工艺计算,可将水的摩阻作为标准,通过大量的试验,绘制出三种介质的减阻率-流量和减阻率-雷诺数曲线(C_R＝0.021 3),如图 5-20 和图 5-21 所示,后续的水力参数计算只需要在成熟的牛顿流摩阻计算中增加减阻率参数即可。

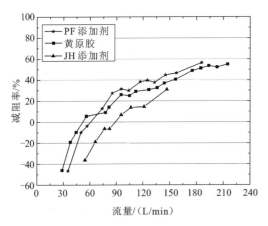

图 5-20　不同介质减阻率随流量变化曲线

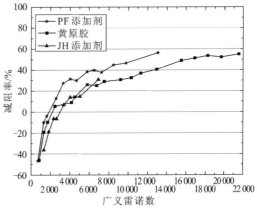

图 5-21　不同介质减阻率随雷诺数变化曲线

随着雷诺数的增加,聚合物的最大减阻率也增加,但是当雷诺数达到一定数值后,这种增加趋于平缓,变得不明显,即存在一个最大减阻率,这个值通常为 70% 左右,和前述含减阻剂计算模型的讨论一致。

减阻率(D_R)的拟合计算公式通常为对数形式:

$$D_R＝A \cdot \ln(Q)-B \tag{5-81}$$

式中:A 和 B 为减阻率公式的系数。

当利用拟合公式计算得出的减阻率大于最大减阻率 70% 时,也只取 70%。

为了更好地将试验结果带入后续的水力参数计算模型中,根据试验结果拟合了三种非牛顿流液体的减阻率-流量曲线公式,这些公式是根据直径为 25.40 mm 连续管钻井系统流动模拟试验的数据分析得到的,对于具体的实际管柱,只需要乘上相似比尺即可。

0.4% 黄原胶:

$$D_R＝45.077\ln(Q)-185.11 \tag{5-82}$$

1.0% JH 添加剂:

$$D_R＝64.428\ln(Q)-289.73 \tag{5-83}$$

1.1% PF 添加剂:

$$D_R＝56.881\ln(Q)-235.57 \tag{5-84}$$

3) 含井下工具组合

(1) 接全部井下工具组合

分别进行了接单个模拟井下工具和接全部模拟井下工具的试验,每个模拟井下工具局部压力降随流量变化曲线如图 5-22 所示。可以看出,虽然流量不大,但是所有井下工具的局部压降之和还是很大的。参考实际连续管钻井排量,通过曲线拟合,并带入局部压力相似比尺,采用图 5-22 中所示的工具组合,即使不包含螺杆钻具和钻头,其他井下工具组合的压降也可达到 5.60 MPa 左右。显然有些连续管钻井工艺"只考虑螺杆钻具和钻头的压降,而忽略其他 BHA 的压降",并不符合实际[28]。

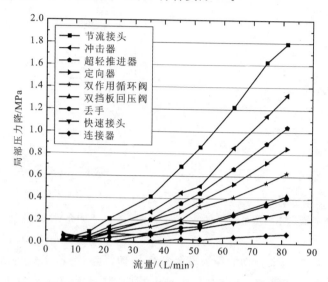

图 5-22　清水全接模拟井下工具局部压力降试验结果($C_R = 0.028\,1$)

(2) 不同介质接单个工具

连续管接冲击器和丢手时四种液体试验局部压力降随流量变化曲线($C_R = 0.0281$)分别如图 5-23 和图 5-24 所示。可以看出,四种液体的试验结果十分相近。可见,在流体

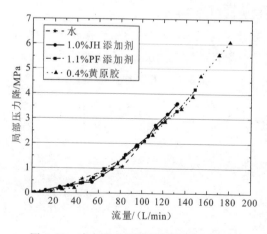

图 5-23　冲击器在不同介质下局部压力降
($C_R = 0.028\,1$)

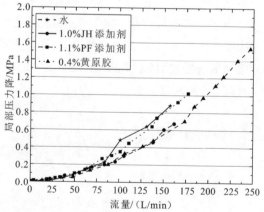

图 5-24　丢手在不同介质下局部压力降
($C_R = 0.028\,1$)

密度相近的情况下,井下工具组合的局部压力降主要和它的内部流道结构相关,和流动介质关系不大。

根据模拟试验结果,采用拟合计算式得到不同模拟条件下,井下工具的局部压降(Δp)计算公式如下。

节流接头:

$$\Delta p = 0.001 Q^{1.728\,9} \tag{5-85}$$

液压冲击器:

$$\Delta p = 0.000\,8 Q^{1.705} \tag{5-86}$$

快速接头:

$$\Delta p = 0.000\,03 Q^2 + 0.000\,3 Q + 0.003\,9 \tag{5-87}$$

超轻型推进器:

$$\Delta p = 0.000\,2 Q^2 + 0.004\,7 Q + 0.049\,9 \tag{5-88}$$

双作用循环阀:

$$\Delta p = 0.000\,07 Q^2 + 0.002\,2 Q + 0.000\,5 \tag{5-89}$$

双瓣回压阀:

$$\Delta p = 0.000\,1 Q^2 + 0.002\,9 Q + 0.028\,7 \tag{5-90}$$

通用液压丢手:

$$\Delta p = 0.000\,04 Q^2 + 0.001\,5 Q + 0.025\,3 \tag{5-91}$$

定向器:

$$\Delta p = 0.000\,02 Q^2 - 0.001\,8 Q + 0.024\,3 \tag{5-92}$$

连接器:

$$\Delta p = 0.000\,01 Q^2 + 0.000\,03 Q + 0.000\,3 \tag{5-93}$$

同理,这些公式是根据直径为 25.40 mm 的连续管系统流动模拟试验的数据分析得到的,对于具体的实际管柱,只需要乘上相似比尺即可。

(3) 井下工具组合对连续管计算模型的影响

为了对比全接 BHA 和不接 BHA 对连续管流动摩阻的影响,这两种情况下连续管的摩阻梯度曲线($C_R = 0.0281$)如图 5-25 所示。可以看出,两种情况下连续管的摩阻差别不大,由此可见,接全部 BHA 工具对前端连续管内流动摩阻影响不大。

4) 不同添加剂浓度影响

由非牛顿流体试验可以看出,添加剂的加入会起到减阻的效果,不同添加剂浓度的影响可能是综合性的,即在一定程度上改变了流体性质,同时也改变了减阻效果,而后者是不可预测的。通过大量的流体配比试验,选取添加十二烷基苯磺酸钠,改变其浓度,发现流体性质几乎没改变,以此来开展浓度对减阻效果的影响试验。分别采用质量浓度为

1％和1.6％的混合液开展盘管摩阻试验,摩阻梯度随排量的变化如图 5-26 所示。

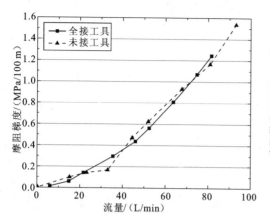

图 5-25　全接和不接模拟井下工具时前端盘
管摩阻试验结果对比($C_R=0.028\ 1$)

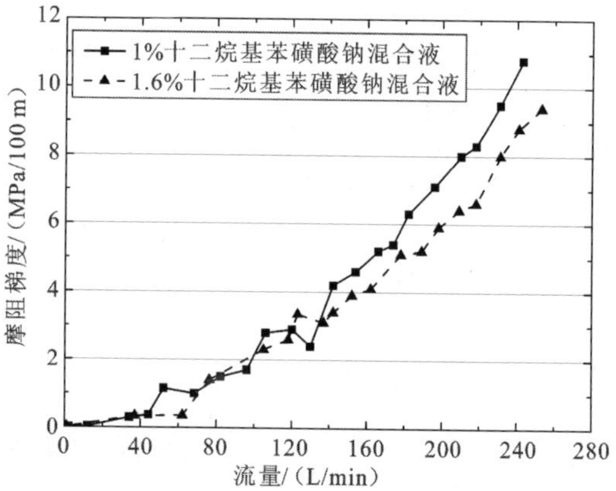

图 5-26　不同浓度十二烷基苯磺酸钠溶液
盘管摩阻试验结果对比

　　从图中可以看出,随着十二烷基苯磺酸钠浓度的增加,盘管流体摩阻下降,在较大流量时更明显。由此可见,在一定范围内,添加剂浓度增加引起减阻效果增强,和前述的含减阻剂计算模型中的讨论一致。

5.3　连续管内流体流动数值分析

　　采用计算流体动力学(CFD)软件进行计算机数值模拟,不仅可用于犹如试验一样的各种流动预测,还可用来揭示许多新的流动现象,具有缩短研制时间、节省试验费用以及解决试验无法模拟的复杂流动等优点。尤其是近些年来,随着流体流动计算技术和计算机硬件的发展,精确模拟复杂流体流动已成为可能。开展连续管流体流动数值模拟,尤其是对盘管和螺旋管内流体进行计算机数值模拟分析,可有效揭示连续管流体流动规律。大量研究表明,直管流动状态比较简单,数值模拟计算和理论计算吻合度好。本章重点进行地面以上的连续管盘管段和井筒内发生螺旋屈曲后的连续管螺旋管段的流体流动数值分析。

5.3.1　盘管内流体流动数值分析

1. 分析模型

　　盘管段存在的复杂边界层二次绕流加剧了管内流动分析的困难。受计算条件的限制,数值模拟中几乎不可能再对完整的盘管段进行模拟,大部分研究采用一圈模型简化分析得到盘管段的压降梯度等流场信息,但这种简化对计算结果的精度产生一定的影响,以模拟试验中的连续管盘管段为分析对象,采用一层 10 圈的模型进行分析,如图 5-27 所示。此方法虽然大大增加了计算量,但更接近实际情况,同时方便与试验结果进行对比。

图 5-27　分析模型图

试验采用 FLUENT 软件对连续管盘管内流动进行数值模拟计算,为了提高计算精度,采用牛顿流紊流介质。在 FLUENT 软件中的牛顿流紊流模型包括单方程模型(Spalart-Allmaras 模型)、双方程模型(标准 k-ε 模型、RNG k-ε 模型、Realizable k-ε 模型)、大涡流模型(large eddy simulation,LES)和 Reynolds 应力模型。后两个模型的适用范围小,计算工作量大;Spalart-Allmaras 模型是相对简单的单方程模型,适用于低雷诺数模型,由于出现时间不长,现在尚不能断定它是否适用于所有的复杂的工程流体。

标准 k-ε 模型是基于完整紊流模型最简单的双方程模型。该模型自从被提出之后,由于其适用范围广、计算经济、精度合理,在工业流场和热交换研究中得到广泛应用。后来,在标准 k-ε 模型的基础上,又相继提出了 RNG k-ε 模型和 Realizable k-ε 模型。其中,RNG k-ε 模型提出了一个考虑低雷诺数流动黏性的解析公式,提高了分析精度;Realizable k-ε 模型增加了新的传输方程,可更好预测平板流和圆柱射流。根据连续管内流体的特性和分析条件,并试算对比收敛性,建议采用标准 k-ε 模型开展连续管内流体流动数值分析。

分析边界条件包括进、出口边界条件和固体壁面边界条件。进口给定所有物理量且均匀分布;出口设为充分发展条件(物理量沿流向方向的导数为 0);固体边壁给定黏附条件(速度和紊流度为 0)。出口采用压力出口,参考压力为标准大气压。固体边壁采用无滑移固体壁面条件,并由标准壁面函数确定固壁附近流体流动[31-33]。

2. 盘管内流动分析

1) 不同盘管直径分析结果对比

对不同盘管直径的连续管进行数值模拟分析,考虑到连续管在实际作业过程中的流量范围,同时为了便于与试验数据进行对比,确定入口流量范围为 40～240 L/min。数值模拟结果表明,连续管不同卷绕直径及不同入口速度下连续管的摩阻梯度-流量曲线如图 5-28 所示。可以看出:连续管不同卷绕直径的情况下,摩阻梯度不同,弯曲比率越小,即连续管卷绕直径越大,盘管摩阻就越小,反之亦然[29]。

2) 理论计算与数值模拟对比分析

将不同流量条件下管内清水的摩阻压降和牛顿流紊流考虑粗糙的 Colebrook-White

公式和 Sas-Jaworsky 公式的计算摩阻进行对比,结果如图 5-29 所示。其中,理论模型和数值模拟的计算结果比较接近,由此证明了数值计算模型的准确性;但随着流量的增加,其理论计算结果和模拟计算结果差值略有增大,这和紊流度增加后进入紊流粗糙混合区有关,此时流动状态改变,理论计算已经充分考虑了这方面的影响,而数值计算模型没有十分精确的适合模型,需要修正。由于前期已经得到试验验证,推荐的理论计算式预测连续管作业水力参数是合适的。

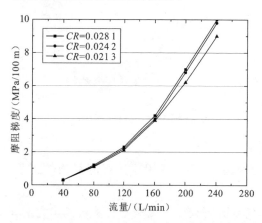

图 5-28　不同 CR 盘管摩阻数值模拟结果对比

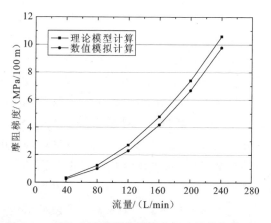

图 5-29　清水中滚筒数值模拟和理论计算结果对比

5.3.2　螺旋管内流体流动数值分析

　　根据第 4 章的阐述以及长江大学开展的连续管在模拟井筒内的力学行为试验显示,连续管注入状态下,当超过临界屈曲轴向载荷时,可能出现正弦屈曲、螺旋屈曲以及锁死。此时,在井筒内连续管可能并不是想象中的直管,而是已在屈曲状态的螺旋管,其流动行为十分复杂。为此,对螺旋管进行流动数值模拟尤为重要。为方便与前面盘管的数值计算结果对比,在可实现的建模条件下,试验分别对比了同一约束管径条件下,不同螺距和同一螺距不同约束管径两组结果。图 5-30 为约束管内屈曲连续管的三维模型,依然选取和试验相同的直径为 25.40 mm 的连续管为分析对象。

　　1. 螺距影响分析

　　分析选用的约束连续管的套管直径为 114.30 mm。建模中发现,当连续管螺旋螺距在 200.00 mm 以下时,呈现出了明显的螺旋形态。继续放大螺距,几何建模由于螺距的拉长会使连续管变形并导致几何形状失真,与现场有较大差距,为了保证螺旋管流动分析的准确性,最终经过多次分析试算后选取的分析几何模型为连续管直径为 25.40 mm,套管外径为 114.30 mm,套管壁厚 6.390 mm。为了对比分析松紧螺旋的影响,选取三种螺距进行分析,螺距分别为 200.00 mm,150.00 mm 和 100.00 mm。螺旋屈曲连续管出入口网格图如图 5-31 所示。

图 5-30   约束管内屈曲连续管的三维模型

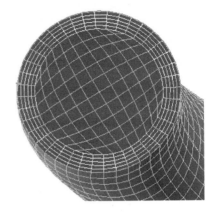

图 5-31   螺旋屈曲连续管出入口网格图

100.00 mm 螺距的螺旋屈曲连续管壁面压力云图如图 5-32(图版 IV)所示。

对比三种螺距条件下的连续管壁面压力云图发现,流体在管内流动摩阻压降的规律基本一致,进出口截面上的压力分布规律也呈现很好的一致性。

为了方便与盘管数值模拟结果进行对比,试验选定一致的入口速度。由于不同的螺距致使连续管的长度不一,为了方便对比,试验中将其换算为摩阻压降梯度进行对比,具体结果如图 5-33 所示。

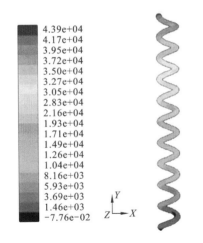

图 5-32   100.00 mm 螺距螺旋屈曲
连续管壁面压力云图

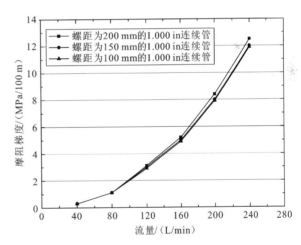

图 5-33   不同螺距下屈曲连续管摩阻梯度

从图 5-33 中可以看出,摩阻梯度与螺距的大小也有一定的关系。另外,对比盘管数值模拟分析结果可以看出,同长度螺旋管段的压降要明显大于盘管段,是盘管段的 4～5 倍。由此表明,井内连续管发生屈曲会显著增加管流摩阻,这主要是由于连续管限制在较小的空间中,弯曲半径很小同时管子会有扭曲变形。

2. 环空间隙影响分析

实际连续管作业种类繁多,涉及的约束管柱从套管到油管也不尽相同,为了探讨不同连续管与油套管环空间隙对屈曲连续管内流动的影响,采用 2.875 in、3.500 in、4.500 in 三种约束井筒,100.00 mm 的螺旋屈曲螺距进行对比分析,具体分析结果如图 5-34 所示。

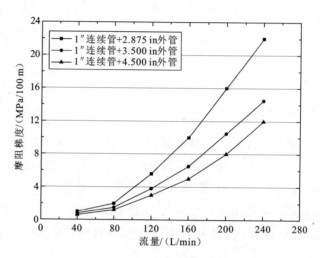

图 5-34　不同约束管径下屈曲连续管摩阻梯度

由图 5-34 可以看出,当螺距一致,随着环空间隙增加,摩阻梯度变小,也就是说对于屈曲连续管,其环空间隙越大,摩阻越小。同样发生螺旋屈曲,小直径的井筒会导致屈曲连续管产生更大的摩阻压降。

5.4　井筒内环空流体流动分析

连续管作业系统的环空流动,冲砂洗井、压裂和钻井等都存在环空携岩问题,能否有效携岩直接关系到作业的能否成功。因此,分析环空流的携岩问题,意义重大。除了前面确定的环空段摩阻压降计算模型外,还必须确定环空井筒特别是环空水平井筒最低携岩流量计算模型。

5.4.1　颗粒沉降速度计算

要想选择正确的连续管作业排量,必须考虑携岩的需要,至少要能克服砂粒沉降。以连续管冲砂为例,在直井中,主要考虑垂直井筒携岩最低流量计算模型;而在水平井中,则需考虑水平井筒携岩最低流量计算模型。要想计算井筒有效携岩的最低流量,关键是要计算出正确的颗粒沉降速度。

1. 垂直井筒沉降末速计算

垂直井段几乎没有岩屑床,在垂直井段携砂过程中,流体速度起决定性作用。首先对垂直井筒防止砂粒沉降最低流量进行研究。为求得最低流量,必须先得到足以使颗粒悬浮携带的最低环空返速。这个速度和砂粒的沉降末速度有关。砂粒在液体中的自由悬浮速度(沉降末速度)可由下式表示。

$$v_t = \sqrt{\frac{4g d_p (\rho_s - \rho_l)}{3 C_D \rho_l}} \tag{5-94}$$

式中：d_p 为颗粒直径,m；ρ_s 和 ρ_l 分别为砂粒密度和携砂液密度,kg/m^3；C_D 为阻力系数,是颗粒雷诺数(N_{Res})的单值函数。

$$N_{Res} = \frac{\rho_l v_t d_p}{\mu_f} \tag{5-95}$$

用悬浮速度的一般表达式,尚不能进行实际计算,因为 C_D 是 N_{Res} 的函数,N_{Res} 中的速度也是悬浮速度,所以还需进一步讨论,才能得到用于实际计算的公式。可把用 N_{Res} 来判定流态问题转化为用粒径范围来判断流态,使问题大大简化。

1）牛顿流垂直井筒沉降末速度

对于层流区沉降可用下式判断[34]。

$$d_p \leqslant 1.225 \left[\frac{\mu_f^2}{\rho_l (\rho_s - \rho_l)} \right]^{\frac{1}{3}} \tag{5-96}$$

过渡区沉降可用下式判断。

$$0.915 \left[\frac{\mu_f^2}{\rho_l (\rho_s - \rho_l)} \right]^{\frac{1}{3}} \leqslant d_p \leqslant 20.4 \left[\frac{\mu_f^2}{\rho_l (\rho_s - \rho_l)} \right]^{\frac{1}{3}} \tag{5-97}$$

紊流区沉降可用下式判断。

$$20.4 \left[\frac{\mu_f^2}{\rho_l (\rho_s - \rho_l)} \right]^{\frac{1}{3}} \leqslant d_p \leqslant 1105 \left[\frac{\mu_f^2}{\rho_l (\rho_s - \rho_l)} \right]^{\frac{1}{3}} \tag{5-98}$$

2）幂律流体垂直井筒沉降末速度

连续管作业工作介质多为非牛顿流体,主要是幂律流体,岳湘安等[35]采用数值模拟方法并引入修正系数(C_x)得到颗粒在幂律流中的沉降速度公式为

$$v_t = \left[\frac{g d_p^{n+1}}{18 K C_x} (\rho_s - \rho_l) \right]^{\frac{1}{n}} \tag{5-99}$$

3）宾厄姆流体垂直井筒沉降末速度

钻井液通常符合宾厄姆流体流型,岳湘安[34]给出了颗粒在宾厄姆流体中的沉降末速度公式为

$$v_t = \left(\frac{d_p}{\eta_p} \right) \left[0.0702 g d_p (\rho_s - \rho_l) - \tau_0 \right] \tag{5-100}$$

式中,τ_0 为屈服强度,Pa。

2. 水平井筒临界携岩速度计算

水平井筒相比垂直井筒携砂更为困难。资料显示，通常，水平井筒中计算的是砂粒最低水平悬浮速度，并以此来作为连续管作业时水平井段的临界携岩速度。

由于水平井筒携砂规律复杂，大多数计算结果都是基于试验分析。下面就两个相对适用范围较广的计算模型进行讨论。

1) 压裂支撑剂的最低水平携岩速度计算

Biot 和 Medlin[36] 在计算管内最低水平携岩速度时引入了一个速度系数取值为 v_t/U，其中 v_t 为垂直井筒的砂粒沉降末速，U 为水平井筒流速。他们的试验表明，当系数接近 0.9 时，井筒内的砂粒开始滑行和翻滚，当系数为 0.1～0.5，水平井底沉积的固定床开始有移动，但仅限于固定床上层部分。只有当该系数小于 0.1 时，水平井筒的砂粒才会大量的翻滚和移动，不会造成砂粒的沉积。因此，得出管内最低水平流速为竖直管内砂粒沉降末速的 10 倍。

根据 Biot 和 Medlin[36] 的描述，压裂支撑剂的最低水平携岩速度为

$$V_{MHST} = C_{TRANS} \times I_{SP} \tag{5-101}$$

式中：C_{TRANS} 为迁移系数，是一常数，取 0.0117；I_{SP} 为混合液特性系数，其值表达式为

$$I_{SP} = 1150 \times d_p^2 \times (1/\mu_f) \times (\rho_s - \rho_1) \tag{5-102}$$

式中：1150 为单位折算系数；d_p 为颗粒直径，mm；ρ_s 和 ρ_1 分别为颗粒和混合液密度，g/cm³；μ_f 为动力黏度，mPa·s。求得的 V_{MHST} 单位为 ft/s。

将液体密度、液体黏度、颗粒密度和颗粒直径等介质参数的数值换算单位后代入式 (5-101)，得到的最低水平携岩速度结果如表 5-10 所示。

表 5-10　最低水平携岩速度计算对比表

液体密度(ρ_1) /(g/cm³)	颗粒密度(ρ_s) /(g/cm³)	颗粒直径(d_p) /mm	液体黏度 /mPa·s	最低水平携岩速度(V_{MHST}) /(m/s)	沉降末速(v_t) /(m/s)
1.20	1.76	0.60	40	0.020 669 5	0.002 75
1.01	2.30	0.25	40	0.008 266 2	0.001 10
1.20	2.82	0.70	40	0.081 386 0	0.011 00

注：数据来源于文献[36]。

表 5-10 中，沉降末速为上一节中得到的垂直井筒的计算结果，对比最后两列可以看出，利用本公式计算得到的最低水平携岩速度基本符合 10 倍于垂直井筒沉降末速的规律。

2) 连续管钻井水平井时最低悬浮速度计算

对于连续管的情况，受不同管径限制，其计算模型相对复杂。Kelessidis[37] 在总结前人研究的基础上，提出了脉动速度(u')的计算式。

$$u' = (0.16)^{1/3} (\mu_f/\rho)^{1/12} (U_M)^{0.92} (d_p)^{1/3} (d)^{-0.42} \tag{5-103}$$

对于有砂粒存在的水平流脉动速度为

$$u'_p = \frac{u'}{1 + C_a C_S} \tag{5-104}$$

式(5-103)中的 U_M 为混合速度,计算式如下:

$$U_M = (1.08)(1 + C_a C_S)^{1.09}(1 - C_S)^{0.55\beta}(d_p)^{0.18}(\mu_f/\rho)^{-0.09}(d)^{0.46}\left[\frac{2g\Delta\rho}{\rho}\right]^{0.54} \tag{5-105}$$

式中:C_S 为砂粒体积分数,无量纲;C_a 为系数,取值为 3.64;β 的取值和颗粒雷诺数有关,$1 < N_{Res} < 10$,$\beta = 4$,当 N_{Res} 接近 100 时,β 趋近于 3;d 为连续管或环空直径,m。

该计算模型的计算结果与已知的试验结论吻合较好,结果略大于试验数据。计算表明有颗粒存在的水平流脉动速度是垂直井筒的沉降末速的 1.5～2.5 倍。可见水平井筒比垂直井筒携砂困难。

3. 考虑颗粒群干扰沉降的沉降末速计算

当颗粒浓度很小时,颗粒在沉降过程中彼此干扰很少,可看成是自由沉降。当浓度达一定程度后,形成颗粒群,颗粒之间的相互干扰渐趋严重,就成为干扰沉降。此时的沉降末速计算公式必须考虑浓度的影响。

1) 固体颗粒浓度低时的沉降速度

Batchelor[38] 从统计理论出发,假定固体颗粒为大小相同的刚性球体,排列均匀分散,且颗粒互不搭接等。首先建立单个球形颗粒平均沉降速度的方程式,然后以两个相同球体颗粒的沉降为基础,将其推延到整个颗粒沉降,最后得出受浓度影响的颗粒沉降速度公式为

$$v_{ts} = v_t(1 - 6.55C_S) \tag{5-106}$$

将上式与实测资料对比,体积分数 $C_S < 0.05$ 时,符合度较高。

2) 固体颗粒浓度高时的沉降速度

Hawksley[39] 从斯托克斯定律出发,考虑了浑水黏性和容重的增加,以及颗粒下沉引起的回流作用,得出固体颗粒浓度高时的沉降速度公式为

$$\frac{v_t}{v_{ts}} = \xi(1 - C_S)^2 \exp\left|\frac{-k_1 C_S}{1 - k_2 C_S}\right| \tag{5-107}$$

式中:ξ, k_1, k_2 为相关系数,无量纲。其中 $\xi = 1$ 时,泥沙不发生絮凝现象,$\xi \approx 2/3$ 时,泥沙形状近似球体,存在絮凝现象,无因次;k_1 为形状系数,对于球体来说,$k_1 = 2.5$,对于非球体来说,$k_1 = 2.5\Lambda$(颗粒的球度),无因次;k_2 为固体颗粒之间的相互影响系数,对于球体来说,$k_2 = 39/64$。

将不同砂粒浓度代入式(5-107)计算,当颗粒形状近似球体,存在絮凝现象时,砂粒沉降速度加快,此时的沉降速度大于自由沉降末速;而对非球形颗粒,干扰沉降速度略小于自由沉降末速。当浓度很大时,即便是球体颗粒形状且絮凝,砂粒之间的强相互干扰同样会阻碍砂粒沉降,此时干扰沉降速度小于自由沉降末速。现场一般按球体颗粒计算,这样得到的颗粒群干扰沉降末速较大,由此计算的最小流量偏于安全。

5.4.2　最低携岩流量计算

1. 垂直井筒最低携岩流量计算

沉末速度 v_t 乘以 2,即可得出保持砂粒上升的最低速度(v_{lmin}),即:

$$v_{lmin} = 2v_t \qquad\qquad (5\text{-}108)$$

连续管垂直井筒携岩所需最小泵注排量(Q_{min})为

$$Q_{min} = 3\ 600 A_k v_{lmin} \qquad\qquad (5\text{-}109)$$

式中:A_k 为携砂液上返流动时的最大截面积(正循环时为连续管柱与生产管柱环空之间的截面积,反循环时为连续管柱内截面积),m^2。

2. 水平井筒最低携岩流量计算

垂直井筒沉降末速公式适用性广,正确度高。若能将连续管作业水平井最低悬浮速度与相对较成熟的垂直井筒沉降末速联系起来,建立经验模型,就可以将复杂的水平井问题简单化。此时以有颗粒存在的水平流脉动速度(μ')来计算连续管作业水平井最低悬浮速度比较合适。通过前面的分析,μ' 是垂直井筒沉降末速的 1.25～2.8 倍,可采用垂直井筒沉降末速的 3 倍作为完全水平井筒最低悬浮速度(v_{hmin}),即:

$$v_{hmin} = 3v_t \qquad\qquad (5\text{-}110)$$

水平井段携岩三层水力模型为悬浮层、移动岩屑床和固定岩屑床[41]。随着井筒倾斜度的增加,携砂变得困难;当井筒与垂直井眼角度在 60°左右时,移动床突然减小,此时携砂最难。因此水平井中,应以井筒倾斜角 60°时的携岩速度为临界携岩速度,并将其作为计算依据。但是,计算不同角度的临界携岩速度很困难,且没有成熟的理论模型,必须根据试验数据推导经验公式。另外,在现场应用时,往往不关注不同井斜的情况,只需保证顺利携砂即可。因此,求出倾斜 60°(与垂直井筒的角度)时的携岩速度与完全水平时的临界携岩速度的关系即可[40]。

不同颗粒直径完全水平时的临界携岩速度与井筒倾斜角 60°时的携岩速度(v_{60})的曲线斜率基本一致,大致是 2 倍的关系,即:

$$v_{60} = 2v_h \qquad\qquad (5\text{-}111)$$

v_h 即完全水平时的井筒最低悬浮速度 v_{hmin}。

最终,水平井筒临界携岩速度可由下式求得[40]。

$$v_{hc} = 2v_{hmin} = 6v_t \qquad\qquad (5\text{-}112)$$

这样,将连续管水平井筒临界携岩速度归结为垂直井筒沉降末速即可。

以上计算主要是针对牛顿流,非牛顿流体的流型指数的降低会引起岩屑床表面附近的流速增大,从而增大作用在岩屑床表面的剪切力,有利于阻碍岩屑床的发展,促进携砂[7]。可见,以 v_{hc} 计算对不同流体计算足够有效携砂。另外水平管流不同于竖直管流,只需大于最低悬浮速度(即临界携岩速度)即可,不需再乘以系数,故可直接以最低悬浮速度计算最小泵排量,计算方法同前述的垂直井筒最低流量计算式[41]。

5.5　连续管作业系统水力参数计算

在连续管作业系统流体流动模型讨论的基础上,开展水力参数计算,可以更好地指导作业管柱设计、工具选择以及与泵的匹配,同时也可为连续管寿命评估提供计算依据,从而更好地指导连续管相关作业。由此可见,确定连续管作业系统水力参数计算模型的重要性。

5.5.1　作业系统水力参数计算模型

参考相关试验,以连续管钻井为例,开展水力参数计算分析可有效保证作业安全。

1. 水力参数计算依据

连续管钻井系统水力参数的计算模型最重要的就是泵压和排量。排量一定时,最终采用 Sas-Jaworsky 模型以及 Colebrook-White 模型可相对准确地预测连续管内牛顿流介质直管和盘管段的摩阻;再加上环空段考虑颗粒摩阻梯度模型以及 5.2 节中其他压力计算模型,可完成整个连续管钻井系统的泵压计算。

2. 合适水力参数推荐

计算得到系统所需的泵压后,还应该判断此时使用的排量是否在合适范围内。而合适排量受以下因素的制约:钻井推荐环空返速得到的最低流量(Q_1)、连续管钻井井筒携岩最低流量(Q_2),泥浆泵提供的最大允许流量(Q_3)、螺杆钻具所得到的最大允许流量(Q_4)。分别计算各个流量以后,则可得到推荐的合适排量(Q_a)按下式计算[42]。

$$Q_a \in (\max(Q_1,Q_2),\min(Q_3,Q_4)) \tag{5-113}$$

其中,工程上推荐的环空返速为 0.5～1.0 m/s,故可设置得到的最低流量(Q_1)。

要计算井筒携岩最低流量(Q_2),首先要根据单颗粒沉降末速计算计算出颗粒群末降速度。单颗粒沉降末速的计算因牛顿流和非牛顿流而不同,颗粒群末降速度的计算因球粒度的不同而不同,具体公式见 5.4.1 节。当计算出单颗粒沉降末速和颗粒群末降速度后,将二者进行对比,取较大值。然后以这个速度为依据,对已选择的钻进模式(主要是为了确定是垂直井筒环空还是水平井筒环空)计算相应的井筒携岩最低流量(Q_2)。

泵压计算完成后,可根据所需泵压选择合适的钻井泵,此时所选泥浆泵对应的额定最大排量即为最大允许流量(Q_3)。

钻具允许的最大流量(Q_4)可直接由螺杆钻具的性能参数得到。

这样,结合连续管钻井系统压降计算模型,就建立了符合实际的连续管钻井系统流体流动计算模式,分别考虑其中各个因素,即可形成一套完整的计算模型。

5.5.2 实例计算

基于以上研究结果和计算式,长江大学开发了连续管钻井水力参数计算软件[42],该软件用户界面和交互性良好、模块清晰直观,操作方便;可以计算连续管钻井所需最小泵压并推荐合适排量;计算过程简单,分析结果客观准确,符合实际。结合聚合物钻井液减阻试验和井下工具组合压降测试试验的数据,得到相关的拟合曲线,并将结果融入该软件,可得到更准确合理的计算结果,对现场作业有显著的指导意义。连续管钻井水力参数计算软件结构模块如图 5-35 所示。

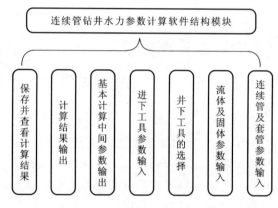

图 5-35 数计算软件结构模块图

1. 输入参数

拟采用连续管开展老井加深作业,参数如下。

连续管规格:直径 73.00 mm、壁厚 4.80 mm、长度 3 500.00 m,级别 CT80。

滚筒尺寸(底径×内宽×轮缘):2 600.00 mm×2 450.00 mm×4 200.00 mm。

井身结构:原井筒 2 000.00 m(5.500 in 套管)加深钻井 500.00 m,加深钻井井眼直径 118.00 mm。

钻头:PDC 钻头,3 个直径 9.50 mm 的水眼。

螺杆钻具采用 3.750 in(95.40 mm)规格,其技术参数为:流量 5.00～13.33 L/s,转速 140～380 rpm,马达压降 5.20 MPa,额定扭矩 1 200 N·m,最大扭矩 1 920 N·m。

钻井液采用水基泥浆,其流体参数为:$\rho_1 = 1\,100$ kg/m^3,$n = 0.5$,$k = 0.5$ Pa·s^n,黏度为 12.00 mPa·s。

现场加深段岩层主要为泥岩、细砂岩、粉砂岩和砂砾岩(油层处),根据现场数据取砂粒的平均直径为 2.00 mm,平均密度取 2.30 g/cm^3。

2. 计算结果

将以上工艺参数输入软件,最终计算结果界面和保存的计算结果文件分别如图 5-36 和图 5-37 所示。

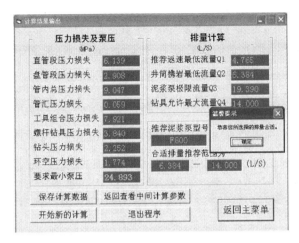 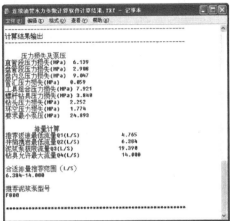

图 5-36　实例软件计算最终结果界面图　　　　　　图 5-37　最终计算结果文件

参 考 文 献

［1］张景富. 钻井流体力学［M］. 北京：石油工业出版社，1994.

［2］POZRIKIDIS C,JOLLA L. Stokes flow through a coiled tube［J］. Acta Mechanica,2007,190:93-114.

［3］ZHOU Y, SHAH S N. Non-newtonian fluid flow in coiled tubing：Theoretical analysis and experimental verification ［C］//SPE Annual Technical Conference and Exhibition. Society of Petroleum Engineers,2002. SPE-77708.

［4］ZHOU Y,SHAH S N. Turbulent flow of non-newtonian fluid in coiled tubing：Numerical simulation and experimental verification［C］//SPE Annual Technical Conference and Exhibition. Society of Petroleum Engineers,2003. SPE-84123.

［5］KELESSIDIS V C,MPANDELIS G E. Flow patterns and minimum suspension velocity for efficient cuttings transport in horizontal and deviated wells in coiled-tubing drilling［C］//SPE/ICoIA Coiled Tubing Conference and Exhibition. Society of Petroleum Engineers,2003. SPE-81746.

［6］赵金洲,张桂林. 钻井工程技术手册［M］. 北京：中国石化出版社,2011.

［7］赵广慧,梁政. 连续油管内流体压力损失研究进展［J］. 钻采工艺,2008,31(6):41-44.

［8］SAS-JAWORSKY II A,REED T D. Prediction friction pressure losses in coiled tubing operations［J］. World Oil. 1997,218(9):141-144,146.

［9］王弥康,林日亿. 管内单相流体沿程摩阻系数分析［J］. 油气储运,1998,17(7):22-26.

［10］MC CANN R C,LSLAS C G. Friction pressure loss during turbulent flow in coiled tubing［C］//SPE Gulf Coast Section/ICoTA North American Coiled Tubing Roundtable. Society of Petroleum Engineers,1996. SPE-36345.

［11］SRINIVASAN P S,NANDAPURKA S S, HOLLAND F A. Friction factors for coils［J］. Trans. Instn. Chem. Engr,1970(48):T156-T161.

［12］RAO B N. Friction factors for turbulent flow of non-newtonian fluids in coiled tubing［C］//SPE/ICoIA Coiled Tubing Conference and Exhibition. Society of Petroleum Engineers,2002. SPE-74847.

［13］TOMS B A. Some Observations on the flow of linear polymer solutions through straight tubes at large reynolds numbers［J］. Proc. First Intern. Congr. On Rheology,1948,Ⅱ: 135-141.

［14］MOTIER J F,PRILUTSKI D J. Case histories of polymer drag reduction in crude oil line［J］. Pipe Line Industry,1985(6):33-37.

［15］AFTEN C W,WATSON W P,CHEMICALS K. Improved friction reducer for hydraulic fracturing ［C］//SPE Hydraulic Fracturing Technology Conference. Society of Petroleum Engineers,2009. SPE-118747.

［16］罗旗荣,张帆,肖博元,等.减阻剂减阻效果的评价与分析［J］.天然气与石油.2010,28(2):8-11.

［17］SHAH S N,ZHOU Y. An experimental study of drag reduction of polymer solutions in coiled tubing ［C］//SPE/ICoTA Coiled Tubing and Well Intervention Engineers Conference and Exhibition. Society of Petroleum,2001. SPE-68419.

［18］SHAH S N, VYAS A. Temperature and salinity effects on drag-reduction characteristics of polymers in coiled tubing［C］//SPE/ICoTA Coiled Tubing and Well Intervention Engineers Conference and Exhibition. Society of Petroleum,2010. SPE-130685.

［19］BIRD R B,ARMSTRONG R C,HASSAGER O. Dynamics of polymeric liquids［M］. New York:A Wiley-Interscience Publication,1987.

［20］ZHOU Y,SHAH S N,GUJAR P V. Effects of coiled tubing curvature on drag reduction of polymeric fluids ［J］//SPE Production & Operations,2006,21(01):134-141.

［21］NAVARRETE R C,SHAH S N. New biopolymer for coiled tubing applications［C］//SPE/ICoTA Coiled Tubing Roundtable. Society of Petroleum Engineers,2001. SPE-68487.

［22］VIRK P S. Drag Reduction fundamentals［J］. AIChE Journal. 1975,21(4) :625-656.

［23］SHAH S N,ZHOU Y. An experimental study of the effects of drilling solids on frictional pressure losses in coiled tubing［C］//SPE Production and Operation Sympasium. Society of Petroleum Engineers,2001. SPE-67191.

［24］SHAH S N,ZHOU Y, BAILEY M,et al. Correlations to predict frictional pressure of hydraulic fracturing slurry in coiled tubing［C］//Intenational Oil & Gas Conference and Exhibition in China. Society of Petroleum Engineers,2006. SPE-104253.

［25］汪海阁,刘希圣,董杰.偏心环空中牛顿流体稳态波动压力近似解［J］.石油钻采工艺.1997,19(6): 5-9,23.

［26］HACIISLAMOGLU M,LANGLINAIS J. Non-newtonian flow in eccentric annuli［J］. Energy Resources Tech. 1990,112(9):163-169.

［27］GUAN F,MA W G,TU Y L,et al. An experimental study of flow behavior of coiled tubing drilling system［J］. Advances in Mechanical Engineering. 2014,(2014),Article ID 935159.

［28］管锋,马卫国,张锦刚,等.连续管钻井系统压力损失实验研究［J］.钻采工艺.2014,37(4):26-29.

［29］周博,管锋,周传喜,等.连续油管钻井系统摩阻计算方法与试验研究［J］.石油机械.2015,43(2): 22-26,33.

［30］马卫国,付悦,阳婷.连续油管钻井井下钻具组合的组成及对比分析［J］.长江大学学报:自然科学版.2013,10(8):100-103.

［31］赵顺亭,东静波,夏强,等.牛顿流体在连续管内流动的压降数值模拟［J］.石油机械.2009,37(7): 15-16.

［32］王伟,张先勇,胡强法,等.基于CFD的连续管内流体特征分析［J］.石油机械.2008,36(10):77-79.

[33] 黄思,关玉慧,冯定,等.基于 CFD 的井下油水两相文丘里流量计优选[J].石油机械.2012,40(3):
　　 76-79.

[34] 岳湘安.液-固两相流基础[M].北京:石油工业出版社,1996.

[35] 岳湘安,郝江平,陈家琅.固体颗粒在宾汉流体中的阻力系数与沉降速度[J].石油钻采工艺.1993,
　　 15(1):1-8.

[36] BIOT M A,MEDLIN W L. Theory of sand transport in thin fluids[C]// SPE Annual Technical
　　 Conference and Exhibition. Society of Petroleum Engineers,1985. SPE-14468.

[37] KELESSIDIS V C. Flow patterns and minimum suspension velocity for efficient cuttings transport in
　　 horizontal and deviated wells in coiled-tubing drilling[C]// SPE/ICoTA Coiled Tubing Conference
　　 and Exhibition. Society of Petroleum Engineers,2003. SPE-81746.

[38] BATCHELOR G K. Sedimentation in a dilute dispersion of spheres[J]. Jour. Fluid Mech.. 1972
　　 (52):77-90.

[39] HAWKSLEY P G. The Effect of concentration on the settling of suspensions and flow through
　　 porous media[J]. In Some Aspects of Fluid Flow. 1951(4):114-135.

[40] 刘少胡,谌柯宇,管锋,等.页岩气钻水平井段岩屑床破坏及岩屑运移机理研究[J].科学技术与工
　　 程.2016,16(7):177-181.

[41] 管锋,刘进田,易先中,等.连续管水平井冲砂洗井水力计算研究[J].石油机械.2012,40(11):
　　 75-78.

[42] 管锋,马卫国,周传喜,等.连续管钻井水力参数计算软件开发[J].石油机械.2014,42(03):29-32.

第 6 章

连续管水平井修井

　　连续管修井是连续管工程技术在油气井筒中应用的起源，其作业优势的充分体现，使得连续管工程技术在油气井作业中得到了广泛的应用。随着油气井勘探开发与生产工艺技术的发展，以及井筒维护要求苛刻，修井作业工程也变得越来越复杂。水平井工程技术的快速发展进一步增大了修井作业工程的难度。连续管技术的应用及其作业的灵活性、安全性、高效性，使得其在当今复杂的水平井修井作业中显现出更高地位。

　　水平井冲砂洗井、地层解堵、落物打捞、管柱切割、套管锻铣、套损井修复等修井相比垂直井更加复杂、难度更大。为有效保护地层，高压地层井、气井不压井带压作业正在挑战油气井修井作业。近年来，结合我国页岩气水平井修井的实践，在修井工具、管柱结构、冲砂液、作业循环液、操作工艺等方面进行了大量实验室研究和工程实践探索，形成了一系列连续管水平井修井作业技术。这些技术的应用保障了页岩气的高效、安全开发。

6.1 连续管水平井冲砂洗井

在水平井开发过程中,地层出砂和压裂砂沉积是两种常见井筒积砂,积砂掩埋产层将造成油气产量下降。因此,冲砂洗井将井筒内积砂携带出地面恢复油气井的正常生产是最常见的修井工艺。水平井筒沉砂速度快、携砂难度大,尤其是气井井筒在不压井的条件下带压冲砂洗井,增加了水平井冲砂洗井的难度。常规设备和螺纹连接管柱很难满足水平井带压冲砂洗井的要求,应用连续管技术的水平井冲砂虽然能够很好地适应带压作业,冲砂时能够在水平井筒内拖动冲洗,但是连续管流动通道小、排量低。因此,如何提高连续管水平井冲砂洗井效率一直是工程中关注的问题,研究砂粒在井筒内的运移规律、悬浮砂粒能力强的低摩阻洗井液、喷射工具等因素对连续管冲砂洗井效率的影响十分必要。

6.1.1 水平井冲砂洗井砂粒运移状态

水平井冲砂洗井返出含砂液需要经过三个井段(或三个洗井区),即直井段、斜井段和水平段。在不同井段,含砂液和砂粒的流动以及砂粒的沉降规律不同。认清砂粒在井筒中的运移状态,尤其是水平井段砂粒的运移状态,能够很好地指导水平井冲砂洗井。

洗井时砂粒在井筒中受到重力、液体黏滞阻力、洗井液作用在砂粒上的拖曳力(或牵引力)共同作用,在不同井段作用在砂粒上这些力对砂粒的运移影响各不相同。在这些力作用下,砂粒如果沿井筒轴向方向随洗井液移动,将被迁移出井筒。如果砂粒被迁移到井筒壁面停滞并驻留在井筒内,砂粒将不被迁移出井筒。由此可以看出,砂粒在井筒中的运移状态与砂粒的密度、粒径、洗井液的密度、黏度、流速及井筒的轨迹等因素密切相关。

1. 竖直井段

竖直井段的砂粒受到的力在井筒轴线方向上,受到的重力方向与洗井液作用的黏滞阻力和液流的拖曳力方向相反。如果砂粒在洗井液中所受重力与黏滞阻力平衡(如图 6-1 所示),则砂粒以悬浮状态存在于洗井液中,并随洗井液返出井筒;如果砂粒在洗井液中的重力大于黏滞阻力,砂粒将在洗井液中以一定的速度沉降,当砂粒的沉降速度($v_{沉}$)小于或等于洗井液的上返流速($v_{流}$)时,砂粒将随洗井液返出井筒。所以,在竖直井段,砂粒的运移不仅取决于砂粒的直径和密度,也受到洗井液性能和上返速度的影响。

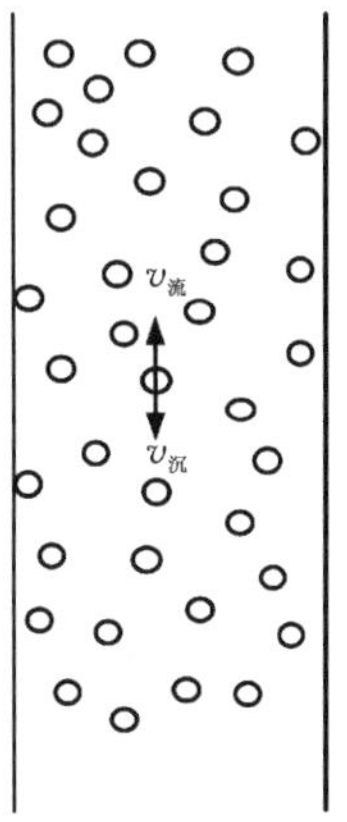

图 6-1 竖直井段砂粒运移状态

2. 斜井段

斜井段砂粒受到的重力 F_G 可以分解成沿井筒的轴向分力 $F_{轴}$ 与径向分力 $F_{径}$。如果砂粒重力的径向分力与径向的黏滞阻力平衡,砂粒在井筒中沿径向没有运动,砂粒将以悬浮状态存在,此时,如果重力的轴向分力产生的沉降速度小于洗井液的流动速度,砂粒将随洗井液返出。然而,由于砂粒在径向方向沉降的路径很短,砂粒在运移过程中将会沉积在井筒壁上形成砂床[1]。冲砂作业的过程中,如果洗井液流速较低,则砂床上的颗粒处于静止状态,很难随洗井液返出井筒,如图 6-2(a)所示;当洗井液流速较大时,砂粒在井筒径向方向可能处于完全悬浮状态随洗井液返出井筒,如图 6-2(b)所示。由此可知,由于连续管内径小,冲砂洗井排量有限,有效冲洗斜井段的积砂需要洗井液具有强的黏滞阻力,但是这样往往带来很大的流动摩阻。所以,研制合适性能的洗井液对于连续管冲砂洗井意义重大。

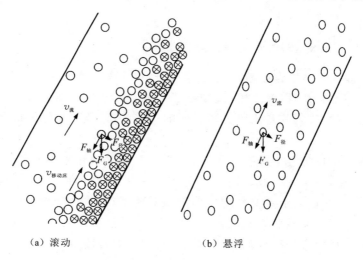

（a）滚动　　　　　　　　　　　（b）悬浮

图 6-2　斜井段砂粒运移状态

3. 水平井段

在水平段,砂粒受重力与洗井液管流拖拽力的作用,容易在井筒下边形成沉积砂床。冲砂洗井初始阶段,沉积砂床表面的砂粒呈现翻滚、跃移等形式的运动状态,砂床下部邻近井壁的砂粒仍保持静止状态如图 6-3(a)所示;随着洗井液排量的加大,井筒内洗井液流速增加,砂床表层砂粒与下部静止砂粒间发生动量交换,激活下部砂床砂粒逐层运动,并不断往下部的深层发展,当洗井液排量达到一定时,沉积砂床形成层间运动,如图 6-3(b)所示;当洗井液流速足够高时,砂粒各层之间发生动量交换,沉积砂床的砂粒可能表现为悬浮运移状态,如图 6-3(c)所示。上述现象表明,影响水平井冲砂洗井效果的主要因素是洗井液排量(或者说是井筒内流体的流速)。但是,连续管受管径限制,大排量冲砂洗井必然带来高的管路压力,工程中难以满足。因此,对于连续管水平井冲砂洗井,将另辟蹊径。如果把冲砂洗井过程分解为两个阶段,一个阶段是激活砂床使得沉积的砂床处于悬浮状

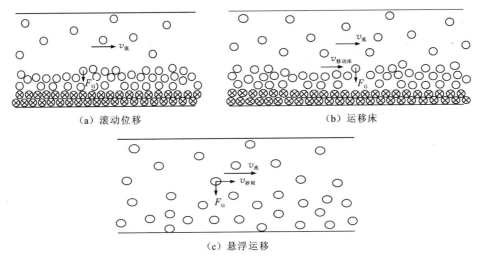

（a）滚动位移　　　　　　　　　　　　　（b）运移床

（c）悬浮运移

图 6-3　水平段砂粒运移状态

态,另一阶段是依靠一定的流速运移悬浮的砂粒。那么,基于喷射原理,小排量激活砂床,再以连续管能够接受的排量携带悬浮的砂粒沿井筒轴线方向运动实现有效冲砂洗井是可能的。工程实际中,连续管连接合适的井下喷射工具冲砂洗井取得了较好的效果,如径向喷嘴工具、环流喷嘴工具、旋转环流喷嘴工具等。近年来,为了提高携砂速度,一种应用于长水平段水平井中的冲砂洗井负压冲砂工具受到关注。喷射工具部分将在 6.1.3 节续详细描述。

6.1.2　连续管冲砂洗井液

如上节所述,冲砂洗井液是影响连续管水平井冲砂洗井效果的关键因素之一。不仅要求冲砂洗井液具有足够的黏度以获得良好的携砂性能;同时要求冲砂洗井液具有很好的润滑性,较低的摩阻,以获得更大的排量,提高冲砂洗井效果。另外,冲砂洗井液应不伤害储层,经济、环保。

目前连续管冲砂洗井液常用的有清水、线性胶、低密度泡沫液等,主要性能如表 6-1 所示。

表 6-1　不同冲砂洗井液性能对比表

冲砂介质	动力黏度/(mPa·s)	密度/(kg/m³)	流型	摩阻	携砂能力	对地层伤害
清水(20 ℃)	1.005	998.2	牛顿流	大	差	严重
线性胶	1~10	1 000~1 400	非牛顿流(不完全)	较小	好	有一定伤害
低密度泡沫液	4.5~11	500~800	非牛顿流	较小	较好	有一定伤害

1. 清水(20 ℃)

采用清水冲砂洗井易对产层造成伤害,且清水的携砂能力较差。因此,连续管水平井冲砂洗井很少采用清水作为冲砂介质。但清水具备透明度高的特性,井筒中流体介质要求透光性较高的情况下,冲砂液多采用清水,如连续管井下电视探测时,选用清水洗井最为合适。

2. 线性胶

连续管水平井冲砂洗井作业对冲砂液提出了更高的要求。首先,要求冲砂液体具备较好的携砂能力,足以将水平段的积砂带出地面;同时,连续管管径的限制产生较大的压降,则要求冲砂液体具备良好的降阻性能。目前在页岩气井连续管水平井冲砂中,应用较为成熟的冲砂液体是线性胶。线性胶具备较好的携砂、减阻双重特性,在页岩气开发中,冲砂洗井用的线性胶与页岩气压裂用的线性胶性能基本相当,且现场制备方便。

3. 低密度泡沫液

对于采用清水介质不能建立冲砂循环,以至于不能恢复正常生产的油气井来说,采用低密度泡沫液的意义更加深远。

储层压力随着开采过程逐渐降低,进行冲砂作业时,冲砂液可能进入地层,使得井筒中上返的井筒工作流体流量降低,影响冲砂效果,甚至导致冲砂作业失败。

泡沫液是水和发泡剂混合,再经压风机混合气体,激活发泡剂产生大量泡沫。泡沫液含水率低、密度低,可以有效缓解冲砂作业的过程中向地层的侵入,适应常压、水敏地层冲砂洗井;泡沫液黏度大,具有良好的携带固体颗粒的能力,冲砂效率更高。

6.1.3　连续管冲砂工具

井筒砂在水平井中容易沉积形成砂床,对于水平井工程作业和生产产生很大的影响,在水平井中沉积的砂床仅仅依靠大排量难以冲洗,可采用专门的冲砂工具,改变液流冲击方向,搅活沉积的砂床,然后在管流的作用下携带砂粒返出井筒。

1. 单管冲砂工具

这里所述单管是相对同心管而言。目前,普遍应用的连续管都是单管,连续管配套喷砂工具能够提高水平井冲砂洗井效率,洗井彻底。

1)固定喷头

固定喷头是目前连续管水平井冲砂常用的工具,主要用于常规的水平井冲砂作业。

固定喷头工作时无旋转,结构简单。为适应不同的水平井积砂,研究了各种不同结构型式的固定喷头,不同之处在于喷射孔的数量、喷射孔布置的形式各不相同,主要包括单孔、多孔向上、多孔水平、多孔向下、多孔复合、单斜孔(笔尖式)等型式的喷头[2],具体结构如图 6-4 所示。

其中,采用向上开孔喷头作业,可有效防止在冲砂过程中液柱压力及泵压造成的地层漏失,同时向上的喷嘴可有效带动砂粒上返,弥补地层压力不足难以将砂粒带出地面的问题。

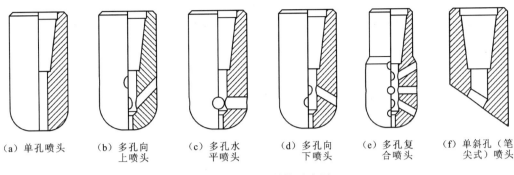

(a) 单孔喷头　　(b) 多孔向　　(c) 多孔水　　(d) 多孔向　　(e) 多孔复　　(f) 单斜孔（笔
　　　　　　　　　上喷头　　　　平喷头　　　下喷头　　　合喷头　　　　尖式）喷头

图 6-4　固定喷头结构示意图

2）射流喷头

　　射流喷头也是固定喷头，与常规固定喷头的最大区别就是喷头开孔处安装有可调节喷嘴，尤其适用于负压地层的冲砂洗井作业。射流喷头结构中没有旋转运动部件，因此在喷头上安装多个固定方位的喷嘴，冲砂作业时，工具不旋转，井筒中产生的高压射流，可在管柱的拖动下移动，达到清洗井眼的目的。

　　与常规喷头相比较，射流喷头基于水力喷射原理，将压力能转换为速度能，可以在较低的泵排量下获得较高的射流速度，冲洗井筒壁面积砂。这种射流喷头更适合于连续管水平井冲砂洗井。

　　射流喷头具体结构形状如图 6-5 所示。该喷头采用四喷嘴结构：即一个前向直喷嘴，主要作用是扰动工具前端砂桥；三个倾斜向上喷嘴，呈 120° 均匀分布并且与轴向成一定的夹角，起到向后输送砂粒的作用。

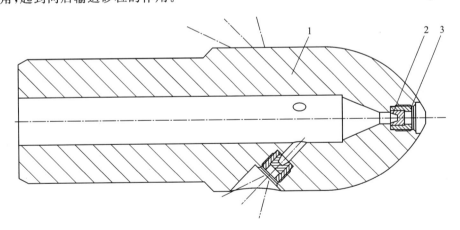

图 6-5　射流喷头结构示意图

1-工具本体；2-喷嘴；3-喷嘴压帽

3）旋转喷头

　　旋转喷头在高压射流作用下，喷头绕工具轴线产生旋转。旋转喷头使得高压射流以脉动的方式作用在固结的砂床上，能够更好地激活砂床，这种脉动射流冲击甚至可以破坏沉积在孔壁上的泥饼,扰动管外的滤料,清除管壁上的锈垢。但是,旋转喷头在工作过程中存在零件之间的相对运动,容易发生砂卡而失去应有的旋转喷射冲洗效果。

旋转喷头由连接接头、壳体、旋转轴、喷头、喷嘴等主要部件组成,按设计的位置和角度将一定数量的喷嘴布置在喷头上,喷射过程中喷嘴射流的冲击反力以一定的力矩作用在旋转喷头上,驱动旋转喷头旋转轴上转动,结构如图 6-6 所示。

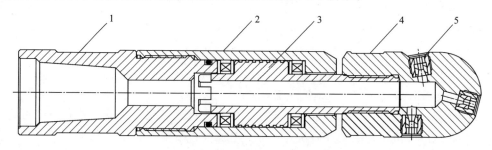

图 6-6　旋转喷头结构示意图

1-连接接头;2-壳体;3-旋转轴;4-喷头;5-喷嘴

旋转喷头上喷嘴的布置可以是前向、侧向、后向三个方向或其组合。前向喷嘴作用于前方的砂桥或胶结的砂床;侧向喷嘴以脉动方式激活沉积砂床;后向喷嘴避免砂粒的再次沉积,也作用砂粒的输送,多方向的喷嘴联合作用,可以快速清理井筒沉砂,并携砂出井筒。

旋转喷头主要有以下特点:①喷射速度高,喷头可 360°旋转;②可以根据实际需求改变洗井液排量调整旋转喷头的转速;③对井筒壁面积砂扰动大,清洗效率高。

2. 同心管射流泵

同心管射流泵冲砂洗井是基于文丘里原理的一种特殊的冲砂洗井系统,高压流体从同心管的环形通道(或中心管)进入连接在同心管底部的射流泵,在射流泵内形成高速低压区,抽吸井筒内的砂粒进入射流泵内,然后携带砂粒的流体在射流泵内升压进入同心管的中心管(或环形通道),实现对井筒内积砂的清洗作业。同心管射流泵冲砂洗井的特点:一是系统建立独立的循环通道,洗井液和携砂液不通过油套环空;二是合理设计冲砂喷嘴可以在井筒内进行冲洗砂桥、激动砂床、负压抽砂;这些功能可根据井筒内沉砂情况选择性开关作业;三是既可以反循环洗井,也可以正循环洗井;四是负压洗井尤其适用于低压、高渗地层的水平井冲砂洗井。负压同心管射流泵负压洗井时,射流泵必须处于砂床附近,因此负压洗井时,同心管和射流泵等井下工具组合必须在井筒内拖动,完成整个水平井筒沉积砂床段的清洗[3]。

同心管射流泵主要由同心管、射流泵、冲砂喷嘴等部分组成。其中,射流泵结构包括喷嘴、喉管、扩散管、吸液过滤筛管等。反循环式射流泵工作原理如图 6-7 所示。

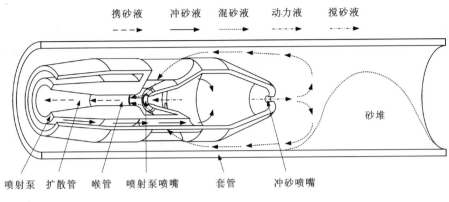

携砂液　　冲砂液　　混砂液　　动力液　　搅砂液

喷射泵　扩散管　喉管　喷射泵喷嘴　　　套管　　冲砂喷嘴

砂堆

图 6-7　反循环射流泵工作原理示意图

6.1.4　连续管冲砂工艺

连续管冲砂工艺理论上有正冲砂和反冲砂两种方式。反冲砂携带的砂子上返至连续管滚筒时,易沉降造成堵塞;正冲砂相对安全且冲砂效率更高。因此,连续管冲砂较多选用正冲砂方式。

连续管正冲砂方式根据所选用冲砂工具的不同,可划分为单管冲砂洗井工艺、同心管射流泵冲砂洗井工艺。单管冲砂洗井工艺可分为单管固定喷头冲砂洗井工艺、单管旋转冲砂洗井工艺。对于井筒积砂较少且地层无漏失的井筒,通常采用单管固定喷头冲砂;对于井筒积砂较多且存在固结的积砂,通常采用单管旋转喷头冲砂;同心管射流泵冲砂洗井多用于负压、易漏失地层。

1. 单管固定喷头冲砂洗井工艺

在连续管的端部安装固定喷头,洗井液通过连续管泵入井内,喷头作用产生的高速流体搅动砂粒,环空上返流体将井内砂粒带至地面,随着连续管的不断下入,砂面逐渐降低并延伸至水平井筒,最终完成冲砂洗井作业。

1）管串结构

冲砂洗井管柱结构(自上而下)为连续管＋双瓣式单流阀＋(射流)喷头。

2）施工中经常遇到的问题

施工中经常遇到的问题:①连续管与套管的环形空间较大,环空流速较低,导致砂粒无法彻底带出;②水平井砂粒堆积较多时,仅依靠喷嘴射流冲砂难以完全搅动沉积的砂粒,不能彻底将井筒清理干净。

3）施工关键步骤

(1) 工艺设计

连续管冲砂洗井工艺设计需考虑的因素较多,在此重点介绍冲砂液及喷嘴类型的选择。

冲砂液的选择主要考虑地层压力系数的影响,冲砂液的比重应不大于地层压力系数,若为常压地层则选用较常用的线性胶,若为负压地层则选用低密度泡沫液,主要目的是防止压漏地层;其次,还要充分考虑井下沉积砂粒或其他颗粒物的类型,合理选择配置冲砂液的黏度。

喷嘴的选择基于沉砂的形态考虑,若压裂砂堵需冲洗炮眼,则建议选用多孔复合喷嘴;若井筒内出现砂桥,则建议选用单孔喷嘴、多孔水平喷嘴;若沉砂堵塞井筒,则建议选用多孔向下喷嘴。

(2)探砂面

探砂面是冲砂洗井的关键步骤,也是初步了解沉砂形态的一种手段,对后期作业参数控制、冲砂效果评价至关重要。具体作业期间,要求作业前预判砂面深度,在下至预测砂面前 100.00 m 左右开泵循环并严格控制下管速度,防止下管速度过快损坏工具,或造成沉砂垮塌埋卡工具;探至砂面后在地面做好标记。

(3)冲砂洗井

探至砂面后,则进行冲砂洗井作业。冲砂作业是否成功的几个关键控制因素包括冲洗排量控制、冲砂制度的合理选择、地面返砂监测。冲砂排量主要由喷嘴的尺寸确定,一般在工具入井前做好地面的压降测试,根据压降确定合理的冲砂排量;冲砂制度目前较常用的是分段冲洗,具体做法每向下冲洗 20.00 m,上提连续管 10.00 m 循环出砂粒,再继续重复冲洗;地面返砂监测是判断返砂效果、确定冲砂进度的重要依据,目前较常用的监测方法有返液口取样监测、除砂器取样监测等。

2. 单管旋转冲砂洗井工艺

在连续管的端部安装旋转喷头,洗井液通过旋转喷头后产生旋转,对井壁上固结物、井筒内砂桥进行连续冲刷,旋转的工具与高压水流同时搅动砂粒,全面清理井筒;砂粒随着连续管的下入连续沿环空上返,砂面逐渐降低,最终完成冲砂洗井作业。

1)管串结构

冲砂洗井管柱结构(自上而下)为连续管+双瓣式单流阀+扶正器+旋转喷头。

2)施工中经常遇到的问题

施工中经常遇到的问题:①在杂质较多的井筒清洗作业中,易将旋转头卡死;②冲砂过程中,旋转射流喷头持续转动,且易与井壁接触产生碰撞,造成工具损坏,甚至套管损伤。

3)施工关键步骤

(1)地面测试

旋转射流管串在入井前首先应进行地面测试,其主要目的是通过地面泵注液体带动旋转头旋转,获得选用喷嘴的施工压降,确定喷嘴选型是否合适,同时判断喷射头是否完好。

(2)冲砂洗井

采用旋转射流工具进行冲砂,可能遇到的最大隐患是清洗工具的旋转头被井筒中较大砂粒卡住,降低洗净效率,更严重可能造成工具落井。因此,在井下含砂较多且砂粒直径较大时,旋转射流冲砂洗井作业更需要注意施工参数的控制。如冲砂管柱的下放要尽量缓慢(保持 1 m/min);采用分段清洗作业方式,每段清洗完成后保持排量清洗井筒,返出口无大块杂质返出后,再进行下段清洗。

3. 同心连续管射流泵冲砂洗井工艺

地面泵车泵入冲砂液,冲砂液经同心连续管环空到达井底射流泵,射流泵前喷嘴射流搅活水平井筒内的积砂或砂桥,后端喷嘴射流冲洗工具周围的积砂,避免砂卡工具,射流泵喉管区域在内喷嘴的作用下形成高速低压区,抽吸前后喷嘴搅活的砂粒,并与洗井液混合,经扩压管升压输送含砂液,从同心连续管的内管举升至地面。通过同心连续管的逐渐下放入井和上提,可完成整个水平井段的清洗。

同心连续管射流泵组合冲砂洗井优势突出。同心连续管射流泵作为独立的洗井管柱,洗井液和冲洗混合的含砂液在同心连续管内完成循环,洗井液对井筒和地层影响小;负压冲砂洗井方式,避免了作业过程中的工具和管柱卡阻;管柱系统中没有活动部件,减少了工具的卡阻,提高了作业安全性;同心连续管内通道尺寸较小,洗井液返速较高,携砂能力强。

1) 井下管柱

井下管柱由射流泵、单流阀和同心连续管组成,管柱结构(自上而下)为同心连续管＋双活瓣单流阀＋丢手接头＋射流泵。

2) 施工中经常遇到的问题

①同心连续管内管通道面积较小,在施工过程中必须保持地面泵送系统的持续供液,否则,上返的砂粒易将同心管内管堵塞;②仅能实现对井筒细砂的清洗,为了减小射流泵喉道的磨损,射流泵抽吸区配套筛管,避免粗颗粒砂进入射流泵,因此,对井筒内体积较大的颗粒无法进行清洗。

3) 施工关键点

(1) 冲砂液的处理

冲砂液的质量,尤其是冲砂液的固体杂质含量,是影响地面设备和井下射流泵使用的一个重要因素。因此,现场使用时,对冲砂液提出了几点要求:①需要对冲砂液进行物理和化学处理,除去洗井液中的天然气、固体杂质等物质;②泵入的冲砂液要求在进入泵之前进一步过滤,防止液体中含有的杂质进入泵体;同时冲砂返出液若需循环使用,需要对返出液进行沉降、过滤处理后再使用。

(2) 泵注设备的配备

地面的泵车组要保持持续供液,防止管柱内携带的砂粒回落引起返液通道堵塞,在现场施工中建议泵注设备一用一备。

(3) 冲砂数据的监测

冲砂作业过程中,需对作业数据进行准确的监测,以便实时调整施工参数,提高冲砂效率。重点监测和记录的项目主要包括洗井液循环进出井筒口的排量、泵注压力、井口环空压力、返出液砂比、连续管入井速度和悬重等。

6.1.5 工程应用

1. 作业井情况

某井为一口页岩气水平井,采用 N80 倒角加厚油管(外径 73.02 mm)完井,井深为 2 725.76 m(井斜角 70°),于 2014 年 10 月 22 日投入生产。

井下生产完井管串结构(自下而上)为导锥＋筛管 3.10 m＋定压接头 0.20 m＋陶瓷堵塞器 0.24 m＋油管 9.45 m＋XN 工作筒 0.25 m＋油管 1 398.50 m＋X 型工作筒 0.25 m＋油管 1 304.36 m＋双公变扣 0.08 m＋油管挂 0.33 m＋油补距。

该井采用油管生产期间,受邻井压裂影响,产水量急剧增加,页岩气产量突然剧增,且井口针阀无法控制。更换水套炉针阀发现阀针已经完全被冲蚀;进行系统排污,排污系统无液返出,疏水阀出口平板闸阀不能关闭,平板闸阀阀腔内大量沉砂。判断为地层大量出砂引起的井下生产管串流道堵塞,因此,设计时采用连续管进行管内冲砂洗井作业。

2. 施工难点分析

① 连续管洗井管串在通过井下工作筒时,有发生遇阻遇卡的风险;

② 当冲砂至筛管处时,若下管速度过快,易形成凹坑,导致周边砂子垮塌,存在连续管砂埋遇卡的风险;

③ 当冲砂至目的位置时,油套连通瞬间会产生压力波动,对连续管产生冲击,存在连续管弯折的风险;

④ 在冲砂施工中,因泵车故障或供液故障且不能短时间内恢复,存在循环中断而发生砂卡的风险;

⑤ 解堵成功后,井内页岩气随冲砂液返到井口,造成井口压力剧增,对井口地面管汇、连续管井口井控系统造成巨大的压力冲击,存在井喷失控的风险;

⑥ 地面设备、连续管设备在施工期间一直处于高压状态,存在安全风险。

3. 施工方案

本节针对上述施工难点,对试井连续管管内冲砂的井下工具组合、施工参数、地面配套设备进行了详细的方案设计。

1) 施工工序及管串

连续管管内冲砂的主要工序为安装设备→地面测试冲砂工具串→下放连续管探砂面→上提→开泵循环→控制好泵压、钻压下钻冲砂→洗井→起出连续管。

连续管管内冲砂管串由滚压接头连接器、双瓣式单流阀、笔尖式喷头三部分组成,如表 6-2 所示。

表 6-2　某井连续管管内冲砂工具结构表

序号	工具名称	最大外径/mm	最小外径/mm	长度/m
1	滚压接头连接器	38.10	19.00	0.12
2	双瓣式单流阀	38.10	19.00	0.25
3	笔尖式喷头	38.10	14.00	0.07

2）冲砂液

对该井进行连续管管内冲砂作业,因连续管内径小,携砂上返环空空间有限,要求冲砂液具有良好的减阻性和携带性,设计采用线性胶作为冲砂洗井液。冲砂液应储备充足,防止在施工过程中,该冲砂液不足,造成卡钻。

3）施工参数

针对施工中可能出现的技术问题,设计施工参数。

① 过防喷器和压裂井口时,连续管起下速度不超过 5 m/min,起下过程中不超过 10 m/min;连续管在通过井内工具前后 50.00 m 时速度降至 5 m/min,密切观察悬重变化。

② 冲砂作业时严格控制连续管下放速度不高于 1 m/min,每冲砂 20.00 m 上提连续管 10.00 m 循环,监测井口出砂量,待出口取样无砂时,方可继续冲砂。

③ 冲砂过程中全程监测出口砂量及井口压力,一旦砂量增多或井口压力瞬间升高,应加大防喷盒压力,上提连续管,合理控制井口回压。

④ 遇阻吨位不得超过 10.00 kN。

⑤ 施工泵压控制在设备的耐压范围内。

4）其他保障措施

① 确保井控设备安全,严禁采用平板闸阀调节放喷,防止返排砂冲蚀平板闸阀。

② 采用两台独立并联的泵车进行供液,实时监测液罐内液面,确保冲砂液充足。

③ 冲砂设备、井控设备性能良好;试压合格;人员技术交底,做好应急演练。

4. 施工过程

① 下连续管至 1 260.00 m 速度降至 5 m/min,X 型工作筒下深为 1 314.00 m。

② 下放连续管至 2 500.00 m 时开泵循环,排量为 50～200 L/min,用 12.00 mm 的油嘴进行控制测试,循环压力 30.00 MPa。

③ 循环至井口出液后继续下放至 2 600.00 m,下放速度降至 1 m/min。

④ 开泵循环并持续下放冲砂管串至 2 720.00 m 后停止下放,循环 6 m³ 线性胶(冲砂过程每下放 20.00 m 上提 10.00 m 连续管,循环线性胶 5 m³ 后继续下放)。

⑤ 在 2 720.00～2 725.00 m,冲砂进尺为 5.00 m,洗井 6 m³。

⑥ 冲砂井段 2 630.00～2 725.00 m,段长 95.00 m,分三次分段冲砂,出口过 12.00 mm 油嘴(返排口开始出砂,同时返排口见可燃气体点着),油压从 0 MPa 上升至 8.30 MPa,套压由 22.80 MPa 上升至 24.70 MPa。分别采用了 12.00,8.00,6.00 mm 的油嘴,从油管放喷排液,焰高为 5.00～6.00 m,出口无砂返出,油压由 8.30 MPa 上升至 24.60 MPa,套

压为 24.70 MPa。

⑦ 冲砂解堵后页岩气产量为二十多万立方米,冲砂解堵成功。

6.2　连续管水平井落物打捞

与常规竖直井相比较,水平井作业工程更加复杂,井内故障也更加频繁。水平井段作业管柱摩阻大,发生断脱事故多;井筒作业砂、钻磨碎屑等井筒物都将妨碍其他作业或生产。因此,水平井打捞是井筒作业工程中必须考虑和不可缺少的工程。然而,高效的钢丝、电缆打捞方式在水平井中几乎无法实施,常规管柱打捞在带压井筒中不泄压、不压井作业也难以实施。因此,连续管打捞技术在水平井,特别是在带压气井中的应用具有明显的优势。

连续管打捞与钢丝、电缆打捞相比,具有的优势包括:①在大斜度井特别是水平井中,可更加有效的传递轴向力,保证管柱下入深度和对落物施加载荷;②可实现液体的循环,既可对鱼顶进行冲洗清理,还可驱动专用工具实现多种功能,提升打捞成功率。连续管打捞与传统的修井设备和管柱打捞相比,具有的优势包括:①可在油管内、甚至过油管进行打捞,不动原井管柱;②可实现带压打捞,无须使用高密度压井液压井,避免储层损伤,同时降低了作业成本,避免了因打捞时间长,压井液固相颗粒沉淀的隐患;③可快速开展打捞作业,打捞周期相对较短,快速恢复因井下复杂情况被迫中断的大型施工。

连续管与钢丝、电缆和传动修井机相比,在打捞技术领域内更具优势,但是也存在一些技术难题需要解决。主要包括:①连续管注入头提升能力相对修井机更小,连续管相对油管/钻杆抗拉强度更低,在水平井内对落鱼施加的有效上提载荷更小,不利于被卡管柱的解卡;②作业时连续管不能旋转,既限制了旋转启动工具的使用,也不利于落鱼的引进;③带压打捞时,受防喷管安装长度、防喷器半封闸板尺寸的影响,限制了被打捞的落鱼长度、外径。

6.2.1　套管水平井常见落鱼

页岩气水平井工程作业中经常遇到测井、射孔、压裂、泵送桥塞射孔联作、钻磨桥塞时电缆断脱、连续管断脱,甚至工具断脱、螺杆钻具抽芯等落井事故;连续管钻磨桥塞产生的复合材料碎屑、金属碎块沉积在井筒中。打捞这些落物首先需要辨识落物,即井下落鱼的预定形状和在井筒中的状态。井筒落鱼类型繁多,这里结合涪陵页岩气作业工程中遇到的问题,重点讨论长水平段套管水平井落鱼的型式。

1. 连续管落井

随着连续管水平井作业量的增加,因疲劳、腐蚀、剪管等原因,连续管落井的情况时有发生。连续管断裂形状较多,主要可以分为六类:缩口、扩口、扁口、方口、不规则口和弯头,如图 6-8 所示。打捞落井连续管时,因连续管内径较小以及焊缝的影响,内捞工具进入连续管内部比较困难,因此多从管体外壁打捞。

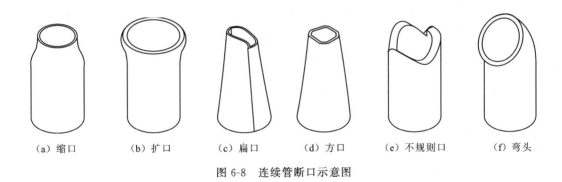

（a）缩口　　（b）扩口　　（c）扁口　　（d）方口　　（e）不规则口　　（f）弯头

图 6-8　连续管断口示意图

2. 工具串落井

在页岩气水平井中泵送桥塞与多级射孔联作、连续管钻磨和连续管传输测井等工程作业时，工具串落井事故时有发生。

1）泵送桥塞与多级射孔联作工具串

泵送桥塞与多级射孔联作技术具有成本低、效率高、便于后续作业的特点，在页岩气水平井分段压裂中被广泛使用。作业施工中因井眼轨迹复杂、泵送参数不合理、桥塞坐封后不丢手、剪切电缆等原因，工具串落井事故时有发生。该类工具串落井打捞占连续管水平井打捞比例较大。工具串落井鱼顶形式主要是电缆断脱，根据电缆断脱的形态，主要可分为断脱电缆在电缆头上部堆积、断脱电缆回缠在电缆头上和电缆从电缆头弱点处断脱，如图 6-9 所示。另外，根据电缆断脱时机的不同，主要可分为桥塞坐封前电缆断脱、桥塞坐封无法丢手后电缆断脱和桥塞坐封并丢手后电缆断脱，如图 6-10 所示。打捞电缆主要采用内钩或外钩工具，打捞无电缆的工具串、带短电缆或电缆头被电缆回缠的工具串时采用卡瓦张开力量较小、打捞范围较大的专用打捞筒。

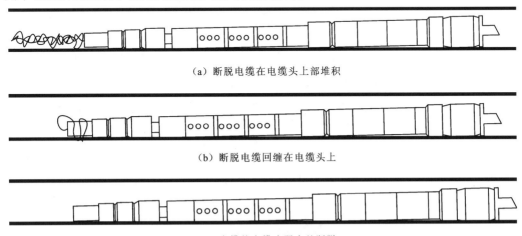

（a）断脱电缆在电缆头上部堆积

（b）断脱电缆回缠在电缆头上

（c）电缆从电缆头弱点处断脱

图 6-9　电缆断脱工具串落鱼示意图

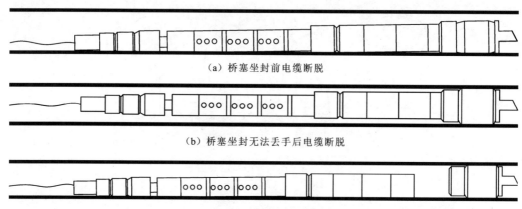

（a）桥塞坐封前电缆断脱

（b）桥塞坐封无法丢手后电缆断脱

（c）桥塞坐封并丢手后电缆断脱

图 6-10　不同时机电缆断脱工具串落鱼示意图

2）连续管钻磨工具串

连续管钻磨技术在应用初期，由于工具选型与使用不合理、人员操作不熟练、工具质量问题、工程风险评估不足等原因，出现了大量的井下复杂情况。连续管钻磨工具串落井时有发生，工具串落井形式主要可以分为 5 种：连续管与连接器松脱、连接器断脱、卡钻后投球丢手、水力振荡器断脱、螺杆钻具转子抽芯，如图 6-11 所示。另外，连续管钻磨在井筒中存在较多的碎屑，尤其是大尺寸钻屑，为了确保打捞成功，打捞前，一般先清理井筒内的碎屑，然后打捞工具串。不同原因产生的落鱼，打捞的方法和工具也不同，连续管与连接器松脱、连接器断脱、卡钻后投球丢手、水力振荡器断脱等引起的落鱼，一般选用专用打捞筒打捞；打捞螺杆钻具转子抽芯引起的落鱼，通常在专用打捞筒中增加延伸筒打捞，打捞筒可以穿过转子，打捞落鱼外形尺寸比较规则的部位。

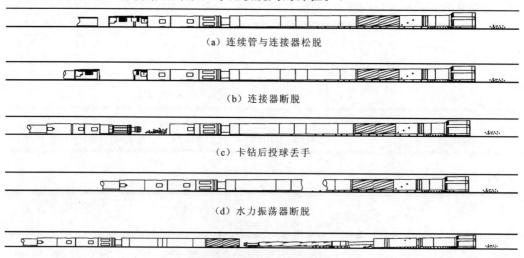

（a）连续管与连接器松脱

（b）连接器断脱

（c）卡钻后投球丢手

（d）水力振荡器断脱

（e）螺杆钻具转子抽芯

图 6-11　连续管钻磨工具串落鱼示意图

3）连续管测井工具串

连续管可携带存储式测井仪器井下测井,也可在管内穿入电缆或光缆后,携带直读式测井仪器测井。近年来,连续管传输测井工艺快速发展,技术成熟,测井施工风险较低,出现测井工具串落井的案例较少。这里列举一个测井工具串落井案例,如图 6-12 所示。该案例基本情况为,连续管传输测井模拟工具串通井,通井结束后起管至井口遇卡,反复活动解卡无效,因工具串未接入丢手工具,被迫剪切连续管和管内电缆,工具串由井口掉落井底。选用专用捞筒,完成落鱼打捞。

图 6-12　测井工具串落鱼示意图

3. 井筒碎屑

选用复合材料桥塞完成水平井分段压裂后,利用连续管钻除桥塞,将产生金属碎屑、胶筒碎屑、复合材料碎屑,如图 6-13 所示。根据返排及打捞的碎屑重量统计显示,井筒内仍有约 $50\%\sim60\%$ 的碎屑。气井投产后,因井内流体的推移,碎屑堆积现象较为普遍,对生产及后续施工均有一定的影响,有必要进一步清理井筒碎屑。

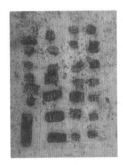

（a）金属碎屑　　　　　　　（b）胶筒碎屑　　　　　　　（c）复合材料碎屑

图 6-13　桥塞碎屑实物图

6.2.2　连续管水平井打捞工具

连续管打捞技术存在的一些难题,短时间内地面装备和管材的功能、性能难以大幅提升,还需要通过井下工具的创新予以解决。针对套管水平井常见落鱼情况,结合连续管水平井打捞技术特点,研制了系列连续管打捞工具,完成了对套管水平井常见落鱼的打捞。

1. 探测类工具与仪器

判断、查明井下状况是处理井下事故的首要步骤和选择应用工具的主要依据,因此探测工具和仪器的作用很重要。

1）护套铅模

护套铅模是铅模的一种,是在普通铅模的基础上增加保护套,用于水平井探测井下落鱼鱼顶状态和套管情况。护套铅模下入井中与鱼顶接触留下印迹,分析铅模印迹形状和深度,可以判断鱼顶的位置、形状、状态、套管变形等情况,为打捞落鱼选择打捞工具,制定施工设计提供依据。

护套铅模结构主要由上接头、护套、铅体组成,如图 6-14 所示。铅模材质硬度低,下入井中探测到鱼顶,施加较小的载荷,鱼顶将吃入铅模,取出铅模后鱼顶在铅模上留下印记,分析印记判断鱼顶形状和状态。值得注意的是铅模只与鱼顶接触一次,否则无效。

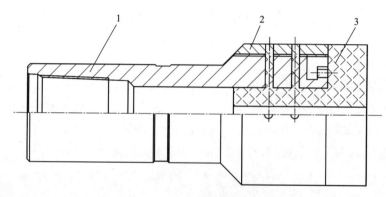

图 6-14　护套铅模结构图

1-上接头；2-护套；3-铅体

2）井下电视

井下电视是一种可视化井下探测工具,对于复杂鱼顶、断脱的钢丝、电缆等,在铅模探测不能准确判断鱼顶的情况下,下入井下电视进一步确认鱼顶形状和状态。井下电视技术详见 10.4 节。

2. 震击类工具

1）液压双向震击器

液压双向震击器主要用于落井管柱或工具串遇卡时震击解卡。连续管注入头提升负荷较小,落物遇卡时不能大负荷提升解卡打捞,因此连续管打捞落物时需要配套使用液压震击器用于落鱼解卡。液压双向震击器配套加速器可以增强震击力,增加管柱解卡能力。

液压双向震击器结构主要由上接头、滑动密封接头、上外筒、撞击头、芯轴、延时外筒、延时计量套、下平衡活塞、下接头等组成,如图 6-15 所示。当上提或下压打捞管柱时,因硅油的不可压缩性和小缝隙延时机构的溢流延时作用,管柱积蓄弹性变形能;当延时行程结束,管柱积蓄的弹变形能瞬时释放,变成向上或向下的冲击功作用于鱼顶,使遇卡管柱解卡。其主要特点:①弹性变形能迅速变成卡点处的巨大的瞬时动能;②能转递拉、压、扭等各种负荷。

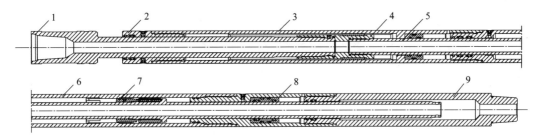

图 6-15　液压双向震击器结构示意图

1-上接头；2-滑动密封接头；3-上外筒；4-撞击头；5-芯轴；

6-延时外筒；7-延时计量套；8-下平衡活塞；9-下接头

2）液压加速器

液压加速器是一种加强震击效果、减弱对地面设备冲击的工具，其结构设计本身无震击功能，需与液压双向震击器配套使用。连续管与水平井井壁的摩擦力在很大程度上消耗液压双向震击器的向上震击力，使用加速器可以加强震击作用。

加速器结构主要由上芯轴接头、滑动密封接头、上缸套、下芯轴、中缸套、震击垫、冲管、下接头等组成，如图 6-16 所示。

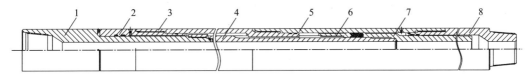

图 6-16　液体加速器结构示意图

1-上芯轴接头；2-滑动密封接头；3-上缸套；4-下芯轴；5-中缸套；6-震击垫；7-冲管；8-下接头

当上提打捞管柱时，加速器芯轴带动密封总成向上移动压缩硅油，并储存能量。震击器上击行程运动到卸油位置时，加速器内腔的硅油贮存的能量也被释放，在震击器芯轴上叠加更大的加速度。使震击的"大锤"获得更大的速度，从而增加了震击的动量和动能，产生一个巨大的震击力作用在鱼顶上。

3. 低速螺杆钻具

低速螺杆钻具是一种把液体的压力能转化为旋转机械能的井下动力工具。受连续管作业地面高压防喷管长度的限制，低速螺杆钻具实际上是在常规动力螺杆钻具的基础上设计改进的一种长度尺寸较小的短型容积式马达，专门用于连续管打捞。低速螺杆钻具主要用于驱动打捞工具缓慢转动，有利于打捞工具引鞋进入水平井段内倾斜、紧贴于套管壁面的落鱼鱼顶，将落鱼引入打捞工具内腔，克服了连续管不能旋转的不足，提高打捞效率与成功率。

低速螺杆钻具主要由上接头、防掉杆、定子、转子、挠性轴外筒、挠性轴、轴承上壳体、轴承下壳体、轴承组合及传动轴等组成，如图 6-17 所示。

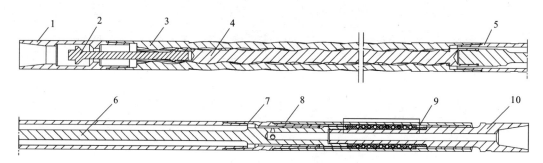

图 6-17　低速螺杆钻具结构示意图

1-上接头；2-防掉杆；3-定子；4-转子；5-挠性轴外筒；6-挠性轴；

7-轴承上壳体；8-轴承下壳体；9-轴承组件；10-传动轴

当动力液进入低速螺杆钻具，在液压马达的进出口产生一定的压差，推动液压马达的转子绕定子轴线做行星运动，经传动轴转换为定轴转动，驱动打捞工具低速旋转。低速螺杆钻具主要特点：①抗拉强度大，适用于震击解卡打捞；②长度较短，适用于长落鱼打捞；③缓慢旋转，有利于落鱼的引入，有利于鱼顶的保护。

4. 内钩和外钩

内钩和外钩用于在套管井筒内打捞各种电缆或钢丝绳。内钩和外钩结构简单、操作灵活，可与低速螺杆钻具配合使用，主要用于连续管打捞泵送桥塞作业电缆断脱落鱼。内钩和外钩结构如图 6-18 所示。

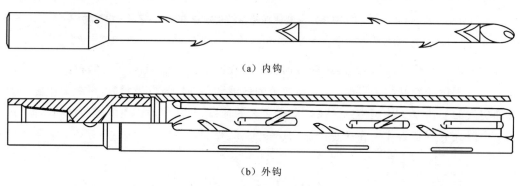

（a）内钩

（b）外钩

图 6-18　内钩和外钩示意图

5. 液压可退式卡瓦打捞矛

液压可退式卡瓦打捞矛是一种专门用来打捞管类落鱼的可退式打捞工具。打捞矛随连续管下入井内对落物进行打捞，如遇卡严重，投球打压，可以很容易释放落鱼并退出工具。为实现投球可退功能，需确保投球通道畅通。

液压可退式卡瓦打捞矛由上接头、活塞外筒、活塞、弹簧、卡瓦、芯轴等组成，如图 6-19 所示。

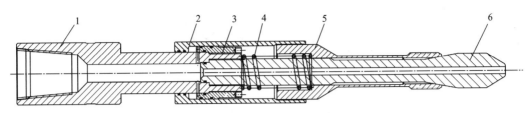

图 6-19　液压可退式卡瓦打捞矛结构示意图

1-上接头;2-活塞外筒;3-活塞;4-弹簧;5-卡瓦;6-芯轴

打捞时下放工具,落鱼通过芯轴的导引头将卡瓦引入落鱼鱼顶。上提工具,卡瓦通过锥面涨径卡紧落鱼实现抓捞,继续上提即可完成打捞作业。如遇卡严重,投球打压,卡瓦可随液缸相对芯轴运动缩径,脱开落鱼。

6. 液压可退式 GS 打捞矛

液力可退式 GS 打捞矛可用于投放或打捞带标准 GS 内打捞颈的井下工具。部分连续管工具设计有标准的 GS 型打捞颈,配合 GS 型液压可退式打捞矛进行投捞作业,极大程度地提高了打捞成功率。

液压可退式 GS 打捞矛主要由上接头、芯轴、弹簧、棘爪、套筒、节流嘴、丝堵等组成,如图 6-20 所示。

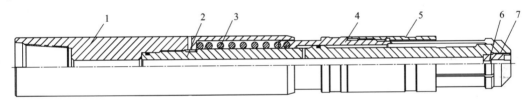

图 6-20　液压可退式 GS 打捞矛结构示意图

1-上接头;2-芯轴;3-弹簧;4-棘爪;5-套筒;6-节流嘴;7-丝堵

GS 打捞矛进入工具的标准 GS 内打捞颈完成对接。需要释放时,地面打压,流体通过 GS 打捞矛内部节流嘴,产生压差推动棘爪上行,棘爪失去芯轴支撑释放落鱼,无须剪切销钉或投球。使用液压可退式 GS 打捞矛可完成多次投放、打捞动作。

7. 液压可退式打捞筒

液压可退式打捞筒是抓捞井内光滑外径落鱼比较有效的工具。打捞筒随连续管下入井内对落鱼进行打捞,如遇卡严重,投球打压,可以很容易释放落鱼并退出。为实现投球可退功能,需确保投球通道畅通。

液压可退式打捞筒由上接头、活塞、导向套、卡瓦、弹簧、筒体和引鞋等组成,如图 6-21所示。

液压可退式打捞筒利用卡瓦与外筒锥面的压缩实现抓捞。打捞时下放工具,卡瓦处

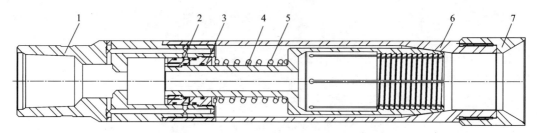

图 6-21　液压可退式打捞筒结构示意图
1-上接头；2-活塞；3-导向套；4-卡瓦；5-弹簧；6-外筒；7-引鞋

于放松状态将落鱼引入。卡瓦内径小于落鱼外径，可产生一定的预紧力，上提时落鱼带动卡瓦下行，受外筒锥面的压缩卡紧落鱼，继续上提即可完成打捞作业。如遇卡投球打压即可退出落鱼。

8. 弹簧卡瓦式打捞筒

弹簧卡瓦式打捞筒主要用于抓捞管状落物，特别是对于鱼顶不规则或被电缆缠绕的管状落物，具有比较好的打捞效果。

弹簧卡瓦式捞筒由上接头、上筒体、弹簧、弹簧内套、卡瓦等组成，如图 6-22 所示。

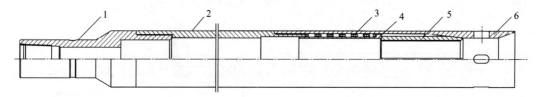

图 6-22　弹簧卡瓦式打捞筒结构示意图
1-上接头；2-上筒体；3-弹簧；4-弹簧内套；5-卡瓦；6-下筒体

当落鱼进入捞筒引鞋内，在管柱载荷作用下，落鱼鱼顶上顶卡瓦和弹簧，弹簧压缩、卡瓦沿下筒体的内锥面向后滑移，卡瓦牙张开，落鱼进入卡瓦内。在弹簧力的作用下瓣式卡瓦（如双瓣式）咬住落鱼。上提钻柱卡瓦相对下移，卡瓦外锥面与下筒体内锥面贴合产生径向夹紧力实现打捞。研制的连续管专用弹簧卡瓦捞筒主要特点：①瓣式卡瓦被撑开力量小，施加较小的压力即可完成打捞；②瓣式卡瓦张开的范围大，可满足鱼顶不规则、变形或被电缆缠绕的落鱼打捞；③捞筒内部通径大、长度长，可使卡瓦越过不规则、变形或被电缆缠绕的部位，打捞外径规则的部位，打捞成功率高。

9. 连续管剪切打捞筒

连续管剪切捞筒是一种设计用于切割和回收落井连续管的专用打捞工具，具有抓卡和切割功能。切割机构可将连续管割掉一段，保留一个整洁、平滑的鱼顶，同时抓卡机构能够咬住剪断的连续管并将其打捞出井。

连续管剪切打捞筒由上接头、外筒、打捞爪、打捞爪支撑斜面、剪切爪、剪切爪支撑斜面、引鞋等组成,如图 6-23 所示。

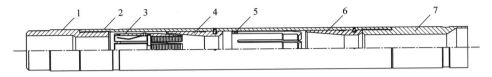

图 6-23　连续管剪切打捞筒结构示意图

1-上接头;2-外筒;3-打捞爪;4-打捞爪支撑斜面;5-剪切爪;6-剪切爪支撑斜面;7-引鞋

剪切打捞筒随连续管下入井内,落井管柱进入剪切打捞筒内腔至目标剪切位置,上提打捞管柱,打捞爪抓住落井管柱外壁,依次挤压打捞爪支撑斜面、剪切爪、剪切爪支撑斜面,当给打捞管柱施加足够大的拉力时,完成落井管柱的剪切,上提打捞管柱将切口以上的落井连续管打捞出井。

10. 杆式强磁打捞器

杆式强磁打捞器主要用于打捞钻磨复合桥塞后井筒内的金属碎屑。杆式强磁打捞器由杆体、强磁片组成,如图 6-24 所示。

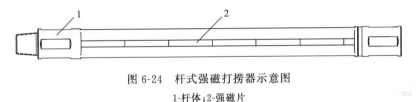

图 6-24　杆式强磁打捞器示意图

1-杆体;2-强磁片

11. 文丘里打捞篮

文丘里打捞篮是一种利用文丘里原理设计的井下捞屑工具,主要用来打捞井筒中的砂砾和桥塞碎屑。

文丘里打捞篮主要由上接头、喉管接头、喷嘴托架、喷嘴、滤网、承屑筒、滤网挡套、回收笼外筒、挡板阀等组成,如图 6-25 所示。

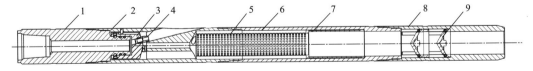

图 6-25　文丘里打捞篮结构示意图

1-上接头;2-喉管接头;3-喷嘴托架;4-喷嘴;5-滤网;6-承屑筒;7-滤网挡套;8-回收笼外筒;9-挡板阀

泵注流体时,流体从打捞篮喷嘴流出时,在工具的文丘里喉管接头内形成真空,从工具底部吸入携带碎屑的流体。携带碎屑的流体经过工具内部滤网,过滤的液体被吸入文丘里喉管接头再次循环,碎屑留在工具内的承屑筒内,随工具被携带到地面。打捞筒下端设有挡板阀阻止碎片或铁渣在停泵后掉落,打捞篮容积可以根据需要调节。

12. 万向式缠绕连接器

万向式缠绕连接器是一种用于将两段连续管连接在一起的专用工具。利用该工具连接后,断裂的连续管可以通过防喷盒、注入头、鹅颈管等,并可在滚筒上规则排列。

万向式缠绕连接器主要由上滚压式连接头、上接头、球头座、压紧盖、球头体、下接头、下滚压式连接头等组成,如图 6-26 所示。两端采用环压式连接头与连续管连接,中间采用多组万向节结构,工具外径与连续管外径一致。

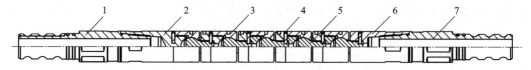

图 6-26 万向式缠绕连接器结构示意图

1-上滚压式连接头;2-上接头;3-球头座;4-压紧盖;5-球头体;6-下接头;7-下滚压式连接头

6.2.3 连续管水平井打捞

1. 打捞连续管

连续管落井主要选用捞筒类工具打捞管体外壁。当连续管落鱼处于可活动状态时,可用弹簧卡瓦打捞筒进行打捞;当活动状态不明时,可根据具体情况用连续管带液压可退式打捞筒或弹簧卡瓦打捞筒进行打捞;当连续管落鱼被完全卡死时,则需动迁常规修井机带连续管剪切打捞筒进行打捞。

连续管打捞水平井段连续管落鱼,是采用连续管作业方式将打捞工具下入鱼顶上部,泵入流体驱动低速螺杆钻具,螺杆钻具带动打捞工具缓慢旋转,以便将水平段内倾斜于井筒底部的落鱼引入打捞工具,捞住落鱼。

1) 打捞管柱结构

打捞水平井段连续管的管柱结构(由上至下)为连续管+重载连接器+双瓣式单流阀+加速器+震击器+液压丢手工具+低速螺杆钻具+捞铜类打捞工具,如图 6-27 所示。

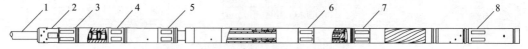

图 6-27 打捞连续管的管柱示意图

1-连续管;2-重载连接器;3-双瓣式单流阀;4-加速器;5-震击器;
6-液压丢手工具;7-低速螺杆钻具;8-捞筒类打捞工具

2）打捞过程中经常遇到的问题

① 连续管落鱼形态相对复杂。连续管在套管内断脱的原因较多、鱼顶不规则、断脱深度不同、落井长度不同，且连续管与套管直径相差较大，这些因素导致水平井段连续管落鱼鱼顶断面和形态难以预测。

② 连续管的形态易改变、鱼顶易破坏，使得打捞工作复杂化。连续管相对柔软，在轴向压力作用下容易引发落鱼受压收缩、弯曲、甚至断裂，在旋转扭矩作用下易造成鱼顶形状更加复杂。

③ 带压打捞连续管施工风险大。连续管断裂后，在单流阀仍能正常工作的情况下，虽具备卸开防喷管、安装连续管密封接头的条件，但是风险较大；另外，卷绕落井的连续管时，可能发生滚压式连接器与落井连续管脱接，在完成连续管对接后，下移注入头卡住连接器下部连续管，造成施工程序复杂。

3）主要施工工序

（1）辨识鱼顶

辨识鱼顶是打捞作业中关键的工序，依据鱼顶形状和在井筒中的形态可确定打捞工具及打捞方案。辨识鱼顶的通常做法是下印模打印，也可采用井下电视查看落鱼。

（2）抓捞落鱼

根据印模标记确认鱼顶后，制定打捞方案。通常按照如下步骤进行作业。

连续管下入打捞工具，完成落鱼抓捞。下入连续管至距鱼顶 50.00 m 时停止下放，进行最后一次拉力测试，记录此时的悬重及泵压，将下放速度降至 5 m/min。下放连续管至距鱼顶 10.00 m 时停泵，再继续下放连续管，直至遇阻 10.00 kN，上提 10.00 m，再下放至鱼顶上部 3.00 m 处启泵冲洗 10 min。停泵下放，遇阻后进行瞬时开泵操作，观察悬重及泵压变化，如泵压明显比之前记录压力高，可以判断为吞进落鱼。停泵，关闭液体返排阀门，下放连续管加压 10.00 kN，停留 5 min，抓牢落鱼；慢上提连续管 2.00 m，小排量开泵，若泵压明显高于循环时的泵压，判断出已抓获落鱼。

（3）起管捞出落鱼

判断抓获落鱼，缓慢上提连续管。若上提过程中遇卡或上提负荷超过原悬重 50.00 kN，则启动加速器和液压震击器，以震击解卡。若仍未解卡，尝试多次震击解卡。若解卡成功，关注悬重变化，若抓获落鱼，起连续管至地面。起至井口，连接器接触防喷盒，关闭防喷器卡瓦闸板、半封闸板，完成连续管悬挂及油套环空密封。从防喷器泄压口泄压，测试管内及油套环空密封情况、管柱悬挂情况。确认连续管密封、悬挂可靠后，从防喷器上部卸开防喷管，选择适当位置，分别完成作业连续管和被打捞连续管的切割。修整作业连续管和被打捞连续管断口，安装万向式缠绕连接器，完成连续管反穿注入头。恢复井口防喷管连接，打开防喷器卡瓦闸板、半封闸板。

（4）回收落井连续管

完成全部落井连续管及井下工具的回收，恢复原井井口。以 5 m/min 的速度缓慢上提连续管,密切观察连续管断头和万向式缠绕连接器过鹅颈导向器至缠绕在滚筒上的过程中的工作状态是否稳定。若工作状态不稳定,立刻停止起管;若工作状态稳定,完成全部连续管回收,关闭井口阀门,恢复原井井口。

2. 打捞电缆

当落井电缆较长时,可选用内钩或外钩打捞电缆;当落井电缆长度已经小于 10.00m 时,可考虑不打捞电缆,直接选用弹簧卡瓦打捞筒打捞电缆头。

连续管打捞电缆,主要是采用连续管将内钩或外钩下至电缆鱼顶,泵入流体驱动低速螺杆钻具,螺杆钻具带动内钩或外钩缓慢旋转,实现电缆的打捞。

1)打捞管柱结构

打捞电缆的管柱结构(由上至下)为连续管＋重载连接器＋双瓣式单流阀＋液压丢手工具＋低速螺杆钻具＋外钩(或内钩),如图 6-28 所示。

图 6-28　打捞电缆的管柱示意图

1-连续管;2-重载连接器;3-双瓣式单流阀;4-液压丢手工具;5-低速螺杆马达;6-外钩

2)打捞过程中经常遇到的问题

① 鱼顶位置不明确。由于电缆属于弹性较强的绳索,在套管水平井内,多呈不规则弹性螺旋状分布,且下部排列较密,上部排列较稀;同时受电缆断裂时张力的瞬间巨大变化的影响,鱼顶位置很难预测。管柱下入太浅不能有效缠绕电缆,打捞成功率低;管柱下入太深易堆积翻滚,将打捞管柱卡死。

② 捞获情况难以判断。由于注入头指重表和测井电缆重量间存在数量级的差别,当捞获电缆较少时,地面难以准确判断,在打捞工具未起出井口前无法预知打捞效果。

③ 捞获部分电缆后,剩余电缆长度计算不准确。电缆断裂时,多受到较大的拉扯力,将造成电缆变形,特别是电缆被多次拉扯断裂后,将影响井内剩余电缆长度的计算,进而影响再次打捞。

④ 带压打捞电缆,受电缆长度、变形等因素影响,需多种应对方案。当打捞出井的电缆较长时,需安装电缆防喷器,并动用电缆车回收电缆;当端部电缆变形较严重、长度较长时,电缆防喷器存在无法有效密封的可能,将大幅增加打捞施工难度。

3)主要施工工序

(1)辨识鱼顶

辨识鱼顶是打捞作业中关键的工序,依据鱼顶形状和在井筒中的形态确定打捞工具及打捞方案。通常情况下,电缆落鱼不需要下工具辨识,多次打捞不成功的情况下可以下印模打印,也可采用井下电视查看落鱼。

（2）抓捞落鱼

连续管下入打捞工具，完成落鱼抓捞。连续管下放打捞工具至距鱼顶 50.00 m 时停止下放，进行最后一次拉力测试，记录此时的悬重及泵压，将下放速度降至 5 m/min。继续以 5 m/min 的速度缓慢下放加压，逐步加深，并开泵循环，通过低速螺杆钻具使打捞工具旋转进行抓捞操作，密切关注悬重和泵压变化。每完成 1 次抓捞操作，需缓慢上提管柱 10.00～30.00 m，观察悬重有无增加。如无增加，每次可加深 10.00～15.00 m，加压不超过 5.00 kN。如悬重明显增加，证明抓获落鱼。

（3）起管捞出落鱼

判断抓获落鱼，缓慢上提连续管。观察上提过程中悬重变化情况，若抓获落鱼，起打捞管柱至防喷管内，连接器接触防喷盒，关闭井口阀门，恢复原井井口。

3. 打捞工具串

工具串落井，主要选用捞筒类工具打捞管体外壁，打捞工具串与打捞连续管落鱼类似，所用的打捞管柱相同，如图 6-27 所示。当处于可活动状态时，可用连续管带弹簧卡瓦打捞筒进行打捞；当活动状态不明时，可根据具体情况用连续管带液压可退式打捞筒或弹簧卡瓦捞筒进行打捞。

1）打捞过程中经常遇到的问题

① 井筒环境复杂。压裂完成后井筒内残留压裂砂；钻塞施工后，井筒内桥塞碎屑堆积；后期生产时，返排压裂砂、地层出砂和桥塞碎屑叠加堆积。

② 鱼顶不规则。打捞泵送桥塞与多级射孔工具串时，电缆易回缠电缆头；打捞马达抽芯的钻塞工具串时，鱼顶为螺旋线的转子。

③ 落鱼倾斜在水平井筒底部。受重力影响，落井工具串倾斜贴于套管底部，加之落井各工具串外径不同。

④ 打捞工具进入鱼顶困难。受井筒环境复杂、鱼顶不规则、落鱼倾斜在水平井筒底部等因素的综合影响，以及连续管不能旋转的局限性，打捞工具进入鱼顶困难。

⑤ 带压打捞的落鱼长度受到防喷管长度的限制。从安全角度考虑，防喷管安装长度一般小于 20.00 m，当落井工具串长度较长时，将无法关闭井口主阀。

2）主要施工工序

（1）识别鱼顶

识别鱼顶是打捞作业中关键的工序，依据鱼顶形状和在井筒中的形态确定打捞工具及打捞方案。通常的做法是下印模打印，也可采用井下电视查看落鱼。

（2）抓捞落鱼

根据印模确认鱼顶后，制定打捞方案。通常按照如下步骤进行作业。

连续管下入打捞工具，完成落鱼抓捞。连续管下放打捞工具至距鱼顶 50.00 m 时停止下放，进行最后一次拉力测试，记录此时的悬重及泵压，将下放速度降至 5 m/min。下放连续管至距鱼顶10.00 m时停泵,再继续下放连续管,直至遇阻10.00 kN,上提10.00 m,再下放至鱼顶上部3.00 m处开泵冲洗10 min。停泵下放,遇阻后进行瞬时开泵操作,观察悬重及泵压变化,如泵压明显比之前记录压力高,可以判断为吞进落鱼。停泵,关闭液体返排阀门,下放连续管加压10.00 kN,停留5 min,抓牢落鱼;慢上提连续管2.00 m,小排量开泵,若泵压明显高于循环时的泵压,判断出已抓获落鱼。

（3）起管捞出落鱼

判断抓获落鱼,缓慢上提连续管。若上提过程中遇卡或上提负荷超过原悬重50.00 kN,则启动加速器和液压震击器,以震击解卡。若仍未解卡,尝试多次震击解卡。若解卡成功,关注悬重变化,若抓获落鱼,起打捞工具串至防喷管内,连接器接触防喷盒,关闭井口阀门,恢复原井井口。

4. 打捞碎屑

对于磁性碎屑,主要选用杆式强磁打捞器;非磁性碎屑主要选用文丘里打捞篮。

1）打捞管柱结构

① 杆式强磁打捞管柱结构组合（由上至下）:连续管＋重载连接器＋双瓣式单流阀＋液压丢手工具＋杆式强磁打捞器（4～5支）＋喷嘴,如图6-29所示。

图 6-29　杆式强磁打捞管柱示意图

1-连续管;2-重载连接器;3-双瓣式单流阀;4-液压丢手工具;5-杆式强磁打捞器;6-喷嘴

② 文丘里打捞篮打捞管柱结构组合（自下而上）:连续管＋重载连接器＋双瓣式单流阀＋震击器＋液压丢手工具＋文丘里打捞篮,如图6-30所示。

图 6-30　文丘里打捞篮打捞管柱示意图

1-连续管;2-重载连接器;3-双瓣式单流阀;4-震击器;5-液压丢手工具;6-文丘里打捞篮

2）打捞过程中经常遇到的问题

① 捞获情况难以判断。由于注入头指重表和碎屑重量间存在数量级的差别,碎屑捞获量,地面难以准确判断,在打捞工具未起出井口前无法预知打捞效果。

② 碎屑打捞工具不能适应井内各种碎屑。杆式强磁打捞器和文丘里打捞篮均有各自适应打捞的碎屑,不能覆盖全部碎屑,且不能显示打捞效果。

3）杆式强磁打捞主要施工工序

根据井眼尺寸选定合适的强磁打捞器。连续管下放杆式强磁打捞器至水平段后，下放速度控制在 10 m/min 以内，以 400 L/min 排量开泵循环。然后，将强磁打捞器慢慢下放探测碎屑（此时钻压不大于 10.00 kN），然后上提 0.30～0.50 m，再边循环边下放管柱，反复多次后起管柱。管柱起至造斜段后，上提速度控制在 10 m/min 以内，操作过程要求平稳、低速、严禁剧烈震动与撞击，以保护磁芯和被吸附的碎屑落物。

4）文丘里打捞篮打捞主要施工工序

根据施工泵压和排量选定合适的文丘里喷嘴尺寸组合，以形成合适的虹吸负压。连续管下放文丘里打捞篮至造斜段时，速度控制在 10 m/min 以内，根据喷嘴大小以 350～450 L/min 排量开泵循环，控制泵压小于 45.00 MPa。将文丘里打捞篮慢慢下放塞面或人工井底（此时钻压不大于 10.00 kN）后起管柱。

连续管作业有专门的操作规程，上述仅研究了打捞工艺中连续管输送打捞管柱打捞过程中的操作，包括管柱移动方式、移动速度、悬重及其变化值、泵压和排量等。连续管正常输送，严格执行连续管作业规程。

6.2.4　工程应用

1. XX 井打捞泵送桥塞与多级射孔联作工具串

1）作业井情况

XX 井是一口页岩气水平井，完钻井深 4 620.00 m，垂深 3 045.00 m，水平段长 1 140.00 m。在该井进行第 10 段泵送桥塞与多级射孔联作作业时工具串遇卡；活动解卡失效，最后设计采用过提电缆将电缆从弱点处以拉断的方式进行解卡，电缆拉断起出井口。

2）落鱼情况

该井在起出电缆后，检查断点，发现电缆未从弱点处断开；经调查，鱼顶深度 3 980.00 m，井内落鱼情况（由上至下）：电缆＋磁性定位器＋加重杆＋射孔枪（4 级）＋桥塞坐封工具＋桥塞；落井电缆长度为 15.00 m，工具串长度为 11.24 m，具体尺寸如表 6-3 所示。

表 6-3　XX 井落井工具串尺寸参数表

序号	工具名称	长度/m	外径/mm	数量	累计长度/m
1	电缆	15.00	8.00	1	15.00
2	电缆头（弹簧护套）	0.81	60.00	1	15.81
3	磁性定位器	0.48	89.00	1	16.29
4	安全防爆装置	0.05	89.00	1	16.34
5	扶正器	0.29	89.00	1	16.63
6	加重杆	0.64	89.00	1	17.27

序号	工具名称	长度/m	外径/mm	数量	累计长度/m
7	密封短接	0.15	89.00	1	17.42
8	遥测下短接	0.17	89.00	1	17.59
9	射孔枪	1.10	89.00	1	18.69
10	遥测密封短接	0.15	89.00	1	18.84
11	遥测下短接	0.17	89.00	1	19.01
12	射孔枪	1.10	89.00	1	20.11
13	遥测密封短接	0.15	89.00	1	20.26
14	遥测下短接	0.17	89.00	1	20.43
15	射孔枪	1.10	89.00	1	21.53
16	遥测密封短接	0.15	89.00	1	21.68
17	遥测下短接	0.17	89.00	1	21.85
18	射孔枪	1.10	89.00	1	22.95
19	遥测密封短接	0.15	89.00	1	23.10
20	桥塞点火上接头	0.26	89.00	1	23.36
21	桥塞点火头	0.05	97.00	1	23.41
22	桥塞坐封工具	2.26	102.00	1	25.67
23	桥塞	0.57	100.00	1	26.24

3）施工方案

① 首先采用低速螺杆钻具＋外钩打捞落井电缆,将井内剩余电缆全部清除干净,便于打捞工具串本体;

② 使用低速螺杆钻具＋弹簧卡瓦打捞筒抓获桥塞-多级射孔联作工具串顶部的电缆头,震击解卡成功后起出井口。

4）打捞过程简述

进行连续管井口设备功能测试和打捞工具组合拉压测试,打捞工具串组合(由上至下):重载连接器＋双瓣式单流阀＋液压丢手工具＋低速螺杆钻具＋外钩。

打捞工具串组合测试合格后,连续管下放打捞工具组合入井至3 900.00 m时,启动泵车,开始循环,低速螺杆钻具正常工作,外钩随螺杆钻具旋转;开泵继续下放连续管至3 930.00 m,悬重明显降低,上提连续管回到3 900.00 m,悬重升高,超过正常悬重,判断可能已经抓获落井电缆;再次下放连续管至3 930.00 m,悬重再次明显下降,上提连续管回到3 900.00 m,悬重仍然升高,超过正常悬重,确定抓获电缆落鱼,将连续管起出井口,检查打捞工具组合,发现捞获全部落井电缆,如图6-31所示。

打捞剩余落鱼。组装打捞工具串落鱼的工具组合,打捞工具组合(由上至下):重载连接器＋双瓣式单流阀＋加速器＋震击器＋液压丢手工具＋低速马达＋弹簧卡瓦捞筒；测试工具串合格,连续管下放打捞工具组合入井至 3 888.00 m 时开泵；随后下至 3 928.00 m 时停泵,停留 1 min,再继续下放连续管,下至 3 934.20 m 遇阻,加压 10.00 kN 后,上提连续管至 3 926.80 m,悬重明显增加,大于下入管柱自身悬重；尝试使用震击器震击解卡,缓慢上提管柱,悬重恢复到正常范围内；开泵,泵压明显高于循环时的泵压,判断出已抓获落鱼；将连续管起出井口,检查工具串,发现成功抓获全部落鱼,如图 6-32 所示。

图 6-31　捞获落井电缆

图 6-32　捞获落井工具串

5）认识

本次打捞落鱼实际位置为 3 950.00 m,准确判断落鱼情况,使用了正确的打捞工具,一次性打捞成功。

在判断是否捕获落鱼时,可通过操纵连续管,注意观察泵压和悬重变化。如泵压明显比之前记录压力高,可以判断为吞进落鱼；随后停泵,关闭液体返排阀门,下放连续管加压 10.00 kN,停留 5 min,抓牢落鱼；缓慢上提连续管 2.00 m 后打开液体返排阀门,小排量开泵,若泵压明显高于循环时的泵压,证明抓获落鱼。

2. XX 井打捞连续管钻磨桥塞工具串

1）作业井情况

XX 井是一口页岩气水平井,完钻井深 4 595.00 m,垂深 2 620.00 m,水平段长 1 685.00 m。

该井进行钻磨桥塞作业,钻除第二十个桥塞过程中,持续长时间钻磨施工但无进尺,判断螺杆钻具可能发生严重漏失,因此确定起钻;起出连续管后,确定震击器以下工具串已发生落井。

2)落鱼情况

起出连续管后,检查钻磨桥塞工具串,发现水力振荡器上部接头处螺纹断开,断裂口平整,水力振荡器大部分及以下工具串落井;经调查,鱼顶深度 4 428.00 m,井内落鱼(由上至下):水力振荡器(部分)+螺杆钻具+磨鞋;落鱼长度约 5.50 m,具体尺寸如表 6-4 所示。

表 6-4　XX 井落井工具串尺寸参数表

序号	工具名称	长度/m	外径/mm	内径/mm	累计长度/m
1	水力振荡器(部分)	1.12	73.00	64.00	1.12
2	螺杆钻具	3.96	73.00	—	5.08
3	磨鞋	0.42	108.00	—	5.50

3)施工方案

① 强磁打捞工具串清理井筒。由于是在钻磨桥塞施工过程中发生工具串落井,井内可能存在金属碎块或其他杂物,为保证打捞顺利,应首先清洁井筒和落鱼鱼顶,使用强磁打捞工具串对井筒进行清理。

② 下套铣工具修整鱼顶,便于打捞工具抓获鱼顶顺利打捞。

③ 使用低速马达+弹簧卡瓦打捞筒抓获落井工具串鱼顶,尝试上提打捞落鱼,若上提不动,采用震击解卡。

4)打捞过程简述

连续管下入强磁打捞工具串清理井筒;连续管下至 1 000.00 m 时开泵循环洗井,直至强磁打捞工具下至鱼顶位置(4 425.00 m),充分活动循环后,起出井口;检查发现捞获金属碎屑较多,要求再次下入强磁打捞工具串重复打捞一次。强磁打捞工具串(由上至下):重载连接器+双瓣式单流阀+杆式强磁打捞器(5 支)+喷嘴。

连续管下放套铣工具,套铣落井工具串鱼顶,套铣进尺 5.30 m。套铣工具串(由上至下):重载连接器+双瓣式单流阀+液压丢手工具+低速螺杆钻具+变扣+加长筒+套铣筒。

连续管下放带弹簧卡瓦打捞筒的打捞工具串至鱼顶位置之上 20.00 m(下深 4 408.00 m),循环洗井,缓慢下放连续管,拨正鱼顶并尝试抓捞鱼顶,共进行 4 次加钻压,逐次增加钻压,保证卡住井下落鱼;抓捞过程中发现泵压明显升高,说明已经吞进落鱼;停泵,关闭液体返排阀门,下放连续管加压 10.00 kN,停留 5 min,抓牢落鱼;缓慢上提连续管 2.00 m,开泵,泵压明显高于循环时的泵压,判断出已抓获落鱼;将连续管起出井口,检查工具串,发现成功抓获全部落鱼。

5）认识

清理井筒和鱼顶增加了抓获鱼顶的成功率。本次打捞施工对井筒和落鱼鱼顶进行了反复清理,避免了井筒和鱼顶周围杂物妨碍打捞筒套进鱼顶,增加了抓获落井工具串的成功率。

下套铣筒修整落井工具串鱼顶,增加了抓获落鱼鱼顶的成功率。落井工具串鱼顶可能存在尺寸不规范,或鱼顶有变形等情况,打捞前下放套铣工具有利于落鱼鱼顶顺利进入打捞筒;当落鱼位置较深时,套铣筒不能一次下放到鱼顶位置,应中途分段套铣、循环,防止井筒内碎屑推至鱼顶位置堆积。

打捞鱼顶不规则的落鱼,尽可能选择打捞范围较大的打捞工具,可以针对不同形式的鱼顶采用不同规格的引导鞋;同时,采用外捞方式时,必须要有效防止在井口段出现挂卡造成二次故障。

6.3　连续管水平井管柱切割

在修井作业中,经常遇到管柱遇卡现象,在解卡无效的情况下,通常采用管柱倒扣和管柱切割作业,使卡点以上管柱解卡。对于大斜度井,特别是水平井,旋转倒扣法的卸扣位置不确定,需要多次倒扣,施工周期长;电缆传输爆炸切割法受电缆特性的限制,不能进入水平段内,无法实施爆炸切割。因此,连续管切割技术为处理大斜度井、水平井管柱解卡工程难题和提速提效提供了新途径。

6.3.1　连续管机械切割工具

1. 水力机械内割刀

水力机械内割刀是一种从管柱内部切割管子的专用工具,除接箍外可在任意部位切割。

水力机械内割刀主要由两部分组成:一部分包括上接头、芯轴、刀架及割刀片等,称作内部装配体,与管串连接;另一部分包括撞击套、限位套、刀架外筒等,称作外部装配体。内外装配体通过限位键连接、滑动、旋转,如图 6-33 所示。

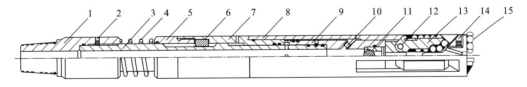

图 6-33　水力机械内割刀示意图

1-上接头;2-销钉;3-芯轴;4-弹簧;5-撞击套;6-限位键;7-限位套;8-刀架外筒;
9-刀架;10-喷嘴;11-钢球;12-割刀固定销;13-割刀片;14-螺钉;15-磨铣头

当泵入液体时,工具内部压力增大,在压力作用下外筒上行推动割刀片张开,割刀片沿着斜面伸出,螺杆钻具带动割刀旋转进行切割作业。刀架可安装不同尺寸的喷嘴,以实现外筒在不同的压力下上行推动割刀片张开。喷嘴喷出的流量可以帮助清洗切割部分,同时也可对割刀片进行降温。在完成了切割后,受弹簧力作用的割刀片可以收到入井状态,与工具保持相同的外径。

2. 液压油管锚

液压油管锚用于将底部钻具组合锚定在油管内壁上,防止工具串轴向移动,通常与水力机械内割刀一起使用,确保水力机械内割刀在固定位置切割油管。

液压油管锚主要由上接头、锥体、锚爪、锚爪连杆、推筒、支撑环、弹簧、活塞外筒、活塞、缓冲环、下接头等组成,如图 6-34 所示。

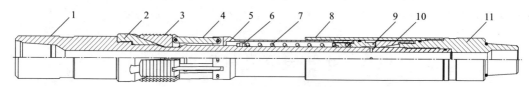

图 6-34　液压油管锚示意图

1-上接头;2-锥体;3-锚爪;4-锚爪连杆;5-推筒;6-支撑环;
7-弹簧;8-活塞外筒;9-活塞;10-缓冲环;11-下接头

当泵入液体时,液压作用在活塞上,锚爪沿着锥体向上运动,锚爪撑开,然后施加向下的机械力使锚爪固定。在完成切割作业后关泵,油管锚活塞在弹簧力作用下复位到入井状态,同时锚爪收回到入井时的状态。当工具反向连接时,液压作用后,可以实现上提锚定。

6.3.2　连续管水平井机械切割工艺

利用连续管将切割工具送到油管的目标切割位置,通过地面泵入流体,使液压油管锚锚定在油管内壁,使作业工具不产生轴向位移和环向偏移;使水力机械内割刀的割刀片张开,割刀片沿着斜面伸出;驱动螺杆钻具旋转,马达带动水力机械内割刀旋转,实现油管内的切割作业。完成切割后停泵,油管锚、水力机械内割刀恢复至入井状态,螺杆钻具停止旋转。

1. 切割管柱结构

连续管机械切割管柱结构(由上至下)为连续管＋重载连接器＋双瓣式单流阀＋液压丢手＋液压油管锚＋螺杆钻具＋液压油管割刀,如图 6-35 所示。

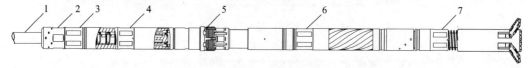

图 6-35　连续管机械切割管柱示意图

1-连续管;2-重载连接器;3-双瓣式单流阀;4-液压丢手;5-液压油管锚;6-螺杆钻具;7-液压油管割刀

2. 切割过程中经常遇到的问题

① 下井途中工具遇阻,无有效处理措施。因工具串采用液压方式驱动,下井途中遇阻无法开泵正冲洗,一旦开泵即会产生旋转切割动作。只能采取上下活动钻具的方式,一旦无效只有起钻检查。

② 不能直观、准确地判断切割结果。切割管柱下入到预定深度,虽然可以通过泵压波动辨别扭矩变化,改变泵排量来控制马达转速,但在地面无法直接读取切割状态下扭矩实时变化数值,不能及时准确判断切割效果。

③ 螺杆钻具输出扭矩波动产生切割冲击。由于螺杆钻具输出扭矩有限,通常与割刀直接相连,以减少周向摩阻,降低扭矩损耗,增加切割时刀片的切割扭矩。切割时一旦扭矩波动剧烈,易造成刀片蹦齿或断裂,导致割刀本体偏心而紧贴管柱内壁,产生偏转,加剧剩余刀片断裂[4]。

3. 主要施工工序

1）通井洗井

下通管管柱,其结构(自上而下)为连续管＋连接器＋马达头总成＋扶正器＋固定喷嘴。施工过程中,控制速度 5～15 m/min,排量 150 L/min,循环洗井至目标切割位置处,起出通井管柱。

2）水力机械割刀切割油管

连续管下切割管柱至水平段后,下放速度控制在 10 m/min 以内,每下放 500.00 m,上提连续管进行悬重测试。至切割位置 20.00 m 后,继续以 5 m/min 的速度缓慢下放至目标切割位置。缓慢开泵,记录泵压排量变化,排量推荐但不限于 200～250 L/min;泵注设备平稳、连续泵注,排量小于螺杆钻具的最大排量;开泵至切割排量后,保持排量不变,同时注意观察泵压变化;正常情况下,切割完成时,泵压会有明显下降;判断割断后,缓慢降低泵排量至停泵。停泵后静置 3～5 min 缓慢上提连续管如上提遇卡,则下放活动以使割刀充分回收。上提连续管控制速度防止遇卡起出井后拆工具串,查看刀片磨痕、测量。

3）修井机起油管柱

上修井机完成被切断管柱的起出。检查管柱切口情况,制定下一步施工措施。

4. 认识

① 连续管机械切割技术以水动力作为动力源,不受井斜限制,可以进行水平井管柱切割作业,极大提高了修井作业现场复杂遇卡管柱切割作业的可操作性,有利于遇卡管柱的快速处理。

② 切割器刀片采用镶焊硬质合金,切削速度快和使用寿命长,切割后鱼顶断面规则,

可与化学切割断口相媲美,有利于后续打捞作业施工。

③ 连续管机械切割技术不使用炸药和有毒化学药剂,有利于环保和 HSE 管理体系施工要求[5]。

参 考 文 献

[1] 张好林,李根生,黄中伟,等.水平井冲砂洗井技术进展评述[J].石油机械,2014,42(3):92-96.

[2] 李宗田.连续油管技术手册[M].北京:石油工业出版社,2003:131.

[3] 谢斌,赵云峰,田志宏,等.同心管射流负压冲砂技术研究与应用[J].石油机械,2013,41(8):84-85.

[4] 李贵川,章桂庭,寇联星,等.水平井裸眼段防砂管柱水力内切割技术探讨[J].石油矿场机械,2011,40(8):68-71.

[5] 杜丙国,马清明.小直径管内水力切割器的研制与应用[J].石油钻采工艺,2012,34(6):112-113.

第 7 章

连续管水平井酸化压裂

酸化压裂是在油气储层中建立或重新建立流体通道并与井筒连通的有效措施,作业过程中伴随着地层与井筒连通,井筒将承受油气水压力。水平井打开的地层在井筒中分布距离长,面积大,以多层或多段的形式裸露在井筒中,各层间地层压力系数不同。因此,为了提高作业效率,有效保护地层,提高作业效果,作业工艺技术的发展正在努力做到一趟管柱多层、多段酸化压裂。为了满足深井酸化压裂,需要配套复杂的分层管柱,同样,在水平井井筒中如果不配套其他分段工具,仅仅依靠普通油管柱难以实现多段酸化压裂,尤其是井筒带压条件下更是显得无能为力。连续管作业技术灵活的作业方式给深井、水平井的酸化压裂带来了新的生机。

连续管在带压井筒中起下管柱、在作业过程中可以任意拖动管柱、承受高压等优势为酸化压裂新工艺的实现提供了方便,配套各种井下作业工具可以高效完成深井、水平井多层、多段酸化压裂。国内外连续管技术在复杂地质条件和复杂结构井筒中的应用,充分证明连续管酸化压裂的可行性和作业程序简单、高效的优势。但是,连续管水力损耗大、频繁拖动严重降低连续管使用寿命等问题,也将挑战酸化压裂工艺技术。

7.1 连续管水平井酸化

连续管水平井酸化技术是解决套管内壁及近井筒地带污染的有效手段[1]。污染的形成可能发生在钻井、完井阶段或生产阶段,如在钻水平井过程中,井筒近井地带泥浆浸泡时间长,部分泥浆渗入到储层裂缝,造成储层与井筒连通通道堵塞;在油气井生产过程中,油气从地层携带多种矿物质进入套管,在套管内壁产生垢化后,致使套管上的射孔孔眼或筛管孔眼被堵塞。因此,井筒酸化已经成为油气井解堵、疏通地层孔隙的必须手段。酸化的目的不同,酸化作用机理和作业工艺也不尽相同。

7.1.1 拖动酸化

水平井拖动酸化是随着连续管技术的发展而形成的一种新的布酸、注酸方式,能够更加灵活地适应不同地层、不同岩性对酸化的要求,尤其适应于水平井酸化。酸化实际上是酸液进入地层与岩石发生反应,溶蚀地层,连通地层孔隙、裂缝,降低地层中油气流流动阻力,提高地层渗透性,达到增产增注效果的一种措施。对于新井或老井修井后的作业,为解除作业液对井筒附近地层的污染、堵塞,一般采用解堵酸化的方式进行改造,对于深度堵塞地层或低渗透地层,常规的解堵酸化不能解决问题,需要采用压裂的方式进行酸化,即酸压;酸液与地层岩石的反应速度决定了酸液的消耗量;不同层段酸化压力也不同。这些酸化特性的差异,需要不同的布酸、注酸方式与之适应。因此,讨论酸液和布酸、注酸方式十分必要。

1. 酸化方式

井筒酸化通常有三种方式。

① 酸洗。套管井筒结垢、固结地层颗粒,筛管阻塞等都可能影响生产,有效的处理方式是注入酸液清洗井筒,即酸洗。酸洗井筒是溶解并联合冲刷的方式除垢,具有酸液用量少,施工压力低,清洗效率高的特点,并能够有效地防止作业液对地层产生二次污染。

② 基质酸化。基质酸化是一种不同于压裂酸化的方式的增产措施。它是以不高于地层破裂强度的压力注入酸液,酸液以渗透的方式进入油气藏地层,溶解地层孔隙中的堵塞颗粒和地层胶结物,疏通地层空隙,提高地层渗透率。其作用原理是化学溶蚀连通地层孔隙。因为酸洗压力低,所以基质酸洗的主要作用是清除井筒近井地带污染,提高渗透率。

③ 压裂酸化。压裂酸化是以酸液为介质的压裂,即酸化压力足以压开需要酸化的地层形成裂缝或重新打开原有的地层裂缝,使得酸液能够进入地层裂缝,疏通地层裂缝,改善地层渗透率的一种增产措施。与基质酸化相比较,施工压力高,地层裂缝延伸能力强,裂缝或孔隙容酸体积大,因此压裂酸化用酸量较多,也适用于地层深层酸化。

2. 拖动布酸

连续管管柱配套不同的井下布酸工具将酸液以不同的方式、不同的排量注入井筒,满足各种地层条件的酸化布酸的要求。连续管拖动布酸方式主要以下几种。

1) 笼统布酸

笼统布酸是一种井筒清洁方式,连续管用于井筒笼统布酸时,先将连续管下入至井筒内设计的位置,然后将一定的酸液排量通过连续管注入井筒内。注酸过程中匀速回拖连续管,使得酸液均匀地分布在需要酸化的井段。笼统布酸效率低,消耗算量大,经济性较差,通常适应于水平段较短的水平井酸化。但是,因为连续管起下作业灵活,所以笼统布酸工艺简单,而且酸化不受完井方式限制。

2) 连续管水平井注酸

连续管水平井注酸主要用于套管射孔完井的水平井酸化。常用的方式有两种:一种是连续管输送膨胀跨式封隔器至预定位置,然后坐封封隔器,通过连续管注酸;另一种是连续管输送注酸工具组合至最底部需要酸化的井段以下 10 m 左右,然后上提连续管管柱至酸化层段开始注入一定量的酸液,此后继续上提一定行程的连续管管柱,在上提过程注入设计量的暂堵剂,直到注酸工具达到下一个酸化井段时再次进行注酸,如此交替注酸和注入暂堵剂,完成所有井段的酸化作业。连续管水平井注酸施工方便、分流效果好、更适应于需要进行定位酸化的油气井作业。连续管水平井酸化可以有效提高射孔处的渗透率,清除因前期作业形成的钻井液侵入污染。对于长水平段水平井,连续管入井受到井筒摩阻的影响,延伸受到限制,使得连续管有时不能下入到目标位置。另外,连续管直径小,限制了注酸排量,可能影响连续管水平井注酸的效果和进一步应用。

3) 连续管水力喷射布酸

长水平段裸眼完井的水平井的增产措施作业比较困难,特别是在低渗透性碳酸盐岩储层注入活性酸时,如果活性酸导流控制不好,将会发生大量的非目的层吸液,导致目的层酸化效果差,造成作业风险。连续管水力喷射的导流作用,提高了作业层的选择性,能够较好的控制活性酸进入目的层酸化。水平井水力喷射酸化可分为以下两种方式。

① 水平井旋转喷射分流酸化。高压酸液通过连续管在喷射工具旋转作用下以均匀的伞状高速射流射向井筒内壁,促使酸液能够进入各个射孔孔眼或砾石间隙酸化目的层。

② 水平井动力液喷射酸化压裂。基于伯努利原理,射流诱导井筒内流体进入地层酸化,这种作业采用连续管技术比较方便。例如,某井采用连续管喷射酸化压裂,连续管把喷射工具送至目的层,泵酸液经连续管进入喷射工具,高压作用下产生高速射流,并在地层中切割一个孔道,高速射流负压区诱导套管环空气体(CO_2 或 N_2)进入孔道后升压,气体与酸液在高速流作用下混合产生大量泡沫,实现高强度的挤酸[2]。

3. 拖动酸化管柱

连续管拖动酸化须根据完井情况与储层需求进行布酸工艺的优选以及井下工具的选

型,实现经济高效的酸化解堵作业。如水平段较短且酸化井段渗透率相差不大的井,通常下入连续管(不含任何井下工具)进行全井筒均匀布酸酸化;套管内壁结垢以及近井筒地层裂缝堵塞的生产井,通常采用连续管喷射酸化。常用连续管喷射酸化管柱结构为连续管+连续管连接器+双瓣式单流阀+液压丢手工具+接箍定位器+过滤器+喷射工具。其中,喷射工具有固定式与旋转式两类,酸化喷射工具通常根据近井筒地层污染程度、井筒条件及完井工艺等实际井况进行优选。

1) 固定式喷射工具

固定式喷射工具如图 7-1 所示,主要由喷射工具本体、喷嘴、预紧旋塞等部件组成,具有结构简单、可快速更换喷嘴、维修保养费用低廉等特点。固定式喷射工具的冲击作用,破坏并剥离吸附在孔壁上的泥饼、污垢等污染物,对筛管、炮眼清洁彻底,酸化均匀。

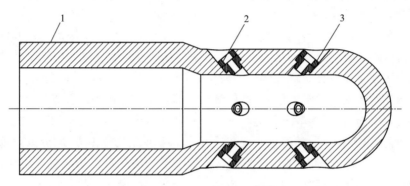

图 7-1 固定式喷射工具示意图

1-喷射工具本体;2-喷嘴;3-预紧旋塞

2) 旋转式喷射工具

旋转式喷射工具如图 7-2 所示,主要由上接头、轴承外筒、中心转轴、止推轴承、旋转头、喷嘴组件等组成,喷嘴切向布置在旋转头上,在喷嘴喷射出高速射流的反作用力下,旋转头可在 360° 范围内旋转。高压液体形成冲刷管壁的喷射流在储层形成酸液溶蚀、压力挤入、冲击波扰动三重作用,达到对井筒及近井地带充分改造的目的。连续管喷射酸化工艺能够改善液体分流效果,十分适合砾石充填完井的水平井。对割缝筛管或者套管射孔完井的水平井,可以有效加大酸化深度,提高酸化效果。

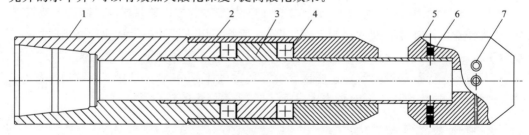

图 7-2 旋转式喷射工具示意图

1-上接头;2-轴承外筒;3-中心转轴;4-止推轴承;5-旋转头;6-预紧螺钉;7-喷嘴组件

4. 参数设计

1）酸化液量

为充分解除油气井近井地带污染，提高措施有效率，需要保证足够的处理体积。首先需要明确射孔深度以及相应的酸化深度，然后依据油气层厚度按椭圆截面计算酸液用量。

酸化储层有效液酸量为

$$Q_e = \pi abl\phi \tag{7-1}$$

式中：Q_e 为酸化储层有效酸液量，m^3；a 为酸化段椭圆长轴半径，m；b 为酸化段椭圆短轴半径，m；l 为射开层水平段长度，m；ϕ 为地层孔隙度，%。

针对储层、原油物性，依据室内试验及现场试验效果，确定酸液浓度。综合考虑酸化效果与经济性，一般设计酸液总量在酸化储层有效液量的基础上增加 30% 余量。

2）施工排量

水平井多段酸化作业过程中连续管过酸总液量大、浸泡时间长，酸液对连续管使用寿命有较大影响。从作业经济性以及施工过程安全性综合考虑，要求连续管酸化作业过程泵注压力不高于连续管额定工作压力的 50%。然后依据选用连续管内径、酸液体系、井身结构计算确定施工排量。

3）连续管拖动速度

连续管拖动速度是酸化强度控制的关键因素之一，对连续管拖动速度进行优化设计，可以提高作业效率，降低腐蚀风险。根据酸液在连续管内与井筒中体积不变的条件，推算连续管布酸拖动速度：

$$V = \frac{4q \times 10^3}{\pi d_c^2} \tag{7-2}$$

式中：V 为连续管拖动速度，m/min；q 为施工排量，L/min；d_c 为套管内径，mm。

7.1.2　定点喷射酸化

连续管定点喷射酸化技术是采用连续管将含喷砂射孔器的井下工具串输送至预定位置，然后进行连续管喷砂射孔，再通过环空向射孔点进行挤酸的一项酸化工艺，现已广泛应用于油气田增产作业中。连续管及井下工具可以快速从一个酸化井段拖动到下一个酸化井段，能够全井筒任意位置进行射孔与酸化，作业效率高，施工风险低。井下工具管串中有接箍定位器，可通过识别套管接箍进而推算喷枪在井筒中的精确位置。

1. 喷射酸化管柱

连续管定点喷射酸化管柱设计需要从功能需求与安全两方面综合考虑。在作业过程中连续管与井下工具长时间浸泡在酸液中，喷砂射孔器受到携砂液的冲蚀，需要选用耐酸蚀的井下工具。同时管柱须具备套管射孔、井下工具精确定位、处理砂堵砂卡复杂情况、井控安全等功能。如图 7-3 所示，常用连续管水平井定点喷射酸化压裂管柱结构为连续

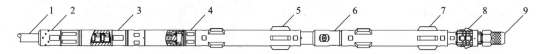

图 7-3　连续管定点喷射酸化管柱结构示意图

1-连续管；2-连续管连接器；3-双瓣式单流阀；4-丢手工具；5-扶正器；6-喷射器；7-扶正器；8-接箍定位器；9-引鞋

管＋连续管连接器＋双瓣式单流阀＋液压丢手工具＋扶正器＋喷砂射孔器＋扶正器（重复坐封封隔器）＋接箍定位器＋引鞋。

根据作业井况与施工需求，喷射酸化管柱中可以选用重复坐封封隔器。喷射酸化施工效率的关键是选择合适的喷砂射孔器喷嘴；施工效率一方面受酸液适应性与设计用量的影响，另一方面也受喷嘴酸化位置的精确定位的影响。

① 喷嘴优选原则。首先，能够满足喷砂射孔器在 10～20 min 内射开套管；其次，根据连续管能够提供的最大排量确定喷嘴通径范围；最后，对喷嘴通径与数量进行优化组合，确保喷射工具使用寿命，增加单趟管柱作业级数。

② 精确定位方式。根据连续管计深器与井筒套管接箍数据，计算井下定位器在井筒中的大概深度；将定位器与其他井下工具下入到套管接箍以下 5.00～6.00 m 后，缓慢均匀上提连续管，上提速度控制在 3～5 m/min 内，当地面显示连续管悬重变化（10～20.00 kN）时，则表明接箍定位器处于套管接箍位置，依次记录通过接箍数量，然后结合喷砂射孔器在管串中的相对位置推算出喷砂射孔器在井筒套管内的位置。

连续管水平井定点喷射酸化工艺主要有两项关键技术：一是连续管喷砂射孔技术，详见本章 7.2 节；二是层间封隔技术，目前应用较为成熟的层间封隔技术有重复坐封封隔器封隔和砂塞封隔两种形式，结合对井筒套管的状况分析，确定层间封隔形式。

2. 参数计算

1）管柱力学分析

连续管在井筒内受力十分复杂且易发生屈曲变形，产生螺旋锁死现象，因此需要对连续管在井筒内的受力进行分析计算，确保连续管酸化作业能正常进行。管柱在井筒中的受力分析详见本书第 4 章。目前，工程实际中可采用商业化软件进行模拟计算。

2）施工参数确定

施工参数设计主要包括储层最大吸入能力、破裂压力、液柱压力、井口极限施工排量、入井液量、井口施工泵压和摩阻等。这些施工参数需要结合室内试验和模拟计算结果来确定。

7.1.3　酸液腐蚀与防治

连续管酸化作业过程中长时间与酸液接触将产生腐蚀，在高温条件下连续管材料对酸液更加敏感，将发生局部点蚀或应力腐蚀，可能导致连续管穿孔漏失甚至断裂。Burgos 等[3]持续 10 年对 Schlumberger 公司连续管作业管材失效数据进行了统计分析，前五年期间,腐蚀、磨损等引起的连续管含缺陷失效占比 22%;后五年期间,腐蚀、磨损等引起的连续管含缺陷失效占比 30%。在我国塔里木、长庆、川庆、涪陵等油气田,因腐蚀导致连续管失效的现象也时有发生,大部分表现为连续管早期压力泄露。因此,研究连续管作业过程中的腐蚀机理及其失效形式,对于预防连续管的腐蚀及其治理是必要的。

1. 酸液腐蚀

1) 酸化酸液

与常规酸化一样,连续管拖动酸化的酸液也有很多,常用的酸液种类主要有盐酸、甲酸、乙酸、氢氟酸、土酸、有机酸,近几年来研究发展了各种缓速酸体系等[4]。

盐酸的使用浓度一般为 5%～15%,其特点为解离度高、溶解能力强、成本低、反应生成的氯化钙与氯化镁全溶于残酸且不产生沉淀,但盐酸对连续管及井下工具有很强的腐蚀性。氢氟酸一般使用浓度在 3%～15%,其特点是解离度较小,能溶蚀泥质岩石,反应速度较慢,腐蚀性相对较弱,但有氟化钙、氟化镁沉淀生成物,不能单独进行酸化。土酸是指浓度为 3% 的氢氟酸与浓度为 12% 的盐酸的混合物。甲酸、乙酸解离度很小,溶解能力弱,反应速度与盐酸相比慢几倍到几十倍,对金属几乎不腐蚀但价格贵。一般甲酸使用浓度不大于 10%,乙酸使用浓度不大于 15%。氨基磺酸通常使用浓度在 20% 左右。

2) 腐蚀形式

在高温或环境介质的作用下,金属材料和介质元素的原子发生化学或电化学反应而引起的损伤称为腐蚀,腐蚀现象大致可分为均匀腐蚀和局部腐蚀。连续管在酸化作业过程中的腐蚀现象主要表现为局部腐蚀,包括穿孔腐蚀、缝隙腐蚀、晶间腐蚀和应力腐蚀裂纹等。然而,常规腐蚀、点蚀、应力腐蚀、弯曲腐蚀疲劳是连续管早期失效的主要腐蚀形式。

① 常规腐蚀。常规酸液腐蚀主要表现为连续管的壁厚均匀变薄,腐蚀损害较小。通过使用缓蚀剂、减少在酸液中浸泡时间或管壁加厚等措施可以有效降低腐蚀产生的危害。

② 点蚀。比常规腐蚀要严重得多,它会导致连续管管壁局部变薄,甚至穿孔。高温条件下,酸性腐蚀性介质均容易引起点蚀的发生,点蚀坑内容易形成小阳极—大阴极的自腐蚀微电池,导致连续管局部腐蚀更加严重。同时,点蚀所引起的应力集中会导致连续管的疲劳破坏加剧,而且不容易被检测到。

③ 应力腐蚀。应力腐蚀是指在酸性环境中与应力作用导致的连续管腐蚀,应力腐蚀将加快连续管的腐蚀速率,造成连续管的强度大大降低,同时,腐蚀所产生的氢原子聚集在管材晶界面降低材料的韧性,极易导致连续管发生氢脆开裂。连续管的材质、机械损伤、局部压力和暴露时间等均会对腐蚀过程造成影响。

④ 弯曲腐蚀疲劳。连续管在交变应力和腐蚀介质共同作用下容易发生弯曲腐蚀疲劳。腐蚀疲劳过程是一个力学-电化学过程,即连续管在交变应力作用下,改变了表面结构的均匀性,破坏了原有结晶结构,从而产生了电化学不均匀性,在电化学和应力的综合作用下,产生了微裂纹,交变应力继续作用致使裂纹不断扩展,最终导致管材断裂失效。

2. 腐蚀防治

1）连续管钢级选择

高强度的管材对酸性液体特别敏感,容易发生断裂。试验证明,经过调质处理的管材抗硫化物应力腐蚀开裂性能比回火处理的管材有明显提高,这是因为调质处理的管材内部具有稳定的回火马氏体组织,在应力低于屈服极限的条件下,其抗硫化物能力较强。综合酸化作业对连续管的强度要求和酸性腐蚀等因素考虑,在常规连续管酸化作业中常选用 HS80、HS90 的连续管进行施工作业。

2）酸用量优化

影响连续管酸化精确用量的因素较多,主要考虑目的酸化层及其伤害程度所需要的注酸强度,尽量选择相对较小的注酸强度;如果酸液用量较大,因为在安全泵压下连续管泵注排量较小,所以需要较长时间的注酸过程。因此,在酸液的选择上,除了考虑酸液的配伍和有效解堵以外,还应该考虑连续管长时间处于酸液环境中可能发生腐蚀,并选择添加长效、高效的酸化缓蚀剂。此外连续管直径小,为了增加注酸排量,应该考虑在酸液中添加降阻剂,减小酸液在连续管中的摩阻。根据国内外连续管水平井酸化经验,选择注液强度为 $0.3 \sim 0.5 \ m^3/m$ 比较合适。

3）替酸方式优化

将连续管下到水平井段的趾部,向井内注入酸液,同时控制井口排量排液,并按照设计速度拖动连续管。通过调节连续管的拖动速度和酸液流经连续管的注入速度,控制储层的吸收率。为了提升分流效率,连续管可与其他分流技术复合应用,常用的做法有两种:一种是连续管沿井筒在处理区段交替注入酸液和暂堵剂,从而均匀地处理整个水平段;另一种是注入酸液的同时伴注液氮。

4）添加缓蚀剂

酸化、压裂作业过程中,连续管均需要不同程度地与酸液接触,连续管在高温、高压、高应力条件下受酸液腐蚀产生的影响也有所不同,但均存在一定的危害。使用酸化缓蚀剂能够在一定程度上解决连续管酸液腐蚀问题,理论上缓蚀剂作用机理主要有成膜机理、吸附机理和电化学机理。

按化学组分类型,可以将酸化缓蚀剂分为无机和有机两种类型。无机酸化缓蚀剂如含砷、锑、铋的无机化合物,通常无机酸化缓蚀剂与金属发生反应,它的作用方式可以认为是在金属表面生成一层金属盐的保护膜;有机酸化缓蚀剂主要是含氮、氧、硫、磷等有机化合物,如曼尼希碱、咪唑啉类、吡啶类、脂肪胺、酰胺类,此外还有喹啉类、季铵盐类、松香衍生物等酸化有机缓蚀剂,有机缓蚀剂缓蚀机理是通过物理或化学吸附作用在金属表面生成吸附膜,覆盖在金属表面阻止了金属进一步与腐蚀介质发生反应。

7.2　连续管水平井喷砂射孔压裂

连续管水平井水力喷砂射孔可以诱导压裂液选择性地压入地层。水力喷砂射孔环空压裂是连续管水平井喷砂射孔压裂的主要方式之一，即将含有一定浓度的磨料颗粒溶液用压裂泵车通过连续管泵注，在连续管下端的喷射工具将高压的含有磨料颗粒的溶液转换成高速射流作用在目的层段(套管、水泥环、地层)。高速磨料射流以水力切割方式射穿套管和近井地层，形成一定直径和深度的射孔孔眼。在形成的孔眼顶部射孔流体压力剧增以致压开地层并形成许多的微裂缝，这种微裂缝降低了地层起裂压力。此时，关闭井口环空，并高压泵入压裂液，环空压裂液在射流负压的诱导作用下进入射开的孔眼，在微裂缝处扩展裂缝，产生更大更长的裂缝。喷砂射孔的深度、方向具有选择性，因此，水力喷砂射孔环空压裂也具有选择性。

7.2.1　喷砂射孔管柱

1. 管柱结构

连续管喷砂射孔环空压裂井下工具管串需具备射孔、封隔等多种功能。该技术在应用过程中存在遇卡、砂堵风险，工具串的设计需考虑安全作业和出现复杂情况时可快速处理问题的能力。常用连续管喷砂射孔环空压裂井下管柱结构为连续管＋连续管连接器＋丢手工具＋扶正器＋喷砂射孔器＋平衡阀＋封隔器＋锚定装置＋接箍定位器＋引鞋，如图 7-4 所示。

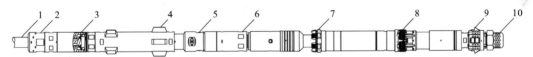

图 7-4　连续管喷砂射孔环空压裂井下管柱结构示意图
1-连续管；2-连续管连接器；3-丢手工具；4-扶正器；5-喷砂射孔器；
6-平衡阀；7-封隔器；8-锚定装置；9-接箍定位器；10-引鞋

加砂压裂全过程井下工具串均在井筒内，压裂液从喷砂射孔器射孔孔道进入地层。在压裂过程中连续管管内始终保持以 $50\sim100$ L/min 的小排量向井筒注液，确保连续管与环空处于连通状态。井底压力可以通过连续管进行实时监测，可以及时发现井底压力的快速增加，并且能够根据压力曲线变化分析判断是否出现砂堵。

确定出现砂堵时，立即停止环空注液并关闭环空井口阀门，加大连续管管内压裂液的排量。如井口环空压力与连续管注液泵压同步上升，则表明是地层砂堵；如连续管泵压上升较快而井口环空压力上升较慢，则表明是井筒出现砂堵。

井筒砂堵时，上提连续管管柱解封封隔器，开启平衡阀，进行冲砂洗井处理井筒砂堵；

地层出现砂堵时,从环空向井筒加压至 70.00 MPa,然后快速开启环空阀门,进行重复加压与泄压,必要时可注入酸液或胶液配合解堵。

2. 关键工具

1) 喷砂射孔器

喷砂射孔器是连续管喷砂射孔环空压裂工具管串中的关键工具,其结构如图 7-5 所示,主要由喷射器本体、喷嘴、阀板、球及回流装置等组成。

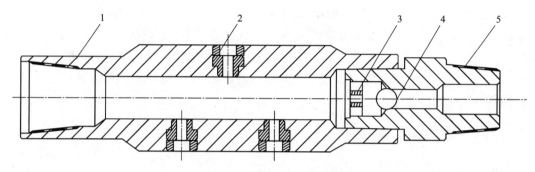

图 7-5 喷砂射孔器结构示意图

1-喷射器本体;2-喷嘴;3-阀板;4-球;5-回流装置

喷射器本体外侧按一定相位角装有多个喷嘴,喷嘴大小和喷射射流特性是喷射器最关键的技术。喷射器回流装置是一种单向阀功能装置,由阀球、阀座、阀罩、接头组成,水力喷射和压裂时,阀球与阀座形成密封,不允许流体通过喷射工具管内进入环空。反洗时,环空流体可通过回流装置进入工具和连续管返到地面。喷射工具工作时喷嘴磨损严重,喷射返流也会对喷射工具本体形成冲刷,损伤本体表面。因此,喷射器喷嘴与本体的耐冲蚀性及其材料和表面工艺的设计成为了喷射器的又一个关键技术,喷嘴采用专门设计和制造,有强的抗冲蚀性,通常采用碳化钨(WC)硬质合金材料制成。

2) 多级喷砂射孔器

对于长距离水平井喷砂射孔环空压裂作业要求一趟管柱能够完成几组到几十组射孔压裂作业,以减少起下连续管次数,提高施工效率。但是,喷嘴过砂总量较大,喷嘴可能发生冲蚀损坏,喷嘴内径增大,液体出口速度减小,导致喷砂射孔效率降低或失效,无法完成射孔作业。一旦发生喷嘴冲蚀失效,需要取出井下工具串更换新的喷砂射孔器继续作业,严重降低施工效率。因此,研究了一种多级喷砂射孔器。

多级喷砂射孔器结构如图 7-6 所示,主要由喷射器本体、喷嘴、分级球座、球、下接头等部分组成。喷射器本体上按照一定相位角布置多个喷嘴,每三个喷射孔为一组,共分三组,每组为一级。初始状态各喷嘴均处于关闭状态,喷射时通过投入不同直径的钢球可以逐级打开喷嘴,当第一级钢球投入射孔器中封堵第一级球座,在压力作用下,第一级球座下移至喷射器底面,第一组喷嘴打开,开始喷射作业;当第一组喷组冲蚀失效后,投入第二

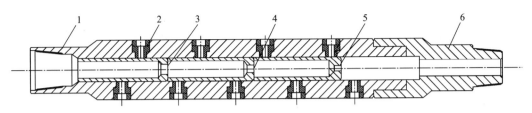

图 7-6　多级喷砂射孔器结构示意图

1-喷射器本体;2-喷嘴;3-第三级密封球座;4-第二级密封球座;5-第一级密封球座;6-下接头

级钢球进入射孔器封堵第二级球座,在压力作用下,第二级球座下移至第一级球座上部,打开第二组喷嘴,同时封堵第一组喷嘴,依次完成第三组喷嘴打开,实现分级喷射,使得一趟管柱完成更多组射孔压裂。

3）封隔器

在分层分段压裂过程中,为了避免压裂液进入已压开地层,需要封隔器封隔已压开层段,一趟管柱多层多段喷射压裂,要求封隔器在井下多次坐封解封。因此,封隔器的设计需要考虑封隔器的密封能力、合理的坐封解封方式、坐封解封的可靠性、封隔器胶筒抗疲劳及抗老化性、防砂卡等。具体设计思想如下。

① 封隔器由橡胶材料和金属结构组合而成。在保证密封可靠的前提下,设计足够的膨胀比例,既满足密封能力,又可解决封隔器半径过大、易卡钻的问题。

② 解封速度快且解封完全,避免胶筒摩擦损伤。

③ 上提与下放管柱完成换轨动作,释放卡瓦组件锚定套管,继续向封隔器施加机械力确保封隔器密封严密。

④ 上提解封封隔器。上提管柱时解封封隔器,避免卡钻。

常规可重复坐封封隔器(如 Y211 型封隔器)坐封时需要较大的机械压力,且经常出现因砂卡导致解封困难的问题。因此,需对 Y211 型封隔器在现有基础上进行结构改进,如图 7-7 所示,主要有以下两个方面。

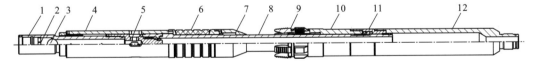

图 7-7　可重复坐封封隔器结构示意图

1-上接头;2-挡板;3-钢球;4-平衡阀;5-密封组件;6-胶筒;7-卡瓦滑道;

8-中心管;9-卡瓦;10-卡瓦套筒;11-组合连接头;12-下接头

① 防砂功能改进。针对 Y211 封隔器在压裂过程中极易出现砂卡的现象,对机械换位部件的防砂机构进行了改进,换位机构被密闭在一个密封腔内,避免压裂支撑剂等杂物进入换位机构,保证封隔器能够顺利坐封与解封。

② 降低封隔器机械坐封力。常规 Y211 封隔器通常需要 $80.00 \sim 100.00$ kN 的坐封力才能完全坐封;然而,连续管作业时不能建立这么大的机械坐封力。因此,与连续管配

合使用的封隔器需要进行降低机械坐封力的改进。设计封隔器时,采用机械与液压联合坐封方式,即机械坐封力用于预坐封,液压力加强坐封。为了进一步降低预坐封所需要的机械力,通过降低胶筒硬度与局部厚度等措施,达到减小胶筒预坐封力的目的。改进后的封隔器只需施加 5.00～10.00 kN 的机械压力就能实现预坐封,然后在封隔器上下形成压差,进一步加强封隔器密封效果。

4) 压力平衡阀

压力平衡阀可在封隔器解封时,释放封隔器胶筒上、下压差,也可在封隔器坐封和作业时,进行油套环空反循环冲砂洗井。

压力平衡阀结构如图 7-8 所示。压力平衡阀下接头与封隔器中心管相连接,封隔器在下压坐封时,压力平衡阀密封头插入下接头内孔,同时向封隔器胶筒施加机械压力,实现封隔器胶筒上、下作业层间的封隔。当作业完成后需解封封隔器时,上提连续管,平衡阀上接头带动密封头从下接头内孔拔出,封隔器胶筒解除挤压力,被封隔的上、下间的压差快速释放并连通,达到压力平衡,胶筒弹性恢复,实现封隔器的安全快速解封。压力平衡阀外径为 85 mm,内径为 36 mm,连接螺纹规格为 60.33 mm(2″)EUE。在正常的喷砂射孔与压裂过程中需要多次进行封隔器的坐封与解封,同时压力平衡阀密封头需多次在下接头密封内孔内进行插拔,易导致密封部位的密封失效,影响封隔器坐封与解封。因此,需要对下接头密封内孔进行耐磨处理,将"O"字形圈密封形式改为"V"字形密封,保证密封头在下接头密封内孔中密封效果良好,确保封隔器长时间承受高压差,并在井筒中安全快速地完成坐封与解封动作。

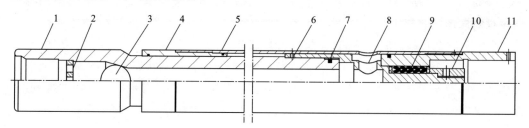

图 7-8　压力平衡阀结构示意示意图

1-上接头;2-挡板;3-钢球;4-连接套;5-外壳;6-固定螺钉;7-"O"字形圈;
8-密封头;9-"V"字形密封总成;10-调节套;11-下接头

7.2.2　喷砂射孔技术

1. 喷嘴选择

喷嘴是水力喷砂射孔发生装置的执行元件。喷嘴的作用是通过喷嘴内孔横截面的收缩,将高压水的压力能量聚集并转化为动能,以获得最大的射流冲击力,作用在套管壁或井底岩石上进行切割或破碎。喷嘴的几何形状及参数是建立射流的主要指标,是影响射流切割或破碎的主要因素。水射流喷嘴的型式通常有流线型喷嘴、圆锥型喷嘴、圆锥圆柱型喷嘴等。其中,流线型喷嘴具有较高的流量系数,能量损失小,但是加工困难。因此,工程中常用圆锥圆柱型喷嘴,其结构如图 7-9 所示。

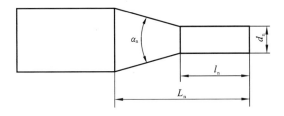

图 7-9　喷嘴结构形状示意图

2. 喷射结构参数设计

影响喷嘴射流水力性能的主要结构参数有喷嘴的收缩角(α_n)、喷嘴长度(L_n)、出口直径(d_n)和出口圆柱段长度(l_n)。喷嘴长度(L_n)与出口圆柱段长度(l_n)和收缩角(α_n)相关,因此,取出口圆柱段长度(l_n)和收缩角(α_n)为变化量。Labus 和 Association[5]、Hashish[6] 从产生最大冲击压力的角度出发对淹没条件下的喷嘴射流性能进行了研究,结论表明,出口圆柱段长度(l_n)约为喷嘴直径的 3~4 倍时效果最好;Zeng 和 Kim[7] 研究了喷嘴结构尺寸对淹没水射流喷嘴切割性能的影响,得出出口圆柱段最佳长度为喷嘴直径 0.5 倍的结论。两者结论相差很大,由此可以看出,试验条件对研究结论影响很大。为了得到喷嘴结构参数对喷嘴水力性能的影响,结合连续管在套管中的喷砂射孔工艺条件建立边界条件,采用流体有限元法进行了研究;分析了喷嘴出口圆柱段长度和不同收缩角对喷射出口速度的影响,如图 7-10 所示。

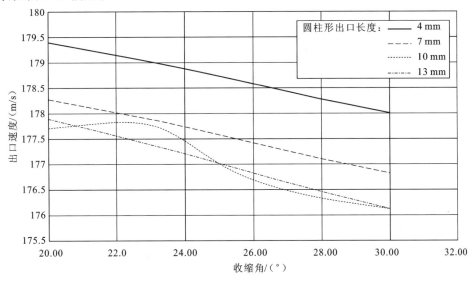

图 7-10　出口速度随出口圆柱段长度(l)和收缩角(α)的变化曲线

从计算结果可以看出,随着喷嘴收缩角的增大,喷嘴长度减小,出口速度有所降低;当收缩角一定时,出口速度随着出口段长度的缩短有所增大,说明圆柱段缩短可以减小射流的输运耗能,提高射流的冲击效果;另外,当出口段长度大于 10.00 mm 时,出口长度对出口速度的影响较小。在未形成射孔孔道的喷射初期,喷嘴圆柱段长度为 4.00 mm、缩角为 27°时最优;当射孔达到一定深度时(淹没射流状态),收缩角和出口段长度分别为 20°、4.00 mm 时,喷嘴的出口速度最大,产生的冲击压力最大。

3. 喷嘴与套管壁面的间距对射孔效率的影响

喷嘴与套管壁面之间的距离对喷射速度的影响较大,间距越大,从喷嘴出来的流体最大速度增加越大,2.00 mm 时为 140 m/s,4.00 mm 时为 165 m/s,6.00 mm 时为 175 m/s,8.00 mm 时为 175 m/s;随间距的加大,流体最大速度减缓,如图 7-11 所示。换一种研究思路,即为了获得良好的喷射性能,喷嘴与套管壁面的距离对喷嘴结构参数有较大的影响。研究结论认为,当喷嘴出口与套管内壁距离一定时,缩短喷嘴的出口长度可以提高射流速度,在满足喷射器外形尺寸的前提下,降低收缩角可以提高喷嘴性能。在磨料颗粒对喷射的影响的研究中,进一步讨论了喷嘴与套管壁面的间距,得到了喷嘴间距为 5.00～6.00 mm 时最佳的结论。

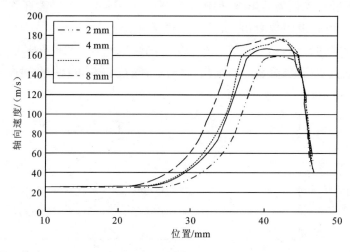

图 7-11　喷嘴中心轴线上的轴向速度分布

研究喷嘴与套管壁面的间距,对于喷砂射孔器的设计和井下工具串的设计有很好的指导意义。喷砂射孔器井下工具串的设计通常配套扶正器,有效控制喷嘴与套管壁之间的距离,尤其是水平井筒中多喷嘴结构喷射器,这一点更加重要。

水力喷砂射孔切割物料所需要的射流速度实际上存在一个临界喷射速度,即达到临界喷射速度后,材料开始破坏,该临界值也可以由试验获得。有文献报道了水力喷砂射孔喷射钢级为 P110、壁厚为 9.170 mm 的套管的试验[8],研究结论表明,喷射速度为 165 m/s 时才能击穿套管,该速度即为此套管的临界速度。上述流体有限元方法研究得到的射流速度结果与这个试验数值吻合,由此表明,计算中设定的参数与实际相符,计算结果可信。

4. 多喷嘴射孔器对喷射效率的影响

为了满足水平井多段压裂作业,并提高压裂效果,7.2.1 节讨论了多级喷砂射孔器,即在连续管水平井喷射压裂中各段采用多级多孔喷砂射孔器射孔,每级三组,每组三个喷嘴。一般认为多喷嘴射孔器的喷嘴数和布置方式影响射孔效果;为了寻求多喷嘴喷射性能,研究仍然采用流体有限元方法模拟,建立了喷射器横截面上对称布置两喷嘴和三喷嘴模型,计算得到不同压力降对应的喷嘴内流场,压力降与喷嘴平均流速关系曲线如图 7-12 所示。

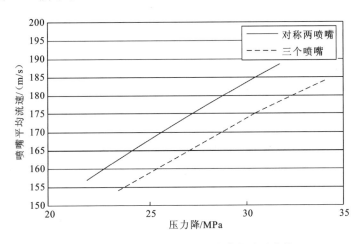

图 7-12　喷嘴平均流速与压力降的关系曲线

比较不同喷嘴布置结构下的计算结果可看出,要达到相同的射流流速,沿周向均匀布置三个喷嘴所需的压力降相比对称布置两个喷嘴所需的压力降较大,当射流平均速度为 180 m/s 时,沿周向布置三个喷嘴和两个喷嘴的压力降分别为 32.40 MPa 和 28.80 MPa。在连续管喷砂射孔压裂工程设计中,为了实现多喷嘴射孔,在有限排量下,可以通过调节喷嘴直径,得到合理的喷嘴压降。

5. 磨料颗粒对射孔效率的影响

喷射液是液体与磨料颗粒的混合物,在液体中混入一定浓度的磨料颗粒可以大幅度提高水力喷射切割效率。常见的磨料颗粒有陶粒砂、石英砂和金刚砂。石英砂是一种天然砂粒,对地层污染小,来源广泛、成本低,但硬度和强度较低;陶粒砂是用矿石烧结加工而成,可以人为制造成不同的硬度和粒度,但成本较高;金刚砂也由人工加工而成,有较好的韧性,但是容易被氧化,对地层造成污染。因此,工程中通常选择石英砂作为喷射液中的磨料颗粒。在水力喷砂射孔中,液体的作用是传递能量,通常可以是清水或专门配置具有较好减阻性能的液体。

　　磨料颗粒与液体都作用于套管切割和破岩,磨料颗粒在射流流动场中受到惯性力、重力、压差力和黏滞阻力等作用力,当喷射液在喷嘴中速度突然增加产生加速运动时,磨料颗粒还受到巴塞特(Basset)力和附加质量力,这些力影响着磨料颗粒在液体中的运动。研究表明,在这些力的作用下,自喷嘴出口至套管壁的行程中,在喷嘴轴线方向上的磨料颗粒速度相比液体流速大许多。磨粒射流射孔的效果与磨粒速度有很大关系,磨料颗粒速度越大,射孔速度越快,这一研究结论也证明了在液体中混入一定浓度的磨料颗粒可以大幅度提高水力喷射切割效率。在磨料颗粒速度计算中进一步研究了喷嘴出口与套管壁间距对磨料速度的影响,得到磨料颗粒在距离喷嘴出口 5.00～6.00 mm 处速度最大,认为喷嘴出口与套管壁之间的间距为 5.00～6.00 mm 时最佳。

　　磨料颗粒的密度和粒径对喷射切割效率也有一定的影响,一般磨料颗粒直径取喷嘴直径的 1/6 为最佳[9],推荐选用 40～70 目陶粒或 20～40 目石英砂。

7.2.3　作业程序与要求

1. 主要施工工序

　　① 连续管通井。采用连续管下通井规通井。

　　② 连续管替基液。通井完成后,泵注基液经连续管注入井筒,灌满全井筒。

　　③ 连续管连接喷砂射孔压裂井下工具组合。

　　④ 井下工具定位。下连续管喷砂射孔压裂工具串至短套管位置以下,然后上提连续管,以 3～5 m/min 速度回拖工具串进行定位。

　　⑤ 测试回压。工具串定位后,泵注基液经连续管以稳定 0.6 m³/min 的排量注入井筒,测试并记录井口不同尺寸油嘴(8.00～12.00 mm)控制时对应的回压值。

　　⑥ 坐封封隔器。工具串定位后,上提工具串,然后立即下放完成换轨操作,工具串进入坐封状态,下放管柱施加 20.00～40.00 kN 的下压力,完成锚定和坐封。

　　⑦ 封隔器验封。从环空打压,对封隔器进行验封,封隔器封隔可靠。

　　⑧ 喷砂射孔。首先打开环空闸门,经连续管低排量泵注入基液循环,控制油嘴回压,建立 0.6 m³/min 稳定排量后,再经连续管泵注喷射液进行喷砂射孔。

　　⑨ 环空加砂压裂。从环空泵注压裂基液,先小排量试挤,稳定排量,再逐步提高排量开始第一层段的正式加砂压裂,实时监测连续管井底压力变化。

　　⑩ 解封上提管柱。完成第一层段压裂后,上提连续管解封封隔器,将工具串拖动至下一层段,重复④～⑨操作步骤进行第二层段压裂,直至完成所有层段的射孔与压裂。

2．施工要求

① 在施工压力相对较高的区域，采用厚壁套管，配备 70.00 MPa 套管头，从根本上解决压裂施工限压问题。

② 定位用短套管应尽量靠近油层位置，可考虑在水平段设置 2～3 根短套管，便于射孔时的深度定位。

③ 施工井口配置。要求井口上下法兰无硬台阶，满足工具上提下放通过要求。

④ 现场配备酸液储备，以防地层无法顺利压开时使用。

⑤ 放喷管汇。在施工压力较高的情况下，回压控制的难度加大，针阀起着非常重要的作用。现场流程需同时满足连续管正循环、反循环的要求。放喷管线出口通过针阀和油嘴控制，至少具备两条控制管线、一条常开管线，要求能够精准、迅速地将回压控制在指定范围内。

⑥ 混砂车。要求混砂均匀、自动密度控制、计量准确，要能适应小砂比喷射液的配制，射孔时需要建立稳定排量后方可泵注喷射液。

⑦ 泵车。现场施工中，时常因平衡泵车无法持续在高压下以 200 L/min 排量工作，带来施工延误、工具遇卡等风险，需要配套能够在 60.00 MPa 压力条件下平稳供液排量为 80～100 L/min 的小型柱塞泵。

7.2.4　冲蚀与防治

在喷砂射孔与压裂过程中，自连续管高速注入的携砂液会对连续管壁面造成冲蚀磨损，最终导致连续管失效。压裂过程中地面连续管承受压差非常高，一旦因冲蚀破坏导致连续管刺漏、断裂，将会形成严重的安全隐患。

1．冲蚀磨损形式

连续管在喷砂射孔压裂过程的冲蚀磨损表现形式主要是由凹坑发展到裂纹、皱折和断裂。压裂作业过程中的冲蚀磨损主要表现在连续管内壁与连续管外表面冲蚀两个方面。连续管内壁冲蚀主要发生在喷砂射孔阶段，是由于射孔用磨粒对滚筒上连续管以及水平段连续管螺旋段的冲蚀磨损造成的；连续管外壁冲蚀主要是地面携砂压裂液在注入环空时对压裂井口处的连续管进行垂直冲刷。

2．携砂液注入口冲蚀与防治

高速压裂携砂液会对连续管外壁产生冲蚀磨损，经过理论研究及模拟计算分析，加砂压裂过程中，对连续管造成冲蚀磨损最严重的位置是地面压裂井口携砂液注入处。携砂液与连续管在该位置形成垂直冲击，然后液体转向，沿连续管轴向向井底流动，此过程会造成较大的能量损失；因此，需要在地面压裂井口携砂液注入处安装连续管防冲蚀保护套,防止携砂液冲刷连续管。

连续管防冲蚀保护套设计要求:①能够有效保护连续管在携砂液注入口处被冲蚀损坏;②不影响压裂施工排量需求;③结构简单,且不改变原有井口装置结构,安装更换简单;④不影响井下工具串的下入与井筒的起出。

3. 喷射液冲蚀性能与参数控制

1)磨料颗粒粒径对连续管冲蚀的影响

喷射液在连续管内高速流动,其中的磨料颗粒的强度、硬度、形状等对连续管的冲蚀有很大的影响。鄢标等研究了磨料颗粒粒径对冲蚀速率的影响[10],如图 7-13 所示,得到粒径为 $400\sim600\ \mu m$ 时,冲蚀速率最小;粒径过小或过大,最大冲蚀速率都会增大;当粒径大于 $1\ 000\ \mu m$ 时,最大冲蚀速率急剧增大。这一结论的原因可能是粒径过小,颗粒数增加,颗粒冲蚀概率增加;粒径过大,颗粒冲击力增大。因此,推荐颗粒的最佳直径为喷嘴直径的 $1/6$。

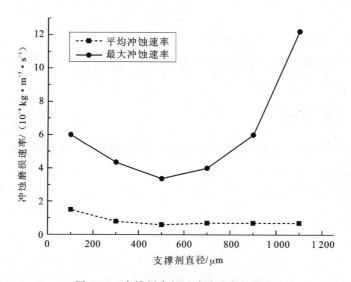

图 7-13 支撑剂直径对冲蚀速率的影响

2)磨料颗粒浓度对连续管冲蚀的影响

喷射液中磨料颗粒浓度对连续管冲蚀有明显的影响,磨料颗粒浓度越大,最大冲蚀速率越大。鄢标等的研究同样证明了这一点[10],如图 7-14 所示。为了避免连续管因冲蚀造成早期失效,推荐喷射液磨料颗粒浓度为 $6\%\sim8\%$。

3)喷砂射孔排量对连续管冲蚀的影响

本章 7.2.2 小节讨论射孔流速对射孔效率的影响,喷砂射孔排量对连续管内流动压力损耗也有很大的影响;实际上,压力损耗间接反映了对连续管的摩擦损耗,即冲蚀,尤其是在连续管弯曲段,冲蚀表现更加严重。鄢标等也对此做了研究[10],如图 7-15 所示。

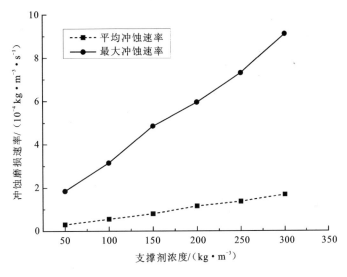

图 7-14　支撑剂质量浓度对冲蚀速率的影响

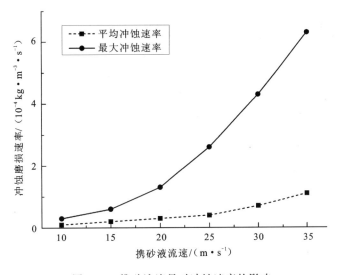

图 7-15　携砂液流量对冲蚀速率的影响

7.3　连续管辅助开关滑套分段压裂

　　水平井固井滑套分段压裂工艺是近年来发展起来的一项新技术，即钻井完成后，根据钻井、录井和测井综合解释评价确定的"甜点"位置，一次性随套管下入多级固井滑套固井，然后逐级打开滑套压裂完井。与泵送桥塞与多级射孔联作技术相比，不需要射孔弹射孔，不需要坐封桥塞和钻磨桥塞，作业工艺简单，且效率高；与水力喷砂射孔相比，无须配制喷砂射孔携砂液，并避免了套管射孔造成套管损伤。

固井开关滑套的种类较多,有投球式液压开关滑套、压差式液压开关滑套、机械式开关滑套和压差式封隔器拖动开关滑套等多种形式。投球式液压开关滑套结构和工艺最简单,但是单井滑套应用级数有限,在长水平段水平井分段级数较多的井筒中应用受到局限,近年来,国外公司开发了一种压差式等通井固井滑套,理论上可以无限级设置滑套。

压差式等通井固井滑套需要借助专用的开关工具逐级打开滑套压裂,目前主要采用连续管输送专用开关工具打开滑套;即固井完成后,采用连续管将开关工具下入井底过第一级等通径固井滑套,回拖工具定位,使得封隔器位于滑套内,下放连续管管柱对封隔器施加预坐封机械压力完成封隔器预坐封,连续管注液打压使封隔器上下产生压差加强封隔器密封效果。连续管继续打压使封隔器上下压差达到设计值,即滑套压裂口阀门上下压差达到设计值,迫使压裂口阀门剪断销钉后向下滑动,裸露滑套上预置的孔洞。按照压裂泵注程序向环空注液,进行压裂,压裂完成后,上提连续管管柱,打开压裂工具串中平衡阀解封封隔器,上提封隔器至第二级滑套,重复这种操作,逐级打开滑套实施分段压裂。

7.3.1　固井滑套管柱与连续管开关滑套工具

连续管开关套管滑套的可行性和作业的可靠性,以及作业风险的降低,很大程度上取决于固井管柱,而连续管开关滑套工具是实现滑套开关、井筒封隔、压裂实施的关键,因此,认清固井管柱与连续管开关滑套工具串十分必要。

1. 滑套套管管柱

根据钻井、录井和测井综合解释评价确定的"甜点"位置设计套管柱结构,套管柱结构主要由套管、短套管、固井压裂滑套、趾端滑套、浮箍、浮鞋、扶正器等组成,设计时要求准确定位固井压裂滑套的位置和扶正器的位置,使得套管和固井滑套居于井筒中心。下面是某页岩气井带固井滑套的固井套管柱组合。

固井套管管柱组合:水泥头+联顶接+悬挂器+调整短套管+套管+扶正器+套管+套管固井滑套+套管+扶正器+套管+套管固井滑套+套管+扶正器+……+套管+套管固井滑套+套管+扶正器+套管+趾端滑套+套管+碰压浮箍+短套管+浮箍+套管+浮箍+套管+浮鞋。

2. 固井滑套

固井滑套是分段压裂套管管柱中的关键部件。下套管时,固井滑套按照设计位置连接在套管上,随套管下入裸眼井筒中并固井。根据确定的"甜点"位置在套管柱中连接多个固井滑套,实现分层分段压裂。压裂作业时,首先需要打开滑套使得固井滑套短接中预设的压裂孔口暴露在套管井筒中,套管内高压压裂液通过孔口压裂地层。

1）压差式固井滑套

压差式固井滑套如图 7-16 所示,由主体中心筒、压裂口阀门、预紧销钉、外套筒、外套筒锁环等部分组成。其中主体中心筒上设计有压裂孔口与上下两个传压孔;外套筒上设计压裂孔口与主体中心筒上压裂孔口相对应;阀门开关初始状态处于关闭压裂孔口位置且有销钉预固定,内部间隙充满防固润滑脂。当需要开启滑套进行压裂作业时,将压裂工具串下到该滑套位置,定位器到达定位槽位置时连续管悬重会出现明显变化,立即停止上提管柱。然后下压管柱加压 5.00 kN 坐封封隔器,封隔器卡瓦锚定在内套筒上,环空注液加压在封隔器上下形成 12.00～15.00 MPa(可调)压差,在压裂口阀门上下形成压差,迫使压裂口阀门剪断销钉向下滑动,打开压裂孔口。

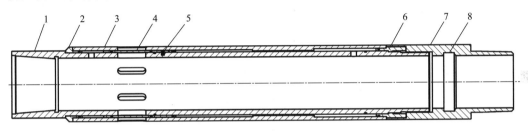

图 7-16　压差式固井滑套示意图

1-主体中心筒;2-垫肩;3-压裂口阀门;4-预紧销钉;5-外套筒;6-外套筒锁环;7-下接头;8-定位槽

2）机械开关式等通径固井滑套

机械开关式等通径固井滑套如图 7-17 所示,由上接头、下接头、内滑动套筒、预紧销钉等部分组成。其中,压裂孔口设置在上接头;下接头内部设计有定位槽与压裂工具串上的定位器配合使用实现井下工具精确定位;内滑动套筒向下、向上滑动分别完成压裂孔口的打开与关闭,以及定位槽的关闭与敞开。当需要开启滑套进行压裂作业时,将压裂工具串下到该滑套位置,连续管内加压至设计值,使专用开关工具锚爪伸出并锚定在内滑动套筒上,在连续管管内带压条件下下压管柱,专用开关工具带动内滑动套筒向下滑动,打开固井滑套压裂孔口。

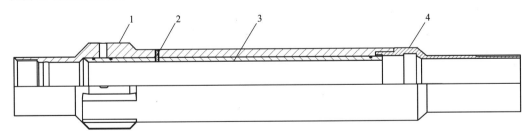

图 7-17　机械开关式等通径固井滑套示意图

1-上接头;2-预紧销钉;3-内滑动套筒;4-下接头

3. 开关滑套工具管柱

连续管辅助开启滑套井下工具组合是指具有定位、层间封隔、打开滑套、喷砂射孔与循环洗井等功能的工具组合。另外，为了防止开关滑套工具遇卡后事故的进一步恶化，需要配套丢手工具，能够安全地将连续管起出。如图 7-18 所示，连续管辅助开关滑套压裂管柱结构为 2″连续管＋连续管连接器＋液压丢手工具＋扶正器＋喷砂射孔器＋平衡阀＋封隔器＋套管接箍定位器＋压力计托筒＋引鞋。引鞋利于工具串顺利通过井口；定位器与滑套定位槽配合可以完成开关工具在滑套中的精确定位；锚定装置在封隔器坐封后将工具串锚定在内滑动套筒上，锁定封隔器；封隔器可以实现层段封隔，建立压差；喷砂射孔器可以在滑套无法正常打开时进行补射孔压裂；平衡阀是在出现砂堵时进行冲砂解堵；液压丢手工具能够在工具遇卡时，投球加压丢手，将连续管与被卡工具脱开。

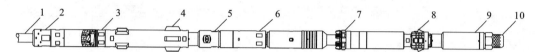

图 7-18　连续管辅助开启滑套井下工具管柱示意图

1-2″连续管；2-连续管连接器；3-液压丢手工具；4-扶正器；5-喷砂喷射器；

6-平衡阀；7-封隔器；8-套管接箍定位器；9-压力计托筒；10-引鞋

4. 连续管辅助开关滑套原理

目前市场上成熟的连续管辅助开启等通径滑套主要有贝克休斯公司的 OptiPort™ 多级压裂固井滑套、NCS 公司的压差固井滑套以及威德福公司的 ZoneSelect™ Monobore 压裂固井滑套，三种等通径滑套均已进行规模化应用，各滑套的原理简述如下。

OptiPort™ 多级压裂固井滑套由滑套内衬套、中间密封筒（阀门开关）、外套筒三层组成，封隔器坐封于内衬套上下传压孔之间，在封隔器上、下形成压差时，中间密封筒会在压差的驱动下剪切预紧销钉向下滑移开启滑套，封隔器与内衬套静止无滑移。

压差固井滑套结构相对简单，主要由滑套内衬套与套筒两层组成，连续管井下工具串中的封隔器坐封在内衬套上，当封隔器上下产生压差达到设计值时，滑套内衬套会产生向下滑动的力。剪切预紧销钉后滑套内衬套与封隔器一起向下滑动开启滑套。

ZoneSelect™ Monobore 压裂固井滑套是通过锚爪锁定滑套内衬套，然后上提下放连续管，由锚爪带动滑套内衬套滑移实现滑套开关。

7.3.2　连续管开关滑套压裂工艺

1. 井筒清理

1）通井

压差式固井滑套随套管下入井筒完成固井作业，为连续管压裂工具串顺利下入到设计位置,封隔器坐封后密封严密创造清洁的井筒环境,下入连续管滑套开启工具前,需对套管井筒进行通井。通井工具串结构为连续管＋连续管连接器＋丢手工具＋转换接头＋通井规。

通井管柱下入过程中,工具进入造斜段后,下放速度控制在 15 m/min 以内,同时开泵以不小于 300 L/min 的排量正挤。遇阻时加压不超过 30.00 kN,通过遇阻点后需上提下放通井管柱,在遇阻位置进行反复提放三次,然后加大排量反循环洗井;连续管通井管柱至少通井至第一级压差式固井滑套 15.00 m 以下。

2）刮管洗井

连续管下通井规通井作业顺利且循环液体干净的情况下,可以不再进行刮管作业;如通井过程有遇阻现象且循环液体杂质较多,表明井筒环境差,则需要进行连续管带刮管器进行刮管、洗井作业。连续管刮管洗井管柱结构为连续管＋连续管连接器＋丢手工具＋双瓣式单流阀＋螺杆钻具＋刮管器。连续管刮管作业完成后,管柱下入与起出过程,均需开泵以不低于 400 L/min 的排量向连续管管内注液,连续管及刮管洗井工具至少过第一级固井滑套 15.00 m。

2. 连续管打开滑套

1）封隔器坐封

连续管下放开关滑套工具串,下入 500.00 m 井深时做工具坐封测试。坐封测试完毕,解封封隔器继续下放工具串至第一级固井滑套深度以下 20.00 m,然后缓慢上提连续管及井下工具,使得定位器进入固井滑套上的定位槽,观察连续管张力波动,判断开关滑套工具是否卡在定位槽内,校准封隔器位置。当封隔器定位后,下放连续管下压开关工具串坐封封隔器,然后,继续下放连续管施加 5.00~10.00 kN 机械压力,并环空泵注加压 7.00~10.00 MPa,稳压 15 min,压降不超过 0.50 MPa,确认封隔器坐封合格。

2）开启滑套

机械开关滑套工具和液压开关滑套工具开启作业略有不同。机械开关式滑套工具在开启滑套时随滑套内滑动套筒下行打开压裂孔口;液压开关滑套工具在开启滑套时没有下行运动,只是滑阀下行打开压裂孔口。

① 机械开关滑套工具开启滑套。当确认开启工具到达设计位置后,连续管管内加压,机械开启工具锚爪机构张开并锚定在滑套内滑动套筒上,通过上提或下放连续管施加机械压力,剪断预锁紧销钉,滑套内滑动套筒向上或向下滑动一定距离,观察环空压力、连续管管内压力和连续管悬重。当连续管悬重先增大后突然减小,同时环空压力或者连续管管内压力出现瞬时下降,即判断滑套已经开启。

② 液压开关滑套工具开启滑套。当确认封隔器正常坐封后,继续泵注加压,压差达到 12.00~15.00 MPa,观察环空压力、连续管管内压力。当环空压力或者连续管管内压力出现瞬时下降,即判断滑套已经开启。此时,由于锚定器和封隔器锁定在固井滑套短接

上没有移动,连续管悬重没有突然变化。

7.3.3 压裂超压与预防

1. 连续管超压

压裂施工全过程连续管及井下工具一直处于井筒中,连续管井口压力需要比环空施工泵压高 1.00~2.00 MPa。当地层破裂压力较高时,会导致连续管地面部分管段(卷绕在滚筒上的连续管)长时间处于超压状态;使用滑套虽避免了因射孔降低套管强度的影响,但滑套的压裂孔口是通过滑套内部机构的相对滑动连通与地层连通,在压裂初期没有形成起始裂缝,施工泵压比射孔压裂的压力高,可能导致连续管超压。

2. 超压风险

连续管辅助开启滑套分段压裂作业,每段开始前通常需要通过连续管注入一定量的酸液,以降低地层起裂压力。在酸液腐蚀、高压力与高应力条件下,连续管实际承压能力将大大降低。如果连续管在作业过程出现超压不仅会导致井口装置超压泄露,也可能导致连续管爆裂或断裂等事故。一旦发生连续管爆裂,可能无法解封井下封隔器和锚定器,如果发生紧急情况剪断连续管后,连续管无法下落,将无法关闭井口闸门,此时存在井控风险。

3. 超压预防

1) 滑套压裂孔口优化

对比试验表明,滑套孔口面积相同条件下,矩形孔口更有利于降低起裂压力。而且,孔口长度增加可显著降低起裂压力,孔口宽度增加,对起裂压力的影响较小;孔口数量增加可以降低起裂压力;滑套孔口的方位角对起裂压力也有较大的影响,孔口的方位角增大不仅会导致起裂压力增加,而且还会使水力裂缝起裂位置发生变化,容易引起裂缝转向,增加压裂起裂的难度[11-14]。可以采用试验或有限元计算方法优化孔口的形状和尺寸、数量和排列等参数,降低压裂起裂压力。设计压裂孔口方位角时,采用螺旋状布置孔口可以降低起裂压力。

2) 加重压裂液

降低井口施工压力的主要措施有降低压裂时的起裂压力、减小压裂液摩阻和增加压裂液静液柱压力。连续管辅助压裂作业过程中如果出现超压现象,这时候前两种方法的效果非常有限,在压裂液中添加加重材料增加压裂液的密度,提高管柱内静液柱压力,可以有效解决超压问题。例如,压裂液密度由 1.0 g/cm^3 提高到 1.30 g/cm^3,每千米井口压力可降低 3 MPa。

国内外加重压裂液体系主要有硼酸盐交联体系、羧甲基羟丙基胍胶锆交联体系、黏弹性表面活性剂体系、胍胶有机硼交联体系等。加重剂主要为盐,形成的压裂液密度最高可达 1.70 g/cm³。如某页岩气田,根据其地质条件和施工井况,加重液配方主要为减阻剂、防膨剂、增效剂、消泡剂、加重添加剂。压裂液主要性能指标:密度为 1.3～1.5 g/cm³,黏度为 5～12.35 mPa·s,降阻率为 50.3%。

3)增加单流阀

在压裂施工过程中,如果发生因砂堵等原因导致井底压力急骤上升,连续管可能出现携砂液倒灌现象,导致连续管管内压力急速升高、造成连续管管内砂堵、连续管破裂等。故在连续管开关滑套井下工具串上加装双瓣式单流阀,一旦出现上述风险,能够及时切断井内连续管反流通道,为地面进行井控安全处置赢得时间。

4)地面增加液控泄压装置

连续管辅助开启固井滑套进行分段压裂作业,每段压裂施工前都需要挤注一定量的酸液,需要先打开套管闸门从连续管内替前置酸,然后关闭套管闸门从套管环空挤酸。完成这种作业时,操作人员需要频繁进入高压区开关套管闸门,操作人员安全风险较大。在井口四通一侧的放喷管线适当位置安装液控泄压装置,开关套管闸门时液控泄压阀放喷,降低井口压力,可有效减小地面人员操作阀门的安全风险。

7.3.4　工程应用

1. 作业井情况

国内某页岩气井完钻井深 5 300.00 m,水平段长 1 835.00 m,最大井斜 94.27°,下入 5.500 in 套管(内径 115.02 mm)及 31 级压差式固井滑套、1 级趾端滑套完井,采用连续管输送滑套开启工具串,完成了连续管通井洗井、开启滑套与压裂施工。滑套套管管柱结构如图 7-19 所示。

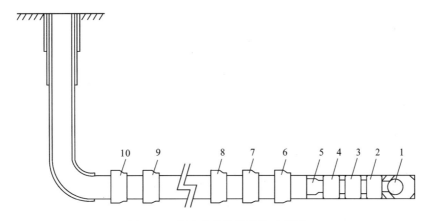

图 7-19　滑套套管管柱结构示意图

1-浮鞋;2-浮箍 1;3-浮箍 2;4-碰压浮箍;5-趾端滑套;6-第 1 级压差式固井滑套;7-第 2 级压差式固井滑套;
8-第 3 级压差式固井滑套;9-第 30 级压差式固井滑套;10-第 31 级压差式固井滑套

2. 作业过程

1）连续管通井

① 通井工具串结构为 2.000 in 连续管＋Φ73.00 mm 连接器＋Φ73.00 mm 液压丢手工具＋Φ73.00 mm 单流阀＋Φ112.00 mm 通井规。

② 地面准备。地面连接工具串，开泵测试循环流程，工具串通过井口时进行计数器校深。

③ 井口防喷装置试压。关闭 2# 闸板阀，防喷管内打压 30 MPa，稳压 15min，压降小于 0.5 MPa 为合格。

④ 下放管柱通井。缓慢下放连续管，速度控制在 5 m/min 以内，通过防喷器和压裂井口后，速度应保持在 25 m/min 以内；下放至井深 2 500.00 m 后，速度控制在 15 m/min 以内，要求每间隔 500.00 m 进行一次上提下放测试；继续下放连续管探至第 1 级趾端滑套位置，探入后重复三次，深度不变为合格。

⑤ 循环洗井、起管作业。循环洗井两个循环周期，然后进行起管作业。水平段时速度控制在 15 m/min 以内，直井段上提速度控制在 20 m/min 以内；连续管末端距井口 100.00 m 时，上提速度降至 10 m/min；距井口 50.00 m 时，上提速度降至 5 m/min；距井口 20.00 m 时，缓慢上提连续管，速度控制在 2.5 m/min 以内，直至工具串通过防喷管。

2）井筒试压及第 1 级趾端滑套压裂

第一级趾端滑套压裂前，分 30.00 MPa、50.00 MPa、70.00 MPa、90.00 MPa 四个压力级别对全井筒进行整体试压。其中，70.00 MPa 压力级别稳压 15 min，观察压力变化。当压力达到 81.00 MPa 时趾端滑套延时功能开启（延时 5～10 min 后趾端滑套打开）；此时压力继续上升到 90.00 MPa 后，进行全井筒试压 5 min。套管试压结束后压力下降，此时趾端滑套打开，进行第一级压裂。

3）连续管辅助开启固井滑套与压裂

① 滑套开启工具串：2.000 in 连续管＋连续管连接器＋丢手工具＋双瓣式单流阀＋扶正器＋水力喷射工具＋平衡阀＋封隔器和锚定装置＋机械式套管接箍定位器＋引鞋。

② 地面准备。连接工具串，入井前计数器校深。

③ 下放工具串作业。连续管下放工具串至井深 300.00 m 时，测试封隔器换轨、坐封、解封功能，直至正常后继续下放工具串；直井段下放速度控制在 25 m/min 以内，以 100～200 L/min 排量循环；距离第 31 级压差式固井滑套上方 50.00 m 时，下放速度降至 5～10 m/min，通过第 31 级压差式固井滑套 30.00 m 后上提，进行工具串位置校深；继续下放工具串，探至第 1 级趾端滑套 5 237.00 m，复探一次进行深度校正。

④ 第 1 级压差式固井滑套开启。缓慢上提工具串至第 1 级压差式固井滑套位置，速度降至 5～10 m/min，发现悬重明显变化立即停止上提，核对滑套位置无误，施加 5.00 kN 压力坐封封隔器；坐封完后通过连续管向环空补液验封（高于坐封前 5.00～7.00 MPa），稳

压 5 min,压降小于 0.50 MPa 合格;继续向环空注液加压(高于坐封前 12.00～15.00 MPa),密切关注悬重和环空压力变化,确定该级固井滑套是否开启。

⑤ 第 1 级压裂。关闭返排流程、防喷器组合卡瓦半封闸板,环空挤酸;打开套管环空阀门,通过套管和连续管间的环空按设计泵注程序实施加砂压裂。要求压裂过程中连续管泵车不间断补液;第 1 级滑套压裂结束,上提连续管解封封隔器;连续管泵车开泵循环 10 min,以 5～10 m/min 速度上提工具串至下一级压差式固井滑套位置。

⑥ 其他级固井滑套开启与压裂。重复④、⑤动作,完成剩余 30 级施工。

⑦ 起管作业。起管作业程序与本节连续管通井作业要求一致。

3. 作业风险与解决措施

施工井井深较大,地层破裂压力、压裂施工泵压高,作业难度和风险较高,主要表现在:①连续管开启每级压差式固井滑套后,进行正式压裂前,均需通过连续管向地层挤入一定量的酸液,在挤酸至正式环空加砂压裂过程中,需要现场操作人员多次进入高压区,频繁开关井口阀门,存在较大安全风险;②压裂试气阶段,连续管在酸液腐蚀、支撑剂冲蚀和高应力作用下,抗压抗拉强度会大幅降低,连续管长时间承受高压差,存在较大的刺漏、断裂风险;③在封隔器坐封承压期间,连续管对封隔器持续施加 30.00～50.00 kN 的机械压力,如发生紧急情况,剪断连续管后井口闸门存在无法及时关闭的情况,存在较大井控风险。

针对上述施工过程存在的风险,主要采取以下措施。

① 将连续管挤酸工艺变更为环空替酸工艺。上段压裂施工环空泵注顶替液后,上提连续管管柱至下一段压裂位置,再从环空反替酸液,酸液距下一级固井滑套 5.00 m 时停止环空注液;然后,坐封封隔器、开启固井滑套,环空加压将酸液挤入地层。

② 将连续管管内常规压裂液改为加重压裂液。提高连续管管内液体密度增加静水柱压力的方式来降低地面连续管压力。本井采用加重压裂液的密度为 1.32 g/cm³,连续管井口压力降低约 3.20 MPa/1 000 m。

③ 加装单流阀。连续管开关工具串上加装单流阀,施工过程地面连续管出现刺漏、断裂等情况时,能够及时切断井内流体进入连续管的通道,为地面井控安全处置赢得时间。

④ 酸液中添加高温缓蚀剂以减缓酸液对连续管的腐蚀。根据试验结果,在温度 50 ℃ 时腐蚀速率为 0.51 g/(m² · h),在温度 100 ℃ 压力 16.00 MPa 的情况下腐蚀速率为 4.26 g/(m² · h),达到一级缓蚀指标。缓蚀剂与酸液配伍,腐蚀速率为 4.584 g/(m² · h),能满足酸液对连续管的缓蚀要求。

4. 认　识

① 在连续管辅助开启滑套分段压裂施工前,进行通井、洗井等作业,有利于压裂工具串顺利下入到设计位置及封隔器坐封。

②　在连续管辅助开启滑套分段压裂工艺中，压裂施工前后的井筒均为全通径，有利于生产后期生产测井、找水和堵水等作业。

③　酸液中加入高温缓蚀剂、使用加重压裂液、压裂工具串中加装单流阀等措施，可以有效降低现场施工风险。

④　改连续管挤酸为环空替酸工艺，可以减少连续管管内过酸量及酸液浸泡时间，降低酸液在高温高压条件下对连续管的腐蚀作用。

⑤　压裂施工压力高，增加了连续管刺漏、断裂的风险，可能缩短连续管使用寿命。

参 考 文 献

[1] 郭富风,赵立强,刘平礼,等.水平井酸化工艺技术综述[J].断块油气田,2008,15(1):117-120.

[2] REES M J,KHALLAD A,CHENG A,et al. Successful hydrajet acid squeeze and multifracture acid treatments in horizontal open holes using dynamic diversion process and downhole mixing[C]//SPE Annual Technical Conference and Exhibition. Society of Petroleum Engineers,2001,SPE71692.

[3] BURGOS R,MATTOS R F,BULLOCH S. Delivering value for tracking coiled-tubing failure statistic [C]//SPE/ICoTA Coiled Tubing and Well Intervention Conference and Exhibition. Society of Petroleum Engineers,2007,SPE107098.

[4] 董军,李建波,邱海燕,等.酸化技术研究现状[J].科协论坛(下半月),2007(3):18-19.

[5] LABUS T J,ASSOCIATION W J T. Fluid jet technology:Fundamentals and applications[M]. Missouri:Waterjet Technology Association,1995.

[6] HASHISH M. On the modeling of abrasive waterjet cutting [C]//Proceedings of the 7th International Symposium on Jet Cutting Technology,Ottawa,Canada,1984,7:249-265.

[7] ZENG J,KIM T J. A study of brittle mechanism applied to abrasive waterjet processes[A]//BHRA. Proceedings of the 10 th International Symposium on Jet Cutting Technology. Amsterdam,1990: 115-133.

[8] 张晶.水力喷砂射孔压裂参数研究[D].成都:西南石油大学,2015.

[9] 王佳,穆佳成,高京卫.水力喷砂射孔参数优化设计研究[J].内蒙古石油化工,2013(19):7-9.

[10] 鄢标,夏成宇,陈敏,等.连续管压裂冲蚀磨损性能研究[J].石油机械,2016(4):71-74.

[11] 付钢旦,桂捷,王治国,等.固井滑套压裂起裂压力的预测及端口参数影响分析[J].石油机械,2014 (5):84-87.

[12] 杨焕强,王瑞和,周卫东,等.固井滑套端口参数对压裂影响的试验研究及模拟分析[J].石油钻探技术,2015(2):54-58.

[13] 杨焕强,王瑞和,周卫东,等.滑套固井压裂起裂压力及影响因素[J].中国石油大学学报:自然科学版,2014(6):78-84.

[14] 江龙,程远方,周东现,等.水平井固井滑套结构对起裂压力影响规律分析[J].科学技术与工程,2016(36):6-12.

第 8 章

连续管水平井射孔

套管射孔是建立井筒与地层之间油气流通道的一种重要手段,也是压裂试气(油)中的关键环节。直井可在射孔枪串自身重力作用下通过电缆传输将射孔工具输送到目的层位,地面电信号激发射孔弹完成射孔。或者压井后用常规油管传输,管内与管外施加液压激发起爆装置射孔。但在大斜度井段、水平井段射孔作业时,射孔工具串难以依靠自身重力沿井筒向下滑动,无法输送至水平段、大斜度井段。因此,国内外研究了多种水平井传输射孔方法。第一种是电缆泵送桥塞与多级射孔联作,作业成本低,效率高;第二种是牵引器带电缆射孔,对井筒清洁程度要求高,遇阻遇卡风险大;第三种是油管传输射孔,必须在压井后才能使用,定位精度差、作业效率低、井控风险大;第四种是连续管传输射孔,无须压井,作业效率高,井控风险小,是目前页岩气水平井分段压裂进行首段套管射孔的最佳射孔工艺。

连续管传输射孔作业按其点火方式分为压力起爆射孔和电能起爆射孔。压力起爆方式采用连续管内加压或环空加压的方式点火,分级起爆射孔沟通井筒及地层,通过延迟起爆方式,下一趟管柱可完成多级射孔。连续管电缆传输射孔是在连续管内穿入电缆,通过电能起爆,可进行多级射孔。

8.1　连续管传输压力起爆射孔

连续管传输压力起爆射孔技术在页岩气、煤层气等非常规油气水平井中应用十分广泛。连续管传输压力起爆射孔技术,可用环空加压与连续管管内加压进行两级射孔,两级射孔起爆时间可根据实际需求动态调整。采用隔板延时多级起爆射孔技术可以完成两级以上多级射孔,延时起爆装置的延时时间在地面提前设定,工具入井后不能更改,灵活性差,出现复杂情况时易导致误射孔。

8.1.1　起爆装置

一趟管柱完成两级射孔的连续管传输射孔管串为连续管＋连续管连接器＋双瓣式单流阀＋压力开孔起爆器＋射孔枪＋丝堵＋筛管＋压力起爆器＋射孔枪＋枪尾。一趟管柱完成两级以上射孔时,需要用隔板延时起爆装置,以三级射孔为例,连续管传输压力起爆多级射孔工具串结构为连续管＋连续管连接器＋丢手工具＋死堵＋射孔枪＋延时起爆装置＋射孔枪＋延时起爆装置＋射孔枪＋压力起爆装置＋开孔枪尾。

上述连续管传输射孔技术的关键工具为压力起爆射孔装置,国内各油气田使用的起爆装置主要有压力起爆器、压力开孔起爆器、压力延时起爆器三种。

1. 压力起爆装置

压力起爆装置广泛应用于直井、大斜度井、水平井的连续管传输射孔作业。压力起爆装置可用于单级射孔,也能与开孔压力起爆装置配合使用进行两簇分级射孔。压力起爆装置如图 8-1 所示,主要由上接头、预紧销钉挡板、下接头、活塞套、剪切销、击针塞、起爆器、螺塞等部件组成。射孔管柱输送到设计位置时,井口对连续管内或环空加压,当施加压力到达设计值时,承压销钉被剪断,压力起爆装置击发起爆,引爆传爆管、导爆索和射孔弹。环空加压起爆时,压力通过筛管传递到击针塞上。

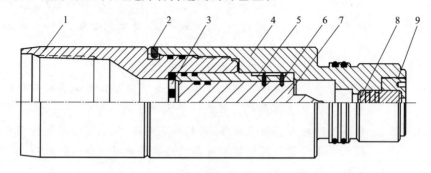

图 8-1　压力起爆装置示意图

1-上接头;2-预紧销钉;3-挡板;4-下接头;5-活塞套;6-剪切销;7-击针塞;8-起爆器;9-螺塞

2. 压力开孔起爆装置

压力开孔起爆装置一般适用于投棒不能正常降落的大斜度、侧钻水平井和水平井,与压力起爆装置联合使用。压力开孔起爆装置结构如图 8-2 所示,主要由上接头、挡板、击针塞、活塞套、剪切销、下接头、起爆器、螺塞等部件组成。井口对连续管加压,当外加压力达到起爆器承压销钉设计值时,承压销钉被剪断,压力开孔起爆装置击发起爆,引爆传爆管、导爆索和射孔弹。承压销钉被剪断的同时,开孔起爆器击针塞下行,打开旁通孔道形成回油通道,使连续管和套管连通。

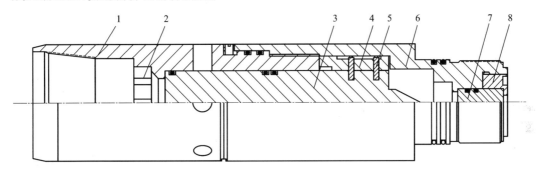

图 8-2　压力开孔起爆装置示意图

1-上接头;2-挡板;3-击针塞;4-活塞套;5-剪切销;6-下接头;7-起爆器;8-螺塞

3. 延时起爆装置

延时起爆有两个目的,一是击发后为井口设备的操作留下一定的时间,当延时完毕射孔时井口的设备达到一定的状态,如液压延时起爆;二是一次击发,多次射孔,每两次射孔中预留足够的时间,使下一级射孔枪达到预定的位置,形成多级射孔,如隔板延时起爆。

1) 液压延时起爆装置

延时起爆技术可以在击发后建立负压进行起爆射孔,这时,比较容易准确判断射孔枪是否正常引爆,这种延时起爆在常规油管传输起爆作业中应用广泛。液压延时起爆装置如图 8-3 所示,主要由外壳、溢油枪、延时阀、油缸、活塞、芯杆、限位杆、限位筒、撞击活塞、起爆器、起爆器变径螺纹接头等部件组成。该技术是液压延时技术和射孔起爆技术的结合,规避了在延时阶段使用火工品的缺陷。

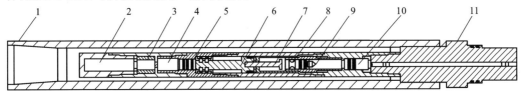

图 8-3　液压延时起爆装置示意图[1]

1-外壳;2-溢油枪;3-延时阀;4-油缸;5-活塞;6-芯杆;7-限位杆;

8-限位筒;9-撞击活塞;10-起爆器;11-起爆器变径螺纹接头

连续管内加压至起爆装置的延时机构启动设计值时,管内压力通过液压传递通道作用在芯杆下端,推动芯杆剪断剪切销钉。芯杆在液压作用下继续上移,同时推动活塞、拉动限位杆向上移动。延时液压油在活塞的挤压下,从油缸通过延时阀缓慢进入溢油腔实现延时功能。限位杆带动限位筒向上滑动到设计位置,释放钢球解锁撞击活塞。撞击活塞在管内液压作用下向下滑动撞击起爆器顶部,引爆起爆器产生爆轰波最终引爆射孔枪。

2）隔板延时起爆装置

部分井要求下一趟管柱完成两级以上的多级射孔,常用的连续管传输射孔技术无法满足该种工况要求。隔板延时起爆技术可以实现多簇延时分级射孔。隔板延时起爆装置如图 8-4 所示,主要由延时壳体、延时起爆管、隔板传爆装置、传爆壳体等部分组成。该技术最关键部件是隔板传爆装置,该部件不但能将爆轰传递至其延时起爆管,还能起到密封分隔作用[2]。与常规连续管压力起爆射孔技术一次下井二次加压完成两级射孔作业工艺相比,能够大幅节约作业时间和连续管起下次数。

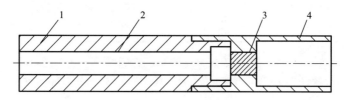

图 8-4　隔板延时起爆器示意图
1-延时壳体;2-延时起爆管;3-隔板传爆装置;4-传爆壳体

隔板延时起爆装置用于连续管分簇射孔作业时,安装在两级射孔枪之间。作业时井口加压引爆压力起爆装置及第一级射孔枪,加压引爆完成后,第一级射孔枪顶部导爆索、传爆管引爆隔板起爆装置,输出冲击波传爆延时起爆管,进入延时阶段。延时期间,可完成上提管柱等预定操作,等待至延时时间结束,延时起爆管传爆下一级射孔枪完成分级射孔。

8.1.2　压力起爆射孔工艺设计与操作

连续管传输射孔能实现井口带压条件下连续作业,已在长水平段水平井中得到广泛应用。目前国内页岩气水平井平均水平段长度超过了 1 500.00 m,最大作业深度超过了 6 000.00 m,给连续管作业带来极大的挑战;水平井首段采用连续管传输分级射孔技术,连续管易出现自锁,导致射孔枪下不到位,尽管采取向井筒注入减阻剂、射孔管柱增加水力振荡器等技术手段,也难完全规避自锁问题;此外射孔时射孔弹爆炸产生的冲击易造成连续管损坏。这些都是长水平段连续管射孔技术面临的难题。故连续管传输压力起爆射孔工艺设计时,需要在压力起爆射孔设计、井下工具的输送等方面进行优化,确保安全、高效完成射孔任务。

1. 射孔工艺设计

1）起爆器的选择

连续管传输射孔工具进行分级射孔，常用的起爆装置主要有压力起爆装置、压力开孔起爆装置、液压延时起爆装置、隔板延时起爆装置。这四种起爆装置各有优缺点，实际使用过程中，需要结合实际井况和起爆装置特点进行优选。

① 压力起爆装置。该装置用于单级射孔或与开孔压力起爆装置组合使用完成两级射孔。用于单级射孔时通常采用管内加压激发起爆器进行射孔；用于两级射孔时上部需连接筛管，采用环空加压激发起爆器进行射孔。

② 压力开孔起爆装置。该装置通常与压力起爆装置组合使用进行两级射孔。

③ 液压延时起爆装置。该装置一般用于单级射孔，适用于需要进行负压射孔的油气井，在激发液压延时起爆装置后通过延时功能为地面进行泄压以及井口装置开关等工序预留操作时间。

④ 隔板延时起爆装置。该装置可应用于单趟管柱需要进行三级及以上分级射孔的油气水平井，是连续管传输完成多级射孔的关键工具，延时时间可根据需求进行设定。

2）起爆压力值设计

起爆压力值设计是地面控制与安全射孔的重要参数。连续管传输两级射孔在设计时必须综合考虑井深、目的层温度、以及安全附加压力等因素，确保施工安全。起爆压力值最终表现为井口压力操作值的设计。

井的静液柱压力（P_s）为

$$P_s = \rho g H \tag{8-1}$$

式中：ρ 为井筒工作流体密度，g/cm^3；H 为起爆装置处的垂直井深，m。

单颗剪切销的实际值。根据温度-剪切销材料强度降低百分数曲线，如图 8-5 所示（以川南航天能源科技有限公司射孔起爆器剪切销为例），查出在井温 T 下，剪切销材料强度降低百分数为 $\Delta\%$。

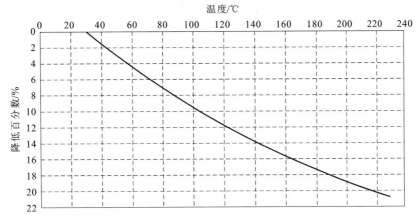

图 8-5　剪切销钉材料强度降低百分数与温度的关系图

单颗剪切销的剪切力最小值($P_{0\min}$)为

$$P_{0\min} = P_0\,(1-5\%)\,(1-\Delta\%) \tag{8-2}$$

单颗剪切销的剪切力最大值($P_{0\max}$)为

$$P_{0\max} = P_0\,(1+5\%)\,(1-\Delta\%) \tag{8-3}$$

设定附加安全压力 P_{safe}。附加安全压力需要结合井深、连续管强度、井口操作压力等值综合确定,通常不低于 10.00 MPa。

剪切销数量(n)为

$$n = (P_s + P_{\text{safe}})/P_{0\min} \tag{8-4}$$

按照"向上取整法"对 n 进行取整,剪切销数量为 N。例如:$n = 13.23$,取整后 $N = 14$。

井口操作压力最小值($P_{\min}$)为

$$P_{\min} = P_{0\min}N - P_s \tag{8-5}$$

井口操作压力最大值($P_{\max}$)为

$$P_{\max} = P_{0\max}N - P_s \tag{8-6}$$

2. 连续管输送射孔工具

连续管输送射孔工具一般分为射孔准备与射孔工具传输两个阶段。射孔准备主要是连续管下模拟管柱通井洗井,确定井筒无异物以及连续管射孔工具串能够下到预定位置不出现自锁;射孔工具传输是分阶段以不同的速度将射孔工具输送至预定位置。

1)射孔准备

连续管通井工具串:连续管+连续管连接器+双瓣式单流阀+压力开孔爆器+射孔枪(未装弹)+丝堵+筛管+压力起爆器+射孔枪(未装弹)+枪尾。为了确保射孔工具串能够顺利下入到预定位置,采取以下措施。

为防止连续管作业过程发生遇卡造成严重的井下事故,一方面在管串中连接液压丢手装置,一旦发生遇卡事故,能够启动丢手装置将连续管与丢手装置以下工具脱开,为下步处理措施提供条件;另一方面严格检验射孔枪质量,按照标准抽取射孔枪进行地面打靶测试,测量射孔后枪体膨胀量全部在 5.00 mm 以内则判定为该批次射孔枪合格。

2)射孔工具传输

为了避免误射孔,要尽量保证连续管输送工具时速度的均匀与稳定,控制连续管内外压力的波动幅度。连续管及射孔工具串通过防喷器和压裂井口时,速度不超过 5 m/min,试下 50.00 m 观察设备运转情况。进入井斜 30°井深后,速度控制在 10 m/min 以内,同时密切关注井口压力,保持出口畅通,保持连续管内外压差不超过 10.00 MPa。连续管每下放 500.00 m 进行一次上提下放测试,且遇阻阻力不超过 20.00 kN。

3. 射孔作业程序

连续管传输压力起爆射孔的工具串和操作参数设计完毕后,必须严格按照规定作业程序进行作业,射孔作业主要程序如下。

① 连续管设备连接液路管线,连接井口阀兰,进行功能测试。

② 注入头与防喷器功能测试;连续管连接器分 50.00 kN、100.00 kN、150.00 kN 拉力测试与 15.00 MPa、30.00 MPa、45.00 MPa 三级压力测试。

③ 连接射孔枪串作为模拟通井工具:连续管+连续管连接器+双瓣式单流阀+压力开孔爆器+射孔枪(未装弹)+丝堵+筛管+压力起爆器+射孔枪(未装弹)+枪尾。

④ 防喷管整体分级 15.00 MPa、30.00 MPa、45.00 MPa 试压。

⑤ 防喷管泄压至比井口压力高 1.00~2.00 MPa,开主阀下射孔工具串。

⑥ 按照要求分阶段以设计速度下射孔工具串至目标位置。

⑦ 根据井况确定是否需要洗井,洗井结束后按照起升射孔管柱要求起出连续管。

⑧ 射孔工具起至井口,关井,拆除模拟枪。连接射孔工具串:连续管+连续管连接器+双瓣式单流阀+压力开孔爆器+射孔枪+丝堵+筛管+压力起爆器+射孔枪+枪尾。

⑨ 按照④~⑥步骤下射孔工具至射孔位置。

⑩ 根据井况对连续管内加压,分别从环空与连续管内加压至设计值,完成射孔操作。

⑪ 以设计速度起出连续管及工具。

⑫ 上提连续管至井口,检查射孔枪,拆卸设备。

8.1.3　关键技术

连续管传输射孔起爆器的起爆值,以及延时起爆器的延时时间,均需要在管柱入井之前进行计算分析,也是工程设计的理论基础。同时需要采用一系列关键技术,确保安全高效射孔作业。如根据应用井井深、井口压力、射孔级数等参数确定最优射孔操作值,是现场作业成功的关键;射孔定位是确保将射孔工具串按照要求输送至预定位置的关键技术;连续管保护是实现安全高效射孔作业的必要措施;连续管延伸技术是提高连续管在水平井中输送距离的主要手段。

1. 射孔设计

常用连续管射孔设计的算法及模型、部分工程参数的确定主要是以施工经验数据为基础,对多个参数进行综合分析。射孔设计主要包括地质与工程两方面。

工程方面,需要结合井深、井眼轨迹、井筒液体密度、井口压力、井筒温度、射孔级数等因素综合考虑,确定是环空加压起爆,还是连续管加压起爆,还是综合采用两种起爆方式。工具串的组成,需确定射孔起爆压力等施工操作参数。设计中要同时兼顾井下工具安全、施工操作方便等要求。

2. 射孔定位

将射孔工具准确定位于设计射孔位置,是射孔施工过程的关键。虽然入井连续管固有长度不会改变,但它在井眼中实际长度却因螺旋弯曲而缩短,造成在井筒中的分布深度比连续管入井长度短。同时计数器因连续管的震动,深度计量也产生一定量的误差,两种误差重叠后可能产生较大的定位偏差。

为了克服现有的连续管作业机深度计量不准确的难题,现场射孔作业常用校核手段有连续管探底校深、机械式接箍定位器校深、无线接箍定位器校深。连续管探底校深是通过连续管下探射孔位置以下已知的深度(包括人工井底、桥塞等)来校核计数器深度,再通过上提连续管到射孔位置。这种方法适用于射孔位置距离连续管下探位置不远的情况,在连续管拖动距离较短时,计数器误差小。机械式接箍定位器及无线接箍定位器结构、定位原理及操作方法详见 10.1.3 深度测量。

3. 连续管保护

连续管射孔在井筒产生的瞬时高压以及震动,可能会给连续管造成挤毁、断裂等损伤,导致射孔管柱遇卡或落井,造成射孔作业失败、形成井控风险。因此在射孔时采取一定的预控措施可有效保护连续管。

① 降低射孔时连续管拉应力。射孔产生的压力波对连续管产生外挤效果,根据 4.3.3 节的结果,拉伸应力会降低抗外挤能力,因此,应适当降低连续管的轴向拉伸力。在环空加压射孔时先将连续管及井下工具下入至射孔位置以下,然后上提射孔管柱至射孔位置,连续管处于拉伸状态,抗外挤强度降低,可根据悬重测试数据,射孔前将连续管射孔管柱悬重释放至中点,减小连续管轴向拉力,降低射孔造成连续管损坏风险。

② 降低连续管射孔时内外压差。射孔过程产生的瞬时高压与震动是造成连续管损伤的主要原因,故可在射孔前对连续管内加压作为管内平衡压力,然后进行环空加压射孔操作。

4. 连续管输送延伸

连续管在水平段下入深度受限,是连续管传输射孔技术水平井应用的主要影响因素之一。连续管水平井输送延伸技术的应用能在一定程度上提高连续管水平井下入深度,主要有以下四个方面。

① 连续管水力振荡器。通过在连续管射孔管串上增加水力振荡器,可以降低连续管与套管关闭之间的摩擦力,提高连续管水平井下入深度。水力振荡器的技术参数以及工作原理详见 9.2 节钻磨工具。

② 连续管校直。连续管长时间缠绕在连续管滚筒上,形成弯曲塑性变形,在井筒中加剧了连续管螺旋屈曲形态,导致连续管摩擦阻力剧增,轴向力传递更小,延伸距离更短。采用连续管校直延伸装置,能够减小进入井筒的连续管弯曲程度,增加连续管水平井下入深度。

③ 减阻液。减阻液在套管内壁与连续管外壁形成一层弹性分子薄膜,形成润滑作用减低摩阻,提高连续管水平井下入深度。目前主要应用的减阻液有减阻水与金属减阻剂,技术参数详见 9.3 节钻磨液。

④ 连续管射孔工艺控制。井筒液体内混入气体会增大连续管与套管之间的摩阻,通过循环洗井、地面返排液控制等方式可有效降低井筒气体侵入量,降低摩阻提高连续管水平井下入深度。

8.2　连续管电缆传输射孔

泵送复合桥塞与多级射孔联作分段工艺,是页岩气水平井开发的关键技术。泵送桥塞与多级射孔联作施工过程出现坐封桥塞后无法正常完成射孔,只能取出射孔管串进行检查,因井筒被桥塞封堵没有液体向地层流通通道,不能重新进行泵送施工,需要连续管传输射孔技术进行补射孔作业。或因泵送操作时井口压力大,无法顺利完成泵送桥塞与多级射孔起爆管柱施工。针对上述复杂工况,连续管传输压力起爆射孔技术、分级压力起爆射孔工艺在井筒高压环境下,具有压力操作窗口窄,风险大等局限性,需要采用其他引爆方式。连续管电缆传输射孔技术是一种将连续管输送井下工具与电缆传输信号控制起爆装置相结合的一种新型多级射孔技术。该技术的特点是利用连续管中可以穿电缆,从而综合连续管输送和电缆起爆的优点,具有井口密封承压性能好、水平井水平段通过能力强、单趟管柱能够进行三级以上多级射孔并可进行桥塞坐封与多级射孔联作等优点。

8.2.1　连续管电缆传输射孔工具

连续管传输电能控制多级射孔工具串需要具备连续管内电缆固定、绝缘密封、连续管内防喷、管柱异常情况处置、井下工况实时监测、井下工具仪器射孔震动防护等功能。常用的连续管传输电能控制多级射孔工具管柱结构(以单趟管柱三级射孔为例)为连续管+连续管连接器+柔性短节+过电缆连续管马达头总成+井下监测短节+释放短节+防震短节+磁定位仪+安全防爆装置+转换接头+扶正器+3 号射孔枪+多级射孔起爆装置+2 号射孔枪+多级射孔起爆装置+1 号射孔枪+多级射孔起爆装置。多级射孔起爆装置、过电缆连续管马达头总成、释放短节、井下监测短节、防震短节均为工具串中关键工具,其中过电缆连续管马达头总成与释放短节详见 10.2 节连续管测井信号传输。

1. 多级射孔起爆装置

多级射孔起爆装置是连续管传输电能控制多级射孔的关键工具,其原理是每起爆一级,接通下一级的起爆电路一直到最后一级。其整体结构分主电路、分级引爆电路、压力驱动开关三部分,主要由定位螺帽、正插头、点火头套筒、下主电路插针组件、橡胶护套、3♯电源柱、2♯电源柱、1♯电源柱、多级点火头、上主电路插针组件、点火电路插针组件、弹簧、顶针、活塞套等部件组成,如图 8-6 所示。该装置可实现单根单芯电缆控制起爆装置分级进行射孔作业,理论上分级数量不受限制。

多级起爆装置主要采用了微动开关设计,微动开关有 1♯、2♯、3♯共三个触点。微

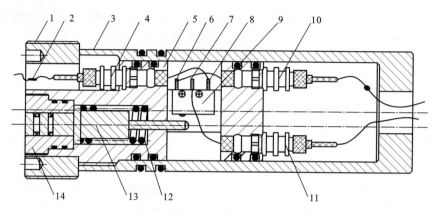

图 8-6　多级射孔起爆装置示意图

1-定位螺帽；2-正插头；3-点火头套筒；4-下主电路插针组件；5-橡胶护套；6-3♯电源柱；7-2♯电源柱；
8-1♯电源柱；9-多级点火头；10-上主电路插针组件；11-点火电路插针组件；12-弹簧；13-顶针；14-活塞套

动开关触点自由时，1♯和 3♯线路相通，其余线路绝缘；微动开关触点被压下时，1♯和 2♯线路相通，其余线路绝缘；微动开关触点的控制主要是依靠压力推动开关杆压缩弹簧实现触点的开、关。压力推动开关与下枪连通，射孔后，井筒工作流体通过射开的孔眼进入下枪，井筒工作流体压力作用在压控开关上，推动活塞上行，挤压微动开关，从而切换线路。在最下一级，则是通过电路直连直接地面操作电源进行射孔控制。

2. 井下监测短节

连续管作业状态的评估对连续管作业的安全及顺利进行极为重要，而精确的数据是作业状态准确评估的基础。目前连续管作业主要根据地面连续管悬重和泵压变化，判断连续管及井下工具遇阻、遇卡情况。下入过程，连续管在水平井井筒可能处于螺旋屈曲状态，地面操作人员对悬重、泵压变化等信息的接收与识别比实际发生时间有一定的滞后，不能及时采取应对措施容易造成工程事故。井下监测短节可在地面实时监测连续管管柱在井筒中张力变化情况，可以快速采取措施，应对井下复杂工况，有效减少井下事故的发生。

井下监测短节主要由张力应变传感器、上下接头、仪器外壳三部分构成。其工作原理如图 8-7 所示。应变传感器的电阻应变片受到轴向压缩或拉伸力时，产生压电效应现象，内部电阻值发生变化，输出一个变化的压差信号，然后经过放大，生成数字脉冲信号上传至地面。

3. 防震短节

射孔作业产生的冲击波会造成连续管井下监测短节、磁定位仪等井下精密仪器巨大震动，严重时会导致仪器受损。在连续管连接器与射孔枪中间增加防震短节，能有效缓冲射孔作业时冲击波对监测短节、磁定位仪等仪器的影响。防震短节主要由上接头、固定螺

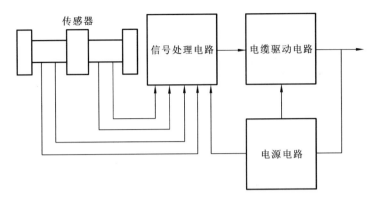

图 8-7　井下监测短节工作原理示意图

栓、外筒、减震弹簧、滑块、绝缘套、内筒、止退螺钉、下接头等部件组成,如图 8-8 所示。防震短节内部采用两根弹簧双向挤压的方式平衡射孔产生的震动,通道内可移动的插针在外筒挤压弹簧时随外筒轴向移动,自动调整电缆长度。

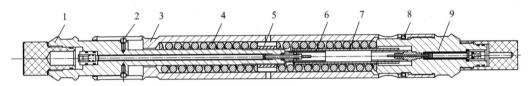

图 8-8　防震短节结构示意图

1-上接头;2-固定螺栓;3-外筒;4-减震弹簧;5-滑块;6-绝缘套;7-内筒;8-止退螺钉;9-下接头

防震短节连接在监测短节与磁定位仪之间,射孔产生的冲击力向上传递,作用在安全防爆装置上,然后将力传递到磁定位仪与防震短节上。防震短节的减震弹簧被压缩,对射孔产生的冲击力起到缓冲作用,使磁定位仪与监测短节所承受的冲击与震动大大减小,进而有效保护磁定位仪与监测短节。同时,弹性传导组件的弹簧被压缩,能有效缓冲射孔冲击力对传导组件的影响,确保射孔点火电路正常导通。

4. 安全防爆装置

安全防爆装置是电缆起爆射孔必不可少的安全装置。射孔枪在入井前,电雷管已安装在射孔枪内部,如果没有安全防爆装置,电雷管引线与电缆点火线处于接通状态,电雷管受静电、井场和车辆仪器的漏电、误操作等影响,可能被引爆引发地面爆炸事故。为防止射孔枪在地面或井口被误引爆,在射孔枪上部需要连接安全防爆装置,使所有射孔枪及多级起爆装置在入井前与电缆处于断开状态,确保射孔枪不会被误引爆。安全防爆装置结构如图 8-9 所示,主要由上插针组件、由壬接头、回位弹簧件、上插针组件密封套、下触头组件、中接头套筒、中间接头密封套、下插针组件套筒、下接头、下插针等部件组成。射孔枪串在地面或井口时,安全防爆装置确保电缆与起爆系统的线路处于断开状态并接地,防止漏电或者感应电流带来的危险。当射孔枪串下入一定深度时,在井筒液体压力的作

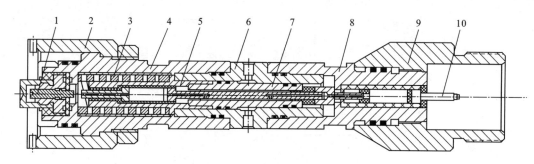

图 8-9　安全防爆装置示意图

1-上插针组件;2-由壬接头;3-回位弹簧件;4-上插针组件密封套;5-下触头组件;
6-中接头套筒;7-中间接头密封套;8-下插针组件套筒;9-下接头;10-下插针

用下,点火线路与地面断开,接通起爆系统的点火线路,为激发射孔起爆装置做好通路准备。

8.2.2　电缆传输射孔工艺设计与操作

连续管电缆传输射孔技术应用于井筒压力高导致无法进行泵送电缆复合桥塞与多级射孔联作工具串作业、单趟管柱需完成桥塞坐封与两级及以上射孔作业等复杂情况,能够体现出施工效率高、通过性强、安全可靠等优点。因为该技术大多应用于施工难度大、井况复杂的水平井,所以需要完成现场作业前准备并严格按照设计操作要求进行施工。

1. 射孔工艺设计

1)作业前准备

（1）资料收集

现场资料收集主要包括钻井基础数据、前期作业情况、井下复杂情况种类、井口井控设备状况、地面流程布置、井口压力数据等。为工程设计及施工设计编制、工具设备优选提供依据。

（2）井场准备

根据作业井情况,合理布局设备摆放区域,要求井场平整,能承载施工设备,且井口周围有足够的作业空间;地面流程应按试气标准连接好放喷流程,满足放喷点火要求;按照标准摆放安全防护与环保预防措施指示牌(标志)。

（3）设备准备

连续管设备及穿电缆连续管安装调试;井口转换法兰、放喷装置以及地面流程按照作业标准进行试压至合格;连续管连接安装以及抗压、承压测试。

（4）井下射孔工具准备

按照设计工具串功能要求进行工具选配,备用易损工具;将优选配套的工具串按照设计顺序试连接。最后对各工具进行试压与功能测试并做好记录,确定所有工具试压合格、功能正常。

　　2）连续管输送射孔工具

　　① 连续管射孔工具串通过压裂井口时，速度不超过 5 m/min，遇阻压力不超过 20.00 kN；试下 50.00 m 观察设备运转情况，正常后，速度保持在 25 m/min 匀速下放管柱。

　　② 射孔枪串下放至井斜 30°后，速度控制在 10 m/min 以内，保持连续管内外压差不超过 10.00 MPa，工具串遇阻不超过 20.00 kN。

　　③ 确认射孔成功后上提连续管，井斜 30°前井段上提速度控制在 10 m/min 以内，距离井口 100.00 m 前速度控制在 25 m/min 以内，距井口 100.00 m 时速度控制在 10 m/min 以内，距井口 50.00 m 时速度应降为 5 m/min。

　　2. 连续管传输电缆射孔作业程序

　　连续管传输电缆射孔作业程序与连续管传输压力起爆射孔作业程序主要差异在射孔操作阶段，关键作业步骤（不与桥塞坐封联作）如下。

　　① 连续管设备连接液路管线，连接井口阀兰，功能测试。

　　② 注入头与防喷器功能测试；连续管连接器分 50.00 kN，100.00 kN，150.00 kN 拉力测试与 15.00 MPa，30.00 MPa，45.00 MPa 压力测试。

　　③ 连接射孔工具串：连续管＋连续管连接器＋柔性短节＋过电缆连续管马达头总成＋井下监测短节＋释放短节＋防震短节＋磁定位仪＋安全防爆装置＋转换接头＋扶正器＋3 号射孔枪＋多级射孔起爆装置＋2 号射孔枪＋多级射孔起爆装置＋1 号射孔枪＋多级射孔起爆装置。

　　④ 防喷管整体分 15.00 MPa、30.00 MPa、45.00 MPa 三级试压，试压合格后泄压至零，然后将射孔工具串置于防喷管内。

　　⑤ 防喷管打压至比井口压力高 1.00～2.00 MPa，开主阀下射孔工具串。

　　⑥ 按照要求分阶段以设计速度下射孔工具串至目标位置。

　　⑦ 地面通电增加电压进行第一级射孔；待确定射孔后上提连续管至第二级射孔位置，重新通电增加电压进行第二级射孔；确认射孔后上提至第三级射孔位置再次通电增加电压进行第三级射孔。

　　⑧ 确定第三级射孔后按照设计要求分阶段以不同速度起连续管及工具至井口防喷管。

　　⑨ 关闭 2♯主阀，放喷管泄压，取出射孔工具，拆卸设备。

8.2.3　关键技术

　　1. 工具快速连接

　　泵送复合桥塞与多级射孔工具串均采用地面丝扣整体连接，分单元进行接线、电路测试，整体起吊至防喷管。采用连续管电缆传输后，工具悬吊至空中分单元连接和测试电

路,操作难度大,需要完善工具连接与测试方案。具体如下:

①　工具串顶端增加过电缆大角度弯曲柔性短节。将连续管电缆传输多级射孔工具串中所有工具在地面连接,过电缆大角度弯曲柔性短节能够将垂直状态连续管与水平方向工具串连接起来,利于连续管电缆传输多级射孔工具串整体起吊。使用该短节克服了在地面无法对整套管柱完成连接、无法对所有接线线路整体检查的难题,有效提高射孔作业效率。

②　优化多级射孔工具连接方式。由目前的射孔工具本体间丝扣连接改为由壬连接方式,电路手动接线方式改成触针连接,提高了作业效率。

2. 井下工具定位

连续管电缆传输射孔工具串在井筒中采用以磁定位仪为主,以地面连续管滚轮计深器为辅,两者相结合的深度校核方式。连续管输送射孔工具串速度相对较慢且平稳,需要调整磁定位仪信号增益,使信号显示仪表上显示接箍的曲线图更加清晰。通过读取连续管设备上的深度显示仪表读数,可快速、直观了解射孔工具串在井筒中的位置;磁定位仪接箍探测信号通过电缆输送至地面,地面技术人员校深计算后可精确确定工具串各部分在井筒中的精确位置。磁定位仪信号的形态也是判断工具串井下运动状态,特别是阻卡判断的直接依据。

3. 安 全 控 制

1) 专用点火控制面板

专用点火面板如图 8-10 所示,主要有射孔点火及监测、桥塞坐封控制及信号显示、电源控制与井下状态信号显示自动切换三大功能。该装置向电缆提供连续且电压可调的直流电,满足激发起爆装置电压需求;控制面板上设计有多道控制开关,所有开关均按照顺序进行开启动作后,方可对电缆及射孔工具供电,有效避免误射孔。

图 8-10　专用点火控制面板与原理图

2) 点火系统安全性设计

①　防护措施。需要在电源接入 220 V AC 情况下,打开电源开关,插入起爆装置钥匙并旋转至工作档,然后按下起爆按钮时方可向多级射孔起爆装置供电,所有步骤缺一不

可。起爆装置钥匙只能在断路档可拔出，操作人员取下钥匙连接火工品时，其他人无法将起爆仪旋至工作档并给输出端加电，能够有效避免误操作射孔。

②检验措施。多级射孔起爆装置控制面板设计有检验档，可在对起爆装置供电之前检验仪器输出是否正常。

③放电措施。射孔起爆装置内置放电电阻，在电源开关关闭后立即将残存电量释放，有效避免仪器内部存在积聚过高电荷。

3）射孔点控制与发射判断

射孔枪发射与否的准确判断是射孔作业关键技术之一，目前连续管电缆传输射孔判断措施主要结合以下三个方面。

①震动判别。射孔点火前派人至井口放喷管线，用手扶在井口硬管线上，通电射孔操作完成后的一段时间内感应到震动，则判断为点火射孔成功。

②压力变化辨别。射孔前查看并记录井口环空压力，射孔操作完成后的一段时间内，环空压力出现突然下降情况，则判断为点火射孔成功。

③射孔起爆监测仪识别。射孔起爆监测仪由井口信号发射器、信号接收器和监测软件组成，既能通过耳机也可通过软件接收井下的震动信号。该套监测仪监测精度高，监测时间长，信号接收范围广，信号接收的最长距离可达 120.00 m[3]。射孔前将射孔起爆监测仪安装在井口附近，监测到震动感应曲线突然有剧烈波动（或监测微震动产生的声音）情况，则判断为点火射孔成功。

参 考 文 献

[1] 张维山,欧阳飞,隋朝明,等.液压延时射孔起爆装置的研制与应用[J].测井技术,2016,40(6):26.
[2] 陆应辉,程启文,徐培刚,等.连续油管隔板延时分簇射孔技术的现场应用[J].油气井测试,2017,26(2):60-63.
[3] 王海东,陈锋,欧跃强,等.页岩气水平井分簇射孔配套技术分析及应用[J].长江大学学报:自然科学版,2016,13(8):40-45.

第 9 章

连续管水平井钻磨桥塞

水平井分段射孔、压裂打开产层是页岩气开发完井主要方式之一。通常采用泵送桥塞电缆传输多级射孔联作，逐级分段压裂[1]。这种完井工艺能够很好地满足页岩气"大规模缝网压裂、整体体积改造"开发的需要，但是需要在压裂完成后钻通水平井筒中全部桥塞，连通所有打开层段。然而，水平井钻桥塞面临不压井带压作业、水平井井段长、分段桥塞多、桥塞坐封状态复杂、钻屑上返困难、阻塞钻磨工具等问题，工程难度和作业风险大。为此，连续管作业技术成为了水平井钻磨桥塞的最佳选择。

长水平段钻磨桥塞能否实现高效作业，涉及的影响因素很多，如桥塞的结构及可钻性、形成的钻屑大小、磨鞋、井下动力、连续管作业稳定性、管柱延伸能力与钻压控制、钻磨液、循环上返钻屑、储层保护、井控和地面设备、流程等。

9.1　桥　　塞

桥塞是完成某些井下工艺时需要进行层间分隔的一种特殊工具,种类很多,不同用途的桥塞结构、材料各不相同,常用的桥塞包括金属机械桥塞、复合桥塞、大通径桥塞、可溶桥塞等,也可以分为可打捞式桥塞和永久式桥塞。水平井分段射孔、压裂完井桥塞是一种可钻式桥塞,如我国页岩气水平井分段射孔、压裂井单井坐封 15～30 支桥塞、承压能力 30.00～70.00 MPa,压裂完成后下入钻磨工具钻通全部桥塞。因此,要求这类可钻式桥塞有良好的可钻性,钻屑容易清洗返排到地面。良好的可钻性,关键取决于桥塞的结构、材料。

9.1.1　可钻式桥塞结构

1. 基本结构组成

可钻式桥塞的基本结构组成部分与其他用途的桥塞相似,由密封单元、上下锚定机构、剪切销钉等部分组成。密封单元包括上胶筒、中胶筒、下胶筒、防突隔环,防突隔环与上下胶筒锥面结合,坐封时防突隔环在上下胶筒锥体作用下,既有轴向移动,又有径向移动,直到防突隔环与套管接触,避免了上下锥体形胶筒轴向压缩径向膨胀时从隔环与套管之间挤出(即突出现象);上下锚定机构包括上下锥体、卡瓦片和卡瓦环,卡瓦片与锥体相对运动时径向张开,锁定桥塞的轴向位置;剪切销钉限定了坐封力,避免中途坐封。

2. 可啮合桥塞端面

可钻式桥塞的可钻性不仅仅是材料问题,桥塞结构对可钻性能也有很大的影响。钻磨桥塞时桥塞必须锚定坐封稳定,不得随磨鞋转动。但是,当桥塞锚定机构上卡瓦被磨铣后,桥塞剩余部分松动,不能承受磨铣扭矩,在钻具的推动下,落到下一级桥塞上。为了有效钻完桥塞,桥塞端面与下一级桥塞顶面在结构上形成啮合,由下一级桥塞承受磨铣扭矩,完成桥塞剩余部分的磨铣。这种能够形成啮合的桥塞端面,通常可以是镶嵌的齿形结构,也可以是镶嵌的斜面结构。

3. 带导向槽的锥体

桥塞锁紧机构的上下锥体锥面上开有导向槽,卡瓦片置于导向槽内,增强了锚定的稳定性;尤为重要的是,磨铣卡瓦避免了卡瓦在锥体上转动,提高了磨铣效率。

4. 释放销钉或释放应力棒

桥塞上设置了释放销钉孔,当桥塞与坐封工具相接时,安装释放销钉或释放应力棒,当坐封力达到设计坐封力时,销钉剪断,完成坐封工具与桥塞的丢手。

5. 单流阀

桥塞上部设置一个单流球阀,压裂时,球阀在上部压力作用下关闭,压裂液不能通过中心管的中心流道,建立压裂压力,压裂完成后下部已打开地层流体可以通过中心管流道打开单流阀与上部打开层段连通。

当前,涪陵页岩气水平井分段射孔、压裂完井用典型的可钻式复合桥塞如图9-1所示。桥塞与坐封工具相接,桥塞坐封时,坐封工具使得桥塞密封单元、上下锚定机构相对中心管做相对运动,上锚定卡瓦推动锥体沿轴向移动,同时相对锥体做径向移动,下锥体下移,卡瓦径向移动与套管锚定,上卡瓦、上锥体、防突隔环、胶筒继续下移,胶筒在轴向力挤压下径向膨胀与套管壁接触,此时坐封工具推动上卡瓦继续下移,直到轴向力作用剪断释放销钉,上卡瓦与套管锚定。此时,胶筒与套管壁之间达到设计接触力,封隔下部打开储层。

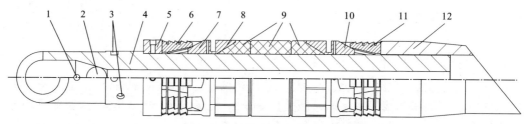

图9-1 可钻式复合桥塞结构示意图
1-挡销;2-压裂球;3-销钉孔;4-中心管;5-挡环;6-上卡瓦;
7-上锥体;8-防突隔环;9-坐封胶筒;10-下锥体;11-下卡瓦;12-引鞋

9.1.2 复合材料

可钻式复合桥塞是一次性使用的工具,要求有良好的耐温性(耐温级别150 ℃)、耐压性能(耐压级别70.00 MPa)和化学稳定性,尤为重要的是良好的可钻性。因此,可钻式复合桥塞本体均采用复合材料,如锥体、中心轴、引鞋等大尺寸零件采用纤维强化环氧树脂缠绕成型,这种材料抗压强度280 MPa,抗拉强度1 350 MPa,弹性模量7 000 MPa,可钻性好;卡瓦部分根据桥塞适应的井筒条件采用两种材料,一种采用轻质铸铁加工成型,另一种采用纤维强化改性的酚醛树脂模压成型。

可钻性是桥塞特征性能,因此,对复合材料的桥塞进行钻磨测试评价,试验中分别测试牙轮钻头和金刚石刮刀(PDC)钻头对复合材料的可钻性,数据如表9-1所示。试验结果表明,PDC钻头钻除复合材料卡瓦基体的速度比牙轮钻头钻除的速度快,钻速为1.50～1.52 m/h。参照岩心钻探的岩石可钻性分级标准,复合材料可钻性相当于2至3级软岩石,可钻性强。关于桥塞的可钻性试验在9.2.1小节进行更详细的讨论。

表9-1 复合材料可钻性测试结果表

项　目	钻速/(m/h)	
	第一组	第二组
牙轮钻头	0.87	0.90
PDC 钻头	1.52	1.50

9.2　钻磨工具

钻磨桥塞是井筒与打开地层连通的最后一道施工工序,钻磨桥塞工具包括磨鞋、螺杆钻具、震击器、马达头总成等工具,当连续管在水平井中摩阻增大,不能施加足够的钻磨压力,甚至出现管柱锁死时,可以考虑配套水力振荡器等减阻工具。

9.2.1　磨鞋

1. 磨鞋型式与结构

磨鞋是影响钻磨成功性、钻磨效率和钻磨经济性最重要的工具[2],磨鞋的切削性能对钻磨作业有很大影响,主要表现为磨鞋进尺、钻磨速度以及形成的钻磨碎屑等。对于水平段长、桥塞数量多的钻磨施工,选择合适型式的磨鞋,可以提高钻磨进尺、减少起下钻次数、提高钻磨效率、控制碎屑大小、降低工具遇卡的风险。连续管钻磨对磨鞋的钻压扭矩也有要求。当前连续管钻磨桥塞的磨鞋主要有平底磨鞋、凹底磨鞋、梨形磨鞋、牙轮钻头、PDC钻头、多刃磨鞋等型式。图 9-2、图 9-3 所示分别为凹底磨鞋和五刃磨鞋。

图 9-2　凹底磨鞋　　　　　　　　　　图 9-3　五刃型磨鞋

2. 磨鞋的钻压扭矩特性

为研究不同类型钻头在钻磨过程的钻压、扭矩、碎屑形态等参数的变化规律,进行了桥塞整体钻磨试验,试验装置如图 9-4 所示。桥塞坐封在套管内,套管采用夹持装置固定,分别采用凹底磨鞋、PDC钻头进行桥塞整机钻磨试验,测试不同钻压条件下,钻磨产生的扭矩、钻磨速度、磨鞋的磨损等性能指标。

1) 凹底磨鞋钻磨桥塞试验

试验采用 Φ108.00 mm 凹底磨鞋和进口复合材料桥塞进行钻磨试验,磨鞋转速 250 r/min 时钻磨 28 min,进尺 613.60 mm,平均钻进速度为 21.90 mm/min。钻磨过程中钻压控制不理想,钻压变化范围为 2.00~19.75 kN;相应钻磨扭矩变化范围为 60~450 N·m,各

图 9-4　复合桥塞整体可钻性试验装置

参数测试记录曲线如图 9-5 所示。

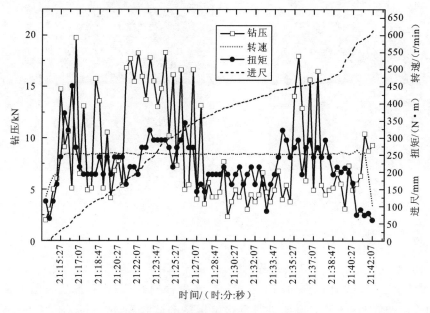

图 9-5　凹底磨鞋钻磨复合桥塞曲线

从试验曲线可以看出,钻磨桥塞不同位置时钻磨参数差异明显,钻磨开始钻遇单流阀球体时,材料是钢材,钻压较高,钻速较慢;钻遇复合材料本体时钻压较低,钻速较快;钻遇上下卡瓦时,材料是铸铁,钻压较高,钻速较慢;钻遇胶筒时钻压最低,但钻速最慢;钻遇球体、卡瓦时钻压波动较大,且有短时峰值出现;不考虑磨鞋接触桥塞的初始状态和卡瓦钻磨完成后的不稳定状态,钻磨球体和卡瓦时扭矩相比钻压波动较小,约 180.00~300.00 kN,钻磨胶筒时,钻压较小,扭矩也在 170.00~220.00 kN 内波动。试验表明,凹底磨鞋钻压扭矩具有较好的低攻击特性,适用于连续管钻磨桥塞。

2) PDC 钻头钻磨桥塞试验

采用 Φ108.00 mm PDC 钻头和国产复合材料桥塞进行钻磨试验,磨鞋转速 250 r/min 时总共耗时 18 min,总共进尺为 590.60 mm,平均钻进速度为 32.80 mm/min。扭矩在 60~600 N·m 变化,钻压在 2.00~19.75 kN 变化,各参数测试记录曲线如图 9-6 所示。

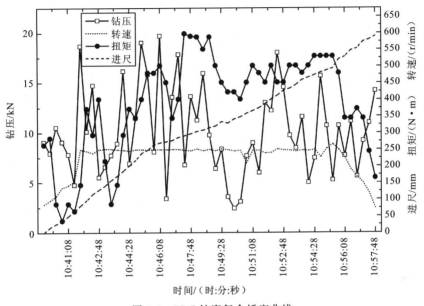

图 9-6　PDC 钻磨复合桥塞曲线

从试验曲线可以看出,钻磨桥塞不同位置时钻磨参数没有差异明显,与凹底磨鞋相比,同样钻压变化范围内,钻磨桥塞速度提高 35% 的同时,钻头扭矩增大一倍,且随钻压波动扭矩波动较大。

两种不同钻磨工具、不同桥塞对比试验结果表明,凹底磨鞋钻压扭矩特性更适合于连续管钻磨桥塞,钻磨扭矩比 PDC 钻头钻磨桥塞扭矩减小约 50%;进口桥塞钻磨时不同部位、不同材料载荷特性明显不同。

3. 钻磨桥塞钻屑

磨鞋的钻压扭矩特性试验中,观察了两组试验的桥塞钻屑,如图 9-7 和图 9-8 所示。两组试验复合材料磨屑和铸铁钻屑大致相同,复合材料磨屑大部分都成粉末,铸铁卡瓦磨屑成碎块状,但是胶筒破坏形式差异较大。第一组凹底磨鞋钻磨胶筒成小块状破坏,第二组 PDC 钻头钻磨胶筒成大块条状破坏。显然,凹底磨鞋钻磨桥塞形成的钻屑更有利于循环洗井时携带到地面,或更容易被打捞。

（a）复合材料碎屑

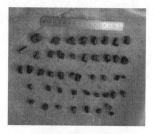
（b）铸铁卡瓦碎

（c）胶皮碎屑

图 9-7　凹底磨鞋钻磨复合桥塞碎屑

（a）复合材料碎屑

（b）铸铁卡瓦碎屑

（c）胶皮碎屑

图 9-8　PDC 钻头钻磨复合桥塞碎屑

4. 钻磨桥塞现场试验

为了更充分地评价不同磨鞋类型对钻磨桥塞效果的影响，选用 Φ110.00/108.00 mm 五菱凹底、Φ108.00/110.00 mm 五刃磨鞋，先后在涪陵 4 口页岩气水平井进行钻磨桥塞施工，为了更加科学地评价钻磨效果，试验采用相同的钻磨管柱组合、相同的施工参数进行施工。

试验结果表明，刃形磨鞋钻磨速度快，但磨铣胶筒、牙块等效果差，易形成大块胶筒和大块牙块，影响后续施工，有时还会卡住磨鞋水槽，如图 9-9 所示。凹面形磨鞋钻磨速度稍低，但磨铣胶筒、牙块等效果好，形成的碎屑较小。上述试验表明，凹底磨鞋更适用于连续管水平井段钻磨桥塞施工。

（a）桥塞卡瓦碎块卡入磨鞋水槽

（b）磨鞋水槽清理出的卡瓦碎块

图 9-9　卡瓦碎块及卡入磨鞋水槽状态

9.2.2　螺杆钻具

1. 螺杆钻具结构与工作原理

螺杆钻具是驱动磨鞋的动力钻具,连续管钻磨桥塞与常规钻井用螺杆钻具结构、原理基本相同。但是,由于连续管的允许排量和承载能力受到限制,连续管钻磨桥塞选用螺杆钻具也受到一定的限制,在套管井筒内连续管钻磨桥塞时,螺杆钻具直径、输出扭矩较常规钻井用螺杆钻具小许多。

螺杆钻具结构如图 9-10 所示,主要由传动轴总成、万向轴总成、马达总成、防掉总成和旁通阀总成五大部分组成。入井过程中为了避免螺杆钻具转动,设置旁通阀,建立循环,启动螺杆钻具转动时,加大泵注排量,旁通阀建立压差关闭环空通道,高压流体进入螺杆钻具,驱动螺杆旋转;螺杆绕轴行星转动,带动万向轴转动,万向轴将螺杆行星转动转换为定轴转动;支撑节是组合轴承,承接螺杆与磨鞋,减小了传动轴与工具的磨损。

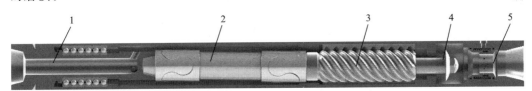

图 9-10　螺杆钻具结构示意图
1-传动轴总成;2-万向轴总成;3-马达总成;4-防掉总成;5-旁通阀总成

2. 螺杆钻具输出特性

螺杆钻具是一种把液体压力能转为机械能的容积式井下动力钻具,其输出扭矩与驱动流体的压力成正比,假设不考虑其他摩阻消耗的扭矩,地面驱动螺杆钻具的泵压与磨鞋扭矩成正比。正是这种输出特性,工程施工中可以依据泵压判断磨鞋扭矩。如上节所述,磨鞋扭矩与钻压相关,因此,也可以依据泵压判断钻压。螺杆钻具的输出转速与驱动流体的排量成正比,与输出扭矩无关,排量越大转速越高。但是,由于载荷作用,转速减小,此时驱动流体排量减小。

当磨鞋钻压过大,阻力扭矩可能大于螺杆钻具最大输出扭矩时,螺杆钻具处于停转状态,这也是常说的堵转。此时,驱动流体泵压不再上升,也无排量输出。

3. 螺杆钻具参数

1) 螺杆钻具直径

连续管钻磨桥塞是为了减少井下钻磨工具发生卡阻的概率,应尽量避免工具与连续管、工具与工具之间的直径差过大而形成台阶。如涪陵页岩气水平井钻磨桥塞用连续管直径为 50.80 mm(2.000 in),配套螺杆马达直径为 73.00 mm(2.875 in)。

2) 输出扭矩满足钻磨所需扭矩

由磨鞋试验结论可知,凹底磨鞋钻磨桥塞是所需扭矩在 180.00~300.00 kN,PDC 磨鞋钻磨桥塞时所需扭矩达到 600.00 kN,五刃磨鞋钻磨桥塞所需扭矩介于两者之间。因此,选取螺杆钻具额定输出扭矩应大于 600.00 kN。

3) 螺杆钻具井筒环境适应性

螺杆钻具应满足井筒温度、压力环境条件,适应钻磨液介质条件,具有足够的工作寿命,提高钻磨作业的可靠性。

当前,涪陵页岩气水平井钻磨桥塞用直径 73.00 mm-SS150 型螺杆钻具,主要技术参数如表 9-2 所示。输出特性曲线如图 9-11 所示。

表 9-2　73.00 mm-SS150 螺杆钻具主要技术参数

项目	参数
工作排量范围/(L/min)	225~450
压降/MPa	6.00
输出转速/(r/min)	200~400
额定输出扭矩/(N·m)	864

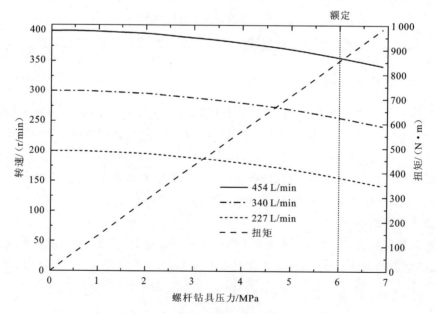

图 9-11　73.00 mm(2.875 in)螺杆钻具输出特性图

注:来自 NOV 公司螺杆钻具说明书

9.2.3　水力振荡器

在长水平段水平井的钻磨桥塞作业中,连续管钻磨管柱随着井深的增加受到的井筒摩擦阻力越来越大,当摩擦阻力完全平衡连续管轴向力时,钻磨管柱将不再向前延伸,或者说磨鞋不能在桥塞上产生钻磨压力,随之出现管柱失稳锁死现象。这种现象出现,将不能继续钻磨桥塞。在工程实际中经常遇到此类现象。降低钻磨管柱与井筒壁之间的摩擦阻力可以缓解锁死现象,工程中采用了减阻水、金属减摩剂、水力振荡器等多种减阻延伸技术。这里先着重讨论水力振荡器。

水力振荡器是一种在管内高压流体作用下使得水平井段钻磨管柱产生一定频率的振动,改变管柱与井筒壁之间的接触状态,管柱与井筒壁之间的接触由静止变为一定频率的振动,接触的摩擦系数也由静摩擦系数转换为动摩擦系数,从而降低钻磨管柱与井筒壁之间的摩擦阻力。水力振荡器的这种行为可以解除管柱锁死,减小了管柱轴向压力,进一步延伸钻磨桥塞。

1. 水力振荡器的结构和原理

当前,石油工程中广泛使用的水力振荡器是一种基于螺杆马达驱动原理的水力振荡器。其结构组成主要包括螺杆马达和压力脉动阀两部分,压力脉动阀由固定在管柱上的定阀盘和连接在螺杆一端的动阀盘(也称为振荡阀盘),定阀盘和动阀盘均开有中心通孔,如图 9-12 所示。钻井液驱动螺杆马达,螺杆转动带动动阀盘相对定阀盘运动,两个阀盘上的中心孔发生交错,重合开孔的开度随动阀盘运动发生改变。钻井液通过两阀盘中心孔交错的重合开孔通道时产生节流压力降,重合开孔的开度不同,节流压力降不同。节流压力降作用在定阀盘上产生的力沿管柱轴向方向传递到管柱上。螺杆转动,使得作用在管柱上的力的大小发生周期性改变,使得管柱产生振动。如果螺杆马达是单头螺杆(即 1∶2 马达),连接在螺杆上的动阀盘相对定阀盘在直线方向做往复运动,两阀盘的重合开孔的开度沿该直线方向周期性改变,如图 9-13 所示。单头螺杆驱动水力振荡器的结构如图 9-14 所示。

图 9-12　水力振荡器的阀盘结构示意图

注:来自 NOV 公司水力振荡器介绍材料

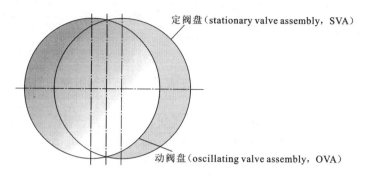

图 9-13　两个阀盘交错位置

图 9-14　水力振荡器结构及公转运动方式示意图

在水力振荡器的上部连接一个轴向震击器如图 9-15 所示,水力振荡器产生的压力脉冲作用在震击器上,震击器产生轴向震击。两者联合使用振荡效果更好。

图 9-15　轴向震击器结构示意图

2. 水力振荡器性能参数

适应于连续管作业管柱的水力振荡器主要有以下几种规格,如表 9-3 所示。这些规格参数为水力振荡器的选择提供了依据。连续管钻磨桥塞时选用了公称外径为 2.875 in 的水力振荡器。配套使用的轴向震击器的性能参数如表 9-4 所示。

表 9-3　水力振动器(周向振动器)的常用性能参数表

公称外径 DN/mm	60.00(2.375)	73.00(2.875)	73.00HF(2.875)	79.00HF(3.125)
总长/mm	1 828.80	1 752.60	2 133.60	2133.60
重量/kg	40.82	45.36	45.36	56.70
推荐流量范围 /(10^{-3} m³/s)	2.52~5.04	2.52~5.04	2.52~8.83	2.52~8.8
额定工作温度/℃	150	150	150	150

续表

公称外径 DN/mm	60.00(2.375)	73.00(2.875)	73.00HF(2.875)	79.00HF(3.125)
总长/mm	1 828.80	1 752.60	2 133.60	2133.60
工作频率/Hz	9(2.52 L/s 排量)	15(2.52 L/s 排量)	9(7.56 L/s 排量)	9(7.56 L/s 排量)
工作压力/MPa	4.14～5.52	4.14～5.52	3.45～4.83	3.45～4.83
极限拉力/kN	227.00	347.00	347.00	574.00
连接螺纹	1.500 in AMMT pin/box	2.375 in PAC pin/box	2.375 in PAC pin/box	2.375 in REG pin/box

注:括号中数值单位为英寸,in;HF 指大排量。

表 9-4　轴向震击器性能参数表

公称外径 OD/mm	60.00(2.375)	73.00(2.875)	73.00HF(2.875)	79.00HF(3.125)
总长/mm	—	1 371.60	1 371.60	1 371.60
重量/kg	—	36.29	36.29	40.82
连接螺纹	—	2.375 in PAC pin/box	2.375 in PAC pin/box	2.375 in REG pin/box

注:数据来源于 NOV 公司水力振荡器说明书;括号中数值单位为英寸,in。

目前,水力振荡器已经在连续管水平井钻塞中得到广泛应用。由于每口井的情况不一样,可比性不强。若只是从管柱在水平段延伸深度增加量来评价,水力振荡器与轴向震击器联合使用,水平井段延伸深度增加量可达到 100.00～150.00 m,仅使用水力振荡器,水平段延伸深度增加量只有 50.00～60.00 m。

9.3　钻　磨　液

连续管钻磨过程中,钻磨液既要有驱动螺杆钻具、钻头降温等功能,也要能够携带钻磨碎屑返排到地面。在页岩气水平井作业中,连续管长度为 6 000.00 m 左右,如使用清水作为钻磨液,流体摩阻大,泵压高,不能很好地适应连续管作业。因此,研制降阻性能好、携带钻磨碎屑能力强、绿色环保的钻磨液,对于提高钻磨效率、安全作业非常有意义。

9.3.1　减阻水与胶液

减阻水(也称滑溜水)是在清水中加入高分子添加剂等形成一种非牛顿流体,在高速紊流状态时可以大幅度降低流体在管道中的摩阻。目前,页岩气大规模高排量压裂主要采用盐酸＋减阻水＋胶液配方。这种配方的压裂液也是很好的钻磨液,既有很好的减阻性能,又能够很有效保护已打开地层。

1. 减阻水

连续管井下钻塞作业时,多采用减阻水(滑溜水)做工作液,减少沿程阻力损失,降低泵送流体所需压力。但由于滑溜水的黏度低,携带碎屑能力不强,还需按一定比例添加胶液适当调整黏度,以便将井内钻磨桥塞的钻屑携带至地面。

1)基本性能

减阻水泛指对油气储层伤害低、黏度低、流体紊流摩阻低的工作液体。减阻水一般由降阻剂、杀菌剂、黏土稳定剂及助排剂等组成,与清水相比,可降低流体摩擦阻力 70%～80%。此外,减阻水还具有较强的防膨性能,黏度较低,一般在 10.00 mPa·s 以下。

为降低作业成本、节约水源,常采用压裂循环返排液配制减阻水。

2)性能参数

以涪陵页岩气田为例,现场采用的减阻水主要为 JR-J10、SRFR-1 减阻水。减阻水的性能参数主要包括密度、黏度、携砂性能、流变性能或降阻性能、溶胀性能、表面张力等,其基本性能参数如表 9-5 所示。

表 9-5　JR-J10 和 SRFR-1 减阻水基本性能参数

体系	JR-J10		SRFR-1	
黏度/(mPa·s)	使用浓度 0.10%	7.56	使用浓度 0.20%	7.65
平均沉砂速度/(cm/s)		0.60		3.06
降阻率/%	排量 10 m³/min	61.10	排量 10 m³/min	62.00
溶解时间/s	室温、搅拌速度 500 r/min	25	室温、搅拌速度 500 r/min	20
表面张力/(mN/m)	助排剂浓度 0.10%	36.25	助排剂浓度 0.10%	37.36
流变性能	使用浓度 0.10%	$k'=0.012\,8$ $n'=0.801\,5$	使用浓度 0.10%	$k'=0.005\,3$ $n'=0.851\,4$

2. 胶液

减阻水可以满足钻塞过程中驱动螺杆钻具的要求,并能降低流体阻力。但是,减阻水黏度偏低,携带碎屑能力差,因此,将页岩气压裂液中的胶液也作为钻磨桥塞的钻磨液。

1)基本特点

胶液一般由杀菌剂、抑菌剂、稠化剂、表面活性剂、破胶剂等组成,主要用于将钻磨桥塞后产生的钻屑携带至地面,避免沉积形成钻屑床,减小环空空间,造成连续管钻磨管柱锁死、遇阻、遇卡等复杂情况。

2）性能参数

以涪陵页岩气田为例，现场用胶液主要是 SRLG 胶液体系，其基本性能参数如表 9-6 所示。

表 9-6　SRLG 胶液体系基本性能参数

黏度/(mPa·s)		24.90	
表面张力/(mN/m)		36.3	
温度/℃		30	80
黏度/(mPa·s)	添加 250 mg/kg 破胶剂	2.12	0.91
	添加 500 mg/kg 破胶剂	1.25	0.54
	添加 810 mg/kg 破胶剂	1.06	0.55

3. 流型改进剂

页岩气井连续管钻磨桥塞采用减阻水和胶液两种钻磨液，由于单井钻磨桥塞周期较长（5～7 d），钻磨液返出后需要循环重复利用。

在连续管钻磨桥塞过程中，钻磨液经过磨鞋水眼时形成高速剪切，以 2.000 in 连续管为例，设计钻塞排量为 400 L/min，使用的磨鞋按照 5 个水眼分布，水眼直径为 10.00 mm，连续管内剪切速率为 300 s^{-1}，钻头水眼处钻磨液流速为 12.74 m/s，剪切速率高达 2 548 s^{-1}。减阻水、胶液等钻磨液中的聚合物分子发生剪切破坏，黏度下降。因此，返出的钻磨液性能变差，减阻性能变差，钻磨液黏度下降。目前常用做法是在返排液地面循环系统中添加降阻剂，维持其降阻性能，添加稠化剂调节黏度。根据这种思路，研制了一种流型改进剂 LX-1[3]，并测试了流型改进剂不同添加量的情况下，钻磨液流变性能及管路压降的变化，得到了最优的添加量，详细数据如表 9-7 所示。

表 9-7　不同添加剂种类与用量时混合液流变性数据

添加剂	用量/%	表观黏度 (AV)/(mPa·s)	塑性黏度 (PV)/(mPa·s)	动切力 (YP)/Pa	动塑比 (YP)/PV	静切力 (GEL)/Pa
无	0	7.00	6.00	1	0.17	0
流型调节剂 LX-1	0.3	21.50	12.00	9.5	0.79	3/5
流型调节剂 LX-1	0.5	31.50	14.00	17.5	1.25	6.5/9
稠化剂	0.3	17.50	11.00	6.5	0.59	2/2
稠化剂	0.5	31.00	20.00	11	0.55	5.5/7

试验表明，在添加 0.5％流型改进剂 LX-1 的情况下，钻磨返排液黏度和切力大幅度提高，比添加同样剂量稠化剂时的效果更好，而且温度稳定性好，对连续管管路压降影响小。在返出钻磨液中添加 0.5％流型改进剂的情况下，观察钻磨液中碎屑悬浮的效果，如图 9-16 所示。试验详细数据如表 9-8 所示。

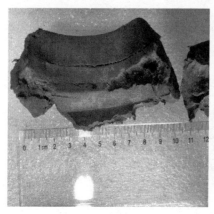

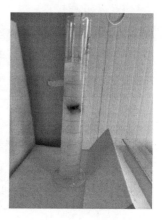

　　（a）胶皮碎屑大小　　　　　　　（b）桥塞碎屑称重　　　　（c）胶皮碎屑在钻磨液中悬浮

图 9-16　胶皮在改性后钻磨液中悬浮效果

表 9-8　桥塞碎片的悬浮情况

碎片名称	材质	质量/g	最大直径/cm	密度/(g/cm³)	液体悬浮能力
卡瓦	铸铁	54.40	2.5	7.80	不可悬浮
大块胶皮	橡胶	46.84	10.0	1.30	可悬浮 1 min 49 s,小块可悬浮 3 min
复合材料	复合材料	2.19	3.0	1.80~2.30	可以悬浮 5 min
30/50 目树脂覆膜砂	树脂	25.00	—	1.50	可均匀悬浮

　　试验结果表明,大块胶皮可以悬浮较短时间,小块胶皮完全悬浮在混合液体中,可以完全悬浮复合材料,不能悬浮铸铁卡瓦。添加流型改进剂 LX-1 的返排钻磨液完全可以满足循环使用的要求。

　　在某井进行了添加流型改进剂 LX-1 的返排钻磨液现场试验应用,共计使用改性钻磨液 400 m³,循环泵压仅升高 1.50 MPa,经过改性后的钻磨液,在地面循环流程的碎屑捕捉器中取出大量胶皮碎屑和少许小块金属,胶皮碎屑和中小型碎屑量明显增加,充分验证了改性钻磨液的携带效果。

9.3.2　金属减摩剂

　　9.2.3 节中讨论了连续管下放进入井筒和钻磨桥塞时,井下摩阻往往使得管柱不能延伸、钻磨压力不够,导致不能钻通井下全部桥塞的问题。水力振荡器可以一定程度增加管柱的延伸能力,使用金属减摩剂降低连续管与井筒壁之间的摩擦系数是有效的方法之一,尤其对降低弯曲井筒段和变方位井筒的托压阻力效果更好。

　　1. 乳化矿物油体系金属减摩剂

　　金属减摩剂既要减小连续管与井筒间的摩擦系数,又不能影响钻磨液的减阻性能和携碎屑的性能,这就决定金属减摩剂的用量不能大。如果减摩剂能吸附在金属表面形成一层弹性分子薄膜起到润滑减阻的作用,就可以控制减摩剂用量。另外,页岩气井压裂试气现场废机油量大,如果选取废机油作为基础油配制金属减摩剂,成本更低,经济性更好。

由于钻磨液基本都是水基体系,研制油基金属减摩剂与钻磨液乳化的乳化剂成为研究的关键点之一。采用试验筛选的方法配置多种乳化剂乳化矿物油,初步筛选出 MF、ZR、MARD-2 三种乳化矿物油体系金属减摩剂。

2. 试验研究

初步筛选的三种乳化矿物油体系金属减摩剂分别经水溶性乳化剂和油溶性乳化剂乳化,得到矿物油体系金属减摩剂。为了正确评价三种乳化矿物油体系金属减摩剂的减摩效果,试验选取 EP-2 型极限压力润滑仪用于测量不同钻磨液的摩擦系数和润滑质量,评价金属减摩剂减摩效果。

1) 水溶性乳化剂矿物油体系

按不同浓度分别配置 MF、ZR 和 MARD-2 三种水溶性乳化剂乳化矿物油体系金属减摩剂,配制浓度范围 0~2%,测定不同浓度下金属减摩剂的摩擦系数,结果如图 9-17 所示。

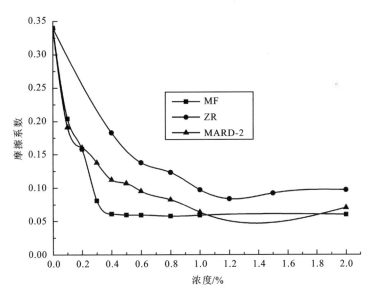

图 9-17　水溶性乳化剂乳化矿物油体系金属减摩剂减摩性能

图中显示,三种水溶性乳化矿物油体系金属减摩剂都有较为明显的降低摩擦阻力的作用,减摩剂浓度为零时,摩擦系数高达 0.34,减摩剂浓度为增加到 1% 以后,摩擦系数降低到 0.1 以下,其中 MF 和 MARD-2 两种乳化矿物油体系金属减摩剂降低到 0.06 左右,效果非常明显。

2）油溶性乳化矿物油体系

使用乳化效果较好的油溶性乳化剂 SP20，试验配制成 ZR-02 和 MARD-2-02 两种油溶性乳化剂乳化矿物油体系金属减摩剂减摩，进行减摩性能评价试验，结果如图 9-18 所示。

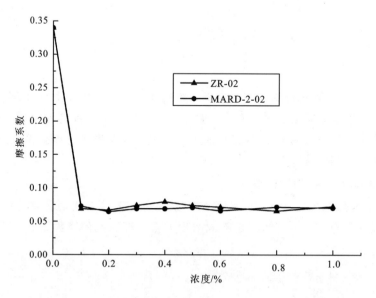

图 9-18　油溶性乳化剂乳化矿物油体系金属减摩剂减摩性能

由图可得，经油溶性乳化剂乳化的 ZR-02 和 MARD-2-02 两种矿物油体系金属减摩剂减摩效果相当，当浓度达到 0.1% 时，摩擦系数降到 0.06 左右，浓度增加，摩擦系数稳定。

3. 试验结论

分析上述试验可以得到以下结论：

① 水溶性乳化剂乳化矿物油体系中，MF 矿物油体系金属减摩剂的减摩效果最好，MARD-2 次之，ZR 体系较差；水溶性乳化剂乳化矿物油体系金属减摩剂添加浓度达到 0.5% 才有比较好的效果。

② 油溶性乳化剂乳化 ZR-02 和 MARD-2-02 矿物油体系金属减摩剂减摩效果都较好，仅需要 0.1% 的添加浓度就能达到良好的减摩效果。

水溶性与油溶性乳化剂乳化矿物油体系相比较，油溶性乳化剂乳化矿物油体系效果更好。极低浓度下就能起到很好的减摩效果；考虑到产品经济效益，经现场多次试用，建议油溶性乳化剂乳化矿物油体系金属减摩剂使用浓度为 0.2%～0.5%。

9.4 钻磨桥塞工艺

水平井分段压裂完成后,需要逐级钻磨桥塞完井,完成地层与井筒的连通,钻磨桥塞是完井的最后一道工序。逐级钻磨桥塞也是逐级连通地层的过程,钻磨桥塞的过程中地层流体进入井筒,井筒处于带压状态。当前,我国页岩气开发水平井井深 4 500.00～6 000.00 m,分隔为15～30 段,也就是说在水平段预置了15～30 级桥塞。如何实现带压状态下高效钻磨桥塞,正如本章开篇所述,连续管技术应用于水平井钻磨桥塞是最好的选择。

连续管技术应用于钻磨桥塞是指连续管作为作业管柱,即连续管连接钻磨工具下入桥塞位置,地面泵注钻磨液经连续管启动井下螺杆钻具,驱动磨鞋旋转,调节连续管悬重控制磨鞋作用在桥塞上的钻压的钻磨桥塞过程。钻磨桥塞过程中,钻磨液冷却磨鞋、冲洗钻磨碎屑,钻磨液循环的过程中将钻磨碎屑携带至地面。通常情况下,一趟管柱入井可以钻磨十多级甚至几十级桥塞。

9.4.1 钻磨管柱结构

长水平段水平井连续管钻磨桥塞管柱结构主要由连续管、连接器、单流阀、震击器、液压丢手工具、水力振荡器、螺杆钻具和磨鞋组成。其中,水力振荡器可以根据井况确定是否使用,如果钻磨效率低,或者判断管柱出现锁死不能钻磨,可以增加水力振荡器。常用管柱结构如图 9-19 所示。

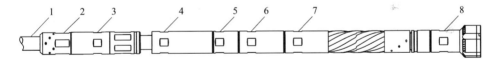

图 9-19 常用连续管钻塞管柱结构示意图

1-连续管;2-连接器;3-单流阀;4-震击器;5-液压丢手工具;6-水力振荡器;7-螺杆钻具;8-磨鞋

① 连接器是用于连续管与井下工具的连接,常用连接器有铆钉式、卡瓦式、复合式三大类,考虑到钻磨时连接器承受较大扭矩,一般选择铆钉式等抗扭矩大连接器。

② 单流阀是一种内防喷工具,正循环作业时单流阀处于打开状态,连续管内无压力时,单流阀关闭,防止井内流体进入连续管返出至地面。钻塞过程中,一旦发生地面连续管刺漏、断裂等紧急状况,单流阀自动关闭阻止井内气体和液体进入连续管内,避免造成井控事故。

③ 震击器与常规作业管柱相比,连续管抗拉强度小。另外,连续管作业过程中应尽量避免管柱受压。因此,钻磨作业或起下管柱过程中,当井下工具遇卡时,避免用连续管柱直接解卡,启动震击器解卡。震击器有单向震击器、双向震击器两大类。

④ 液压丢手工具是用于井下工具遇卡无法解卡时,投球应急丢手。

⑤ 水力振荡器是增加管柱延伸能力的专用工具,也可以提高钻磨效率。

⑥ 螺杆钻具是钻塞液驱动的液力马达,用于驱动磨鞋钻磨桥塞的专用工具。

⑦ 磨鞋是用于磨铣桥塞的一种专用钻头。

9.4.2 作业参数模拟

连续管作业时容易出现管柱螺旋屈曲,导致钻磨不能顺利进行。连续管作业施工设计,需要根据井身结构、井筒轨迹、地层参数、管柱结构等对管柱作业参数进行模拟,评价作业能力,避免施工过程中出现管柱螺旋屈曲、锁死,制定相应的作业措施,保障钻磨作业的顺利实施。

作业参数模拟是施工设计的必须环节,对此,我国很多大学、研究机构都进行了相关的研究,编制了专门的模拟软件,但是仍存在模拟模块不完整、实践检验不充分等问题。目前,我国各连续管服务公司主要购买国外软件进行参数模拟和作业控制。参数模拟主要包括管柱力学分析模块、流体分析模块、连续管疲劳寿命评估模块、典型工程案例分析模块等。参数模拟输入条件主要包括井身结构、井眼轨迹、地层压力、地层流量、连续管规格、作业参数等。连续管规格参数包括连续管钢级、直径、壁厚、长度,滚筒滚芯直径等;作业参数包括流体类型、密度、黏度、排量、井口压力、作业记录等。参数模拟输出主要包括连续管受力状态、全井作业过程中是否发生屈曲或锁死、有效作业深度、可以施加的钻磨压力、钻磨液循环管路压降分布、泵压、允许作业排量、连续管疲劳状态、剩余寿命等。

影响连续管作业参数模拟的关键因素是连续管与井筒之间的摩擦系数和钻磨液循环水力摩阻,国内外对此进行了大量研究。由于井筒条件复杂,很难确定一个或几个摩擦系数予以适应不同井筒和不同管柱的作业。为此,经过400余次现场测试数据统计分析并进行不断地调整探索,我们摸索了适应于涪陵页岩气田套管井筒钻磨桥塞时连续管在不同井况、不同作业条件下与套管井筒之间的摩擦系数,并应用于连续管作业参数模拟,取得了比较精确的模拟结果。

上提连续管作业时,摩擦系数比较稳定:上提摩擦系数为 0.18。

下放连续管和钻磨过程中连续管与井筒之间的摩擦系数:① 井斜角大于90°,下放摩擦系数取 0.30;② 井斜角小于90°,下放摩擦系数取 0.27;③ 桥塞数量少于 15 个,下放摩擦系数取 0.27;④ 桥塞数量多于 15 个,下放摩擦系数取 0.30。

应用上述摩擦系数模拟作业参数,实际作业时连续管自锁深度误差在 50.00 m 以内。

9.4.3 钻磨桥塞地面设备及流程

在连续管钻磨桥塞过程中,钻磨液需要循环,为了维护钻磨液性能,需要及时将返出到地面的钻磨液中的碎屑除去,及时添加减阻剂和胶液或流型改进液等,因此需要配置除连续管作业设备以外的地面设备及流程。

1. 设备及流程

以涪陵页岩气田为例,钻磨一口井全部桥塞施工周期一般为 5～6 d,如果使用放喷水池的循环液作业将会导致液体性能不稳定,水质变差,水中杂质增多,摩阻增大,泵压上升,对连续管和井下工具损伤很大,严重时可能造成憋钻、卡钻和工具落井等事故的发生。为了确保钻磨液性能的稳定,设计了闭式地面流程。一是在流程中加入了碎屑捕捉器,清除大颗粒桥塞碎屑;二是配置足够容量的循环储液罐,返出钻磨液经过碎屑捕捉器、降压管汇后直接进入储液罐,沉降未被除去的颗粒,在储液罐中添加降阻剂、LX-1 流型改进剂等添加剂,维护钻磨液性能;三是两台泵车并联,可以满足单台供液、双台供液,以及泵车更换检修,保证了钻磨桥塞供液的连续性。闭式循环地面流程如图 9-20 所示。

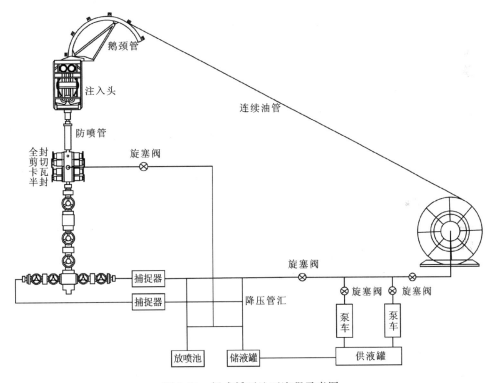

图 9-20　闭式循环地面流程示意图

2. 碎屑捕捉器

在钻磨过程中,磨铣掉的桥塞碎屑大小和形状各异,性质不同,主要有复合材料碎屑、橡胶碎屑。金属碎屑、大的碎屑粒径有 60.00～70.00 mm,甚至更大;小的只有几毫米。钻磨液循环可以返排出井内大多数的碎屑,需要使用专用的碎屑捕捉器捕捉碎屑。

碎屑捕捉器如图 9-21 所示。一般安装在井口返出管路中,降压管汇上游,距离井口

5.00～10.00 m,直接与井口高压管线对接,压力等级 70.00 MPa、105.00 MPa。碎屑捕捉器主要结构组成包括由壬压盖、外筒、滤砂管等组成,滤砂管前后均装有压力表,根据上下有压差判断滤砂管内捕捉的碎屑量,一般在上下游压差 2.00～3.00 MPa 情况下,更换另外一套滤砂通道排液,清理之前排液的滤砂管,保证了钻塞返排的连续性。钻磨桥塞地面流程中一般单井安装两套碎屑捕捉器,两台碎屑捕捉器分别位于高压管路的两翼,在一套捕捉器出现堵塞、泄漏等紧急情况下,可以快速倒换到另一套碎屑捕捉器,确保了钻磨液循环的连续性。

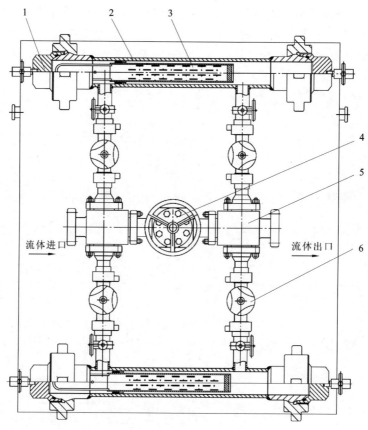

图 9-21　70.00 MPa 捕屑装置结构示意图

1-由壬压盖;2-外筒;3-滤砂管;4-手动阀;5-四通;6-旋塞阀

9.4.4　钻磨桥塞施工参数设计

钻磨桥塞施工过程中,钻压、排量、泵压、出口压力等参数的控制将关系到钻磨桥塞效率和施工安全性。同时,合理的钻磨液使用制度、连续管起下制度对钻磨碎屑返出、连续管寿命、施工安全性也有很大的影响。

1. 钻压、排量

连续管钻磨桥塞在我国实践时间不长,还没有一套科学、完整的施工规范,涪陵页岩气钻磨施工中,各施工单位设计的参数不尽相同,钻磨效率参差不齐。为寻求一套科学的钻塞施工参数,达到优质高效钻磨桥塞的目的,对比分析了不同施工参数下的钻塞效果,特别针对井斜角大于 90°,且反复上下波动的复杂井眼轨迹的井,综合考虑井深和井眼轨迹对钻磨效果的影响,得到了一套适合于涪陵页岩气水平井的钻磨桥塞施工参数。

① 井斜角≤90°的水平段井眼轨迹井筒。该类井井眼轨迹较平缓,无反复上下波动,不同水平段的施工参数如表 9-9 所示。

表 9-9　常规井眼轨迹不同水平段长下的施工参数

施工参数　＼　水平段长/m	<1 000.00	1 000.00～1 500.00	1 500.00～2 000.00	>2 000.00
泵压/MPa	26.00～30.00	30.00～35.00	32.00～40.00	40.00～45.00
排量/(L/min)	380～420	380～420	380～420	380～420
钻压/kN	5.00～10.00	5.00～15.00	10.00～20.00	10.00～40.00

② 井斜角＞90°的水平段井眼轨迹井筒。该类井井眼轨迹复杂且反复上下波动。在该类井段施工,连续管受到的摩阻很大,常出现管柱遇阻甚至锁定、施工泵压高、纯钻磨时间长、效率低,随着水平段的加深,这些现象更加明显。统计分析了涪陵页岩气田 10 余口井的施工参数及钻磨效果,总结出了不同水平段的施工参数,如表 9-10 所示。

表 9-10　非常规井眼轨迹不同水平段长下的施工参数

施工参数　＼　水平段长/m	<1 000.00	1 000.00～1 500.00	1 500.00～2 000.00	>2 000.00
泵压/MPa	28.00～32.00	30.00～42.00	35.00～45.00	38.00～46.00
排量/(L/min)	380～420	380～420	380～420	380～420
钻压/kN	5.00～15.00	5.00～20.00	10.00～40.00	10.00～50.00

2. 出口压力控制

考虑到储层压裂支撑剂有可能会随着钻磨桥塞循环钻磨液的过程被"吐"出地层,引起地层大量出砂,前期往往控制井口回压高于钻磨施工前关井压力 2.00～3.00 MPa 作为标准,使出口排量小于进口排量。这种操作造成钻磨时泵压偏高,可能将钻磨液挤入地层造成"漏失"假象,同时长时间高泵压作业,将对连续管及井下工具造成损伤,存在施工风险。

大量的实践和试验发现,压裂完成后地层裂缝实际上会很快闭合,钻磨桥塞施工时,保持排量稳定,且出口排量略大于或者等于进口排量,地层几乎不会出砂。因此,钻磨桥塞施工设计时,将返排标准由压力控制更改为排量控制,既大大提高了返排效率,又更好地保护了连续管及井下工具,降低了施工难度及风险。

3. 钻磨液使用及连续管起下制度

钻磨桥塞施工设计采用"减阻水钻进＋胶液携屑＋短起洗井"的组合式钻磨液使用制度[2-4],提高碎屑返排能力和钻磨效率,基本解决了因为桥塞碎屑大量滞留井筒内引起的连续管屈曲或锁死问题。操作步骤如下。

① 每次钻磨完成 1 支桥塞后,泵注胶液 5 m³,待胶液经连续管进入井筒后开始下放连续管。

② 每次钻磨完成 3 支桥塞后,上提连续管至直井段。短起连续管时泵注胶液 10 m³,待胶液经连续管进入井筒后,以 5 m/min 的速度缓慢上提连续管,当短起连续管至造斜点时再次泵入 5 m³ 胶液充分洗井。

4. 连续管保护措施

为了在作业中尽量保护好连续管,采取以下措施。

① 起下过程中应避免连续管斜接接头等薄弱处在滚筒和鹅颈导向器上反复卷绕和拉直。为此,每次作业起出连续管后,在连续管端部截掉 10.00～30.00 m 连续管。

② 避免同一盘连续管在同一作业深度反复起下作业,造成连续管的某一处反复弯曲拉直。

③ 遇阻、遇卡情况下,合理控制泵压和上提力,避免过提造成管材损伤。

④ 钻磨过程中出现憋泵时,不要立即上提连续管,避免突然释放磨鞋钻压,造成连续管承受较大反扭矩,应该先停泵再上提。

9.4.5　天然气水合物预防

连续管钻磨桥塞过程中,在井口出口压力控制不当的情况下,返排液中可能出现可燃气体,在冬季施工中,井口处易产生天然气水合物冰堵,导致连续管被卡和井口流程堵塞等情况发生,给生产、安全造成了较大影响,如图 9-22 所示,某页岩气井在钻塞中流程中碎屑捕捉器被水合物堵塞。

以涪陵页岩气田为例,该地区冬季气温一般在 2～10 ℃,井口压力 17.00～31.00 MPa[5]。连续管防喷管为高压气体聚集死区,极易产生天然气水合物冰卡。如图 9-23 所示,可以看出,当压力为 20.00 MPa 时,天然气相对密度为 0.6,温度在 22 ℃ 及以下时,可能产生水合物[6]。

避免水合物产生的方法有以下几种:减少天然气侵入钻磨液中;加入水合物抑制剂,降低特定压力下水合物产生所需要的温度上限;加热提高流体温度,使温度高于特定压力下水合物产生所需要的温度上限,如图 9-23 所示。根据以上方法,制定预防钻磨过程中生产水合物的三种措施。

图 9-22　某页岩气井碎屑捕捉器中发现水合物冰堵

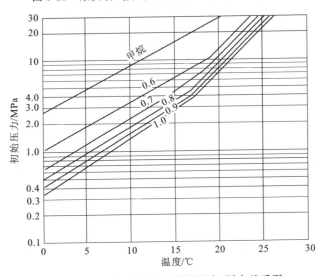

图 9-23　天然气形成水合物的温度-压力关系图

1. 井内注入水合物冰堵抑制剂

在可能发生水合物冰堵的井筒中进行连续管作业之前,将作为水合物冰堵抑制剂的乙二醇从压裂井口向井内泵注,直到井口压力达到 20 MPa,然后开始下入连续管。在页岩气水平井钻磨桥塞的地面流程中增加套管泵入接口,用于泵注乙二醇。乙二醇可以脱除气体中的水,用作防冻剂。乙二醇具有其水溶液凝固温度较低、且黏度低,难溶于烃类气体的特点,且乙二醇与水能以任意比例混合,因此,现场应用中乙二醇损耗小。

2. 蒸汽加热井口

如果作业前出现过冰堵现象,当上提连续管时,应提前 2.5 个小时打开锅炉车泵送蒸汽加热井口。如果上提连续管过程中出现水合物遇卡,尝试上下活动连续管,上提力控制在连续管的屈服极限范围内,下压力不超过 60.00 kN。如果无法解除冰堵卡钻,应停止活动连续管,并增加防喷盒自封压力,开启锅炉车蒸汽加热流程进行加热。密切关注井口压力变化和连续管悬重变化。如果井口压力上升,上提连续管悬重恢复正常,则继续上提连续管至井口。

3. 井口保温

为预防连续管钻磨桥塞时发生水合物冰堵,可采用井口保温措施,将温度提高到水合物形成的平衡温度点以上,避免水合物的形成。工程实际中,在防喷管上用棉芯包裹蒸汽管线,采用锅炉蒸汽加热。锅炉为页岩气地面测试流程配套设备,在连续管作业准备阶段连接防喷管时预先在防喷管上缠绕蒸汽管线,用棉芯进行包裹。

9.5　工 程 应 用

某页岩气井 A 靶点斜深 3 312.00 m,井斜 86.98°,垂深 3 020.30 m;B 靶点斜深 5 036.00 m,井斜 93.80°,垂深 2 904.47 m。水平段轨迹多次调整,整体呈上翘形态,最大井斜 100°,全角变化率最大 7°/30 m。

水平井段分 22 段进行压裂,下入江汉复合材料桥塞 21 支。作业前采用 CTES 公司 Cerbures 软件进行钻磨管柱力学模拟,连续管管材为 QT-1100 钢级,直径 50.80 mm,壁厚 4.500 mm、4.780 mm 变壁厚连续管,连续管总长 5 542.00 m。井筒摩擦系数设计为下放 0.30,上提 0.18,模拟结果如图 9-24 所示,连续管下至 4 506.20 m 自锁,无法下至人工井底 5 027.00 m。

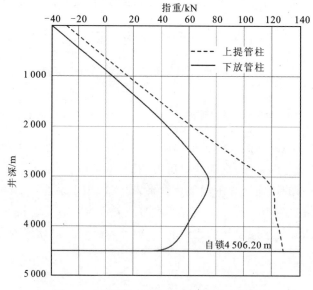

图 9-24　某页岩气井悬重与井深力学模拟

　　工程施工设计时,在钻磨管柱上增加水力振荡器、钻磨液中添加金属减摩剂情况下,根据经验判断可下至人工井底,连续管可完成全井桥塞钻磨,模拟情况如表 9-11 所示。

表 9-11　软件模拟不同井况力学参数

项目	井况 1	井况 2	井况 3
下放/上提摩擦系数	0.30/0.18	0.23/0.18	0.22/0.18
连续管内外液体	减阻水	减阻水	减阻水
最大下放深度/m	4 506.20	4 796.30	5 027.00
井下最大允许上提力/kN	13.04	126.26	128.21
地表最大允许上提力/kN	364.54	364.15	372.45
井下最大允许下压力/kN	−0.12	−0.03	−0.11
地表最大允许下压力/kN	10.16	−6.12	15.41

　　根据软件模拟结果,本井设计采用四趟管柱钻磨桥塞。第一趟管柱接钻磨工具(不带水力振荡器)钻除第 1～14 支桥塞,钻磨完成后起出管柱;第二趟管柱接强磁打捞工具,清理井筒碎屑,打捞完成后起出管柱;第三趟管柱接钻磨工具(带水力振荡器)钻除第 15～21 支桥塞。在后期钻磨出现自锁、钻时长的情况下,在钻磨液中添加 MARD-2 金属减摩剂,完成全井桥塞钻磨,钻磨完成后起出管柱;第四趟管柱接强磁打捞工具,清理井筒碎屑,打捞完成后起出管柱,施工完成。

　　第一趟钻磨工具串如表 9-12 所示。第一趟钻除第 4、8、11 支桥塞后,分别保持循环起连续管至 2 800.00 m,提高返屑效率,在钻至第 13、14 支桥塞时,钻时明显上升,完成第 14 支桥塞钻磨后,起出检查更换工具。第一趟钻磨参数曲线如图 9-25(图版 IV)所示。

表 9-12　某页岩气井钻磨工具串(第一趟)

序号	工具 名称	长度 /m	外径 /mm	内径 /mm	扣型	推荐上扣扭矩 /(N·m)	性能参数
1	铆钉式连接器	0.20	73.00	34.29	2.375 in PAC P	—	抗拉强度为 440.00 kN,最大扭矩为 3 727 N·m
2	马达头总成	0.84	73.00	25.40	2.375 in PAC B 2.375 in PAC P	3 036	循环阀投球尺寸为 19 mm,丢手投球尺寸 22 mm,销钉剪切压力为 38.6 MPa
3	震击器	1.73	73.00	25.40	2.375 in PAC B 2.375 in PAC P	3 036	震击比为 1：2,最大过提载荷为 115.00 kN,冲程为 0.25 m

续表

序号	工具名称	长度/m	外径/mm	内径/mm	扣型	推荐上扣扭矩/(N·m)	性能参数
4	螺杆马达	4.25	73.00	—	2.375 in PAC B 2.375 in PAC B	3 036	排量为220～450 L/min,压降为8.00 MPa,转速为220～460 r/min
5	磨鞋	0.37	108.00	—	2.375 in PAC P	3 036	5个水眼,水眼尺寸为7.90 mm
总长/m						7.39	

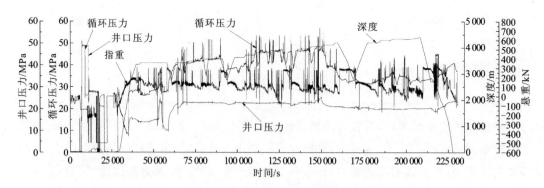

图 9-25　某页岩气井第一趟钻磨参数曲线

第二趟采用连续管传输强磁打捞器工具进行碎屑打捞,共计捞出碎屑7.6 kg,具体钻磨工具串如表9-13所示。

表 9-13　某页岩气井强磁清理工具串(第二趟)

序号	工具名称	长度/m	外径/mm	内径/mm	扣型	推荐上扣扭矩/(N·m)	性能参数
1	铆钉式连接器	0.20	73.00	34.29	2.375 in PAC P	—	抗拉强度为440.00 kN,最大扭矩为3 727 N·m
2	马达头总成	0.84	73.00	25.40	2.375 in PAC B 2.375 in PAC P	3 036	循环阀投球尺寸为19 mm,丢手投球尺寸为22 mm,销钉剪切压力为38.6 MPa
3	旁通阀	0.22	73.00	22.00	2.375 in PAC B 2.375 in PAC P	3 036	—
4	强磁打捞器	1.00×5	80.00	18.00	2.375 in PAC B 2.375 in PAC P	3 036	—
5	喷嘴	0.20	73.00		2.375 in PAC B	3 036	
总长/m						6.46	

第三趟重新下入钻磨工具串,工具串中增加水力振荡器,如表 9-14 所示。钻完第 18 支桥塞后循环洗井起连续管至 2 800.00 m,重新下入后钻磨剩余桥塞。钻至第 19 支桥塞时,出现连续管加压困难情况,在钻塞液中添加 MARD-2 金属减摩剂,顺利完成了剩余桥塞钻磨。第三趟钻磨参数曲线如图 9-26(图版 IV)所示。

表 9-14　某页岩气井钻塞工具串(第三趟)

序号	工具名称	长度/m	外径/mm	内径/mm	扣型	推荐上扣扭矩/(N·m)	性能参数
1	铆钉式连接器	0.20	73.00	34.29	2.375 in PAC P	—	抗拉强度为 440.00 kN,最大扭矩为 3 727 N·m
2	马达头总成	0.84	73.00	25.40	2.375 in PAC B 2.375 in PAC P	3 036	循环阀投球尺寸为 19 mm,丢手投球尺寸为 22 mm,销钉剪切压力为 38.6 MPa
3	震击器	1.73	73.00	25.40	2.375 in PAC B 2.375 in PAC P	3 036	震击比为 1:2,最大过提载荷为 115.00 kN,冲程为 0.25 m
4	水力振荡器	1.32	73.00	—	2.375 in PAC B 2.375 in PAC P	3 036	15 Hz(2.52 L/s 排量),压降为 3.30 MPa
5	螺杆马达	4.25	73.00	—	2.375 in PAC B 2.375 in PAC B	3 036	排量为 220~450 L/min,压降为 8.00 MPa,转速为 220~460 r/min
6	磨鞋	0.37	108.00	—	2.375 in PAC P	3 036	5 个水眼,水眼尺寸为 7.90 mm
总长/m				8.71			

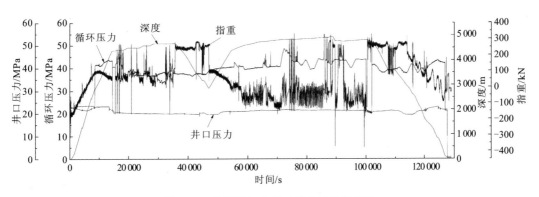

图 9-26　某页岩气井第三趟钻磨参数曲线

从图 9-26(图版 IV)中第 15~21 段桥塞钻磨曲线可以看出,随着钻磨桥塞深度不断增加,钻磨泵压升高。由于连续管在井内阻力不断增加,需要不断加压增加连续管井下加压能力,井口悬重逐渐下降。在钻磨过程中,容易出现憋压情况,压力升高 6.00~8.00

MPa,需要立即停泵上提管柱,待管柱正常后再次开泵加深钻磨。在磨鞋碰至桥塞后,泵压会增加1.00~3.00 MPa。钻除本井全部21支桥塞后,起连续管及钻磨工具串至地面后发现磨鞋磨损情况较为严重,如图9-27所示。

 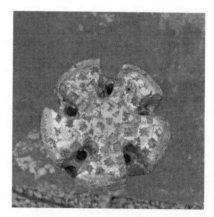

(a) 入井前磨鞋底部照片　　　　　　　　(b) 钻磨完成后磨鞋底部照片

图 9-27　入井前后磨鞋磨损情况对比

第四趟采用如表9-15所示的工具串组合进行碎屑打捞,工具串组合主要为连续管传输水力振荡器+强磁打捞器工具,共计捞出如图9-28所示碎屑7.9 kg,完成全井施工作业。

表 9-15　某页岩气井强磁清理工具串(第四趟)

序号	工具 名称	长度 /m	外径 /mm	内径 /mm	扣型	推荐上扣扭矩 /(N·m)	性能参数
1	铆钉式连接器	0.20	73.00	34.29	2.375 in PAC P	—	抗拉强度为440.00 kN,最大 扭矩为3 727 N·m
2	马达头总成	0.84	73.00	25.40	2.375 in PAC B 2.375 in PAC P	3 036	循环阀投球尺寸为19 mm,丢 手投球尺寸为22 mm,销钉 剪切压力为38.6 MPa
3	水力振荡器	1.32	73.00	—	2.375 in PAC B 2.375 in PAC P	3 036	15 Hz(2.52 L/s 排量),压降 为3.30 MPa
5	旁通阀	0.22	73.00	22.00	2.375 in PAC B 2.375 in PAC P	3 036	—
6	强磁打捞器	1.00×5	80.00	18.00	2.375 in PAC B 2.375 in PAC P	3 036	—
7	喷嘴	0.20	73.00	—	2.375 in PAC B	3 036	—
总长/m					7.78		

（a）强磁打捞器捞获的桥塞碎屑

（b）碎屑捕捉器清理出的桥塞碎屑

图 9-28 打捞碎屑图

本井利用连续管钻磨累计施工 5 d，完成 21 支桥塞钻磨。从图 9-29 中看出，在钻至第 13 支桥塞后，由于井筒内金属碎屑较多，单支桥塞钻时明显增加。通过起出进行碎屑打捞后，采用水力振荡器、金属减摩剂等措施，钻磨时效明显提高。全井单支桥塞纯钻磨时间最短 36 min，时间最长 115 min，21 支桥塞纯钻磨时间单支平均 66.3 min。

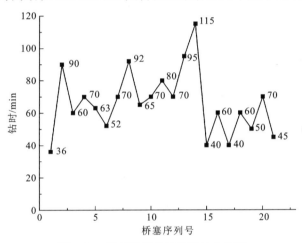

图 9-29 某页岩气井钻塞时效分析图

参 考 文 献

[1] 王志刚.涪陵焦石坝地区页岩气水平井压裂改造实践与认识[J].石油与天然气地质,2014,35(3):425-430.

[2] 王伟佳.页岩气井连续油管辅助压裂试气技术[J].石油钻探技术,2015,43(5):88-93.

[3] 何吉标.连续油管新型钻塞胶液在 JY25-1HF 井的应用[J].钻井液与完井液,2016,33(3):123-126.

[4] 李爱春.页岩气水平井连续油管钻塞工艺[J].江汉石油职工大学学报,2016,29(6):25-27.

[5] 何晓波.涪陵页岩气求产试气工艺优化与应用[J].江汉石油职工大学学报,2014,27(3):30-33.

[6] 赵玉.涩北气田冰堵井治理措施探讨[J].中国石油和化工标准与质量,2012,3(10):70-75.

第 *10* 章

连续管水平井测井

测井是获取储层特征参数、工程评价参数的必要手段。近年来，水平井、大斜度井越来越多，他们特殊的井身结构对测井作业提出了更高的要求。

电缆测井是最常用的测井方法，输送过程中借助重力作用将仪器输送至目的层段，但倾角大于 60°重力分量很小，仪器难以沿井筒向下滑动，测井仪器无法输送至水平段、大斜度井段，因此，无法满足水平井、大斜度井测井需要。为此，国内外研究了多种测井输送方法，大致可划分为三种：钻杆或油管输送测井、电动牵引器输送测井和连续管输送测井。与前两种方法相比，连续管输送测井水平段传输距离长、越障能力强，且在输送过程中能实现循环、投球及冲砂解卡等作业，已发展成为当今水平井测井的主要手段之一。

随着连续管水平井测井技术的不断发展和逐步成熟，连续管测井与电子信息、信号通信、数字成像等技术深度融合，与之配套的信号传输系统、井下测量工具、穿电缆或光缆工艺逐渐成熟，连续管水平井测井的作业项目也由最初的常规测井，逐渐拓展至连续管井下电视、连续管光纤产气剖面测试等，作业项目仍在不断的丰富完善，作业优势、应用规模仍在不断扩大。

10.1　连续管水平井输送工艺

利用连续管将测井仪器安全输送至目标深度,是连续管测井成功的首要条件。造斜段或水平段碎屑堆积导致测井仪器损坏、连续管内与井筒压差过大致使管材变形或挤毁、仪器输送控制不当引起井下复杂故障、连续管测井深度不准确等难题,是目前连续管水平井测井输送面临的主要挑战。因此,作业过程中,必须通过井筒清理及模拟通井作业、合理补偿连续管管内压力、优化控制仪器输送参数、优选井下深度测量工具等方式提高连续管水平井测井的成功率。

10.1.1　井筒清理

为了保障连续管水平井作业的顺利实施和测井的成功,在进行连续管水平井测井之前,必须有一个干净的井筒。页岩气水平井压裂试气多采用桥塞分段压裂、集中钻塞模式,井筒内主要残留金属卡瓦块、橡胶材料、复合材料、地层返砂等碎屑,这些碎屑在循环洗井中无法完全返至地面,易堆积在造斜段或水平段,可能造成测井管柱遇阻遇卡、损坏测井仪器,如图 10-1 所示。因此,主体施工前必须用连续管带合适的井下工具进行井筒清理,才能确保施工安全。

图 10-1　测井仪器的损坏

1. 井筒清理及要求

针对压裂砂、金属卡瓦块[图 10-2(a)]、金属/复合材料颗粒[图 10-2(b)]等不同碎屑,连续管井筒清理主要采用循环洗井、强磁打捞、文丘里筒内液体循环,即可通过连续管下入喷嘴、杆式强磁打捞器、文丘里打捞器等工具或可根据井筒状况自由组合,打捞井筒残留碎屑。在生产气井不允许井筒液体循环情况下,通常串联多根杆式强磁打捞器组合入井,一趟作业管柱可打捞更多碎屑。

与连续管钻磨桥塞、冲砂解堵等其他作业相比,连续管水平井测井工艺对井筒清理要求更高,具体如下。

① 井内液体清洁透明。利用清水或滑溜水进行循环洗井,需充分循环直至井口返出液体接近清水洁净度为止。特别是以井下电视为代表的光学测井,对井筒内液体透明度要求更高。

② 无大块碎屑。杆式强磁打捞器、文丘里打捞器等工具起出井口后,碎屑较多时,需要重复入井清理,直至井筒内无大块碎屑为止。

③ 连续管井筒清理管柱下入及起出过程中,悬重无明显变化,能够顺利通井至设计

（a）金属卡瓦碎块　　　　　　　　　　　（b）金属/复合材料颗粒

图 10-2　清理出的井筒碎屑

井深。

对于主要测井井段，一般要求连续管携带清理工具采用往返拖动、定点循环等方式重点清理，确保测井井段无大块碎屑或污垢附着井壁，提高测井成功率。

2. 连续管测井模拟通井

在井筒清理满足上述要求后，还需进行连续管测井模拟通井，检验清理后的井筒条件是否达到测井工具串安全下入要求。为了仪器顺利通过曲率较大的井段而不致损坏，需在工具串中增加柔性短节和扶正器，以减少刚性长度，提高居中度和通过性。为达到最佳的模拟通井效果，模拟通井工具的外径、长度、上下端扣型均与实际工具串一致。其中，柔性短节可使仪器自由弯曲 $10°\sim20°$，通井前，需计算出仪器最大允许刚性长度后，根据需要分配柔性短节、扶正器等工具，确保仪器安全。计算公式[1]如下：

$$R_{\mathrm{w}} = 180\pi(L_{\theta_2} - L_{\theta_1})|\theta_2 - \theta_1| \tag{10-1}$$

$$L_{\mathrm{tool}} = 2\sqrt{(R_{\mathrm{w}} + r_{\mathrm{c}})^2 - (R_{\mathrm{w}} + D_{\mathrm{o}})^2} \tag{10-2}$$

式中：R_{w} 为井眼曲率半径，m；L_{θ_1}、L_{θ_2} 分别为井斜变化最大处对应深度，m；θ_1、θ_2 分别为 L_{θ_1}、L_{θ_2} 深度点的井斜角，(°)；L_{tool} 为测井工具串最大允许的刚性长度，m；r_{c} 为套管内半径，m；D_{o} 为测井工具串最大外径，m。

在连续管模拟通井时，全程密切注意悬重变化，防止遇阻遇卡时反应不及时造成安全事故。若连续管水平井模拟通井不顺利，则需再次进行井筒清理，直至满足要求为止。

10.1.2　仪器输送

连续管进行水平井仪器输送与其他输送方式对比如表 10-1 所示。连续管进行水平井仪器输送具有测量方式灵活，输送速度平稳、复杂故障处理能力强等优势。连续管输送的方式主要取决于测井项目的要求，包括定点输送、下放输送和上提输送。

表 10-1　水平井仪器输送方式对比

仪器输送方式	油管/钻杆	连续管	电缆牵引器
最大提升力/kN	520.00~1 200.00	230.00~450.00	0~40.00
最大下压力/kN	200.00~600.00	115.00~225.00	0~10.00
输送速度	间断、不平稳	连续、平稳	连续
测量方式	点测	点测/上提/下放	点测/上提
保护措施	水	液氮/水	无
循环排量/(L/min)	不受限	0~600	无
数据传输方式	存储	存储/电缆/光缆	存储/电缆/光缆

1. 定点输送

定点输送是连续管测井最简单的一种输送方式。连续管底端连接好测井工具串,下入至设计井深,进行深度校正,移动至设计测点,静止状态下完成测量点数据采集,移动至下个测点,重复以上步骤,完成全部定点测量任务。

2. 下放输送

连续管下放输送和上提输送的数据通常相互校验,其中,连续管下放输送是下放工具串过程中的测量,下放输送可以增加测井工具串与井内油、气、水之间的相对速度,井筒流体速度较低情况下采用此方式测量精度更高。

下放输送中,连续管在水平井中通常呈屈曲状态,底部测井仪器串在斜井段及水平段下放时易出现顿挫弹射现象,可能影响仪器正常工作,可通过循环泵入金属减阻剂在一定程度上缓解或消除。同时,为避免连续管下放遇阻反应不及时和管内压力激动过大引起仪器受损或发生复杂故障,在实际施工中,造斜段和水平段下放速度一般控制在 20 m/min 内,且要全程密切注意悬重变化。

3. 上提输送

连续管上提输送首先将仪器工具串输送至井底或设计深度,校正深度后上提连续管,边上提边测量。与下放输送相比,上提输送时管柱顿挫现象和抖动幅度大大减少,测量数据质量更高。

连续管上提输送方式可以减小测井工具串与井内油、气、水之间的相对速度,井筒流体速度较高情况下采用此方式测量精度更高。同时,为避免连续管上提遇卡反应不及时和管内压力激动过大引起仪器受损或发生复杂故障,实际施工中在造斜段和水平段上提速度应控制在合理范围内,且全程要密切注意悬重变化。

4. 保护措施

在连续管仪器输送时,连续管内与井筒压差过大可能导致管材变形或挤毁,因此在作业井口压力较高时,必须采用连续管内补压的方法平衡内外压差。

① 根据井口压力和井内流体密度计算压力梯度,计算每个井段补偿压力大小,动态调整补偿压力,保持内外压差不大于 10.00 MPa。

② 管内补偿压力的液体介质通常是清水和液氮,两者综合作用效果存在一定的差距。清水经济性较好,若连续管底部有流体通道存在时,可能流向井筒对气井造成影响;液氮成本较高,但对连续管内的光缆/电缆具有更好的保护性能,能有效避免对气井生产的影响。

10.1.3　深度测量

测井数据通常需要归位至与其对应的测量深度,深度测量的精度直接关系到产层多相流分布位置确定,以及套管损伤点和井下落鱼位置的精准定位,尤其是产层多相流的测量,是确定开采方案的重要基础数据,对于深度的准确性要求更高。常规的连续管作业仅有地面深度测量系统,水平井实际作业过程中,连续管会发生弹性变形,产生屈曲现象,从而导致井下实际深度与地面测量深度误差,因此需要在井下对连续管测井深度进行校正,保证连续管测井深度准确性。

1. 地面深度测量

连续管地面深度测量装置是采用地面深度测量装置测量下入井中的连续管长度。有机械编码器和光电编码器两种测量装置,常用的带机械编码器的测量装置如图 10-3 所示,工作状态下滚轮贴紧连续管外表面,当连续管移动时在摩擦力作用下滚轮跟随旋转,计量滚轮旋转圈数即可间接计算出连续管入井长度。但此种方式测量精度影响因素较多,例如轴承磨损或污染卡阻、滚轮表面污染、摩擦系数降低、滚轮震动等,都有可能造成地面深度测量系统误差,难以达到测量精度要求,需要增加井下深度测量来校正深度。

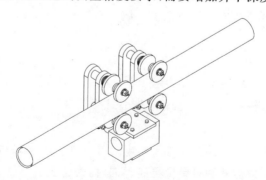

图 10-3　带机械编码器的测量装置结构示意图

2. 井下深度测量校正

连续管井下深度测量主要通过机械式或电磁式套管接箍定位器来实现。常规油气井多使用普通套管,套管在接箍处有接缝,采用机械式或电磁式定位器均可实现井下深度的精确定位;在页岩气井、高压气井等特殊气藏开发中,套管气动密封要求高,多使用无缝套管,这类套管接箍处没有连接缝,机械式定位器已不再适用,通常使用电磁定位器。

1)机械式套管接箍定位器

机械式套管接箍定位器可在上提管柱时通过悬重变化判断套管接箍位置,其结构如图 10-4 所示,主要由本体、卡瓦、压缩弹簧片等构成。下放过程中,受套管内壁约束,压缩弹簧片处于缩紧状态,定位器卡瓦斜面朝下,能有效减小下放通过套管接箍接缝时的阻力。上提通过套管接箍接缝处,在压缩弹簧片的作用下,卡瓦凸面上端卡住接缝,悬重发生明显变化,产生约为 10.00~20.00 kN 的阻力,变化幅度如图 10-5 所示。施工过程中,结合悬重变化曲线和完井套管记录,综合确定定位器在井内的实际位置,从而实现准确定位。

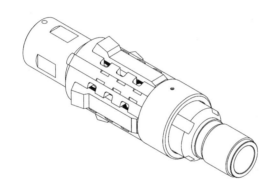

图 10-4　机械接箍定位器结构示意图

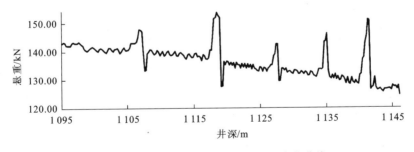

图 10-5　机械式套管接箍定位器悬重变化曲线

2)磁定位器

磁定位器是测井最常用的井下深度测量装置,主要分为存储式、电缆/光缆地面直读式两种。当采用连续管输送仪器时,由于套管接箍与本体之间存在壁厚差,改变磁定位器周围介质磁阻大小,引起磁通密度发生变化,磁定位器线圈两端产生感应电动势,呈现出"一高两低"的响应特征,标准曲线如图 10-6 所示。一般情况下,磁定位器与伽马短节配合使用,套管接箍信号与自然伽马曲线相互验证,即可得到测量的准确深度。

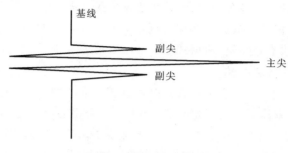

图 10-6　磁定位测井曲线

3) 无线套管接箍定位器

当在气密封套管内进行连续管辅助滑套压裂、喷砂射孔等作业时,连续管内无法内置电缆或光缆,通常采用无线套管接箍定位器实时进行井下深度定位。因为无线套管接箍定位器检测原理与磁定位器基本一致,所不同的是利用压力脉冲实时传递信号,所以需以持续恒定排量向连续管内泵注液体,用以传输压力脉冲信号。无线套管接箍定位器每通过一个套管接箍,磁感线圈中磁通量发生变化,产生电压脉冲信号,接通电磁阀,减小或关闭循环通道,达到设定时间后,控制系统自动关闭电磁阀,打开循环通道,产生一个正压脉冲,地面监测系统实时解码,归位信号测量深度,结合套管数据修正,得出准确井深[2]。

10.2　连续管输送测井的信号传输

根据信号传输通道的不同,连续管输送测井的信号传输方式主要有存储式信号传输、电信号传输、光信号传输三大类。与存储式信号传输相比,电信号传输和光信号传输需要在连续管内内置电缆或光纤,并配套相应的工具总成和通信系统。

10.2.1　存储式信号传输

采用存储式信号传输,连续管管内无电缆或光缆,不会影响循环和投球作业,技术简单且可靠性高,成本较低,但所测数据无法实时传输到地面,适用于井下数据资料量不大且实时性要求不高的测井项目。在作业时,所用连续管井下工具与常规作业差异不大,下端连接存储式工具仪器。所测数据通常保存在测量短节存储器中,测井完成后起出地面,由专用软件读取数据。测井深度主要参考地面连续管深度测量数据,以时间为标准记录深度。存储式信号传输方式主要应用于连续管水平井产液剖面测试、连续管传输压力温度剖面测试等。

10.2.2　电信号传输

电信号传输将传统电缆测井和连续管作业相结合,预先在连续管内穿入电缆,连续管下端连接过电缆工具总成及仪器工具,通过注入头推动连续管将仪器输送至测量井段,电缆通信系统将所测数据实时传输至地面。连续管油管输送测井的信号传输主要包括井下过电缆工具总成、连续管车用电缆滑环、地面电缆高压密封头和电缆通信系统四个部分。

1. 过电缆工具总成

过电缆工具总成由柔性旋转短节、丢手短节、伸缩短节和单流密封短节组成,上端连接连续管连接器,下端连接测井工具,中间有电缆通道和流体通道,具有保障井下作业安全,处理复杂故障,快速安装工具仪器等作用。

1)过电缆柔性旋转短节

过电缆柔性旋转短节结构如图 10-7 所示,由两个能在一定角度范围内转动的球形万向节组成,每个球形万向节与轴线可以形成 0～7°的摆动范围。其中,旋转接头主要作用是实现旋转和径向摆动;连接接头对接多个旋转机构,可叠加实现更大幅度摆动。过电缆柔性旋转短节主要作用是在连续管屈曲状态下提高底部工具串灵活性,这样既不阻碍测井工具的转动,也不会将扭矩传送给连续管,能够很好地解决测井工具旋转带来的连续管扭曲问题,也可以有效避免连续管带动工具串快速旋转而损坏仪器。

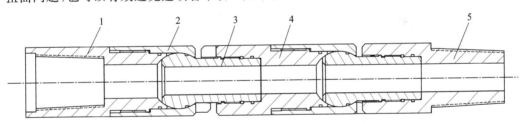

图 10-7　过电柔性旋转短节结构示意图
1-上接头;2-护帽;3-旋转接头;4-连接接头;5-下接头

2)过电缆丢手短节

连续管电缆测井若发生工具串上提遇卡,需要丢手短节断开连续管与工具串的连接,由于连续管穿入电缆后无法进行投球作业,且上提力过大会损坏仪器,因此压差和弱点两种丢手方式均不再适用,通常采用管内憋压实现工具串丢手。过电缆丢手短节结构如图 10-8 所示,主要由插针、活塞、棘爪、芯轴、剪切销钉等组成。其工作原理为通过连续管打压,液压作用于丢手活塞,活塞推动芯轴剪断剪切销钉,上提连续管,实现丢手作业,丢手压力大小可通过调节剪切销钉数量来设置。同时,丢手外筒设有标准鱼颈,方便后续打捞作业。

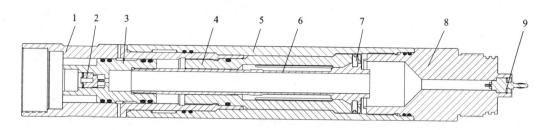

图 10-8　过电缆丢手短节结构示意图

1-上接头;2-插针;3-活塞;4-外筒;5-棘爪;6-芯轴;7-剪切销钉;8-下接头;9-高压密封插针

3) 过电缆伸缩短节

过电缆伸缩短节结构如图 10-9 所示,主要由补偿外筒、补偿内筒和背帽组成。其中,补偿外筒与内筒通过螺纹配合作用,可实现伸缩短节长度的调整,背帽锁紧,完成调整。过电缆伸缩短节主要作用是动态调整工具长度容纳多余电缆,便于连接上下端工具,避免电缆弯折。

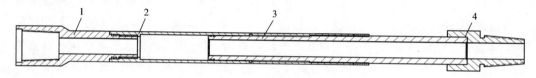

图 10-9　过电缆伸缩短节结构示意图

1-上接头;2-补偿外筒;3-补偿内筒;4-背帽

4) 过电缆单向流密封短节

过电缆单向流密封短节结构如图 10-10 所示,主要由阀芯、锥套、高压密封插针等组成,其主要作用是固定密封电缆,保留管柱底部过流通道,防止管外流体窜入管内[3]。

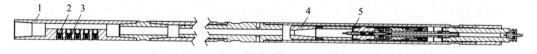

图 10-10　过电缆单向流密封短节结构示意图

1-泄压套筒;2-阀芯;3-弹簧;4-锥套;5-高压密封插针

单向阀通常有侧开式和内双瓣式两种。其中,侧开式单流阀主要由单流阀阀芯和弹簧组成,阀芯在正压力下压缩弹簧打开过流通道,在承受负压作用时关闭通道,从而起到单流作用,适用于含砂量较少的井筒条件。内双瓣式单流阀主要由上下两个阀瓣、阀座组成,其工作原理与侧开式单流阀类似,但适用条件更加广泛,多用于出砂量较多的井筒。

电缆密封固定机构与马龙头结构类似,主要由锥套、高压密封插针等组成。电缆外铠钢丝剥开后由锥套进行固定(可根据需要做电缆弱点),连接固定导线与标准电插针,套上插针护套,完成固定密封。

过电缆单向流密封短节安装完成后,须进行反向试压,检验单流阀反向承压能力,电气部分进行导通及绝缘测试,要求绝缘电阻大于等于 50 MΩ。

2. 连续管车用电缆滑环

连续管电缆测井在上提和下放测量过程中,滚筒始终处在旋转状态,连续管内电缆也跟随滚筒同步旋转,在旋转状态下,电源和信号传输难度较大,一般采用电缆滑环建立连续管内电缆与地面数采系统的通道。

滑环是两个相对转动机构之间传递电信号的精密装置,滑环转子与定子的滑动接触,实现电缆缆芯与地面数采系统的电信号导通。电缆滑环按结构和类型,分为分体式机械滑环、整体式机械滑环和水银滑环三类。在连续管滚筒结构限制情况下,多采用分体式机械滑环,其实物如图 10-11 所示,一般安装在高压旋转头轴承内侧。分体式机械滑环与整体式滑环相比,存在转动摩阻大、防水性能差、不具备防爆功能等缺陷。因此,部分连续管设备生产厂商已研制出内置整体滑环的连续管滚筒,机械式电缆滑环也改进为水银式电缆滑环,滑环滑动接触方式由触点接触连接转化为无触点接触,避免了滑环在工作中产生电火花,从而保证了施工的安全[4]。

图 10-11　连续管车用分体式机械滑环实物图

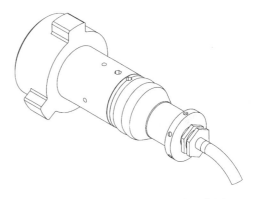

图 10-12　地面电缆高压密封头示意图

3. 地面电缆高压密封头

地面电缆高压密封头结构如图 10-12 所示,主要由电缆密封固定头和由壬接头两部分组成,一端以由壬方式连接连续管滚筒,另一端连接滑环,其作用为密封连续管出口端的电缆。安装地面电缆高压密封头主要步骤如下。

① 剥开电缆外铠钢丝,分别采用大小两个锥卡卡在固定斜面上,固定电缆外铠,中间导线与高压密封插针连接。

② 插针外部安装密封橡胶管,内部注满硅脂。在锥卡安装后必须认真检查固定是否牢靠,防止电缆在入井后受自身重力和循环时冲击力双重作用下拉断。

③ 安装完成后,用清水试压,低压 3.00 MPa,稳压 30 min,要求压降小于 0.50 MPa;高压 50.00 MPa,稳压 30 min,要求压降小于 0.50 MPa。

④ 对电气部分进行导通及绝缘测试,要求导通电阻不大于 50 Ω,绝缘电阻大于 50 MΩ。

4. 连续管电缆通信系统

连续管电缆通信装置由遥传短节、电缆、滑环和地面数采设备组成,其通信系统可分为井下通信、信号传输、地面数据处理三部分。

① 井下通信系统。仪器短节实时测量数据,通过仪器总线传输至遥传短节,转换为电缆总线信号,通常为曼彻斯特码或 AMI 码。

② 信号传输系统。电缆总线信号经过电缆、地面滑环,传送至地面数采系统,通信速率在 5～200 KB/s。

③ 地面数采系统。将接收到的电缆信号实时解码,由软件系统处理分析,输出测井解释结果。

10.2.3 光信号传输

随着水平井测井技术向数字化、多极化、阵列化和成像化方向发展,井下仪器采集的信息更加丰富,需要上传的数据量也越来越大,光纤传输速率快、数据量大,已成为水平井测井的一个重要发展方向。光信号传输将高带宽光纤安装在连续管内,以光脉冲为载体将井下数据传输至地面,由表 10-2 可知,其传输距离和传输速度远远高于电缆传输并且不受电磁干扰,另外,还可利用光脉冲中某些波长对温度、声波变化极其敏感这一特性进行分布式温度监测和分布式声波监测。连续管输送测井的光信号传输技术主要包括过光缆马达头总成和通信系统。

表 10-2 连续管测井电信号传输与光信号传输对比分析

名称	外径/mm	安装	取出	循环	投球	衰减	传输速率
电信号传输	5.60～8.00	困难	困难	不能	不能	有	20 KB/s
光信号传输	1.50～2.30	容易	容易	可以	可以	无	100 MB/s

1. 过光缆马达头总成

因光缆直径较小,不影响连续管内投球作业,所以,过光缆马达头总成大多基于压差原理设计。过光缆马达头总成结构如图 10-13 所示,主要由过光缆单流阀、过光缆循环阀和过光缆丢手短节等组成,整体采用偏心结构,光缆通道两端使用卡套进行密封固定。其功能与过电缆工具总成类似,上端连接连续管,下端连接光纤通信系统,中间有光缆通道和流体通道。

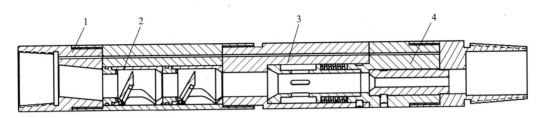

图 10-13　过光缆马达头总成结构示意图

1-光缆；2-过光缆单流阀；3-过光缆循环阀；4-过光缆丢手短节图

2. 通信系统

连续管光纤通信系统在井下将测井仪器测得的电信号转换成光信号，通过光纤传输到地面，再转换成电信号，然后经无线通信模块发送到地面处理系统。通信系统框架如图 10-14 所示，主要包括井下耐高温收发模块、通信光纤、地面常温收发模块和无线传输模块。

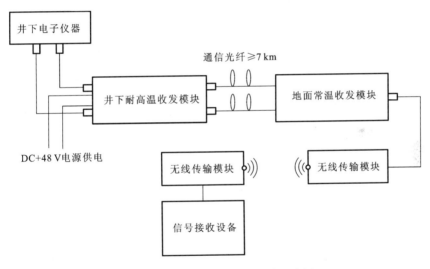

图 10-14　连续管光纤通信系统示意图

① 井下耐高温收发模块。主要由激光器和探测器组成，激光器将电信号转换为光信号，探测器将光信号转换为电信号。激光器和探测器的耦合半径仅为微米级，两者变形易导致耦合效率大幅降低，需要在高温下进行耦合封装。

② 通信光纤。一般采用特种耐高温光纤，以适应井下复杂环境，通常在光纤表面涂覆碳密封层，有效抵御氢气、水、氢氧根离子等侵蚀，提高光纤的使用寿命。

③ 无线传输模块。一般安装在滚筒内芯，与光纤滑环相比较，数据传输速度更快，抗干扰能力更强，通常采用 WiFi 或蓝牙传输，无须动密封。

10.3　连续管穿缆技术

连续管穿缆是实现连续管电缆或光缆测井的基础技术。目前,连续管制造成卷后,内部没有穿入电缆或光缆,后期需要进行穿缆作业。连续管穿缆通常采用三种方法。

第一种,连续管下入直井筒,电缆或光缆通过自身重力穿入连续管,再将连续管从井里起出、盘卷、完成穿缆作业。此方法需要借助较深的井筒完成,对井身质量要求较高,连续管展开穿完电缆或光缆后,再卷绕到滚筒上,对连续管本身有较大的损伤。

第二种,在制造过程中,将一根较细的牵引钢绳置入连续管,然后将连续管水平铺开,用牵引绳将电缆或光缆拖入连续管。此方法需要特殊定制的连续管,连续管制造过程复杂,若管内未内置牵引绳,无法采用此种方式穿缆。

第三种,基于泵送原理,通过专用设备的机械传动、液压传动和高速流体产生的推力将电缆或光缆贯穿连续管。此方法较为经济,对连续管损伤较小,比其他方式占地小,穿入效率高,还具备电缆或光缆退出连续管功能,是目前普遍采用的连续管穿缆方式[5]。

10.3.1　连续管泵送穿缆方法

连续管穿缆基于水力泵送原理,在动态密封电缆或光缆的情况下,以一定排量向连续管内泵注清水,使管内流体呈现紊流状态,进而悬浮电缆或光缆,同时水流带动电缆或光缆本体和前端缆头产生向前的推力,推动电缆或光缆在管内向前运动,最终贯穿连续管。牵引力大小是决定连续管穿电缆或光缆能否成功的关键因素。如果在泵送过程中,在克服电缆或光缆与连续管内壁摩擦力之后,电缆或光缆向前运动的牵引力减小,无法克服电缆或光缆滚筒旋转阻力和穿越动密封组件的滑动摩擦力,这时需要通过调整泵送参数的方式,增加管内流体向前的推力。

连续管泵送穿缆装置如图 10-15 所示,穿缆装置的摆放顺序依次为前端连接电缆或光缆动力滚筒、电缆或光缆动密封系统,中间增加送线总成,后端连接“Y”字形三通和连续管滚筒。泵送穿电缆或光缆时,清水从三通泵入,待排量稳定后,开启送线总成,为电缆从滚筒和动密封系统抽出提供动力,控制电缆或光缆穿入速度,在水力泵送作用下,带动

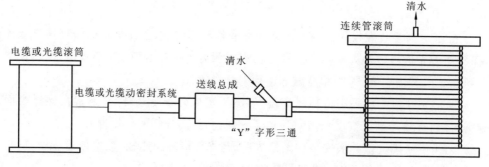

图 10-15　连续管泵送穿缆装置示意图

电缆或光缆在连续管中向前运动。电缆与光纤刚性强度、抗卡能力存在一定的差异性,其穿缆作业也存在一定的区别。电缆柔性较好,抗拉能力较强,泵送时可盘绕在送线总成转子上,然后通过液压马达来控制转子速度,在水力作用下贯穿连续管;光缆抗弯刚度较大,抗拉能力弱,泵送时通常采用加速管加速管内清水流速,配合动力滚筒控制光缆穿入速度。

10.3.2　连续管穿缆装置

连续管穿缆装置是成功实现连续管穿电缆或光缆成功的基础保障,基于水力泵送原理,国内外各油服公司在连续管穿缆方面开展了深入的研究,并取得大量突破性进展,研制了系列的配套穿缆装置,按穿缆对象的不同,可分为连续管泵送穿电缆装置和穿光缆装置。

1. 连续管穿电缆装置

连续管穿电缆装置主要由带压送线总成、液压控制系统、电缆动密封系统以及辅助装置等组成,具体配套装置及性能参数如表 10-3 所示。

表 10-3　穿电缆配套装置及性能参数

配套装置	性能参数	备注
电缆	5.60 mm/8.00 mm/11.80 mm	单芯/多芯
带压送线总成	最高承压 70.00 MPa	可根据电缆规格更换定子
液压控制系统	排量可调,0~50 L/min	配置液压转向控制系统、液压油冷却系统
电缆动密封系统	最高承压 70.00 MPa	根据电缆规格更换密封胶芯等部件
辅助装置	计数长度＞10 000.00 m	电缆护帽、计数器、电缆滚筒支架

1）带压送线总成

带压送线总成是连续管穿电缆的核心装置,实物如图 10-16 所示,主要由壳体、卡块、低速大扭矩马达、定子、转子、传动轴等部件组成,其主要作用是为电缆穿入和退出连续管提供机械动力。主要结构要求如下。

① 壳体上设有两个连接接头,一端与电缆动密封系统连接,另一端与三通连接。

② 液压马达在启动后通过传动轴将动力传递给转子,缠绕在转子上的电缆就可以随着转子的转动前进或后退,从壳体两端进出。

③ 壳体和盖体之间、盖体和传动轴之间装有密封组件,最高承压 70.00 MPa。

④ 压力表实时测量设备内部压力。

2）液压控制系统

液压控制系统主要由液压油箱、电机、降温系统、控制元件、液压管路等部件组成,主要作用是为带压送线总成的液压马达提供动力源,其主要功能与要求如下。

① 额定排量、压力与低转速大扭矩液压马达相匹配。

图 10-16　带压送线总成实物图

② 控制系统可实现液压换向控制、排量调节。

③ 降温系统一般采用风冷或空调降温方式，能长时间工作，降低液压油温度。

④ 液压管路包括进油管线、回油管线，可通过快插接头连接。

3）电缆动密封系统

电缆动密封系统主要由缸体、弹簧、密封橡胶、胶芯压筒、刮油环、阻流管等部件组成，主要作用是在电缆泵送时动态密封电缆进线端。其主要组成与功能要求如下。

① 电缆从刮油环、压垫穿过，刮掉电缆表面污物。

② 密封胶芯、胶芯压筒以及阻流管相互配合，实现电缆进线端动态密封，阻流管一般配置 2～4 级串联使用。

③ 通过调节胶芯的变形程度，调整电缆穿过动密封系统的阻力，一般调节至 0.30～0.50 kN，阻力过大会导致胶芯快速磨损，阻力较小会导致密封失效。

4）穿电缆辅助装置

穿电缆辅助装置主要由电缆护帽、计数器、导向轮和电缆滚筒支架等部件组成。主要部件功能如下。

① 电缆护帽主要作用是固定电缆头，防止其在穿入过程中脱丝。

② 机械式滚轮计数器实时测量电缆穿入连续管的长度。

③ 导向轮通过调节高度，提高电缆在穿入计数器和动密封系统的居中度。

④ 电缆滚筒支架可调节电缆滚筒旋转阻力，保持平稳旋转。

2. 连续管穿光缆装置

连续管穿光缆装置工作原理与连续管穿电缆基本相似，主要包括光缆密封系统、光缆泵送加速管和光缆滚筒控制等装置。

1）光缆密封系统

光缆密封系统结构如图 10-17 所示，包括动密封组件和静密封组件，安装在穿光缆装置前段。其主要组成与要求如下。

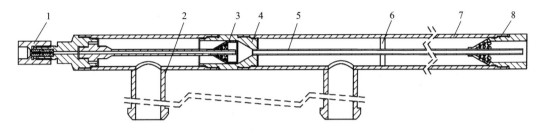

图 10-17　连续管穿光缆装置示意图

1-密封组件；2-三通；3-加速管入口端；4-中间体；5-加速管；6-加速管固定块；7-前端本体；8-由壬接头

① 光缆动密封组件。采用螺纹锁紧设计，两端安装多个阻流管，中间配以高弹性橡胶辅助密封，可根据情况随时调整，确保密封效果。其主要作用是在穿光缆时动密封光缆进线端，保证此处无液体泄漏。

② 光缆静密封组件。采用小尺寸金属卡套主密封，"O 型圈"辅密封，"双重保险"提高密封可靠性。其主要作用是在穿光缆结束后，静态密封光缆进线端，吹扫光缆管内液体。

2）光缆泵送加速管

在连续管的入口需要为光缆提供往前送的力，通常采用液流与光缆间摩擦力的方法提供，液流摩擦的大小与液流的速度有关，液流速度越大，摩擦力越大。为了在一定的排量下提供较大的摩擦力，采用光缆泵送加速管来提高液流速度。光缆泵送加速管一般选用不锈钢无缝管，安装在光缆密封系统之后，内径较小。其关键参数确定方法是根据光缆动密封系统摩擦阻力、光缆外径、施工排量等参数，计算确定加速管的内径和长度。单根加速管长度通常在 1.50 m 左右，为了增加牵引力，一般串联多根配合使用。

3）光缆滚筒控制装置

光缆滚筒控制装置如图 10-18 所示，主要由液压动力机构、手动换向机构、数据采集装置等组成，主要作用是控制光缆穿入或退出速度。其主要组成功能如下。

① 液压动力机构。采用液压马达驱动，精确控制光缆滚筒转速和扭矩，进而控制光缆的穿入速度和张力。

② 手动换向控制机构。控制流体压力方向，进而控制滚筒转向。

③ 数据采集装置。实时采集转速、压力、排量等参数，为操作者准确判断光缆穿

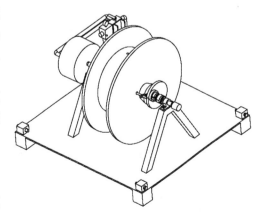

图 10-18　光缆滚筒控制装置示意图

行情况提供动态信息。

10.3.3　关键工艺与措施

1. 连续管穿电缆关键工艺与措施

1) 设备安装调试

① 如图 10-19 所示,电缆依次穿过动密封系统、带压送线总成、三通,在电缆前端安装护帽并固定,穿入连续管内 1.00～2.00 m。

图 10-19　连续管穿电缆作业

② 调整电缆动密封系统摩擦阻力。

③ 启动泵车对装置整体试压,合格后,投球测试连续管内通径。

2) 穿电缆作业

① 启动泵车,清水进入连续管,推动电缆沿流体方向前进,待排量稳定后启动液压动力系统,在泵送牵引力和送线总成机械力的共同作用下将电缆穿入连续管。

② 通过电缆与连续管内壁摩擦声音判断电缆是否正在前行。

③ 穿电缆结束后,打开连续管末端检查电缆是否到位。

3) 施工参数控制

① 流体对电缆的推动力大小与水流速度成正比,在条件允许的情况下尽可能提高水流速度。

② 启动泵注排量为 200 L/min,若电缆穿入速度降低,可逐级增大排量,最大排量不超过 500 L/min,控制压力不超过 50.00 MPa。

③ 通过调节液压控制系统流量,控制液压马达转子线速度大于最大连续管电缆穿入速度。

4) 关键点控制

① 消除电缆扭力。新电缆外铠存在一定扭力,进入电缆动密封系统可能造成电缆钢

丝外铠散股,一般连续管穿电缆前,须进行拖电缆作业,消除电缆扭力。

② 牢固新旧电缆接头。新旧电缆在对接过程中可能出现接头外径增大或不牢靠的现象,在送线总成内穿行时易断开或卡住,因此,一般要求电缆接头与电缆外径基本保持一致,并满足相应的拉力测试要求。

③ 检查电缆动密封系统。穿电缆作业过程中,电缆与密封胶芯之间的滑动摩擦易导致电缆动密封系统磨损、泄漏,因此需在穿入电缆作业前认真检查密封胶芯的完好性。

④ 控制泵送排量。随着电缆穿入长度不断增加,摩阻随之增加,若电缆滚筒转速下降,缓慢增加泵送排量,严禁突然增压,损坏电缆[5]。

2. 连续管穿光缆关键工艺与措施

1) 设备安装调试

① 光纤测试合格后,将光缆滚筒安装在控制装置上,接通液压动力源,仔细检查转速、压力等参数是否准确。

② 将光缆依次穿过密封系统、加速管、三通后,在光缆前端安装护帽,穿入连续管内 1.00～2.00 m。

③ 调整光缆动密封系统摩擦阻力,装置整体试压,投球测试连续管内通径。

2) 模拟泵送

锁紧光缆滚筒,依次按照 100 L/min、150 L/min、200 L/min、250 L/min、300 L/min、350 L/min 的排量进行泵送模拟,并记录压力变化情况。

3) 穿光缆作业

① 调节针阀,控制加速管内液体排量,产生加速力。解除滚筒锁紧状态,缓慢增加滚筒转速。

② 根据光缆张紧程度,适当调节滚筒转速。随着光缆穿入长度的增加,逐渐减小加速管内排量。

③ 通过光缆与连续管内壁摩擦声音判断光缆是否正在穿行。

④ 光缆穿入长度达到设计要求后,打开连续管末端检查光缆是否到位。采用氮气瓶吹扫光缆管内空气及清水,延长光纤使用寿命。

⑤ 测试光纤性能,检验是否在穿入过程中受到损伤。

4) 关键点控制

① 施工参数计算。根据连续管内径、光纤外径、加速管内径和长度等参数,分析计算出不同穿入长度时对应的泵送排量、压力。

② 光缆余量管理。根据连续管长度以及光缆在连续管内的分布形态,计算合适的光缆余量;多次起下连续管,光缆会堆积在连续管下部,可采用小排量清水进行反循环,确保光缆在连续管内均匀分布。

③ 泵送排量控制。光缆易折断、抗拉能力较弱,泵送过程中严禁突然停泵或突然改变排量,以免导致光缆报废。

10.4　典型测井技术

随着连续管测井技术的不断发展和逐步成熟,结合电子信息、信号通信、数字成像等多学科知识,连续管技术实现了与传统电缆测井、光纤测井技术的结合更好地满足了水平井测井的需求。连续管测井的作业项目也由最初的常规测井,逐渐拓展至连续管井下电视、连续管光纤产气剖面测试等,作业项目仍在不断的丰富完善,作业优势、应用规模仍在不断扩大。

10.4.1　带电缆连续管井下电视技术

套损检测通常采用多臂井径、井温等传统测井方法,但此类方法存在套损位置定位不精确、破损形状与方位无法直观显示等问题。近年来,基于光学成像原理发展的连续管井下电视技术,能够准确定位套损位置,获得清晰、直观、准确的视像资料,为制定相应的技术措施提供直观依据,已得到应用。

连续管井下电视技术是以带电缆连续管作为水平井传输工具,结合井下成像、信号传输、图像处理等多学科知识,发展而形成的一种新型井筒故障复杂检测技术。其具体工作原理如图 10-20 所示,连续管将井下电视输送至设计井深,井下电视的照明系统发出光线照射井壁,井壁反射光透镜成像,由光电成像器接收,信号放大处理后,转换为视频信号,通过连续管内电缆传送至地面处理系统,完成解码成像。

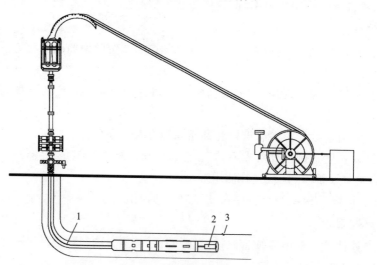

图 10-20　连续管井下电视技术工作原理示意图

1-电缆;2-井下电视;3-套损点

1. 配套装置

连续管井下电视配套装置主要包括地面设备和井下工具串两部分。

1）地面设备

地面设备主要由井口装置、连续管、车用电缆滑环、地面处理系统等组成。

① 井口装置。连续管井下电视作业井口装置与其他常规作业标准配置一致。

② 连续管。连续管规格根据连续管下入模拟情况确定，要求作业前电缆已完好穿入连续管。

③ 车用电缆滑环。其功能及作用见本章 10.2.2 内容描述。

④ 地面处理系统。能实现井下电视多个探头间的自由切换，并控制探头采集井筒图像数据，且具有在线、离线处理图像功能。

2）井下工具串

井下工具串主要由过电缆工具总成、扶正器、加重杆和井下电视等组成。

① 过电缆工具总成。其结构及功能详见本章 10.2.2 内容描述。

② 扶正器与加重杆。一般采用双扶正器配合加重杆，保证井下工具串居中。

③ 井下电视。井下电视安装在工具串底端，一般包括多个探头，按可视角度可分为下视和侧视两种类型，下视探头主要对下部目标精确成像，侧视探头主要对井筒周边精确成像。

2. 作业流程

连续管井下电视技术对井筒条件要求高，井下电视探头精密易损坏。合理制定施工方案，按作业要求开展各工序施工，是成功获取目标区域清晰图像的关键。

① 循环洗井。作业前，应充分循环洗井，直至井口返出液体清澈透明为止。

② 入井前检查。正确安装井下工具串，注意摄像头加装保护套。入井前，地面供电检查井下电视探头，观察监视器是否有亮光点图像。若有，说明仪器工作正常；若无，应仔细检查仪器，直到排除故障为止。同时，要求探头表面清洁，涂抹表面活性剂，避免油污附着，影响图像采集。

③ 仪器下放。打开井口闸门，缓慢下放连续管，下入过程中持续开启下视探头；每间隔一定井深，测试侧视探头是否正常工作，正常则切换开启下视摄像头继续下放。

④ 套损检测。下放过程中，仔细观察下视探头采集的图像，一旦发现异常，切换至侧视探头，旋转至正对套损点的角度，反复检测直至获取清晰图像为止。若不能观测到清晰的图像，从连续管中泵注清水冲洗后再继续观测，直至能观测到清晰的图像为止。

⑤ 结束作业。图像采集完成后，仔细核对采集图像，确认无误，上提连续管，完成作业。

3. 应用案例

国内某页岩气井出现疑似套损后，分别采用注入压降找漏、三参数测井和多臂井径测井等方法进行找漏，效果均不明显，无法确定套损原因和识别套损形状。更换方案后，采用了连续管井下电视技术，准确定位了套损位置，采集了破损点形态的清晰图像，为后续处理方案的制定提供了可靠参考。连续管井下电视技术在该井的主要应用情况如下。

图 10-21　套管内壁擦痕

① 套管壁划痕图像。该井循环洗井至 3 400.00 m，启动侧视摄像头，采集了套管壁划痕图像，如图 10-21 所示。

② 套管接箍和短套管图像。在井深 3 357.00 m、3 346.00 m、3 335.00 m、3 325.00 m、3 313.00 m、3 302.00 m、3291.00m、3 289.00 m 处利用侧视摄像头采集了套管接箍图像，如图 10-22(a) 所示；在井深 3 289.00～3 291.00 m 处利用下视摄像头采集了短套管清晰图像，如图 10-22(b) 所示，与测井水平段磁定位接箍深度数据表对比确定该段为短套管。

（a）侧视摄像探头接箍成像图

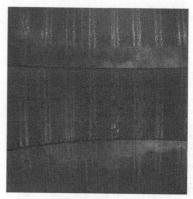

（b）下视摄像探头短套管成像图

图 10-22　套管接箍

③ 射孔炮眼及井下气泡图像。利用连续管井下电视技术，确定误射孔井段为 3 288.40～3 289.30 m。在井深 3 289.30 m 处可见清晰射孔炮眼，如图 10-23(a) 所示。同时，采集水平段高边气泡成像图发现，页岩气体在水平井水平段的运移状态清晰可见，如图 10-23(b) 所示。

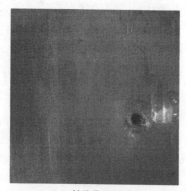

（a）射孔炮眼成像图

（b）套管高边气泡成像图

图 10-23　射孔炮眼及井下气泡图像成像图

10.4.2　带光缆连续管产气剖面测试技术

连续管光纤产气剖面测试技术以光缆连续管作为水平井传输工具,将阵列产气剖面测试仪器测得的数据经光缆传输至地面处理系统,分析解释后获得水平井各段、簇的产出情况,为后期井眼轨迹优化、分段压裂参数设计及生产组织管理提供基础数据。目前,该技术多应用于长水平段、多级压裂气井生产测试。

连续管光纤产剖测试可实时测量气井目标层段自然伽马、磁定位、温度、压力、转速、相持率等参数。各参数作用如下。

① 自然伽马、磁定位资料主要用于测试深度校正。

② 温度、压力参数主要用于定性分析产出状态。

③ 转子转速、持率资料主要用于确定总产量及分层产量。

④ 相持率资料主要用于分析流体分布特征。

1. 配套装置

连续管光纤产气剖面配套装置主要由地面设备、井下工具串组成。

1)地面设备

地面设备主要包括液氮泵车、井口装置、连续管、常温光纤收发装置及无线传输系统、数据处理系统等。

① 液氮泵车。主要用于向连续管内泵注氮气,补偿管内压力,避免连续管内外压差过大导致连续管变形或挤毁,同时起到保护光纤、减缓管材腐蚀的作用。

② 井口装置。一般在井口采气树上安装变径法兰,上端连接防喷器和防喷管。

③ 连续管。连续管规格根据连续管下入模拟情况确定,要求作业前光缆已完好穿入连续管。

④ 常温光纤收发装置及无线传输系统。其主要功能详见本章 10.2.3 光纤传输。

⑤ 数据处理系统。实时解码分析测量数据,判断井下仪器工作状态。

2)井下工具串

连续管光纤产剖测试工具串,主要由过光缆马达头总成、井下耐高温光电转换短节、测井仪器组合等组成,测井仪器组合如图 10-24 所示。

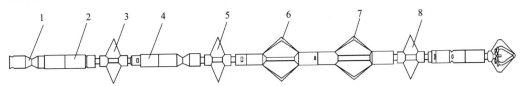

图 10-24　测井仪器组合示意图

1-柔性短节;2-磁定位器;3-上部扶正器;4-伽马短节;5-中部扶正器;
6-阵列持率计;7-阵列流量计;8-下部扶正器

① 过光缆马达头总成。主要结构及功能详见本章 10.2.3 光纤传输。

② 井下耐高温光电转换短节。上端连接光缆、马达头总成,下端连接测井仪器,主要作用是将测井仪器电信号转换为光信号。

③ 测井仪器组合。主要包括遥测短节、扶正器、磁定位计、自然伽马、阵列流量计、阵列持率计等,可根据实际情况进行自由组合。

2. 作业流程

带光缆连续管产气剖面测试技术作业流程主要包括井筒清理、测试前准备、井下数据录取等关键环节,作业过程中要求保障作业安全,提高测井成功率。

① 井筒清理。主体施工前,采用连续管携带杆式强磁打捞器等工具清理井筒卡瓦、胶皮等大块碎屑,进行模拟通井,井筒条件合格后方能进行连续管光纤产剖测试作业。

② 测试前准备。根据测试制度,调节产量。连接地面流程,安装井下工具串;向连续管内泵注液态氮气;测试地面各个传感器是否正常工作。

③ 井下数据录取。连续管下放至测量井段后,以规定速度进行下放测量和上提测量,地面实时检测测量数据质量是否达到要求,若不合格,则重复测量。

④ 施工结束。上提连续管,缓慢通过井口,起出测量工具串。

3. 应用案例

对四川盆地的一口井进行连续管光纤产出剖面测试,该井人工井底 4 214.14 m,水平段长 1 375.00 m,共分 16 段压裂。测试时该井井口压力 30.10 MPa,采用液氮在连续管内进行补压作业,第一趟强磁打捞作业共从井筒中捞出桥塞卡瓦牙 3.47 kg,最大卡瓦牙直径 16.00 mm,有效清除了井筒内的碎屑。在测试前,对光纤进行了余量管理,连续管尾端循环清水,使聚集在连续管尾端的光纤均匀分布于连续管中。测试分别在地面计量产量为 20×10^4 m³/d 和 29×10^4 m³/d 的工作制度下进行。连续管仪器输送时分为匀速下放测量及上提测量两次测试,同时在保证安全的前提下尽量加快连续管上提下放的速度,连续管速度越快,解释结果越准确,最高速度达到 30 m/min。测试周期 2 天,测试数据准确率 100%[6]。

测试解释成果显示,产液剖面测试结果显示所有压裂段均有产气量贡献,其中 16 个射孔簇(35.6%)产量低于平均产量的 1/3,17 个射孔簇(37.8%)产量高于平均产量,为该区块后期开发提供有效的技术支撑。

参 考 文 献

[1] 张全恒,李新岐,杨新宏,等.大斜度井、水平井的测井设计[J].国外测井技术,2007:38-43.
[2] 陈军,蒋金宝,刘兆年,等.无线套管接箍定位器及其在连续油管压裂中的应用[J].新疆石油天然气,2008:73-84.
[3] 祖健,左鹏,蒋军.连续管过电缆测试工具的应用研究[J].石油机械,2017:34-37.
[4] 赵全胜,王春宁,唐良民,等.连续油管测井工艺技术应用[C]//中国石油学会测井年会,2011:41-48.
[5] 吴淼.连续油管测井及穿线装置研制[D].青岛:中国石油大学(华东),2013:30-55.
[6] 王伟佳.连续油管光纤测井技术及其在页岩气井中的应用[J].石油钻采工艺,2016,38(2):206-209.

第 *11* 章

连续管作业工程管理

连续管作业工程技术历经几十年的发展,如今已广泛应用于陆上和海上油气井井筒作业,作业范围从冲砂洗井、修井、打捞、测井、钻塞、完井等,发展到钻井、选择性改造等多项工程中。连续管可带压作业、高效作业,及其在水平井中应用的优势,使得连续管工程技术逐步成为水平井井筒作业工程主流技术,越来越受到重视。然而,连续管工程作业技术与传统作业技术有很大的差别,无论是连续管设备、作业管柱、地面流程配套、设备和管柱损耗,还是作业工艺、施工方法、作业人员配置等各个方面都与传统作业模式不同。我国连续管作业工程起步较晚,各项技术尚处于研究发展阶段,从设备到工艺都没有成熟的模式。传统的井下作业工程管理模式也不适用于连续管工程管理。

自我国页岩气逐步进入商业开采以来,连续管作业成了不可缺少的工程环节。为加速连续管工程技术的发展和页岩气高效、安全作业,我们对连续管工程组织机构、技术质量体系的建立、作业安全管理等进行了深入的研究,力求形成一套完整的技术、质量和管理体系,建立相应的工程模式和工程规范。

11.1　工程组织管理模式

连续管作业是多专业、多部门协同合作的一项复杂的系统工程,具有作业类型多、技术专业性强、配合专业繁杂等诸多特点。因此,连续管作业工程的组织与管理模式的建设具有较强的专业性和针对性。

经过长期连续管工程实践和管理的创新研究,目前已形成了一套适用于国内连续管作业的工程管理模式。为适应连续管工程技术的特殊性和保障作业安全高效运行,采取细化职能管理部门、组建专业化团队、加大支撑保障力度的管理模式,对连续管作业的生产运行、技术质量以及安全环保给予保障。

11.1.1　组织机构

组织机构是连续管工程管理的层级构架,决定了管理的有效性。企业根据企业的行为和组织模式,结合连续管工程内容,建立专门机构,包括管理层级结构、岗位设立、岗位编制、岗位权利和责任。

连续管作业工程类型多、涉及专业面广、应用新技术多、工艺流程变化快、工种配合多、现场作业人员精简、安全质量管控覆盖面广、节点多,建立"公司—项目部—基层队"三级管理机构,如图 11-1 所示。明确各级管理运行关系、各岗位之间的关系、各岗位的职责,确保连续管工程管理职责明确,运行高效。

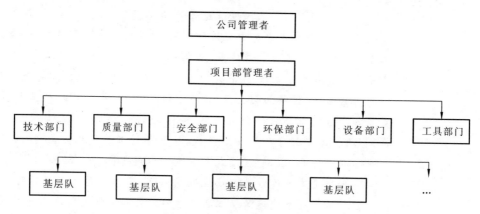

图 11-1　三级管理组织机构图

11.1.2　管理职责

公司管理者主要负责统一协调、资源调配及重大工程事项决策;项目部主要负责工程管理,成立技术、安全、环保、设备、工具等相关部门,实行专业化管理;基层队执行和落实连续管工程现场施工,确保施工质量、安全、成本、工期达到预定要求。

连续管作业工期短、专业性强,三级管理职责分明,可确保各层级各司其职、协调统

一、机动有效地开展工作。

1. 公司管理职责

负责制定公司的发展战略、方针、目标;制定和完善管理制度、管理流程,建立、健全公司统一、高效的组织体系和工作体系;审查批准年度计划内的经营、投资、改造、项目和资金的使用;负责员工的招聘、入职、调转、离职管理;负责公司各部门、各项目部之间的统一协调、资源调配及重大工程事项决策;采取切实措施,推行现代化管理,开展优质服务,提高经济效益;抓好公司的思想、文化、业务教育工作,加强精神文明建设。

2. 项目部部门设置与职责

连续管作业基层队编制精简,对项目部工程管理的有效性提出了更高的要求。为保证工程管理运行高效、监控有力,项目部实行专业化管理,负责技术支撑、质量管理、安全防护、环境保护、设备维护、工具配套等工程管理工作。

1)技术部门职责

本着控制源头、督导过程、完善效果、持续改进的思路,大力推进技术支撑。项目部技术支撑部门联合行业专家、基层队、甲方、配合施工方等形成技术联合体,共同研讨设计方案、技术措施,保证技术决策全面有效、职责明确,提前排除隐患。设计方案、作业程序、技术措施执行程序化管理,持续改进技术,降低施工风险。针对连续管作业的专业性及多样性,应提倡多学科、多专业、多层次技术融合,与行业内专家联合,形成一体化攻关小组,对作业过程中所面临的难题进行联合攻关,制定科学合理的解决方案,为工程施工及时提供强有力的技术支撑。

2)质量部门职责

根据不同工程工艺确定施工关键工序,在执行关键工序前需由基层队确认无误后方可执行。质量管理部门到现场指导施工,并对现场工程施工进行全程监管。制定符合实际的质量考核评价办法,对质量问题等级进行划分,依据不同等级启动相应的调查、问责程序,规范施工过程,降低质量不合格率。定期组织质量分析会,对质量工作中存在的问题及取得的成绩进行分析,形成系统的问题预防及解决程序,避免质量问题的存在与进一步延伸。

3)安全部门职责

不断完善与落实从责任、监管、风险评估、过程管控到考核的安全管理体系,保障安全生产。建立安全监管网络,对安全风险进行强势监管。全面执行安全一票否决制,落实各级安全监管责任,逐级开展安全评估及风险识别,全过程监管作业风险环节,消除隐患。同时组建专业安全监督队伍,采取定期巡检和不定期抽检的形式,持续监控施工安全。开展全员安全培训,提高员工安全意识。

4)环保部门职责

建立连续管工程"科学、绿色、低碳"作业,"要效益,必须更要环保"的发展理念。构建严谨的环保标准、规范和严格的环保措施,构建科学技术攻关,强化监管的机制,从根本上避免环境伤害,实现零污染。督促基层队施工区域实现防渗膜全覆盖,保障油污、循环液等环境污染物不落地。生产过程中产生的废水、废渣,应积极联系专业处理中心回收和治理,或开展技术攻关,对废油、废渣进行资源化利用,稳步推进环保工作持续健康发展。

5)设备部门职责

有组织、有计划、有原则、有标准、有规程地进行设备使用和维护的科学化管理,确保设备在寿命有效期内综合效能高,满足生产的需要。成立设备维保中心,对设备进行统一归口管理,建立设备三级维保制度,一级维保由基层队完成,二、三级维保由维保中心监管完成。基层队成立专业化维保团队,设置底盘车、连续管主体设备、井控设备、电气设备等专业维保队伍,加强维保能力建设。坚持使用和维护相结合原则,确保基层队在设备的日常使用中做到管好、用好、维护好,会使用、会保养、会检查、会排除故障。

6)工具部门职责

具备工具维保能力,有效解决依靠厂家对工具进行维保存在的滞后性问题;应有计划地储备不同井况,不同作业类型所需要的工具,实现作业施工快速反应。对于新工具、新队伍、新工艺,供应商应提供现场工具服务及工具使用前的培训。

3. 基层队岗位设置与职责

考虑到人力资源配置及连续管作业自动化程度等多方面因素,目前连续管作业队定员 10~16 人,核心成员由队长、副队长、工程技术员、安全员、操作手等人组成,另根据不同作业类型配置安装工、特种车辆驾驶员等若干,各岗位职责如下:

1)队长岗位职责

全面负责生产、技术、设备、安全管理工作,保证安全、优质、高效、文明生产;严格执行公司各项规章制度、甲方的有关规定、上级指令和甲方施工要求,确保操作规程、施工设计的正确实施;积极推广新技术、新工艺,科学施工;协调处理生产、经营活动中与相关方的工作关系;抓好队伍管理、思想政治教育和员工培训等工作,不断提高队伍综合素质。

2)副队长岗位职责

负责基层队的生产、设备管理工作,按要求组织基层队完成各项施工任务;负责连续管设备的维护及保养,确保设备运转正常无事故;负责施工的过程管理,包括现场踏勘、交接井、设备安装、现场的标准化、生产安排、资料验收等。

3)工程技术员岗位职责

负责基层队的技术和质量管理工作;负责制定并监督落实具体施工技术措施;负责施工过程中的质量管理工作,确保现场施工程序按标准执行;负责现场资料的收集编制及上报工作;负责解决和处理现场工程过程中的复杂情况和技术问题;负责新工艺、新技术的应用和推广工作;负责制定并落实基层队的技术培训工作;负责完井资料的编写与交接工作。

4)安全员岗位职责

贯彻各项有关职业健康、安全生产和环境保护的方针、政策和规章制度,负责基层队

HSE 管理工作,识别作业中存在的 HSE 风险,提出具体的控制和应急措施,对特种作业、关键工序、重点环节进行监管防护,督促隐患整改消除;负责员工的日常安全教育;负责基层队各项应急预案的制定,并组织专项应急演练;负责安全事故的应急处理和汇报;负责基层队井控器材、消防器材、安全防护器材、劳保用具的发放及维护保养。

5）操作手岗位职责

负责按施工设计、规范标准和作业指令操作连续管设备;负责组织班组成员完成当班生产任务;负责施工过程中与配合单位生产衔接,确保施工平稳进行;负责施工过程中设备正常运行;负责组织填写现场基础资料。

6）安装工岗位职责

负责施工过程中连续管设备、井口设备、地面管线、井下工具的安装调试;负责井场标准化与环境保护;负责施工过程中的设备、地面管线及放喷口的巡回检查;协助完成设备的三级维护保养。

7）特种车辆驾驶员岗位职责

负责连续管特种车辆严格按操作规程行驶运行;负责连续管特种车辆底盘车的维护保养工作,确保车辆完好;确保施工过程中车辆水、电、气及其他性能正常;负责车辆运行过程中各类油料的添加。

11.2　工程质量管理

连续管工程质量是连续管得以应用和发展的关键因素,连续管工程质量的管理是运用质量管理体系、手段和方法进行系统性的管理活动,是提高连续管工程质量重要保障。连续管工程质量管理的重点,是把以事后的检查为主变为预防、改正为主,从管结果变为管因素,分析影响工程质量的因素,组织全员、多部门全过程参与,以科学的理论和方法,保证连续管施工处于全过程受控制状态,保证工程质量,杜绝质量事故的发生。

11.2.1　工程质量管理措施

按照抓住"两头",管好"中间"(即抓住计划任务、抓工程验收、加强施工过程管控)的管理思路,整体提升工程质量。

1. 质量管理措施

1）技术会商决策

根据生产需要,对于重点井、复杂井、新技术、新工艺,应组织行业内专家或相关单位技术人员讨论技术方案,确保方案科学合理,保障施工顺利进行。

项目部与基层队、甲方、各协作单位联合,共同研讨制定方案设计、技术措施、应急预案等,使决策能够涉及施工各个环节、排除隐患、明确职责,充分调动各单位主观能动性,有效提高管理和施工效率。

2）质量例会

定期组织基层队及技术、设备、工具等相关部门对质量工作情况进行汇报，并对当前质量工作中存在的问题及取得的成绩进行分析，提出下步工作重点，确保发现问题，能及时解决问题。质量例会，能够起到相互交流和学习的作用，形成系统的问题解决程序，避免质量问题复杂化。

3）质量监管

一方面，采取带值班制度，项目部质量管理人员到现场对工程施工进行监管，并如实向项目部反映现场基层队作业情况；另一方面，公司质量管理部门成立异体监督，独立于项目部之外，直接对公司负责，针对工程设计、施工工艺、重点工序等进行全过程跟踪、督促，做到在现场及时发现并解决质量问题。

4）考核通报

实时跟踪各基层队施工质量情况，定期对质量问题进行统计、通报，对好的做法进行表扬并推广，提高各基层队工作的积极性。

5）故障问责

制定连续管作业故障考核评价办法，对故障等级进行划分，依据不同等级启动相应的调查、问责程序，实现标准化管理，规范各施工过程，减少故障发生的概率。

6）质量回访

定时记录回访，增强回访效果，提高甲方满意度。通过回访可进一步查找出施工过程中忽略的质量问题，也可及时了解甲方的新需求，不断改进，提升服务品质，建立渠道信任。

7）变更管理

对于变更项目，主管部门应组织进行项目风险评估和环境影响评价，按变更的潜在危害程度和可能对环境造成影响的范围判定是否需要变更，并报上级领导审批。连续管工程变更执行程序化管理，可对人员、设备、过程和作业程序等可能发生的变化实施有计划的控制，防止在变更中出现事故或造成有害的影响。

2. 现场质量控制措施

1）软开工验收

在进行开工验收的同时，增加对作业人员的基础知识考核，称为软开工验收。考核内容包括基本操作规程、设备工具参数、作业井基础数据、作业方案措施、应急处置程序等，主要考核作业人员是否具备从事该项作业的能力。考核不合格，不允许进行该工程施工作业，并组织进行相应知识学习。

2）工程衔接控制

制定合理的施工顺序和工序流程，按流程施工，严禁违反施工程序施工。按工序流程制定控制计划，确保施工正常运行。项目部也可以根据现场实际施工情况，对原控制计划分析调整，并及时通知各基层队。工序交接全部采用书面形式，交接各方签字认可。

3）规范操作流程

实行操作标准化管理,将作业的操作流程及管理流程细化到每一步,做到可操作、易管控的流程,环环相扣,同时确保每一个员工的工作都符合规范,复杂的作业程序化,使得工作高效开展,同时降低工作的失误率。

4）关键点管控

从施工准备到设备撤场,按工序将作业过程分解管控,并确定分解的各部分关键点的控制点及责任人。施工过程中关键点责任人必须按要求管控关键点质量,质量检查合格后经书面确认后方可进行后续工序。同时项目部以专检、巡检、抽检、督查的方式检验关键点完成情况。如吊装作业需队长或副队长确认检查无误后,开具相应表单方可在监护人的监护下执行。

5）质量跟踪与查验

采取定期定点汇报、数据采集实时跟踪、重点部位摄像头录像、重点工序管控、质量巡检、基础表单抽查等方式实时跟踪施工质量,并及时进行信息反馈改进。

施工结束项目部通过检查现场基础资料、数据采集资料、工具磨损情况、设备完好情况等方式复查作业过程中操作是否规范及质量完成情况。

11.2.2　工程环节控制

为实现连续管作业的生产、质量、安全管理工作高效、有序完成,应制定作业标准化流程,明确各部门职责,对工程各环节进行有效监管。按照施工流程,连续管作业工程应按接井、设计编写审批、作业准备、踏勘搬家、现场施工、资料提交、结算流程严格执行。

1. 施工设计与审批

在接到生产作业计划后,生产部门应及时了解作业内容及作业井况,根据设备及管材要求选择合适作业基层队。技术部门根据甲方施工要求及井况编写施工方案、制定技术措施,并传达给基层队。施工方案包括作业工艺流程、井下工具性能要求、施工关键点分析、风险识别分析等。基层队负责编写施工设计,并交由项目部进行审批。

施工设计应包括设计依据、油气井基础数据、施工目的、设备和连续管选择及适应性分析、井下工具性能、连续管力学分析模拟、施工准备、施工步骤、施工技术措施、施工组织机构、施工应急预案等。施工设计应按照安全第一、优质高效、科学配置、合理布局的原则编写,应重点突出技术措施、关键点描述、风险识别及预案、施工组织。

施工设计制定完成后应严格执行审批流程,以"基层队内部审核—项目部技术、安全部门审核—项目部领导审核—公司专家审核—甲方审批"的流程进行。

方案设计、作业程序、技术措施及方案变更应进行程序化管理,持续改进技术、工艺、设备及安全措施,降低施工风险和成本。

2. 施工过程管控

为了有效控制影响施工的各因素,提高过程控制水平,保证施工顺利进行,连续管施工从准备到设备撤场分解成八大工序进行管理与控制。各工序明确关键控制点及责任人,以自检、专检、巡检、抽检、督查的方式检验关键控制点的完成情况。

1) 施工准备

施工准备由基层队完成,包括设备、材料、井下工具等物资准备和技术准备,是顺利完成施工任务的关键。施工准备的管理是施工管理的一个重要环节,要求管理工作细致,能预见到工程作业中可能出现的各种问题,能确保施工的科学性、合理性及连续性。

施工前应根据作业类型和井况选择适合的施工设备、井口装置、地面管线,并仔细检查,确保其完好性。根据井口高度及拟用工具串长度确定合适的起重设备,根据连续管作业期间需泵注排量及泵压确定泵注设备,并确保起重设备及泵注设备完好性。

根据施工内容准备施工所需要的材料,包括防渗膜、吸油毛毡、围堰等环保材料,吊带、钢丝绳等安全材料,柴油、可兰素、液压油等车用材料,减阻剂、金属减摩剂等消耗材料。

按设计要求准备好井下工具组合,易损耗工具要求一备一用。必须对井下工具进行测量和记录,井下工具的台阶倒角必须小于45°,工具的最大外径应小于套管内径6.00 mm,特殊工具可小于4.00 mm;需投球的工具,在地面做通球试验。井下工具应配件齐全,具备出厂合格证及检测证明。

召集参与施工的人员进行作业交底会,详细讲解施工设计,明确作业目的、作业任务、技术措施、作业分工、岗位职责、作业流程、关键工序、作业风险及预防措施。

2) 道路踏勘及设备动迁

连续管设备属特种作业设备,具有车辆重、高、宽、拐弯半径大等特点,在设备动迁前必须进行道路踏勘,确定行车路线,保证道路安全。道路踏勘及设备动迁由基层队和项目部安全部门共同负责。

道路踏勘需确认连续管车辆行车路线,确认道路的承重、限高、急转弯是否满足特种车辆通过和行车安全。探勘过程中对于桥梁、山洞、急转弯、大坡度道路、电线杂乱位置等需拍照留档并做好记录,评估行车安全。踏勘结束后需确认最优行车路线并提交踏勘报告到项目部。

连续管设备动迁必须由专人指挥,特种设备行驶时前后需有专用车辆随同监管,各个车辆之间有对讲机联系,对于险要路段行驶需有专人现场指挥车辆。对于单行道或不利于会车区域,需有专用车辆管制道路两端,待特种车辆通过后再开放道路。

3) 设备摆放

基层队队干部指挥连续管设备摆放。

作业井口应在连续管滚筒车中心轴线的延长线上,井口和滚筒车之间无明显遮挡,滚筒车应距离井口15.00～30.00 m,保证作业时滚筒至鹅颈管处的连续管与地面夹角不大于30°。吊车根据最大负载确定摆车位置,一般吊车转盘中心应距离井口3.00～5.00 m,保证起重工有良好的视线。其他配合车辆应根据实际情况进行摆放,确保施工现场留有应急车道。

4) 设备安装调试

连续管设备的安装调试属于高风险作业,由基层队与项目部安全部门共同负责。设备的安装调试按步骤共分为井口装置安装、防喷器安装调试、注入头安装调试、穿连续管、防喷管安装、井下工具安装。

井口安装前必须先确认井口阀门处于关闭状态。防喷器安装在井口变径法兰上,防喷器必须进行功能测试,确定防喷器全封、剪切、卡瓦、半封闸板动作灵活,工作可靠。注入头安装完成后需做功能测试,确保注入头链条运转正常,同时调节负载传感器,确保悬重指示正常。穿连续管应由专人指挥,连续管由吊车拉出滚筒时用管卡固定,连续管插入注入头夹持块中间时安装人员需站立于连续管侧端。防喷管应先吊装至专用支架内进行安装,防喷管应至少比井下工具组合长 0.50 m。在连接井下工具前,应先用工作介质对连续管进行冲洗,直到进出口端液体一致,并记录排量泵压;连续管工具接头连接完成后应按设计对其进行拉力、压力测试;井下工具应按标准规定扭矩上扣。

5) 试压

为检查管线、设备等泄漏情况和耐压情况,确保作业安全进行,正式施工前应进行相关试压工作,试压由基层队和项目部技术部门共同负责。

试压应包括地面管线试压、防喷器半封、全封试压、防喷器、防喷盒、防喷管整体试压,单流阀试压;试压应按设计中规定的压力、时间等技术指标执行,且密封部位不渗不漏,在规定时间内压降满足设计要求。

6) 开工验收

为规范施工作业现场管理,在设备安装、试压,现场标准化完成后,项目部组织开工验收,开工验收由基层队,项目部技术、安全、生产、设备部门共同负责。

开工验收。基层队、项目部逐级验收合格后向上级申报,提请甲方验收。对验收中存在的问题必须整改合格,由验收负责人签字确认方可开工。开工验收内容应包括队伍资质、人员资质、HSE 管理体系、井控、设备设施、工艺技术、现场标准化等。

7) 作业程序

按操作规程或施工设计严格控制作业程序,实行操作标准化,力求施工顺利进行。作业程序控制由基层队和项目部技术部门共同负责。

下连续管前对计数装置进行校深,同时根据井口压力给予防喷管适当压力才能打开井口阀门。下入连续管时初始下放速度需小于 5 m/min,过井口 50.00 m 后,直井段下放速度最大不超过 25 m/min,水平段和造斜段速度不超过 10 m/min。上提连续管时水平段和造斜段速度不超过 10 m/min,直井段速度不超过 25 m/min,至井口 50.00 m 时不超过 5 m/min。在施工过程中应按要求在不同深度校核悬重,并根据悬重变化调节注入头驱动压力,夹紧液缸压力及张紧液缸压力。

8) 设备拆卸撤场

施工完成后应按拆卸工具串,拆卸防喷管,回收连续管,拆除设备,清理连续管内残余介质,设备动迁撤场的顺序执行,由基层队与项目部安全部门共同负责。

拆卸设备时需做好安全防护,使用空压机或者氮气吹扫连续管管内作业介质后才能动迁设备撤场,清理出的残余介质排入污水池或者用污水罐回收。

3. 完工管理

1) 井场交接

施工完成后,连续管基层队负责对井场(作业区域)进行恢复,将药品包装袋、废旧胶皮、桶、塑料袋等进行分类收集、登记,并按要求统一堆放处理;做到现场整洁、无杂物,地表土无污染。作业队将井场恢复至接井之前的状态后,提出井场交接申请,甲方验收合格后完成井场交接。

2) 资料编写

基层队负责单井完井资料收集编写,完井资料应包括施工目的、技术措施、作业内容、详细经过、取得成果等。施工结束后,基层队需根据连续管使用情况分析单井连续管疲劳损耗,提供本队连续管累计疲劳损耗,分析其剩余作业能力。

3) 资料上交

基层队资料编写完毕后交由项目部技术部门进行审核,项目部技术部门审核无误后,按甲方要求上交资料申请资料验收。

11.2.3 资源管理

资源管理特指连续管工程所需物资的配置计划、采购和验收的过程管理,包括设备、材料、管材、工具等管理。

连续管设备、管材、井下工具是连续管工程资源的重要组成部分和基本要素,是从事作业的重要工具和手段。设备、管材管理的主要任务是提供优良而又经济的装备,使作业工程建立在最佳的物质技术基础之上,保证工程的顺利进行,以确保提高质量、效率,降低工程成本。设备、管材、井下工具水平是连续管公司工程能力、技术水平和市场竞争能力的重要标志之一,提高设备、管材、井下工具管理水平对促进连续管公司进步与发展有着十分重要的意义。

1. 设备管理

连续管设备是由多个系统组成的联合机器,涉及机、电、液、气多项技术,以及动力、传动、注入头、滚筒、运输底盘、井控等多个环节,设备管理要求技术专业性强。设备管理的主要目的是采用技术上先进、适应性强、经济上合理、运行可靠的设备,系统的管理和有效的措施,保证设备安全、高效、经济地运行,企业能够获得最大的经济效益。

1) 设备购置与验收

设备购置选型应考虑设备的可靠性、经济适用性,性能满足技术工艺和生产的要求,并符合安全环保相关的标准以及特殊地区要求。同时要考虑售后服务好,交货及时,守信誉等供应要素。

　　购置的设备验收时,由技术部门、设备部门、经营部门及基层队共同参与验收,按照设备购置合同和技术文件进行质量、数量验收,验收合格后,方可办理验收手续。

　　新购设备的技术资料(技术说明书、质检报告、合格证等文件)要备份三份,设备部门、使用单位和档案室各存档一份。

　　新购置设备及旧设备升级改造后,由技术、装备部门负责制定相应的设备操作、维护规程,并负责技术人员、操作人员的培训工作。

2) 设备使用管理

　　设备必须严格按照"平、稳、正、全、牢、灵、通"七字原则进行安装调试,验收合格后方可投入使用。

　　设备使用时设备管理人员要开展设备巡回检查工作,对查出的问题及时做好记录,提出整改措施,落实整改负责人和整改完成时间,事后要复查并有记录。

　　设备的保养要严格按照设备使用说明书或维护保养操作规程的规定执行。设备需按三级保养规程进行,一级保养专注设备巡检及日常维护,由操作人员对所使用的每一件设备进行检查,确保设备完好并且安全运转;二级保养是在设备运转时间、运行里程及设备停机达到一定的期限后,对设备进行的检修,由维保部门负责,专业人员进行;三级保养是对设备进行年度检修,包括但不限于所有二级维保检查项目,由专业人员执行。

3) 设备维修管理

　　设备在维修前,设备管理人员鉴定确认修理性质,对大修设备的修理过程进行跟踪和监督。对于技术要求高的维修,设备管理人员技术能力有限时,需申请外协维修、技术鉴定,确保设备修理性质鉴定准确。委托大修的设备、仪器解体后,设备管理人员要到承修单位去核实设备技术状况,确定更换零部件。重要部件更换时,设备管理人员必须现场监督承修单位更换。

2. 管材管理

　　管材消耗为连续管工程中最大耗材,为最大限度地使用连续管管材,应规范连续管管材管理,明确连续管管材从计划申报、采购、到货验收、使用、保养、在线检测到报废的整个流程。

1) 管材的采购与验收

　　连续管管材的采购,要根据作业工况、预计工作量和设备承载能力等,确定管材的长度、管径、壁厚、钢级、硫化氢适应性等,再根据管材性能要求及经济性评价选择合适的厂家。同时,根据厂家的供货周期完成采购计划。采购人员按照采购订单上规定的数量和要求的供货日期,采用时间段进度控制,直至管材到达。

　　管材的到货验收分为外观验收和拆装验收两部分,由设备、材料、技术部门共同验收。外观验收主要审核到货数量及规格是否与采购计划相符,检查管材整体是否完好,管材合格证及相关资料、连续管堵头、由壬接头、焊条是否齐全,并拍照存储。拆装验收主要是在导管时核对连续管长度,并进行在线检测,检验连续管本体是否完好。

2）管材的使用

新连续管导管时需进行在线检测，并进行通球试验。基层队负责记录连续管使用履历、单井使用记录、保养记录、在线检测记录，施工结束后计算连续管累计使用寿命。基层队在连续管起下过程中，应安排专人负责检查连续管外观有无损伤、变形。技术部门根据基层队提供的连续管疲劳寿命、在线检测结果、人工检查结果、使用履历等判断连续管的适用性。

3）管材维护

加强管材的保养工作可延长连续管的使用寿命，降低工程成本。管材的保养主要分为外防腐和内防腐。外防腐要求每次连续管起下过程中，需利用滚筒润滑装置定期喷洒防腐剂；作业结束后，设备停放时间超过 5 天需加盖防雨罩，且定期打开防雨罩，透气并涂抹专用防腐剂。内防腐要求每次作业结束后，需清理连续管内残余介质，泵送防腐剂至连续管内，堵死连续管两端。若连续管需停放时间较长，则需泵送防腐剂至连续管内部后，充填氮气并堵死连续管两端。

4）在线检测

在连续管作业中需强制执行连续管在线检测，及时淘汰筛选不合格连续管或对存在缺陷的连续管采取补救措施，规避作业风险。所选用的在线检测装备需有效的识别连续管外径、椭圆度、壁厚、内外壁缺陷。连续管在线检测需定时进行，确保连续管使用安全。

5）管材的定级、再利用与报废

技术部门根据基层队提供的连续管疲劳寿命、在线检测结果、人工检查结果、使用履历等对在用的连续管进行定级，判断连续管的适用性。根据连续管规格及定级结果确定连续管的再次使用，如连续管定级较低，不适用于高压高强度作业，可将连续管应用于低压低损耗作业，如通井、气举、速度管柱等。

当判断连续管不能继续使用时，应申请连续管报废。

3. 井下工具管理

井下工具是连续管作业顺利进行的重要保证。随着连续管作业范围的逐渐增广，井下工具的种类和数量逐渐增多，并在生产中得到了广泛应用。为了不断地提高连续管作业效率，井下工具管理应有组织、有原则、有标准、有规程地进行，并有计划地储备不同井况、不同作业类型所需要的工具，实现作业施工的快速反应。

1）井下工具的采购与验收

连续管井下工具的采购，要根据作业工艺、作业类型、工作量预计等确定井下工具的性能参数、规格尺寸和数量。引进新工具试验时，要由工具供应厂家的技术人员和项目部及公司相关技术人员相结合，论证可行后，双方签订风险试验协议，方可进行试验。

工具到货后由技术部门牵头，组织材料部门、经营部门、小队人员、供应厂家共同对工具进行验收。验收需包括开箱验收，检查工具装箱和工具外表在运输途中有无损坏，是否有合格证、说明书(装配图册)、检测报告、装箱清单等,并根据装箱清单清点工具;按照说明书现场拆卸、组装工具,检查工具是否完好;根据检测报告及说明书,现场调试检测工具是否合格。

2) 井下工具的使用管理

工具到货后需进行编号并登记造册,上架保存;规范管理井下工具出入库,出库要填写出库表单,包括工具名称、规格型号、工具编号、数量等,出库人和领取人双方要签字留存,出库时工具要附维保合格证及检测合格证;工具入库时要及时填写工具使用情况,包括使用时间、使用工况、异常情况等。技术部门负责编制新工具的《井下工具使用手册》。

工具使用时应严格按照《井下工具使用手册》进行操作,不得超负荷使用。新工具要经过地面试验合格并由项目部技术部门论证可行后方可入井使用。入库后的工具在现场应用中发现不合格产品,坚决予以退货或要求整改,整改合格后方可继续使用。如因工具本身质量问题造成工序返工、作业返工及井下事故,应立即禁止使用。

正常使用的工具每半年评价一次。对使用过程中出现问题的应禁止使用,厂家整改合格后方可继续使用。新工具试验应在不改变原井工作制度的情况下进行,应用后及时评价其效果,效果显著的工具可推广使用,无效的要予以淘汰。

3) 井下工具的维保及检测

待维保工具应根据《井下工具维保手册》首先进行调试检测,初步判断其完好性及维保项目。对需维保工具按要求进行拆卸清洗工作,并按要求对相关零件进行探伤检测,对探伤检测合格后的工具进行组装并进行性能测试,工具性能测试合格后要进行防腐防锈处理,并及时上架保存,并填写《井下工具保养记录》。维保完成后的工具,要对台账进行实时更新,统计每个工具的具体使用次数和存在的问题。对维保过程中发现有问题的工具或超过使用寿命的工具应进行报废。

11.2.4　培训

培训是对企业人力资源进行有效开发的主要方式;是结合企业的实际和特点开发员工智力、技能和规范员工行为、意识的活动;是调动员工积极性,增强组织凝聚力重要手段;是企业发展阶段人力资源合理配置的基础支撑。连续管工程作为企业的主要专业分支,人员的培训工作要围绕连续管工程,按照管理人员、专业技术人员和操作服务人员"三支"队伍进行建设,从全面提升员工的思想素质、专业素质和质量服务意识等方面开展培训。培训管理工作要制定完善培训制度与培训流程,制定培训考核与奖惩制度,建立培训效果反馈评估机制,健全培训体系。

1. 培训内容

培训工作要做到全员参与,以质量为中心,坚持质量意识、质量知识和技能培训。

1) 质量意识培训

质量意识培训是强调管理、技术、服务各个方面的人员明确各自岗位工作在质量管理过程中作用和意义,是质量意识的建立和贯通。质量意识培训的目的旨在参与工程的人员能够清晰地意识到自己工作的结果对工程的过程、结果、甚至企业信誉的影响,以及如何才能使自己的工作达到质量目标。质量意识培训包括质量管理体系,质量法律、法规、质量责任、质量对工程的意义和作用等。

2)质量知识培训

质量知识培训是质量管理培训的核心内容,连续管工程企业应分不同层次和岗位分别对所有从事与质量相关的人员进行培训。对于管理干部,培训的重点是质量法律法规、经营理念、决策方法等方面的知识,着重于质量管理理论和方法、质量管理所涉及的技术、人文等;对技术和服务的一线岗位员工,培训的重点是与本岗位质量控制相关的知识。

3)技能培训

技能培训是质量培训的必须环节和重要组成部分,对于设备构成和操作方式与常规石油工程设备明显不同的连续管设备与工程来说,技能培训显得尤为重要。技能培训是保证和提高工程质量相关的专业技术和操作技能培训。连续管工程技术人员的技能培训,主要是工程专业技术的更新和补充培训,学习新设备、新工艺、新技术。针对一线操作服务人员,则应加强基础技术培训和操作技能的训练,熟悉工艺流程,不断提高操作水平。

2.培训方法

由于连续管作业的特殊性,难以组织大规模的集中培训,应采用多种培训方法相结合的方式,重点实施现场教学,将培训工作落到实处。

1)授课

采用讲授、专题讲座、研讨等形式,全面地、系统地向员工传授知识。

2)模拟机

采用连续管作业模拟机培训,可以模拟连续管作业实际工作过程中多种作业场景,实现对连续管设备的各项模拟仿真操作,再现真实的连续管作业设备的实际操作和作业过程。

3)实践培训

让员工在实际工作岗位或现场环境中,亲手操作、亲身体验、掌握工作所需的知识、技能。

4)一对一传帮带

有经验的专家和操作能手一对一单独指导,帮助员工快速提升技术和操作能力。

3.培训评估

1)建立培训档案

凡是员工所受的各种培训,应将培训记录、考核结果、相关资料进行汇总,整理归档,并进入个人档案。

2）培训考核

培训结束需进行考核及评定工作。考核在培训结束后进行，分为实际操作和书面考核两种方式。实际操作考核是指员工经过培训后，培训部门组织人员进行跟踪，在员工的实际工作中进行检查，检查员工是否按培训的要求和标准进行工作，考核培训效果。

3）培训效果评估

培训效果评估是在员工完成培训工作一段时期后，培训机构组织检查员工培训前与培训后的工作状况，并做好记录，评定员工的培训效果，并根据评估结果改进培训工作。

11.2.5　持续改进

持续改进也是质量改进，是维持质量管理有效性的重要措施。持续改进是连续地，不断地满足客户和工程需求的活动。管理者应该持续地、主动地、创造性地进行工程有效性的改进，而不是出现质量问题后才去进行局部性的改进。持续改进可以从日常的持续改进延伸到战略突破性改进。

1. 持续改进的思路

持续改进是在质量管理活动的过程中得以实现的，即持续改进需要以连续的、自觉的、创造性的、有规划的、系统的质量改进为基础，并且不间断地、广泛地、系统地开展质量改进活动，才有可能实现持续改进。连续管工程质量的持续改进是以工程质量和甲方满意度为目标的质量改进活动，同时对于工程实践中出现的工程问题、甲方不满意的现状以及潜在的不合格问题进行技术研究、操作服务、过程管理改进，质量改进是一个持续的过程。

连续管工程在国内起步较晚，前期作业类型主要集中在冲砂、气举等较简单工艺中。随着国内页岩气井逐步进入商业开发阶段，连续管作业技术已成为页岩气开发主体技术之一。连续管工程所涉及的作业类型逐渐增多，不同工艺潜在的隐患也逐渐凸显。连续管工程在页岩气井实际应用中曾出现过大量问题及事故，主要有连续管挤毁、连续管变形、卡钻、连续管自锁、工具落井、井下工具故障等。连续管工程的持续改进应重点改善工程过程的有效性，诸如减少计划外的停工时间，缩短生产周期，改进工艺或工作流程，减少返工和返修比率，减少不良的质量成本，改善甲方满意程度等。

2. 持续改进的方法

连续管工程不同于一般工厂加工，是一种野外露天作业环境，作业地点和位置频繁改变。因此，对连续管工程质量的要求，必须适应井筒和地面工程环境、工程条件的频繁改变、适应不同工程不同的甲方要求和质量目标。连续管工程质量持续改进实质上就是一种适应性质量管理，是一种动态性的管理。工程质量是一个完整的系统工程，工程质量的持续改进是对工程进行系统分析、系统管理的过程和结果。连续管工程的持续改进也遵循如下两个基本方法。

1）突破性改进

突破性改进是对现有过程进行修改和改进，或实施新过程。该方法适用于已发生的不合格，或已知的潜在不合格。突破性改进实施时一般分为几个阶段完成，即确定改进项目的目标和期望值，分析现有工程并找到变更的机会，对现有过程的再设计，确定并策划过程改进，对过程的改进进行验证和确认，对已完成的改进做出评价。

突破性项目应以高效的方式按项目管理方法来管理，连续管工程的持续改进主要体现在创新思路、技术攻关、新技术引进、工艺流程改进、设备改造、管材优化选型等方面，如引进水力振荡器可使连续管在水平段得到延伸，连续管打捞作业时加入震击器和加速器可解决提升吨位有限的问题等。

2）渐进性改进

渐进的持续改进即日常的改进工作，在岗员工为改进活动的主体。在岗员工也是提供渐进的持续改进信息的最佳来源，应及时反馈及推广需改进的信息。参与改进的员工应有相应的权限，并应得到与改进有关的技术支持和必需的资源。渐进的持续改进活动应使员工参与改进并提高他们的参与意识。

渐进的持续改进活动一般采取以下形式，质量跟踪与查验、QC（quality control）活动、质量例会、考核通报、质量问责、质量回访等。如连续管力学模拟软件必须根据日常模拟结果与实际作业结果不断校核、改进，才能使模拟结果更接近真实结果；连续管管材使用记录可以协助技术部门更准确的分析管材的适用性并制定下一步管材使用计划；质量例会中可将连续管作业中经常出现的问题总结、归纳、确定规避措施，降低连续管事故率等。

3. 持续改进的管理

为了确保连续管工程的顺利实施并使甲方满意，连续管公司应当创造一种文化，使员工都能积极参与持续改进，寻求管理、过程和产品性能的改进机会。连续管公司应当分配改进权限、营造质量改进环境氛围，从而使员工明确各自的职责，主动识别连续管工程质量问题，寻求改进机会。

为确保持续改进的效果，一般需进行下述管理活动：确定人员、项目和组织的目标；与已知最佳做法进行水平对比，查找不足；建立建议制度，包括对改进及时做出反应；对改进的成果给予激励。

4. 应用举例

当前，泵注桥塞射孔联作、分段压裂、连续管钻磨桥塞技术已经成为我国页岩气开发完井的主要方式。然而，该项技术从起步到成熟却经历了较长时间的实践探索、创新和持续改进。

页岩气水平井完井成功的关键是连续管钻磨桥塞。在该项工程实施的初期,没有成熟的操作工艺,对设备、工具的认识不足,没有形成完整的技术和质量保障体系,钻磨桥塞效率低,卡钻、井下工具事故、设备流程故障、连续管事故、碎屑反排率低等质量问题频频发生,平均单支桥塞钻除时间为 114 min,平均单井钻磨桥塞周期为 9 天,工程故障耗时率为 6.4%,经常出现单支桥塞钻磨时间过长甚至无法钻除的现象。

针对上述质量问题,施工企业不断加强工程质量管理,从公司、项目部到基层施工单位层次分析找原因,组织技术攻关,设立多个突破性改进和渐进性改项目,从设备与管材配套、磨鞋和井下工具、减阻液、钻磨工艺、可钻性桥塞、技术培训等入手开展了理论与试验研究。研制出了可钻性好的复合桥塞;优选出的凹面磨鞋、多刃磨鞋钻磨速度快,钻磨桥塞参数稳定、磨铣碎屑均匀,井筒清洗效果好;研制的减阻水、金属减摩剂降低了连续管内水力摩阻和管柱在井筒中的摩阻,增加了管柱延伸能力;应用水力振荡器增加了管柱延伸能力。这些成果大幅度地提高了钻磨桥塞效率,减少了钻磨桥塞事故。开发了杆式强磁打捞器、短螺杆钻具的系列打捞清洗工具,使得井筒清理更加彻底,为连续管钻磨桥塞营造了更好的井筒环境。技术培训提高了操作人员的操作水平。当前,连续管钻磨桥塞平均单井周期缩短至 6 天,提高效率 33%;平均单支桥塞纯钻时间缩短至 43 min,钻磨速度平均提高 62%;工程事故耗时率下降至 1.8%,钻磨桥塞最大井深达到 5 921.00 m、单趟管柱钻磨桥塞达到 20 支。不断地研究,持续地改进,已经建立了一套完整的技术体系和施工设计规范。

11.3 工程安全与环保管理

在连续管作业过程中,应严格执行安全环保相关标准和规范,建立安全环保措施,以科学技术,监管机制持续强化管理,从根本上避免环境伤害,实现“零事故、零污染”的工程建设,完善从责任、监管、风险评估、过程管控到考核的安全环保管理体系。

11.3.1 作业风险识别

连续管作业风险主要包括有害物质的伤害和作业过程伤害两类风险。有害物质包括硫化氢、石油和天然气、入井液、酸液、汽油和柴油等。作业过程中的安全风险主要道路风险、吊装风险、高空作业风险、井控风险等。

1. 主要危害物质

硫化氢是油气井作业过程中产生的伴生物质,不仅对人体的健康和人身安全有很大的危害性,对设备也具有强烈的腐蚀性,硫化氢腐蚀对管材存在很大的危险。石油和天然气是碳氢化合物组分组成的可燃性液体或气体,天然气分为气田气和油田伴生气。石油和天然气的性质决定了它们存在易燃、易爆的危险。入井液具有一定的毒性,现场用量大、残留量大、使用频繁,在配置和使用过程中,容易与人的皮肤、眼睛接触,造成人体伤害。酸液是一种特殊入井液,主要成分是盐酸、土酸、甲酸、有机酸等。接触盐酸及其蒸汽或烟雾,能引起眼睛结膜炎、鼻腔及口腔黏膜烧灼、牙龈出血、皮炎、慢性支气管炎等疾病。汽油和柴油主要用于现场作业施工的车辆和设备燃料,具有可燃性,遇明火、高温极易燃烧爆炸。

2. 施工风险识别

连续管工程施工类型多,施工现场特殊,危险因素多、施工风险复杂,施工风险主要包括道路运输风险、起重吊装作业风险,高空作业风险,井控风险等。

1) 道路运输风险

连续管设备运输属特种车辆运输,结构庞大,总质量大;转弯、倒车、停车、超车时占用车道多;车体重心高、容易侧翻;遇软路肩、危桥易压毁道路设施;车身存在视觉盲区,容易造成近车身周围人和物的伤害。

油田作业路段道路状况参差不齐,连续管设备运输可能遭遇道路等级较低、压实度低、沉降不足、平整度差、急转弯多、道路狭窄等各种路况,车辆易倾翻、沉陷、碰撞、刮擦其他车辆、行人等。

2) 起重吊装作业风险

连续管作业是一种比较特殊的作业,频繁的安装、拆卸和井口操作等作业过程,需全程使用大型起重设备配套作业。起重设备结构复杂,所吊构件多种多样、载荷大、吊装现场摆放空间狭小、环境复杂、吊装操作要求高等,使得起重吊装作业具有高风险性。起重吊装作业风险的控制与现场工程管理、操作指挥、起重司机、吊装作业人员、起重设备、作业环境等安全行为密切相关。

3) 高空作业风险

连续管作业工程中,设备安装、拆卸、穿连续管等作业涉及高空作业。高空作业风险主要表现为三个方面,一是作业者本人身体失稳造成坠落,二是由于物质变形、移位、打击导致使作业者失稳坠落,三是高空落物伤人事故。高空作业的风险涉及多种诱导因素,主要有不按照规程的操作因素,气候等环境因素,设备与材料不安全因素,人员身体与心理健康因素等。

4) 井控风险

连续管带压作业,依靠专用设备控制井口压力,防喷盒、防喷管、防喷器等井控设备实现井口压力动态控制,井控操作也是井口压力控制的关键环节。连续管作业井控风险是指井控设备失效、管材破损或操作失误等因素造成的溢流或井喷失控状态。井控设备失效包括防喷盒、防喷管、防喷器等设备丧失压力控制能力。管材破损指施工中连续管刺漏、穿孔、断裂、挤毁破裂等。

11.3.2　安全措施

安全措施是指在连续管工程作业过程中的安全保障措施,包括合理的井控措施,现场作业安全防护措施,以及事故处置程序等。连续管工程中的人身安全防护是安全措施的重点,必须确保施工人员安全和工程施工顺利进行。

1. 井控措施

连续管作业井控工作的主要任务是防止井控设备失效,有效控制井口压力。因此,保证井控设备的完好性和适用性是连续管作业井控安全的重要措施。

1) 井控设备选择

所选用的井控设备、地面管汇压力等级应与相应作业井段的最高地层压力相匹配。所选用设备的材质应与油气井的环境相匹配。金属承压件本体材料及所选用的密封件的材料应满足耐硫化氢腐蚀、井口流体温度以及强度的要求。连续管压力等级应与循环泵最大工作压力相匹配,压力等级的确定应该考虑疲劳损耗在允许范围之内,材质满足抗井筒内流体腐蚀的要求。

2) 井控设备检测与试压

防喷盒、防喷管、防喷器、单流阀每次施工前应按标准程序进行试压,试压合格后方能进行连续管工程施工。其中防喷器组应分别对半封闸板、全封闸板及防喷器组整体进行试压;要求每次施工前更换新的防喷盒密封胶芯。防喷器除日常维护保养外,由专业检验维修机构每年检测一次,或按运转时间,满 12 井次带压施工应检测一次,合格后方可继续使用。

3) 完善井控应急预案

根据各种工程、井况等不同作业内容编写连续管作业井控应急预案,要求预案可执行性、适用性强,严格执行一井一案。井控应急预案内容应全面、翔实、规范、操作性强,各应急程序之间相互衔接。应急预案应细化到各个岗位,明确各岗位权限、责任、处置程序及汇报流程。

4) 加强现场应急演练

现场应急演练要向实用性推进,演练达到实效,确保每名员工牢固掌握应急处置程序,能快速应对井控突发事件,确保各岗位熟悉各自的岗位职责,熟悉各自的岗位具体操作,保证设备完好,保证一旦发生井控事件,能够各司其职,默契配合,顺利完成井控工作。

2. 作业安全防护措施

根据连续管作业特点,针对各个风险点、危险源制定各项安全防护措施。对安全隐患采取预测、控制、预防的措施,控制危险点,消除事故源,做好超前安全防范工作,坚持"先防护后施工,无防护不施工"的原则。

1）井场设施布置要求

根据井场条件合理摆放主辅车、工具房、循环罐等；在井场设置风斗、风向标、标志牌等警告标志或信号，在潜在危险位置作警戒标识；根据井场实际情况设置两条不同方向的逃生路线，设定不同方向的安全区，确保人员可按照最近的逃生路线撤离事故现场；井场应设置救援室，配备空气呼吸器、急救箱等防护急救设施；在危险区域安装有毒有害气体检测装置、报警装置、大功率风扇等防护设备；井场主辅车、液罐等重要部位有防爆照明设备；施工危险区域须设置隔离带，严禁非施工人员进入。在作业施工现场安装高分辨率可调视频头，分别对井口、注入头、滚筒、地面流程等进行实时监视和视频存储，实现可视化的作业现场施工监督、事故处置及过程记录。

2）液体危害控制

储液罐内应清洁、无异物、无泄漏，进出口阀门、接头完好，罐体应有相应的警示警告标志。酸液现场操作人员须穿戴全套防护劳保用品，酸液现场配备苏打水，如皮肤与酸液接触，及时冲洗。井场及放喷池现场配备碳酸钠，及时中和泄露和返排的残酸。作业场所设置应急洗眼器。

3）有毒有害气体检测与控制

根据井场地形地貌及气象条件，模拟计算有毒有害气体散逸后的浓度分布情况，确定监测值范围及危险区域等级，在监测区域内设立硫化氢、可燃气体浓度监测点，重点对人口居住区增加流动监测点。人员进入有可能存在硫化氢、可燃气体聚集区域前应检测硫化氢、可燃气体浓度，以防中毒。

4）高空作业风险控制

凡是进行高处作业的，都应选择性使用平台、梯子、脚手架、防护栏、安全网、安全带等安全设施；施工前应认真检查所用的安全设施是否牢固、可靠；高处作业人员必须持证上岗，作业前应进行相应的安全技术交底，了解安全隐患；作业人员应按规定正确佩戴和使用安全带；应按类别有针对性地将各类安全警示标志布置在施工现场各相应区域；高处作业所用工具、材料等严禁投掷。

5）吊装风险控制

吊装作业开始前，应对吊装设备以及所用索具、卡环、夹具、卡具等工具的规格、技术性能和损伤情况等进行细致检查或试验检测，确保设备工具使用正常。起重设备应进行试运转，发现转动不灵活、有磨损的应及时修理或更换；重要构件吊装前应进行试吊，经检查各部位正常后方可进行正式吊装。

由专人指挥吊装作业，指挥人员必须持证上岗。吊装工作区应设置明显标志，并有专人监护，与吊装无关人员严禁进入吊装工作区域，吊装用起重机吊臂杆旋转半径范围内，严禁站人或有人员通过。

6）操作失误防范

现场所有员工应熟悉施工设计、施工工艺、风险点与风险识别、应急预案和岗位职责；

在危害部位设置警示牌、状态牌;关键工序操作必须两人以上执行,并签字确认;按现场岗位职责分工布置开展工作;现场有关人员应佩戴对讲机,及时传递信息;现场带班干部和专家定时定点巡视,最大限度减少操作失误。

3. 安全处置

连续管作业应制定有针对性的安全处置程序,达到紧急情况下能够有条不紊的汇报、处置事故,处置程序具有程序化、精细化、规范化、准确化的特点。下面是连续管作业过程中发生硫化氢中毒事故、吊装事故、交通事故、高处坠落事故、物体打击事故、动力单元故障、注入头夹紧功能失效、防喷盒泄露、地面连续管破裂等 9 种工程事故及人身伤害的处置程序,如表 11-1~表 11-9 所示。

1) 硫化氢中毒现场处置程序

表 11-1　硫化氢中毒现场处置程序

步骤	处置程序	负责人
报警	1.发现硫化氢造成人员中毒,发现者立即联系操作手,拉响警报,及时向带班干部汇报	第一发现人
	2.带班干部拨打 120 急救电话并向项目部汇报,同时将周围人员疏散至上风口安全区域	带班干部
启动应急程序	3.带班干部在确保自身安全的情况下组织员工佩带正压式空气呼吸器进入事故现场施救,将中毒者移至上风口空气新鲜场所,若中毒者停止呼吸及心跳,立即进行现场人工呼吸和心肺复苏急救,直至医务人员到达现场	带班干部安装工
	4.检测现场,若硫化氢浓度超过 30 mg/m³,关闭设备,清点人数,撤离现场	带班干部

2) 吊装事故现场处置程序

表 11-2　吊装事故现场处置程序

步骤	处置程序	负责人
报警	1.当现场出现吊装作业人员身事故时,发现人立即向带班干部报告	第一发现人
	2.带班干部拨打 120 急救中心电话,并向项目部汇报	带班干部
启动应急程序	3.带班干部组织现场应急小组查明险情,确定是否存在新危险源	带班干部
	4.将出事地点附近的作业人员疏散到安全地带,清点人数,并安排人员进行警戒,不准闲人靠近	带班干部
	5.切断有危险的低压电气线路的电源。如果在夜间,接通必要的应急照明灯	带班干部
	6.医护人员救护伤员,受伤严重者由医护人员陪同前往医院	带班干部
	7.对倾翻变形吊车的拆卸、修复工作由运输公司负责	带班干部

3）交通事故现场处置程序

表 11-3　交通事故现场处置程序

步骤	处置程序	负责人
报警	1.立即拨打 112 交警电话报警,如发生人员伤亡,立即拨打 120 急救中心电话	随车人员
	2.向项目部汇报	随车人员
启动应急程序	3.如发生轻微交通事故,在交警协调下,双方对损失补偿情况协商一致,立即恢复交通	随车人员
	4.如发生人身伤亡重特大事故,应立即按下列程序处置	随车人员
	① 立即组织人员将受伤人员从车内救出至安全区域;	随车人员
	② 在项目部应急小组赶到之前,向过往车辆和附近居民求救;	随车人员
	③ 拦截车辆,将受伤人员送往附近医院救治	随车人员
	5.设置警示牌,保护现场	随车人员

4）高处坠落事故现场处置程序

表 11-4　高处坠落事故现场处置程序

步骤	处置程序	负责人
报警	1.当现场出现高处坠落事故时,发现人立即向带班干部报告	第一发现人
启动应急程序	2.带班干部拨打 120 急救中心电话,并向项目部汇报	带班干部
	3.坠落伤员不能站立或移动身体,须用担架抬送医院,或是用车送往医院	带班干部
	4.若伤员失去行动能力,不可随意移动,应进一步检查,若有骨折,应采用夹板固定	带班干部
	5.对呼吸、心跳停止的伤员进行现场人工呼吸和心肺复苏急救,直至医务人员到达现场	带班干部

5）物体打击事故现场处置程序

表 11-5　物体打击事故现场处置程序

步骤	处置程序	负责人
报警	1.当现场出现物体打击事故时,发现人立即向带班干部报告	第一发现人
启动应急程序	2.带班干部拨打 120 急救中心电话,并向项目部汇报	带班干部
	3.受伤人员伤势较轻,创伤处用消毒纱布或干净的棉布覆盖,送往附近医院进行治疗	带班干部
	4.对有骨折或出血的受伤人员,做相应的包扎,固定处理,运送伤员时应以不压迫创伤面和不引起呼吸困难为原则	
	5.受伤较重的伤员,由医务人员现场抢救并陪同前往医院治疗	

6）动力单元故障现场处置程序

表 11-6　动力单元故障现场处置程序

步骤	处置程序	负责人
启动应急程序	1.停止注入头运转,注入头、滚筒应处于制动状态	操作手
	2.关闭防喷器卡瓦、半封闸板,手动锁紧装置,通知带班干部	操作手
	3.向项目部及甲方汇报	带班干部
恢复作业	4.根据作业情况,使用作业液低排量循环	带班干部
	5.修复动力单元,保持井控设备功能完好,监控井口压力、循环压力	带班干部
	6.恢复作业	带班干部

7）注入头夹紧功能失效现场处置程序

表 11-7　注入头夹紧功能失效现场处置程序

步骤	处置程序	负责人
启动应急程序	1.保持注入头运转方向与连续管运动方向一致,提高注入头运转速度,增加注入头夹紧力	操作手
	2.若增大注入头夹紧力仍无法控制连续管,则操作紧急夹紧控压阀	操作手带班干部
	3.若连续管速度逐步与注入头运转速度匹配,缓慢降低链条速度至停止,关闭防喷器半封、卡瓦闸板,并手动锁紧	带班干部
	4.若注入头仍无法控制连续管,则减小注入头运转速度,减小连续管下落带来的危害	带班干部
	5.疏散控制室和井口人员,对危险区域隔离,通知项目部	带班干部
恢复作业	6.整改注入头,整改结束后恢复作业	带班干部

8）防喷盒泄漏现场处置程序

表 11-8　防喷盒泄漏现场处置程序

步骤	处置程序	负责人
启动应急程序	1.停止起下连续管作业	操作手
	2.增大防喷盒系统压力	操作手
	3.泄漏停止,防喷盒系统压力与井口压力决定是否继续作业	带班干部
	4.泄漏未停止或泄露停止时防喷盒系统压力过高,关闭防喷器半封、卡瓦闸板,卸掉防喷管内压力	带班干部
恢复作业	5.向项目部汇报,更换防喷盒胶芯,恢复正常作业	带班干部

9）地面连续管破裂现场处置程序

表 11-9　地面连续管破裂现场处置程序

步骤	处置程序	负责人
启动应急程序	1. 停止起下连续管作业	操作手
	2. 停止向连续管内泵注流体，确认井下单流阀是否有效	操作手
	3. 告知人员风险，隔离危险区域，向项目部汇报	带班干部
	4. 单流阀正常，则正常起出连续管	带班干部
	5. 单流阀失效，应及时向甲方提出剪切连续管申请，经同意，启动剪切连续管程序 ① 检查防喷器系统压力，关闭剪切闸板； ② 上提连续管至全封闸板之上； ③ 关闭全封闸板，关闭井口主阀，观察压力变化	带班干部

11.3.3　环保措施

连续管作业过程中产生的废水、废液、废渣，如处理不当或环保措施不到位，可能对周围生态环境造成不利影响。采取科学先进的安全环保措施，对于保障环境安全与周围居民的公共安全具有重要意义。

1. 作业污染物及其对环境的影响

连续管工程作业时，所用的工作液、酸液及添加剂等溶液大部分呈酸（或碱）性，有些液体可能有毒。作业过程中这些液体有一部分需要返排进入地面系统，如果管理不善，可能发生液体落地。另外，井筒内的污油、污水也可能洒落到地面。这些污染物会对井场及井场周围的大气环境、土壤、水源造成污染。

1）液体污染

连续管工程作业中产生的液体污染物主要有洗井、压井等作业过程中产生的污油、污水；酸化、酸压后排出的废酸液；压裂后剩余的压裂液及从井筒返排出的废液等。这些作业废液如果直接排放，将会对水体、土壤造成污染，对人、动物、植物有一定危害，这种现象即液体污染。连续管工程作业过程中产生的废液中有些还有剧毒，危害较严重。原油和润滑油在作业过程中洒落在地面，也会对地面造成污染。

2）固体污染

固体污染物主要有替浆、压井作业时产生的泥浆污染物及其固体废弃物；冲砂施工中带出井口的砂、压裂施工散落砂、粉碎矿石所产生的粉尘；洗井施工中带出井口的蜡、盐以及作业中产生的固体废弃物等。其中泥浆污染物及其固体废弃物危害较大，会影响土壤结构，使土壤盐碱化，危害植物生长及附近环境。

3）气体污染

气体污染物主要有作业施工过程中挥发的烃类气体；连续管设备、压裂车等车辆尾气；油气井作业时或酸化、管线酸洗时逸出的有毒气体等。这些气体污染物会对周围环境造成一定的污染，但由于产生的量较小，影响范围不大。

4）噪声污染

噪声污染主要是连续管设备、压裂车等施工车辆产生的噪声。噪声对施工人员及施工现场附近的人、畜产生不良影响。

2. 环保控制

连续管作业前要进行环境调查，详细了解周围环境，根据施工内容评价环境影响，识别危害，制定施工作业预防措施、整改措施和施工应急措施等。作业中做到无环保措施不施工、无防污染装备不施工，井场污染清理不彻底不交井、达不到工完料尽不交井。

1）减少污染物产生

严格按照设计要求选配井筒工作液，尽量采用无毒工作液，工作液应密闭运送，防止泄露与蒸发，工作液容器应符合相关要求，无泄露；及时处理井口返排液，尽量回收循环使用；根据井底压力选择合适的井控装备及地面管线，要求灵活好用、密封性能好、试压合格、性能完好；管线连接时，要求连接牢固，防止跑、冒、滴、漏污染环境；产生噪声的设备应采取消音、隔音等措施。

开展清洁生产研究，建立清洁生产标准，减少作业施工过程中废弃物排放。

2）降低污染物对环境的侵害

连续管工程作业现场配备足够容量和性能完好的储液罐、污水池、垃圾桶等；作业设备底下铺设防渗膜，并且使用围堰围好；污水池需足够容积，能容纳所有井内排出的工作废液和地层液，污水池底要衬垫防渗布；所有地层排出液、施工残液、落地原油必须进入排污池或液罐；作业结束后污水池中污水要经处理合格后回收；现场产生的生活垃圾收装进垃圾桶，并及时清理；作业现场必须每天检查地面管线、排污池等是否牢固，有无渗漏。

3）及时处理污染物

连续管作业过程中产生的废水，有机物和盐含量高、黏度大、气味大，超过污水综合排放标准。常规废水处理主要采用集中处理和分散处理，集中处理一般采用罐车回收，运至联合站集中处理；分散处理主要采用移动水处理装备，现场进行处理。废水处理工艺有酸碱中和、氧化降解、化学絮凝、废气吸收、固液分离、吸附过滤等。

现场废液处理，采用专门的放喷池及储存罐存放，转运前需进行初步环保处理，再委托有资质的单位进行处理。

废渣处理方法是加入一定量固化剂、吸附剂、吸水剂、添加剂等，使其产生一系列物理转化与化学反应变化，加入一定量的调节剂使其 pH 达到中性。通过转变、包裹、吸附、封闭、固定的方法处理污染成分，形成具有一定物理强度的物质，转化成类似自然土壤的固体,使各项指标达到国家环境标准要求。

生活垃圾交地方环卫部门处理。

11.3.4　应急处理预案

应急处置预案指面对突发事件如自然灾害、重大事故、设备人员伤害、环境公害等的应急救援管理、指挥和救援计划。应急处置预案主要包括完善的应急组织管理指挥系统,应急救工程援保障体系,综合协调的相互支持系统,充分保障的供应体系,具备综合救援能力的应急队伍等。

1. 应急处理预案的建立

1)应急处理预案的基本内容

应急处理预案的基本内容是为了处理突发、重大和复杂事故而设置的应急处置程序,主要包括基本情况介绍和应急救援遵守的原则,危险目标的确定,应急响应组织机构及主要职责,应急响应的通信联络和召集方式,应急响应预案实施程序,应急响应行动程序,应急救援保障,应急救援演练计划等。

2)应急处理预案的编制

应对每一个重大危险源编制一个现场应急处理预案。应急处理预案的编制包括对重大事故的潜在危险的评估,对于只有一个简单装置的重大危险源,可安排员工在一旁观察,并要求在出现紧急状况时及时报告应急机构,由应急机构采取相应措施;对于由复杂设施引起的重大危险源,应急处理预案编制应该更加详细具体,充分考虑每一个可能发生的重大危险,以及各种危险之间的相互影响。预案编制还应包括制定应急现场员工可采取的应急补救措施,确保应急现场处理所需的人员充分、应急物资能及时到达。

现场事故应急处理预案的首要任务是控制和遏制事故,防止事故扩大,减少人员和财产伤害。

3)应急处理预案演习与修订

事故应急处理预案的演习是应急处理预案有效实施的保障。演习可以验证事故应急预案的合理性和有效性,修订和完善与实际不符的预案内容。

2. 常用应急物资的配备

作为工程单位,其应急库房的物资储备必不可少。基层队可以在施工现场配备简单的抢险物资,如灭火器、消防桶、正压式空气呼吸器、急救箱、水龙带等;项目部要根据所从事的作业类型配备所涉及的必备物资,如主要设备配件、备用管材、吊篮灯;公司要结合实际配齐、配全所有救灾抢险物资。

应急物资要有专人管理,要定期清点,加强维护、保养和检查,定期校验,防止其锈蚀、污染、损坏、过期失效,确保应急物资的有效性和良好的工作性能,满足应急需求。

11.4　标准规范的建立

近年来页岩气的大规模开发,连续管工程技术在水平井的应用正在蓬勃发展,施工队伍发展迅速、但水平参差不齐,各支队伍施工时没有统一的技术规范或标准,增加了施工风险。连续管工程作业应制定有相应的技术和施工规范,为作业队伍提供可供技术指导,使连续管工程技术在一个健康、有序、环保、安全的环境下不断发展。

11.4.1　连续管工程技术标准规范的制定

1. 国内外现有标准规范

等同于《Recommended Practice for Coiled Tubing Operations in Oil and Gas Well Services》(API RP 5C7:2002)[1]的《油气井用连续管作业推荐作法》(SY/T6698—2007)[2],主要对连续管设备及管材提出了要求,未对具体作业进行规范。

《Specification for Coiled Tubing》(API SPEC 5ST:2010)[3]第一版(生效日期为2010年10月1日)是目前国际上唯一公开发行的连续管产品制造标准,其发布实施将对世界连续管产品的生产及研发起到重要的推动作用。

中石油企业标准《连续油管作业技术规程》(QCNPC82—2003)[4]。

2. 操作规程制定

操作规程是对工艺、操作、安装、检定、维修等具体的技术要求和实施程序进行统一规定。专业人员根据企业连续管工程的需要按不同工艺、不同地区、不同施工分别制定。针对涪陵页岩气连续管水平井工程作业,制定了下列规程。

1) 设计类

连续油管作业设计规范

2) 技术类

连续油管作业操作规程

连续油管钻塞作业规程

连续油管下桥塞作业规程

水平井连续油管打捞技术规范

连续油管射孔作业规程

3) 设备类

连续油管作业机安装调试操作规程

连续油管作业机维护标准

4) 安全类

连续油管作业安全程序

11.4.2　连续管管理标准规范的制定

连续管工程标准化管理是将连续管工程管理中成熟的做法和经验,在相同或相似的管理模块内进行复制,使工程管理实现从粗放式向制度化、规范化、标准化的方式转变。连续管工程标准化管理可以将管理中模糊问题具体化,复杂的问题程序化,成功的方法模式化,实现连续管工程各阶段管理工作的有机衔接,整体提高工程管理水平,为又好又快完成连续管工程提供保障。

1. 制度标准化

建章立制,使各项工作程序清晰、有章可循、责任明确。连续管公司及项目部制定的制度应当结合甲方的要求和公司的管理特点,辐射管理各个层面和环节。直接承担施工任务的连续管作业层制度则要以简洁、实用、统一为原则,直接面对操作人员。三个层级制度是总体与分体的关系,要相互关联,彼此包容,整齐划一。

连续管工程所制定的制度应包含但不限于岗位责任制、技术管理制度、质量管理制度、设备管理制度、管材管理制度、物资管理制度、计量器具管理制度、井控管理制度、安全管理制度、培训管理制度、综合管理制度等。

2. 过程控制标准化

连续管工程按照施工程序可分为工程准备、工程施工、工程收尾三个阶段,按照"六位一体"的管理要求对连续管工程的过程控制进行管理。连续管工程管理必须分别从质量、安全、工期、投资、环境保护和技术创新等六个方面建立过程控制目标,并在目标、组织保证、过程管理、评价评估、考核等方面提出明确要求,形成过程闭环控制,确保动态过程受控,以实现精品工程的目标。

连续管工程推行"菜单式"过程管理模式。以不同环节操作规程为标准,实施作业过程逐级检查签字确认制度,落实终端责任制。规范控制各个工序、各种作业过程的检查表单,定期收集、存档,建立台账,对实施过程进行检查和考评。

3. 现场标准化

连续管工程现场标准化的关键在于明确工作标准,把现场管理工作的内容具体化和定量化。重点对连续管施工现场标准化,设备摆放、标示标牌、作业人员穿戴、气防设备、现场资料管理标准、作业指导书等实行统一和规范。

连续管现场滚筒、动力源、标识牌、工具等按区域摆放,设置合理,安装整齐,并保持清洁卫生,周围不得有障碍物。各个区域采用防护栏或警示带分隔,有明显标识牌,标识清楚并提示危害分析。现场连续管作业区域要铺设防渗膜,并在四周加设围堰,防止油污、废渣落地,垃圾需处理回收。现场需按规定填写各类表单,要求记录齐全、完整、真实、及时、整洁。

11.5　连续管工程管理经典案例分析

连续管在水平井的应用过程中,曾出现了大量事故,例如连续管开裂、连续管挤毁、连续管打滑溜管、设备动力单元故障、工具落井、井下工具故障等。对这些事故进行统计分析后发现,这些事故大部分都是可以避免的。连续管工程管理要在事故预防上下功夫,从过程管理入手,做到全员参与,避免事故的发生,从而实现企业的安全生产。

11.5.1　作业过程中发生的连续管开裂

1. 事故发生

2015 年 12 月 24 日,某公司连续管作业队在××井进行连续管钻磨桥塞作业,17:25 连续管钻磨完第十二支桥塞进行短起下作业,短起至 3 300.00 m 后,以 10 m/min 速度下放连续管,下放至 3 728.00 m 时连续管在计数器位置喷溅循环液,观察后判断连续管在计数器位置发生开裂,此时循环排量为 0.4 m³/min,连续管压力为 44.00 MPa,井口压力为 27.00 MPa。

2. 事故处理

操作手发现连续管在计数器位置发生开裂后,立即启动作业中连续管开裂应急预案:停止下放连续管,通知泵车停止往连续管内泵注循环液体,通知带班干部连续管开裂事故,同时疏散无关人员。

带班干部赶至连续管操作室时,泵车已经停止泵送循环液,井口压力为 26.00 MPa,连续管压力为 15.00 MPa,连续管压力仍在持续下降,初步判断井下单流阀完好,静止观察,同时汇报现场甲方监督及项目部应急指挥部现场情况。连续管开裂处液体喷溅量逐渐减小,压力逐渐降低为零,井口压力稳定在 26.00 MPa,现场判断井下单流阀工作正常。

待连续管开裂处停止喷溅循环液后,带班干部发现连续管在开裂点存在弯折,有断开的风险,如图 11-2 所示。启动作业中连续管断裂应急预案,加大注入头夹持块夹紧力,增大防喷盒夹紧力,滚筒刹车,关闭防喷器半封、卡瓦闸板,撤离相关人员,划定安全区域,同时通知项目部应急指挥部。

项目部应急团队携带应急物资赶至现场,抢险专家制定抢险方案,确定抢险人员及分工,进行技术安全交底。抢险人员使用管卡、绳套及手板葫芦将连续管开裂处两端分别固定在滚筒上,同时打开计数器;打开防喷器半封、卡瓦闸板,解除滚筒刹车,来回活动连续管致使连续管在开裂处完全断开,如图 11-3 所示;滚筒刹车,使用管卡、钢丝绳连接断开的连续管;解除滚筒刹车,缓慢回收连续管,活动排管器使连续管断开处使用钢丝绳连接后依序缠绕在滚筒上;上提连续管至井口。

图 11-2　连续管破裂弯折

图 11-3　连续管折断

3. 事故原因

该盘连续管为 50.80 mm 外径,规格为 4.45 mm×504.24 m+4.83 mm×1 548.39 m+5.12 mm×3 770.37 m,钢级:HS-110-c,共作业 8 井次,其中钻磨桥塞 6 井次,钻除 111 支桥塞,根据后续跟踪分析,该开裂处为壁厚 4.450~4.830 mm 变壁厚处,该点的疲劳耗损在 41%。从连续管断口可看出断面呈螺旋状,断口除生锈位置颜色发白,如图 11-4 所示。说明该盘连续管在开裂处进行热处理时质量不合格。该盘连续管采取钢带斜接焊方式焊

（a）

（b）

图 11-4　连续管断口图

接,且两卷钢带壁厚分别为 4.450 mm 和 4.830 mm。经理论研究分析,非等壁厚焊接相对于等壁厚焊接强度有所降低,该位置在多次钻磨桥塞施工过程中经过多次弯曲,造成此处疲劳损耗大,最终导致了连续管在该处开裂。

4. 认识

该事故的发生为日常连续管管材管理存在漏洞,未认识到连续管在变径处存在弱点,导致作业中发生断裂或破裂风险。但在处理过程中预案正确、详细,指挥得当,流程清晰,职责明确,物资齐全,为处理类似事件提供了参考。

11.5.2　连续管滑溜下落

1. 事故发生

2014 年 9 月 19 日,某公司连续管作业队在××井进行连续管射孔施工,10:20 连续管带射孔工具下至井深 2 700.00 m 时,发现注入头出现烟雾,此时悬重 130.00 kN,停止下放连续管。经检查,连续管表面刮伤严重,刮痕长 100.00～300.00 mm,宽 10.00～20.00 mm,深 0.10～0.30 mm,判断为注入头夹持块刮伤连续管。对注入头进行检查,夹持块磨损严重。

制动注入头和滚筒,关闭防喷器半封、卡瓦闸板,解除夹紧力,维修人员使用吊机、吊篮等设备更换注入头夹持块。更换夹持块期间,发现注入头夹持块基座滚轮磨损严重。注入头夹持块更换完毕后上提连续管至 1 620.00 m 时,发现注入头九对夹持块基座滚轮磨损严重。

关闭防喷器半封、卡瓦闸板,注入头夹持块保持夹紧力。在防喷盒、注入头喇叭口、注入头上平面三个部位上紧管卡及绳卡,缓慢松开注入头,悬重从 75.00 kN 下降至 30.00 kN,防喷器卡瓦闸板失效,在悬重下降至 30.00 kN 时发生连续管滑溜下落。

解除注入头夹持块夹紧力,连续管向井筒内滑溜下落 1 000.00 m 左右。

2. 事故处理

项目部应急团队携带应急设备、物资赶至现场,包括 70 t 吊车、50 t 吊车、备用连续管设备,抢险专家制定抢险方案,确定抢险人员及分工,进行技术安全交底。

确认井筒及连续管内压力为零。

现场指挥 70 t 吊车悬挂注入头,50 t 吊车悬挂连续管井口装置,确保井口稳固。抢险人员使用吊机、吊篮、电焊机等设备对防喷盒处连续管进行"外包式"焊接,以固定井口连续管。

合适高度防喷管处由千扣卸扣,50 t 吊车、70 t 吊车同时上提,使注入头及上部防喷管脱离下部防喷管和防喷器合适高度,使用卡瓦将连续管固定在下部防喷管处,检验卡瓦牢固程度。

从上部防喷管处割断连续管,井内剩余连续管通过管卡固定在井口防喷管端面,割断连续管时确保连续管有足够长度反穿注入头。

测试新连续管设备注入头运行情况。采用 70 t 吊车吊装新注入头至井口连续管上方,采用滚压式连接器及柔性短接连接井口连续管,柔性短节反穿注入头,拆除井口连续管管卡,启动注入头,连续管穿过注入头,恢复井口。使用专用连接器连接注入头上连续管和新设备滚筒上连续管,起连续管出井口。

3. 事故原因

施工期间连续管注入头夹持块磨损严重无法提供有效夹持力,注入头夹持块基座滚轮磨损严重,无法继续工作,是事故发生的主要原因。注入头夹持块、夹持块基座滚轮维修时,注入头可提供夹持力有限,防喷器卡瓦闸板失效,直接导致连续管滑溜下落。

处理注入头维修时应急方案措施不当,未经仔细推敲,无试验数据支撑,需维修注入头时,未根据连续管特性选择卡瓦。

注入头维修应急处理时组织混乱,职责不清,未经试验验证盲目实施,导致二次事故的发生。

4. 认识

该事故的发生主要为日常设备管理缺陷,未严格按照设备维保规程按时检查维保设备,未及时发现设备故障,设备带病施工,导致注入头、防喷器同时发生故障,出现连续管滑溜下落事故。

同时设备故障应急处理时慌乱应对,流程不清,未仔细分析安全隐患,应急处理措施无试验验证,问题隐患未一次处理完毕,造成二次事故。

参 考 文 献

[1] AMERICAN PETROLEUM INSTITUTE. Recommended practice for coiled Tubing operations in oil and gas well services: API RP 5C7: 2002[S]. 1st ed. Washington D. C. : American Petroleum Institute (API), 2007.

[2] 中国石油天然气集团公司管材研究所,宝鸡石油钢管有限责任公司,长庆油田井下作业公司. 油气井用连续管作业推荐作法: SY/T 6698—2007[S]. 北京:国家发展与改革委员会,2007.

[3] AMERICAN PETROLEUM INSTITUTE. Specification for coiled tubing: API SPEC 5ST: 2010[S]. 1st ed. Washington D. C. : American Petroleum Institute (API), 2010.

[4] 四川石油管理局井下作业处. 连续油管作业技术规程: Q/CNPC 82—2003[S]. 北京:中国石油天然气集团公司,2003.

图 版 I

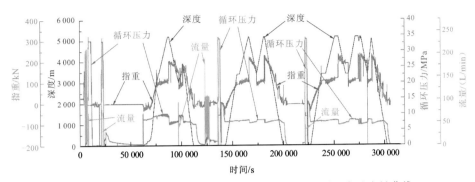

图 3-3　某趟次产剖作业时连续管下放深度与循环泵压力及流量曲线

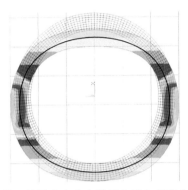

图 3-24　连续管截面椭圆度变化有限元和附加载荷方法计算结果比较

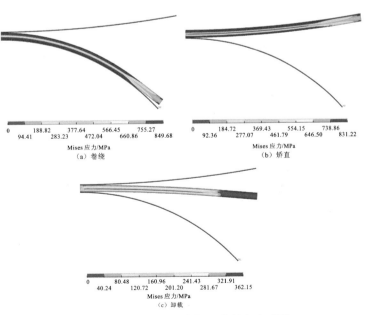

图 3-27　连续管三维有限元分析应力云图

图　版　Ⅱ

（a）二维有限元计算结果

（b）实际连续管变形

图 3-28　广义平面应变单元计算连续管截面的变形与实际连续管截面变形

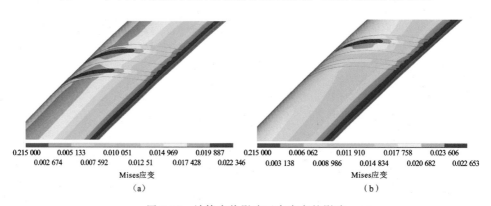

| 0.215 000 | | 0.005 133 | | 0.010 051 | | 0.014 969 | | 0.019 887 | |
| | 0.002 674 | | 0.007 592 | | 0.012 51 | | 0.017 428 | | 0.022 346 |

Mises应变

（a）

| 0.215 000 | | 0.006 062 | | 0.011 910 | | 0.017 758 | | 0.023 606 | |
| | 0.003 138 | | 0.008 986 | | 0.014 834 | | 0.020 682 | | 0.022 653 |

Mises应变

（b）

图 3-38　计算中热影响区中应变的影响

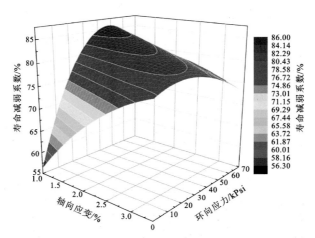

图 3-39　连续管斜接焊缝热影响区的疲劳寿命减弱系数

图 版 III

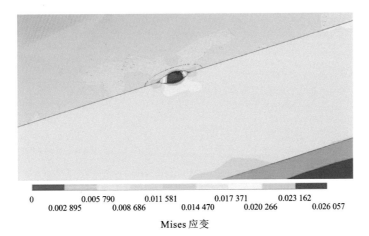

Mises 应变

图 3-41 卷绕时椭球缺陷连续管应变集中的有限元模拟

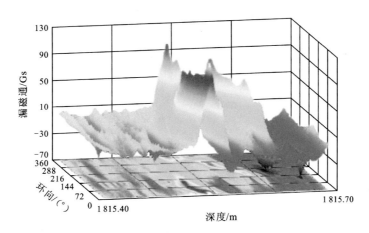

图 3-46 CoilScan 的三维显示

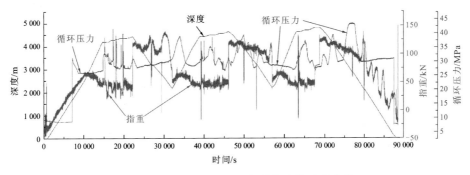

图 3-47 某次作业记录的部分深度指重等曲线

图 版 IV

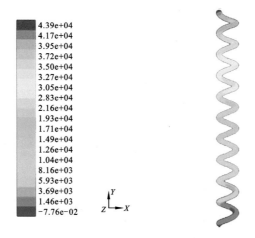

图 5-32 100 mm 螺距螺旋屈曲连续管壁面压力云图

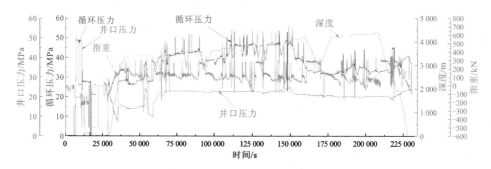

图 9-25 某页岩气井第一趟钻磨参数曲线

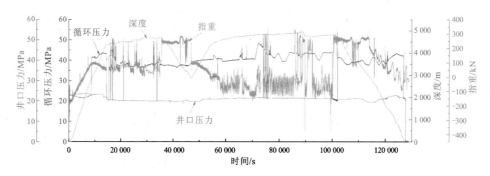

图 9-26 某页岩气井第三趟钻磨参数曲线